INTRODUCTION TO QUANTUM COMPUTING AND QUANTUM ALGORITHMS

양자 **컴퓨팅**과
양자 **알고리즘** 개론

배준호 지음

교문사

추천의 글

최근의 급격한 기술적 발전으로 양자 컴퓨팅에 대한 관심이 점점 높아지는 시점에 한글로 쓴 양자 컴퓨팅을 소개하는 책이 나오게 되어 무척 반가운 마음이다. 양자컴퓨터는 기존의 컴퓨터로 계산하기 힘든 복잡하지만 중요한 문제들에 대한 새로운 해결방안을 제시해 준다. 아직은 초기 단계이지만 양자 컴퓨팅 기술 개발에 속도가 나고 있고, 이미 특정한 문제들에 대해서는 기존의 슈퍼컴퓨터로는 실질적으로 불가능한 계산들을 양자컴퓨터를 통해 짧은 시간에 할 수 있음이 실험적으로 보여지고 있다. 이러한 양자컴퓨터의 성능은 중첩과 얽힘 같은 양자역학적인 특성을 매우 정밀하게 컨트롤함으로써 구현할 수 있다. 양자역학은 본질적으로 우리의 직관과는 어긋나는 현상들이 근본적인 자연계의 원리임을 설명해 주기 때문에 전문지식이 없는 대중이 이해하기에 무척 까다롭다.

배준호 교수가 집필한 양자 컴퓨팅에 대한 이 개론서는 양자역학이나 양자 컴퓨팅에 대한 사전지식이 없는 독자들도 비교적 쉽게 이해할 수 있도록 많은 예제와 직관적인 설명으로 양자 컴퓨팅의 핵심적인 개념을 설명하고 있다. 이 책은 양자 컴퓨팅의 이해에 필요한 기본적인 양자역학과 양자 시스템의 체계적인 기술을 위한 기본적인 수학 원리의 설명을 통해 해당 분야에 대한 사전지식을 제공하고, 다양한 양자 알고리즘을 자세히 설명함으로써 양자 컴퓨팅에 대한 더 심화된 이해를 추구하고 있다. 또한 IBM Quantum 플랫폼을 적극적으로 활용해서 양자 컴퓨팅에 대한 추상적인 이해를 넘어 양자컴퓨터가 이미 우리 실생활에 가깝게 다가왔음을 느끼고, 간단한 양자 프로그래밍을 실습해 볼 수 있는 기회를 제공하고 있다.

양자 컴퓨팅에 다소 늦게 뛰어든 한국에서 이 책이 더 많은 학생들과 연구자들이 양자 컴퓨팅에 입문하는 데 도움이 되는 훌륭한 길잡이가 될 것이라 믿는다.

- 심윤필(University of Texas at El Paso 교수)

양자 컴퓨팅 분야가 최근에 전 세계적으로 큰 관심을 끌고 있으나, 초보자들이 이해하기 쉽게 잘 쓰여진 전공 교과서를 찾기가 어려웠다. 그러한 와중에 입문자들이 공부해야 할 모든 내용을 집대성한 양자 컴퓨팅 전공서를 발간한 것은 매우 기쁜 소식이다. 저자는 양자역학에 대한 탁월한 이해를 바탕으로 입문자들에게 양자 컴퓨팅의 원리를 상세하게 설명할 뿐만 아니라, 양자 컴퓨팅을 직접 경험할 수 있는 여러 계산 리소스를 소개하고 있다. 특히 각 장 끝에 수록된 저자가 직접 개발한 예제 문제는 양자 컴퓨팅을 깊이 이해하는 데 큰 도움을 준다. 이 책의 큰 장점은 어려운 양자역학의 개념을 알기 쉽게 설명하면서도 전문적인 용어나 내용을 누락시키지 않았다는 점이다. 따라서 본서를 공부하면 양자 컴퓨팅 입문자들이 자연스럽게 전문가로 길러질 것으로 생각되어, 이 책을 양자 컴퓨팅 기초의 전공 교과서로 추천하는 바이다.

- 이은철(가천대학교 물리학과 교수)

최근에 한국에서 양자정보 분야에 대한 관심이 커지는 중에 배준호 교수가 한국어로 작성한 양자 컴퓨팅 개론서가 출판된 것을 진심으로 축하한다. 현재는 양자컴퓨터 관련 미래 산업에 대한 기대와 잠재력이 크지만 여전히 난제들이 많아서 다양한 인재가 유입되어 돌파구를 만들어가야 하는 초기 단계라고 할 수 있다. 이 책은 대학이나 대학원생을 위한 개론서, 교재로 쓰였지만 배준호 교수가 모든 내용을 잘 소화하여 체계적으로 서술하고 있어 해당 분야에 깊은 관심이 있는 일반인들도 양자 컴퓨팅에 대한 맛보기 이상을 얻을 수 있는 책이다. 사전지식이 거의 없이도 설명을 하나하나 따라가고 예제들을 풀다 보면 주변에서 듣는 이야기와는 다른 체계적이고 깊이 발을 담그는 수준에 이를 수 있을 것이다. 본인이 공부하는 시기에 이러한 내용을 한국어로 공부할 수 있었으면 얼마나 좋았을까 하는 생각이 드는 책이다. 이 책이 많이 읽혀서 한국에서 양자 컴퓨팅의 저변을 넓히는 데 좋은 기여를 하게 되기를 바라마지 않는다.

- 김기환(중국 칭화대학교 물리학과 교수)

머리말

이 교재는 컴퓨팅 기술의 미래이며 또한 현재진행형인 양자 컴퓨팅의 기초를 IBM사의 양자 컴퓨터 IBM Quantum을 통해 관련 학부생과 대학원생, 그리고 관심 있는 일반 독자들이 경험해 보고 이해할 수 있도록 쓰여졌다. 양자컴퓨터는 최근 과학 관련 뉴스와 언론에 자주 노출되며 대중의 관심이 부쩍 높아졌다. 그러나 아직 양자컴퓨터는 마치 개인용 컴퓨터처럼 실생활에서 접하기는 어려워서 마치 공상과학 속의 기기와 같이 느껴지며, 양자역학의 난해함으로 인해 그 원리를 이해하기가 쉽지 않다. 또한 정통적인 양자역학 과정을 학부 및 대학원에서 이수한 학생들은 양자 컴퓨팅의 실제 구동회로인 게이트와 양자 알고리즘을 새로이 공부해야 그 작동원리를 구체적으로 이해할 수 있는 어려움이 있었다.

저자는 물리학과 학부와 대학원에서 양자역학을 반복해서 수강하고 물리학 석박사 과정을 거쳐, 학부 및 대학원생들에게 양자역학을 가르치며 관련 연구를 수행하고 있다. 최근 급속히 발전하고 있는 양자 컴퓨팅의 원리와 기술을 학생들에게 효율적으로 가르치기 위한 도구를 찾던 중 IBM Quantum을 알게 되어 수업에 적용하게 되었다. 학생들의 학습 의욕과 효과가 상당함을 경험하였으나 관련한 체계적인 교재가 국내에서는 거의 전무함을 보고 이 교재를 집필하게 되었다.

주지하다시피 양자 컴퓨팅 및 양자정보이론 교과서로는 Nielsen과 Chuang의 《Quantum Computation and Quantum Information》을 비롯하여 훌륭한 교과서들이 전 세계적으로 많이 출간되어 있다. 그러나 Nielsen과 Chuang의 교재를 포함한 대부분이 국내 번역조차 되어 있지 않고, 다학제적으로 편제되어 있는 국내 학부 및 대학원 교재로 사용하기에는 어려움이 있다고 판단되었다. 또한 국내에 번역 소개되어 있는 프로그래밍 기반의 양자 컴퓨팅 교재들은 양자 컴퓨팅의 원리 학습서라기보다 프로그래밍 실습서에 가까웠다.

본 교재는 가천대학교 물리학과 학부생과 다양한 학부 출신의 대학원생을 대상으로 수년간 양자 컴퓨팅과 양자 알고리즘을 강의한 결과물로서, 다음과 같은 주안점을 두고 집필하였다.

첫째, 양자역학을 포함하여 양자 컴퓨팅의 기본 원리를 설명함에 있어, 최대한 중간 유도과정을 생략하지 않으려 했다. 대부분의 양자 컴퓨팅 관련 교재들이 수식의 유도과정이나 배경사상을 생략하고 결과만을 설명하여 양자 컴퓨팅 입문자가 물리학 전공자라 하더라도 이해하는 데 어려움이 많다. 또한 많은 수식결과들의 중간 유도과정을 기존 서적이나 논문에서 찾기가 어렵다. 중간과정에 대한 이해가 없다면 개념 자체가 생소한 양자 컴퓨팅 입문자의 이해도는 현저히 떨어질 수밖에 없다. 저자와 학생들이 느꼈던 학습의 어려움을 이 한 권에서 최대한 해결해 보고자 하였다.

둘째, 양자역학의 이해를 위해 적절한 수학을 소개하되, 양자 컴퓨팅의 입문과 본 교재의 의도에 맞는 수준 이상은 다루지 않았다. 양자 컴퓨팅의 입문 수준을 이해하기 위해서는 학부 수준(아마도 고등학교 심화과정)의 이공계 수학에 대한 이해만으로도 충분하다. 또한 양자역학을 학부 수준에서 학습하지 않은 사람이라도 적어도 이 책에서 소개한 내용만 이해한다면 양자 컴퓨팅의 원리를 이해하는 데 부족하지 않을 것이다. 만약 양자역학의 깊이 있는 이해를 필요로 하는 독자라면 시중에 나와 있는 수많은 교재와 입문서를 참고하면 좋을 것이다.

셋째, 양자 컴퓨팅의 입문을 목적으로 하지만 가장 핵심적이고 관련 연구와 응용에서 꼭 필요하며 동시에 난해한 주제(이를테면 쇼어 알고리즘)를 최대한 빼놓지 않으려 하였다. 따라서 학부생 혹은 고등학생이 아니라 양자 컴퓨팅을 연구하려는 대학원생 이상의 연구자에게도 입문 서적으로 활용할 수 있도록 하였다.

위와 같이 본 교재는 양자 컴퓨팅의 기본 원리를 최대한 자세히, '친절하게' 설명함과 동시에 다양한 전공자의 흥미와 컴퓨팅의 응용성을 위해 IBM사에서 개발한 IBM Quantum 및 hello quantum 게임 양자 컴퓨팅 플랫폼을 활용하여 독자들이 직접 양자컴퓨터를 프로그래밍하고 실습해 보는 데 상당한 지면을 할애하고 있다. 관련 리소스를 교재에 공개하는 데 IBM사의 허락을 받았으며 지면을 빌려 감사의 말씀을 전한다.

양자 컴퓨팅은 컴퓨팅 기술을 넘어서 과학과 산업을 변혁시킬 무궁한 가능성이 있는 멋진 신세계이다. 부족한 이 교재가 많은 이들의 관심과 학습에 도움이 되기를 바란다.

2023년 12월

차 례

CHAPTER 1 양자컴퓨터 소개

CHAPTER 2 IBM의 Hello Quantum 게임

CHAPTER 3 양자역학의 수학적 기초

CHAPTER 4 IBM Quantum 양자컴퓨터와 양자게이트의 기초

CHAPTER 5 양자 알고리즘: 도이치-조사 알고리즘과 번스타인-바지라니 알고리즘

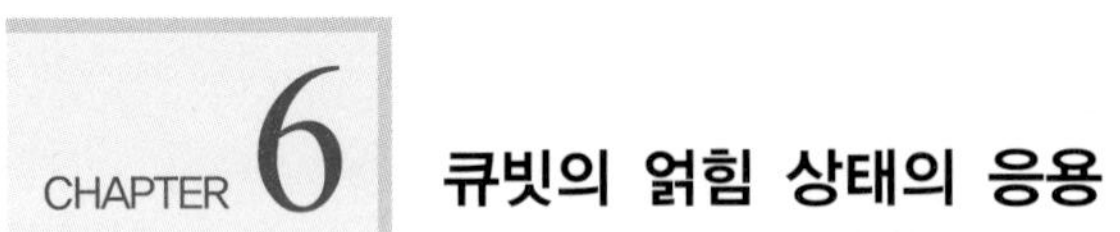

CHAPTER 6 큐빗의 얽힘 상태의 응용

CHAPTER 7 양자 데이터 검색 그로버 알고리즘

CHAPTER 8

양자 푸리에 변환과 양자위상추정

CHAPTER 9

양자 소인수분해 쇼어 알고리즘

CHAPTER 10

다시 얽힘으로

CHAPTER 11

마치며: 1+1=2를 양자컴퓨터로 계산해 보자 _ 391

일러두기

이 책에서 Hello Quantum과 IBM Quantum 이미지와 일부 소스코드의 사용을 정식으로 허가받았다. 이 이미지에는 모두 Reprint Courtesy of IBM Corporation © 문구가 삽입되며 IBM사의 허가에 따라 이미지가 사용되는 장의 첫 페이지에서만 표시한다.

제 1 장

양자컴퓨터 소개

QUANTUM COMPUTING

이 장에서 학습할 내용

- 양자컴퓨터와 현재 컴퓨터의 근본적인 차이점을 이해한다.
- 큐빗이 무엇인지 이해하고, 특히 기존 컴퓨터의 비트와 비교해서 이해한다.
- 양자컴퓨터의 발전 역사를 살펴본다.
- 양자컴퓨터 큐빗의 기본 성질인 중첩과 얽힘을 이해한다.
- 디빈센조의 조건을 알아본다.
- 최근 개발된 상용 양자컴퓨터에 대해 알아본다.

1.1 양자컴퓨터란 무엇인가

최근 양자컴퓨터 또는 양자 컴퓨팅 관련 기술이 많은 사람들의 관심을 받고 있다. 양자컴퓨터가 우리 생활과 얼마나 밀접해졌는지는 양자암호생성 칩셋이 탑재된 스마트폰 발표(2020년 5월)만 보아도 알 수 있다.

우리는 이미 컴퓨터를 매일같이 사용하고 있고 그 원리에 대해서도 잘 알고 있다. 그렇다면 양자컴퓨터는 현재 쓰는 컴퓨터와는 어떻게 다른 것일까? 양자컴퓨터라고 하면 '양자'와 '컴퓨터'의 두 단어가 결합되어 있으니 왠지 양자역학과 깊은 연관성을 맺고 있는 컴퓨터처럼 들린다.

양자컴퓨터는 단순하게 말해서 양자역학에 기반을 둔 컴퓨터이다. 양자역학은 고전물리학의 한계를 극복하기 위해 19세기 말에서 20세기 초부터 발전한 물리학 이론으로서, 이 세계에 대한 가장 정확하고 완전한 이론으로 불린다(Nielsen, 2011). 양자컴퓨터의 기본 과학적 바탕은 양자역학에 두고 있으며, 특히 큐빗[1)]의 중첩(superposition)과 얽힘(entanglement)이 기존 컴퓨터와 근본적으로 다른 양자컴퓨터의 특성을 보여준다.

그림 1.1 | 현재 초전도체 기반 양자컴퓨터의 구조 중 일부

1) 양자컴퓨터의 연산처리와 데이터 저장의 최소 단위. 양자 비트(quantum bit)의 줄임말로서 고전적인 컴퓨터의 비트에 해당한다. 현재 영어 단어 qubit의 번역어로서 '큐비트'와 '큐빗'이 혼재되어 쓰이고 있으나, 이 책에서는 영어 발음과의 유사성을 감안하여 큐빗을 사용하기로 한다.

양자컴퓨터가 왜 필요한가: 양자컴퓨터의 연산 속도

전 세계적으로 양자컴퓨터 붐이 일어나고 있는 것은 왜일까? 여러 이유 가운데서도 단연 양자컴퓨터의 놀라울 정도로 빠른 연산 속도를 들 수 있다. 양자컴퓨터는 기존 컴퓨터와 달리 다차원적으로 정보를 처리할 수 있으며, 기존 논리연산과는 다른 양자역학에 기반한 양자 알고리즘을 사용하여 아주 빠르게 복잡한 문제를 계산해 낼 수 있다.

예를 들면, N개의 카드에서 어떤 카드(예를 들면 퀸)를 찾는 작업을 생각해 보자. 기존 컴퓨터는 적어도 평균 $N/2$개의 카드를 다 뒤집어봐야 퀸을 찾을 수 있고, 운이 나쁜 경우에는 $N-1$개의 카드(거의 모든 카드)를 확인해야 할 수도 있다. 그러나 양자컴퓨터의 그로버 알고리즘을 사용하면 확인해야 하는 카드의 숫자는 N의 제곱근, 즉 $\sqrt{N}$개로 줄어든다. 데이터 검색 작업에서 기존 컴퓨터와 양자컴퓨터의 연산 속도 차이는 데이터의 크기가 커질수록 극적으로 벌어지게 된다. 만약 데이터의 개수가 1조 개이고, 한 번의 연산 시 1 마이크로초의 시간이 필요하다면 기존 컴퓨터에서 1주일 걸리는 연산이 양자컴퓨터에서는 약 1초 만에 끝나게 된다.

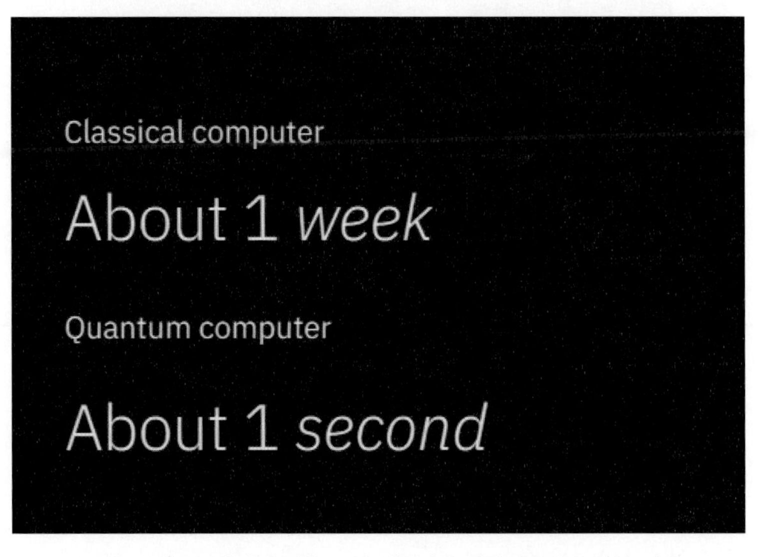

그림 1.2 | IBM에서 추정한 고전 컴퓨터와 양자컴퓨터의 연산 시간

양자 우월성

양자컴퓨터의 이러한 놀라운 속도는 2019년 구글에 의해 양자 우월성(quantum supremacy)이라는 이름으로 실현되어 세상에 발표되었다. 구글은 자사의 양자 프로세서인 시카모어(sycamore)를 이용하여 당시 세계에서 가장 빠른 슈퍼컴퓨터로 1만 년이 걸리는 연산 작업을 단 200초(3분 20초) 만에 해치웠다고 발표하여 세계를 놀라게 했다. 이는 세계 최초로 양자컴퓨터가 슈퍼컴퓨터의 성능을 뛰어넘은 사건으로 기록되며, 세계적인 과학 저널 《Nature》지에 논문이 게재되었다.

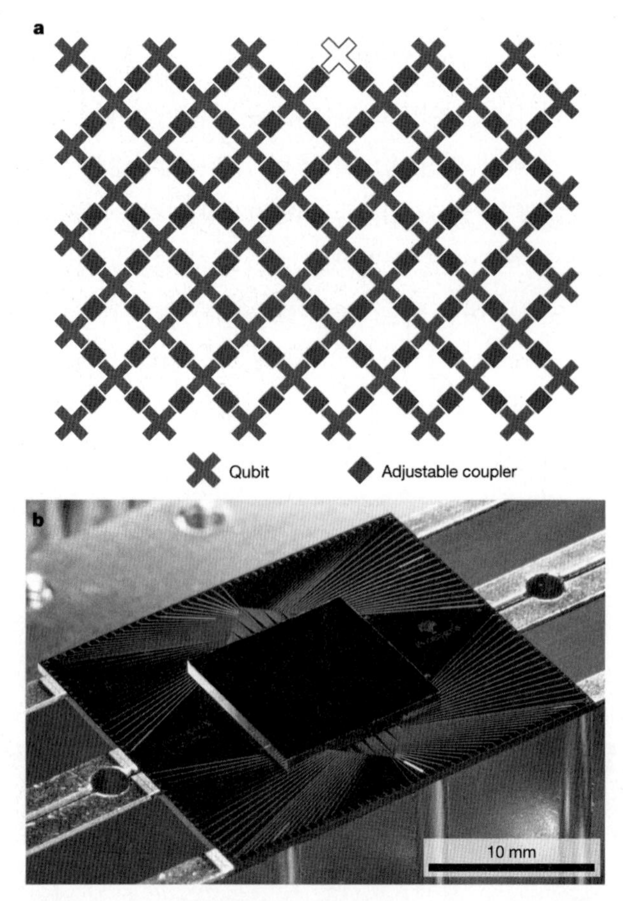

그림 1.3 | 구글이 발표한 양자 프로세서 시카모어의 54개의 큐빗

1.2 양자컴퓨터의 발전사

양자컴퓨터의 개념은 가장 먼저 1980년 폴 베니오프(Paul Benioff)에 의해 양자 튜링 머신으로서 제안된 것으로 알려져 있다. 이후 러시아 과학자 유리 마닌(Yuri Manin)과 미국의 리처드 파인먼(Richard Feynman)이 1982년경에 고전물리학이 아닌 양자역학에 기반을 둔 새로운 컴퓨터의 가능성을 제시했다. 위의 세 과학자 중에서 리처드 파인먼이 양자컴퓨터의 아버지로 가장 많이 거론된다.

1982년 영국의 물리학자 데이비드 도이치(David Deutsch)가 나중에 도이치-조사(Deutsch-Jozsa) 알고리즘으로 발전하는 양자 알고리즘을 발표하여, 양자컴퓨터가 기존의 결정론적인 고전적 알고리즘보다 지수함수적으로 정보를 훨씬 더 빨리 처리할 수 있음을 보였다.

양자컴퓨터에 대한 사람들의 관심이 폭증하게 된 계기로서 피터 쇼어(Peter W. Shor)의 쇼어 알고리즘이 1994년 나왔다. 쇼어 알고리즘에 의하면 큰 수를 소인수분해하는 데 있어 양자 알고리즘은 기존 알고리즘과는 비교가 안 될 만큼 빠르다.

1997년 로브 그로버(Lov Grover)가 그로버 알고리즘을 발표했는데 이는 양자컴퓨터가 대량의 데이터에서 필요한 값을 검색하는 데 더 빠르고 효율적임을 보여준다.

| 양자컴퓨터의 개척자들 | 폴 베니오프(Paul Benioff, 1930~2022)

미국의 이론물리학자이며 양자 컴퓨팅의 선구자이다. 1970년대와 1980년대 컴퓨터의 양자역학적인 모델을 제시한 양자정보이론을 개척했다. 양자전기역학에 기여한 공로로 1965년 노벨 물리학상을 수상했다. 1980년 《Journal of Statistical Physics》지에 발표한 그의 논문 "물리적 시스템으로서의 컴퓨터: 튜링 기계로 나타내지는 컴퓨터의 미시적 양자역학적 해밀토니안 모델"은 양자컴퓨터의 개념을 제시한 선구자적인 논문 중 하나이다.

출처: https://en.wikipedia.org/wiki/Paul_Benioff#cite_note-3

| 양자컴퓨터의 개척자들 | 리처드 파인먼(Richard Feynman, 1918~1988)

미국의 이론물리학자로서 양자전기역학에 기여한 공로로 1965년 노벨 물리학상을 수상했다. 양자역학의 경로적분 개발과 미국의 원자폭탄 개발계획인 맨해튼 계획에 참여한 것으로 특히 잘 알려져 있다. 과학에 대한 그의 선견지명은 나노기술과 양자컴퓨터를 예견한 것으로 유명하다. 1982년에 파인먼은 "컴퓨터로 물리학을 시뮬레이션하기"라는 논문에서 양자역학에 기반한 새로운 컴퓨터의 필요성과 가능성을 설명했다. 사진은 그가 맨해튼 계획 참여 당시 사용했던 로스앨러모스국립연구소 출입증 사진이다.

출처: https://en.wikipedia.org/wiki/Richard_Feynman

1.3 양자컴퓨터의 기초 단위 큐빗

큐빗이란

우리가 현재 사용하는 컴퓨터는 0과 1로 구분되는 비트(bit)가 정보처리의 기초 단위이다. 이와 유사하게 양자 컴퓨팅의 기초 단위를 양자비트(quantum bit) 또는 줄여서 큐빗(qubit)이라고 한다. 큐빗이 기존 컴퓨터의 비트와 유사한 점은 0과 1처럼 두 개의 대비되는 상태 $|0\rangle$과 $|1\rangle$이 있다는 점이다. (이 두 상태를 0과 1이 아닌 $|0\rangle$과 $|1\rangle$로 표현하는 것은 양자역학의 브라-켓 표기법으로서 3장에서 자세히 배울 것이다.) 큐빗의 두 상태 $|0\rangle$과 $|1\rangle$은 서로 명확히 대비된다는 점에서 고전적인 비트와 유사해 보이지만 기본적인 개념에서부터 근본적인 차

이를 갖고 있다.

고전적인 비트와 큐빗의 차이를 다음 그림처럼 이해해 보자. 고전적인 비트는 그림 (a)와 같이 떨어져서 서로 반대 방향을 가리키고 있는 두 개의 화살표라고 할 수 있다. 또는 위아래로 불이 들어오는 LED에서, 위쪽 LED에 불이 들어오면 0의 상태, 아래쪽 LED에 불이 들어오면 1의 상태가 되는 상황과 같다고 할 수 있다. 이때 정보의 단위인 비트는 0과 1의 두 값 중 반드시 하나만 가져야 한다. 양자역학을 따르는 큐빗은 어떨까? 비트가 따로 노는 두 개의 화살표라면 큐빗은 양끝에 방향 표시가 있는 이어져 있는 한 개의 화살표에 가깝다(그림 (b)). 큐빗을 측정하기 전 큐빗의 상태는 이 화살표의 선 가운데 어느 한 점에 위치하고 있다. 그림 (a)의 고전 비트와 비교해 보면 0도 아니고 1도 아닌 어중간한 값을 가질 수 있다는 점이 확연히 다르다!

정확한 큐빗의 상태는 그림 (c)에 보인 공에서 화살표가 가리키는 점이다. [이 공을 블로흐 구(Bloch sphere)라고 한다.] 큐빗 한 개의 양자 상태는 이 블로흐 구에서 원점에서 뻗어 나간 화살표가 어느 점을 가리키는지에 달려 있다. 두 개의 양자 상태 0과 1은 단지 화살표가 구의 북극과 남극을 가리키는 특수한 상황에 불과하다. 이후 살펴보겠지만 이 큐빗의 0과 1, 즉 $|0\rangle$과 $|1\rangle$은 수학적으로 말하면 서로 직교하는 양자 상태이다.

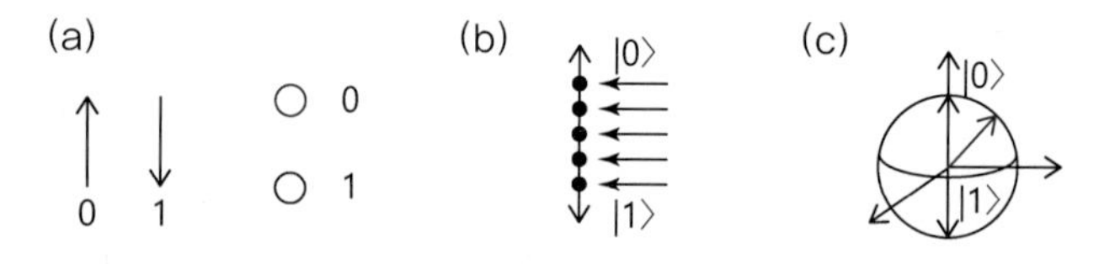

비트와 비교하여 큐빗은 아주 기묘한 성질을 갖고 있음을 알 수 있다. 큐빗의 이러한 성질은 큐빗의 양자역학적인 상태벡터가 중첩의 특성을 갖기 때문이다(3.2절에서 자세히 살펴본다). 주의할 것은 큐빗이 0도 1도 아닌 불확실한 상태에 항상 그렇게 존재하는 것은 아니라는 점이다. 블로흐 구에서 화살표의 위치는 우리가 측정하기 전 상태이다. 만약 측정이라는 과정을 거친다면 큐빗은 반드시 0과 1, 즉 $|0\rangle$과 $|1\rangle$ 중 하나의 상태에서 측정되어야 한다(측정의 가설).

이 큐빗을 물리적으로 만들기 위해서는 어떻게 하면 좋을까? 현재까지 여러 물질과 시스템으로 큐빗이 개발되어 사용되고 있으나, 우선 쉽게 이해하는 방법으로 원자의 바닥 상태와 들뜬 상태를 각각 $|0\rangle$과 $|1\rangle$ 상태로 정의해서 큐빗으로 사용하면 될 것이다.

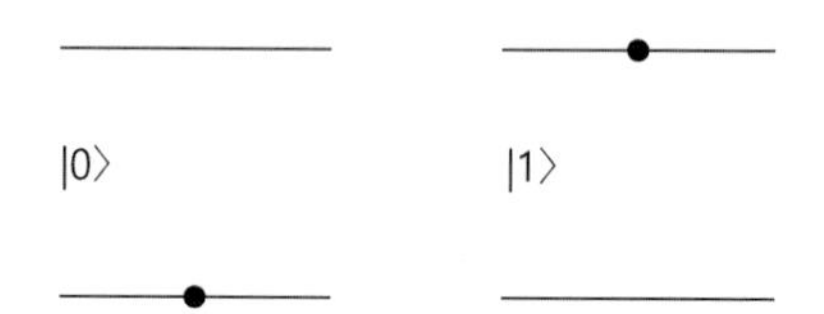

그림 1.4 | 원자의 바닥 상태와 들뜬 상태의 에너지 상태. 각각 |0⟩과 |1⟩의 큐빗의 양자 상태로 사용할 수 있다.

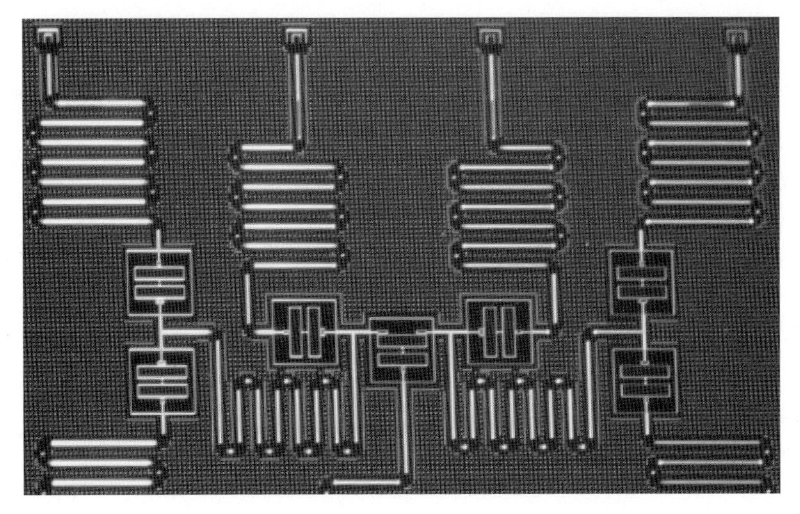

그림 1.5 | 초전도체로 만들어진 큐빗 회로. 큐빗에 빛을 쪼여서 큐빗을 제어할 수 있다.[2)]

1.4 중첩과 얽힘

앞에서 큐빗은 0과 1이 아닌 어중간한 상태에 존재할 수 있다고 했다. 양자컴퓨터의 큐빗이 기존 컴퓨터의 비트와 근본적으로 다른 점은, 큐빗은 중첩(superposition)과 얽힘(entanglement)의 성질이 있다는 것이다. 비트의 0과 1은 명확히 구분되는 정보의 두 개의 다른 상태로서, 정보는 0 아니면 1 중 하나의 값만 갖게 된다. 그러나 큐빗은 양자함수의 파동함수로서 상태가 표현되고 양자역학의 불확정성의 원리와 파동함수의 코펜하겐 해석을 따르게 된다. 비트가 정보 상태가 명확히 양분되는 결정론을 따르는 반면, 큐빗은 양자역학에 의해 필연적으로 얽힘과 중첩이라는 복잡한 양상을 갖게 된다. 이를 자세히 알아보자.

양자역학의 측정 가설과 확률적 해석

큐빗의 중첩과 얽힘을 이해하기 위해서는 양자역학의 측정 가설과 확률적 해석을 이해해야 한다.

자연에 대한 이러한 놀라운 해석은 고전물리학적 해석에서는 존재하지 않았으며, 양자역학에 도입되어 고전물리학의 난제를 해결하는 데 기여한 양자역학의 기본가정이다. 이에 대해서는 2장 이하에서 자세히 학습하기로 하고, 다음 사항을 우선 기하학의 공준처럼 기본가정으로 받아들여 보자.

2) https://www.ibm.com/quantum-computing/what-is-quantum-computing/

큐빗의 양자 상태

큐빗 한 개의 양자 상태벡터는 $|0\rangle$ 또는 $|1\rangle$의 수학적 합으로 표현된다. 이 양자 상태벡터는 큐빗의 물리적인 모든 정보를 담고 있는 '블랙박스'이다.

양자 상태벡터를 $|\psi\rangle$로 표시하면 $|\psi\rangle = \alpha_0|0\rangle + \alpha_1|1\rangle$로 나타낸다. (중첩)

기저 상태(벡터): $|0\rangle$과 $|1\rangle$은 $|\psi\rangle$를 구성하는 좌표축과 같은 '특별'한 양자 상태로서 기저(basis) 벡터라고 부른다.

측정의 가설

큐빗 한 개의 양자 상태 $|\psi\rangle$를 인간이 측정하기 전에는 두 기저 상태가 중첩되어 있어 어떤 상태에 있는지 정확히 알 수 없다. 그러나 측정을 시행하면 양자 상태는 두 기저 중 반드시 하나로 결정된다(양자 상태의 붕괴).

$$|\Psi\rangle = \alpha_0|0\rangle + \alpha_1|1\rangle \rightarrow \text{(측정 후) } |\psi\rangle = |0\rangle \text{ 또는 } |\psi\rangle = |1\rangle$$

양자 측정의 확률적 해석

큐빗 한 개의 양자 상태 $|\psi\rangle = \alpha_0|0\rangle + \alpha_1|1\rangle$에서 α_0과 α_1의 복소수 절댓값 제곱 $|\alpha_0|^2$과 $|\alpha_1|^2$은 측정 후 각각 $|0\rangle$과 $|1\rangle$로 붕괴될 확률을 나타낸다.

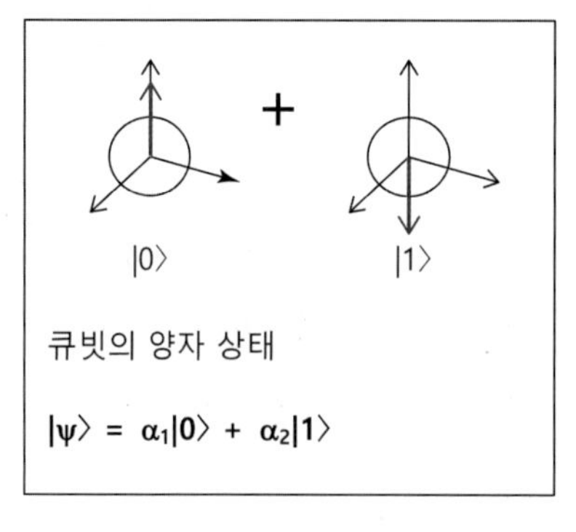

현재 우리가 쓰는 컴퓨터의 디지털 비트는 0 아니면 1 중 하나의 상태에만 존재할 수 있어.

큐빗은 디지털 비트에 대응되는 0과 1에 해당하는 것으로 |0⟩과 |1⟩ 상태가 있어.

이상하게도 양자 세계의 큐빗은 디지털 비트와 많이 달라.

위의 식 |Ψ⟩는 한 개의 큐빗에 |0⟩과 |1⟩의 상태가 중첩되어 있다는 사실을 보여줘.

앨리스, $|0\rangle$과 $|1\rangle$의 상태가 중첩되어 있다니 무슨 말이야?

큐빗이 $|0\rangle$과 $|1\rangle$의 상태 두 가지에 동시에 있을 수 있다는 뜻이야?

중첩은 두 상태 $|0\rangle$과 $|1\rangle$에 동시에 존재한다기보다 $|0\rangle$이 될 수도 $|1\rangle$이 될 수도 있는, 두 상태가 공존하는 것이라고 보는 게 좋겠어.

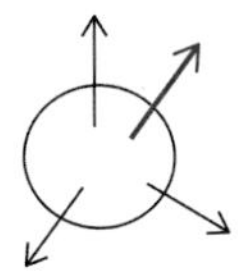

$$|\psi\rangle = \sqrt{\mathbf{0.6}}|0\rangle + \sqrt{\mathbf{0.4}}|1\rangle$$

측정 전에는 이 큐빗이 $|0\rangle$에 있을 확률이 60%, $|1\rangle$에 있을 확률이 40%이다.

앨리스, 알 것도 같고 모를 것도 같네.^^;

그럴 거야. 양자역학은 모든 사람을 그렇게 만들었으니 좌절하지 마. 심지어 아인슈타인도 이해하지 못하고 죽을 때까지 반대했었어.

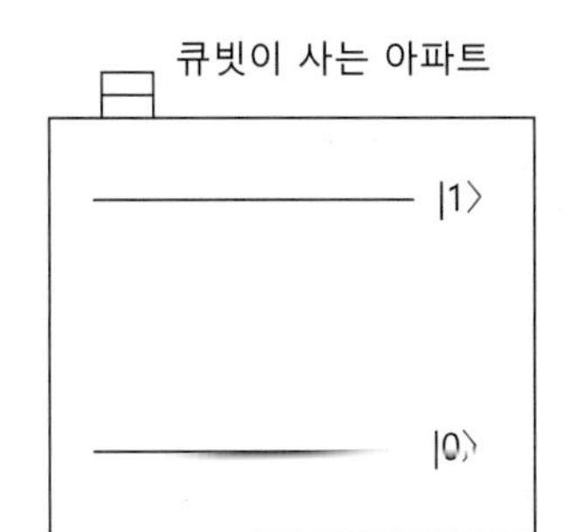

한 개의 큐빗

양자 상태는 큐빗이 가질 수 있는 에너지 상태라고 할 수 있어.

양자 상태가 여러 층을 가진 아파트라고 상상해 봐.

$|0\rangle$을 1층, $|1\rangle$을 2층이라고 상상해 보자.

상황에 따라 큐빗이 1층과 2층을 왔다 갔다 하는 거야.

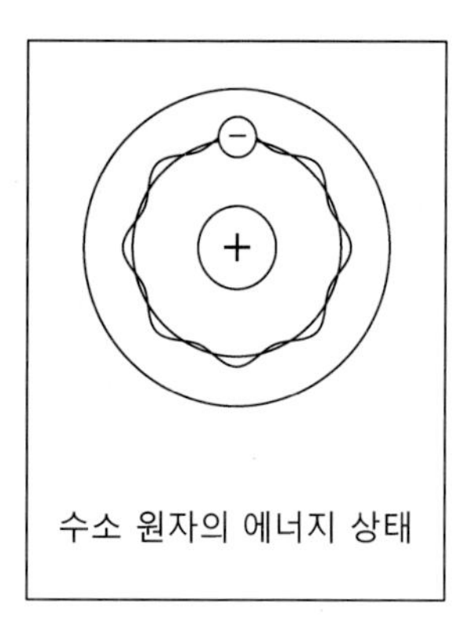

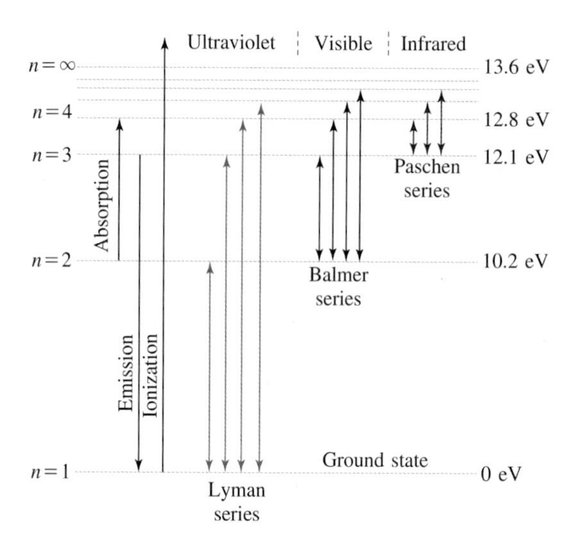

그림 1.6 | 수소 원자의 양자 상태
(출처: https://www.cbsetuts.com/how-do-you-calculate-the-ionization-energy-of-a-hydrogen-atom-in-its-ground-state/)

중첩

고전적인 컴퓨터의 비트는 0 아니면 1이다. 정보의 상태에 대해 조금의 모호함도 없다.

고전적인 비트의 상태: 0 아니면 1

그러나 큐빗은 우리가 그 상태를 측정하기 전에는 $|0\rangle$과 $|1\rangle$의 두 상태가 겹쳐져 있는 모호한 상태에 존재한다. 이것을 양자역학에서 사용하는 수학적 표현으로 표현해 보면,

큐빗의 상태벡터 $|\psi\rangle = \alpha_0|0\rangle + \alpha_1|1\rangle$ (측정 전 상태)

α_0과 α_1은 복소수이며, 그 절댓값 $|\alpha_1|^2$과 $|\alpha_2|^2$은 각각 $|0\rangle$과 $|1\rangle$ 상태에 존재할 확률을 나타낸다. 또한 $|0\rangle$과 $|1\rangle$ 이외의 다른 상태는 존재하지 않으므로 $|\alpha_1|^2 + |\alpha_2|^2 = 1$이 된다.

이러한 큐빗의 양자 상태는 $|0\rangle$과 $|1\rangle$ 양자 상태가 겹쳐져 있고 이를 큐빗의 중첩(superposition)이라고 부른다.

큐빗의 중첩현상을 자세히 들여다보면 놀라운 사실을 알게 되는데, 고전적인 비트와 비교하면 큐빗은 $|0\rangle$과 $|1\rangle$의 상태 중 어디에 존재하는지 정확히 알 수 없다는 것이다!

이 상황을 좀 더 구체적으로 말하면, 우리가 1,000개의 큐빗을 물리적으로 동일한 조건에서 준비했고, $|\alpha_1|^2 = 0.6$, $|\alpha_2|^2 = 0.4$라면 1,000개 중 60%인 600개의 큐빗은 $|0\rangle$의 양자 상태에 존재하며, 나머지 400개는 $|1\rangle$의 상태에 있게 된다. 이를 다르게 표현해 본다면, 측정 전에 큐빗의 상태는 정확히 알 수 없지만 $|0\rangle$에 있을 확률 60%, $|1\rangle$에 있을 확률 40%라고 할 수 있다.

앞에서 큐빗은 '그 상태를 측정하기 전에는' 그 상태가 중첩된 상태에 있다고 했다. 이제 큐빗의 상태를 정확히 알기 위해 큐빗에 측정기기를 들이밀어 그 상태를 알아보려 한다면 어떻게 될까?

큐빗을 포함하여 모든 물질의 양자 상태를 측정한다면 그 물질계의 고유한 상태(고유벡터라고 하며 3장에서 자세히 설명한다) 중 하나로 결정된다. 큐빗의 경우 고유벡터가 $|0\rangle$과 $|1\rangle$이므로 측정 후에는 두 가지 상태 중 하나로 결정된다. 이 두 상태 중 어떤 것이 측정값으로 나올지는 아무도 알 수 없지만, 확률적으로 $|\alpha_1|^2$과 $|\alpha_2|^2$의 가능성으로 예측할 수 있다. 이를 양자역학의 측정의 가설이라고 한다.

$$\text{큐빗의 상태벡터 } |\psi\rangle = \alpha_1|0\rangle + \alpha_2|1\rangle \text{ (측정 전)} \rightarrow |0\rangle \text{ 또는 } |1\rangle \text{ (측정 후)}$$

양자역학을 처음 접하는 독자라면 고전적인 비트와 큐빗의 실질적인 차이가 무엇인지 의심할지도 모른다. 큐빗의 양자 상태가 측정 전에는 불확실하지만 우리가 큐빗을 사용하여 컴퓨터를 돌린다면 결국 측정의 단계를 거치는 것인데, 측정 후에는 결국 0과 1과 같은 명확한 값이 나오는 점에서 고전적인 비트와 다른 점이 무엇인가?

이 질문에 대한 답이 양자컴퓨터와 기존 컴퓨터의 근본적인 차이이며, 어쩌면 이 양자 컴퓨팅을 배우는 가장 중요한 목적일 수 있다.

여기에서는 아래의 답을 제시하며, 독자들은 이 책을 공부하며 스스로 자신만의 답을 생각해 보기 바란다.

위의 질문에 대한 답으로서, 중첩에 의해 큐빗은 훨씬 다양한 상태 또는 상태의 가능성을 내포하고 있다. 큐빗이 한 개라면 이 점이 분명하지 않지만 큐빗이 많아지고 양자 회로가 복잡해질수록 고전적 비트와의 차이성이 비교가 안 될 정도가 된다.

큐빗이 두 개인 경우 측정 전의 양자 상태는

$$|\psi\rangle = \alpha_{00}|00\rangle + \alpha_{01}|01\rangle + \alpha_{10}|10\rangle + \alpha_{11}|11\rangle$$

이며 고전적인 비트는 00, 01, 10, 11 중 하나를 갖지만 큐빗은 일정한 확률로 네 가지 상태 ($|00\rangle$, $|01\rangle$, $|10\rangle$, $|11\rangle$)가 다음 양자 회로의 연산에 참여하게 되어 활용할 수 있는 정보의 양이 네 배 더 많다고 할 수 있다.

즉, N개의 비트와 큐빗이 사용할 수 있는 정보의 양은 다음과 같으며, N 값이 커질수록 큐빗의 정보처리량은 지수함수적으로 급격하게 늘어난다.

고전적 비트: 2^N 중 하나

큐빗: 2^N 모두 사용

얽힘

양자 얽힘은 두 개 이상의 양자 시스템이 상관관계를 갖고 마치 얽혀 있는 것처럼 행동하는 것을 말한다. 앞에서 설명한 그림의 원자가 두 개 있다고 생각해 보자. 우리가 두 개의 원자 중 한 개 원자를 측정을 하거나 기타 물리적 조작을 통해 그 상태를 바꾸려고 하면, 다른 원자의 상태도 변경된다. 이것은 마치 두 개의 원자가 보이지 않는 끈으로 연결되어 한쪽의 상태 변화에 다른 원자가 즉각적으로 반응하는 것처럼 보인다.

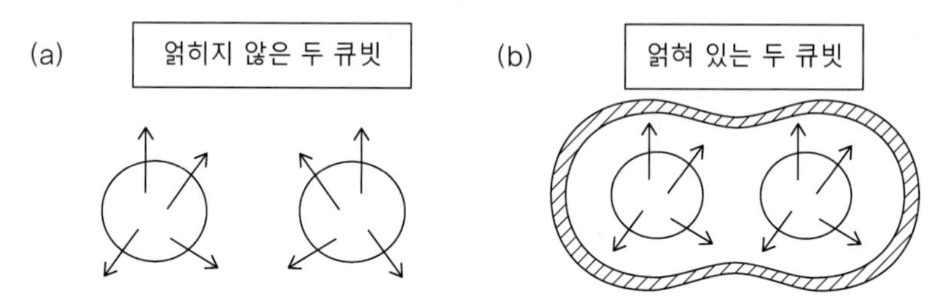

(a) 얽히지 않은 두 개의 큐빗: 두 큐빗은 서로에게 영향을 주지 않고 독자적으로 행동할 수 있다.
(b) 얽혀 있는 두 개의 큐빗: 한 큐빗의 양자 상태가 다른 큐빗의 양자 상태를 결정할 수 있다.

6장에서 좀 더 자세히 알아보겠지만, 두 개의 큐빗이 얽혀 있는 상태를 벨[3] 상태라고 한다. 예를 들어 두 개의 큐빗을 각각 A, B라고 하자. 큐빗 A가 $|0\rangle$, B가 $|1\rangle$ 상태에 있을 때 큐빗 두 개가 이루는 전체 시스템의 상태는 $|0\rangle_A \otimes |1\rangle_B$라는 수식으로 표현한다.[4] 이런 경우라면 두 큐빗은 얽혀 있지 않으며, 한 큐빗의 물리적 상태는 다른 큐빗과는 독립적으로 서로 영향을 끼치지 않게 된다.

그런데 만약 두 큐빗이 네 가지 가능한 벨 상태 중 하나인 다음 식으로 표시되는 상태에 있다면, 우리는 두 큐빗이 '얽혀(entangled)' 있다고 말한다.

$$\frac{1}{\sqrt{2}}(|0\rangle_A \otimes |0\rangle_B + |1\rangle_A \otimes |1\rangle_B)$$

---

3) 양자역학의 얽힌 상태와 국소성을 판별하는 벨 부등식을 발표한 존 스튜어트 벨(John Stewart Bell)의 이름을 딴, 두 개 큐빗의 얽힌 상태를 말한다.

4) ⊗기호는 텐서곱을 의미하며 두 개의 작은 물리시스템이 동시에 공존하는 것으로 이해하면 된다. 자세한 수학적 및 물리학적 의미는 3장에서 자세히 학습한다.

왜 두 큐빗이 얽혀 있는지 살펴보자.

위의 벨 상태에서 큐빗 A의 상태를 측정해서 $|0\rangle$이 나왔다면 위의 식에서 전체 양자 상태는 첫 번째 항인 $|0\rangle_A \otimes |0\rangle_B$가 되므로 B가 100%의 확률로 $|0\rangle$의 상태에 있게 된다.

만약 A의 상태가 측정 후 $|1\rangle$이었다면 두 번째 항인 $|1\rangle_A \otimes |1\rangle_B$가 나오므로 B는 100% 확실하게 $|1\rangle$의 상태가 된다. 이 상황은 A가 $|0\rangle$이면 B가 $|1\rangle$, 반대로 $|1\rangle$이면 $|0\rangle$이 되어서 A의 상태 변화에 따라 B가 상태를 바꾸는 것처럼 보인다.

만약 A의 상태를 측정하지 않고 B를 바로 측정하면, 위의 식에서 $|0\rangle_B$과 $|1\rangle_B$이 각각 1/2의 확률로 존재하므로 두 상태 중 어떤 것이 될지 정확히 예측할 수 없다.

이 양자 얽힘은 한 곳에서의 정보를 순간 다른 곳으로 전달하는 것으로 보이기 때문에 양자 암호, 양자 전송에 응용되며 앞으로 자세하게 공부할 것이다.

그림 1.7 | 인터넷에 흔히 보이지만 출처가 불분명한 카툰. 앨리스와 밥은 암호학과 보안에서 흔히 쓰이는, 정보를 주고받는 두 사람의 이름이다. (출처: http://history.aip.org/exhibits/heisenberg/implications.html)

$$|\psi\rangle = \frac{1}{\sqrt{2}}[\,|0\rangle_A \otimes |0\rangle_B + |1\rangle_A \otimes |1\rangle_B\,]$$

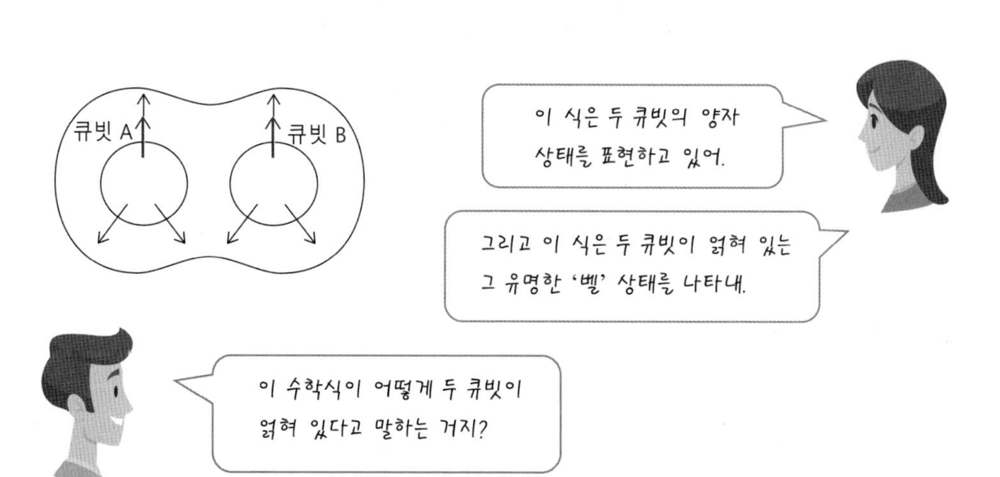

앞으로 이 책을 차근차근 학습하면 잘 이해할 수 있을 거야.
벨 상태는 양자컴퓨터의 가장 중요한 개념 중 하나야. 큐빗을 이러한 벨 상태로 만들어야 양자컴퓨터가 진짜 힘을 쓸 수 있지.

앞에서 얘기한 양자역학의 '측정과 확률적 해석'의 가설을 이해해야 해.

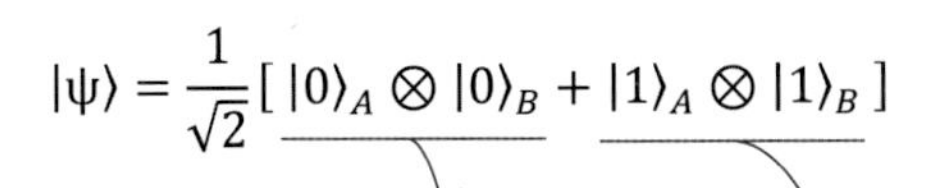

$$|\psi\rangle = \frac{1}{\sqrt{2}}[\,|0\rangle_A \otimes |0\rangle_B + |1\rangle_A \otimes |1\rangle_B\,]$$

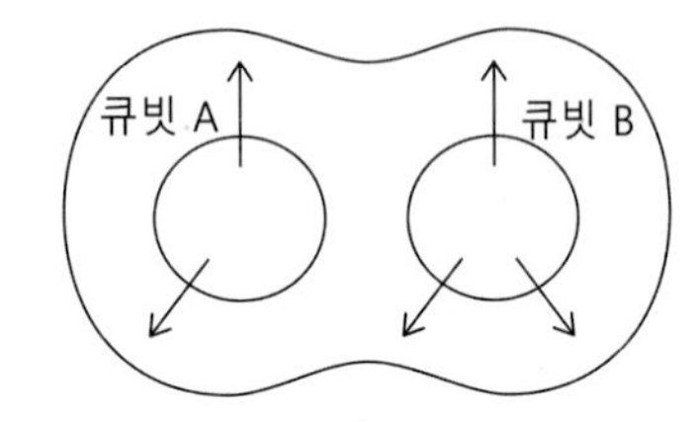

큐빗 A가 |0〉 상태에 있는 동시에 큐빗 B는 |0〉 상태에 있음.

큐빗 A가 |1〉에 그리고 큐빗 B는 |1〉에 있다.

$|\Psi\rangle$ 안의 두 항은 큐빗 A와 B가 동시에 있을 수 있는 상태를 의미해.

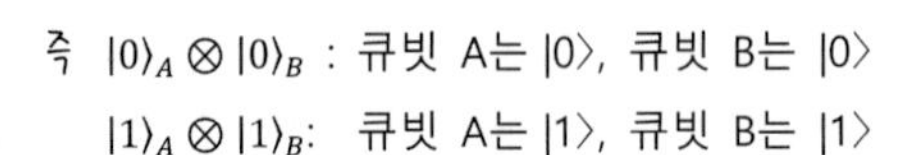

즉 $|0\rangle_A \otimes |0\rangle_B$: 큐빗 A는 |0〉, 큐빗 B는 |0〉
$|1\rangle_A \otimes |1\rangle_B$: 큐빗 A는 |1〉, 큐빗 B는 |1〉

이제 내가 큐빗 A에 어떤 상태가 있는지 측정해 봤어. 그러면 측정의 가설에 의해 측정 후 가능한 항은 ($|0\rangle_A \otimes |0\rangle_B$)이거나 ($|1\rangle_A \otimes |1\rangle_B$)이고 확률은 각각 50%야.

그렇게 이 두 개의 항 중 하나로 결정되면 A는 $|0\rangle_A$이거나 $|1\rangle_A$ 둘 중 하나야. 50%의 확률로.

그렇구나.

A가 이 둘 중 하나면 B는 100% 확률로 그 상태가 결정돼버려.

즉 A가 $|0\rangle_A$이면 B는 $|0\rangle_B$: 확률 100%

A가 $|1\rangle_A$이면 B는 $|1\rangle_B$: 확률 100%

즉 A의 양자 상태가 결정되면 B는 100%로
(A에 구속된 것처럼) 양자 상태가 결정돼.

이것은 꼭 A가 $|0\rangle_A$에 있다가 $|1\rangle_A$로 상태를 바꾸면 B도 반응해서 상태를 바꾸는 것처럼 보이지.

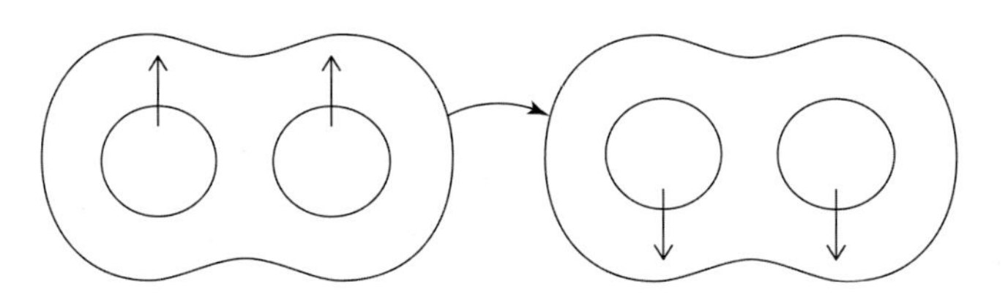

마지막으로, 만약 A를 측정하지 않고 B를 먼저 측정하면 $|0\rangle_B$와 $|1\rangle_B$일 확률이 50%야. 따라서 A를 측정하지 않으면 B의 상태는 불확실해져.

1.5 양자컴퓨터는 어떻게 생겼을까

그러면 현재의 양자컴퓨터는 실제 어떻게 생겼고 어떻게 어떤 환경에서 작동하는지 알아보자. 현재 전 세계적으로 IBM, 구글, 디웨이브(D-Wave) 등이 양자컴퓨터를 개발하고 있다. 우리는 그중 IBM의 양자 컴퓨팅 시스템을 실습에 사용할 예정이므로 IBM의 양자컴퓨터를 주로 알아본다. 좀 더 자세한 사항은 https://www.ibm.com/quantum-computing/what-is-quantum-computing/에서 확인할 수 있다.

양자컴퓨터는 인류의 최첨단 과학기술의 집약체이다. 이제까지 알아본 큐빗의 독특한 양자적 성질을 이용하여 실제적인 컴퓨터로 만들기 위해 극한의 물리적 환경이 필요하다. 위에서 언급된 큐빗의 양자 특성을 유지하기 위해서 큐빗은 15 mK이라는 아주아주 차가운 온도에 놓여 있어야 한다. 이는 큐빗이 양자 특성을 유지하기 위해 결맞은[5] 상태에 있어야 하는데,

온도가 높을수록 결맞은 상태에 있는 시간이 급격하게 짧아져 양자게이트를 통한 연산을 수행하기 전에 양자 상태가 붕괴되기 때문이다.

또한 큐빗은 극초고진공(ultra-high vacuum, UHV)의 아주 낮은 압력의 체임버에 놓여져 공기로 인한 간섭을 최소화한다.

아래에서 IBMQ 양자컴퓨터의 주요 부분을 살펴보자.

- 큐빗의 신호증폭기: 큐빗에서 나오는 전기적 신호를 증폭하며 4 K 온도에서 작동한다.
- 입력 마이크로웨이브 라인: 큐빗이 주변의 열로 인한 잡음을 방지하기 위한 신호선이다.
- 초전도 동축선: 에너지 손실을 줄이기 위해 초전도체로 만들어진 첫 번째와 두 번째 증폭기의 신호를 조정하는 역할을 한다.
- 크라이오지닉 아이솔레이터(cryogenic isolator): 잡음을 방지하면서 큐빗 신호가 계속 나올 수 있게 한다.
- 양자증폭기: 이 양자증폭기는 지구와 주변 환경의 자기장으로부터의 교란을 막기 위해 자기장 차폐되어 있다. 큐빗에서 나오는 양자 신호를 증폭하는 역할을 한다.
- 크라이오펌(cryoperm) 차폐: 큐빗으로 구성된 양자 프로세서가 들어 있는 부분이다. 주변의 전자기파의 교란을 막기 위해 극저온에서 높은 자기장 차폐를 할 수 있는 cryoperm 차폐를 이용한다.
- 혼합체임버: 혼합체임버는 양자컴퓨터에서 가장 낮은 위치에 자리 잡고 있다. 큐빗과 주변 양자 프로세서, 기타 부품 등을 극저온까지 낮은 온도에 있을 수 있도록 해준다.

1.6 디빈센조의 조건

양자컴퓨터를 실제 구현하기 위해 1980년 초에 제안된 구체적인 조건으로서 미국의 이론물리학자 데이빗 디빈센조(David DiVincenzo)가 제안한 디빈센조의 조건이 있다. 이 조건에 따르면 양자컴퓨터를 물리적으로 돌아가게 하려면 모두 7개의 조건이 필요하다(DiVincenzo, 2000). 디빈센조의 조건에서 처음 5개는 양자 계산과 관련이 있다.

(1) 잘 정의된 큐빗과 함께 확장 가능한 물리적인 시스템: 양자컴퓨터를 만들기 위해서는 제일 먼저 잘 정의된 큐빗이 필요하다. 큐빗은 앞에서 설명한 바와 같이 중첩과 얽힘 같은 양자역학의 법칙을 따른다. '잘 정의된'이란 말은 큐빗의 양자적인 물리적 특징을

5) https://ko.wikipedia.org/wiki/결맞음

정확히 측정할 수 있어야 한다는 것인데, 특히 큐빗의 해밀토니안(에너지 값이라고 생각하면 된다)이 잘 정의되어 있어야 한다.

(2) 단순하고 신뢰성 있는 상태로 큐빗의 상태를 초기화할 수 있는 능력: 컴퓨터 계산을 수행하기 위해 당연히 큐빗은 우리가 잘 아는 상태로 설정된 다음에야 비로소 그다음 단계로 나아갈 수 있을 것이다.

(3) 충분히 긴 시간의 결어긋남 시간: 결어긋남(decoherence)은 큐빗이 주변 환경의 교란 때문에 초기에 가진 양자 상태의 결맞은 상태를 잃게 되는 것을 말한다. 결어긋남 시간은 큐빗의 초기 잘 정의된 결맞음 상태에 있다가 이를 잃어버릴 때까지 걸리는 시간이다. 큐빗이 양자 연산을 수행하는 시간이 결어긋남 시간보다 짧아야 양자 상태를 잃지 않

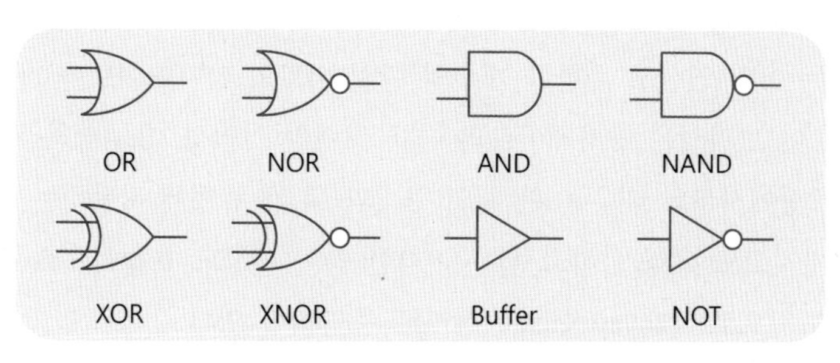

고전 컴퓨터에서 사용되는 논리 연산 게이트

Operator	Gate(s)		Matrix
Pauli-X (X)	X	⊕	$\begin{bmatrix} 0 & 1 \\ 1 & 0 \end{bmatrix}$
Pauli-Y (Y)	Y		$\begin{bmatrix} 0 & -i \\ i & 0 \end{bmatrix}$
Pauli-Z (Z)	Z		$\begin{bmatrix} 1 & 0 \\ 0 & -1 \end{bmatrix}$
Hadamard (H)	H		$\frac{1}{\sqrt{2}}\begin{bmatrix} 1 & 1 \\ 1 & -1 \end{bmatrix}$
Phase (S, P)	S		$\begin{bmatrix} 1 & 0 \\ 0 & i \end{bmatrix}$
$\pi/8$ (T)	T		$\begin{bmatrix} 1 & 0 \\ 0 & e^{i\pi/4} \end{bmatrix}$
Controlled Not (CNOT, CX)			$\begin{bmatrix} 1 & 0 & 0 & 0 \\ 0 & 1 & 0 & 0 \\ 0 & 0 & 0 & 1 \\ 0 & 0 & 1 & 0 \end{bmatrix}$
Controlled Z (CZ)	Z		$\begin{bmatrix} 1 & 0 & 0 & 0 \\ 0 & 1 & 0 & 0 \\ 0 & 0 & 1 & 0 \\ 0 & 0 & 0 & -1 \end{bmatrix}$
SWAP			$\begin{bmatrix} 1 & 0 & 0 & 0 \\ 0 & 0 & 1 & 0 \\ 0 & 1 & 0 & 0 \\ 0 & 0 & 0 & 1 \end{bmatrix}$
Toffoli (CCNOT, CCX, TOFF)			$\begin{bmatrix} 1 & 0 & 0 & 0 & 0 & 0 & 0 & 0 \\ 0 & 1 & 0 & 0 & 0 & 0 & 0 & 0 \\ 0 & 0 & 1 & 0 & 0 & 0 & 0 & 0 \\ 0 & 0 & 0 & 1 & 0 & 0 & 0 & 0 \\ 0 & 0 & 0 & 0 & 1 & 0 & 0 & 0 \\ 0 & 0 & 0 & 0 & 0 & 1 & 0 & 0 \\ 0 & 0 & 0 & 0 & 0 & 0 & 0 & 1 \\ 0 & 0 & 0 & 0 & 0 & 0 & 1 & 0 \end{bmatrix}$

그림 1.8 | 기존 컴퓨터의 논리게이트(위)와 양자컴퓨터의 양자게이트(아래)
(출처: https://en.wikipedia.org/wiki/Quantum_logic_gate)

고 정상적으로 계산을 마칠 수 있다.

(4) 보편적인 양자게이트의 집합: 이제 양자컴퓨터를 돌릴 수 있는 큐빗이 마련되었다면 이 큐빗을 어떻게 사용해야 할 것인가? 현재의 비트 기반의 컴퓨터는 다양한 논리게이트(AND, OR, XOR, NAND 게이트 등)를 사용하여 비트들 간의 이진법 논리 연산을 수행하여 우리가 원하는 연산을 수행한다. 양자컴퓨터도 논리게이트에 대응되는 양자게이트들로 큐빗의 양자 상태($|0\rangle$과 $|1\rangle$)를 조작하여 컴퓨터 연산을 하게 된다.
양자컴퓨터를 아주 대강 이해한다면, 아래와 같이 이해해도 좋을 것이다.

양자컴퓨터 하드웨어 = 큐빗 + 양자게이트

디빈센조의 조건에서 양자게이트의 보편성(universality)은, 우리가 양자컴퓨터에서 수행하고자 하는 어떤 연산도 유한한 개수의 단일 비트의 양자게이트를 가지고 할 수 있다는 뜻이다. 이 보편성은 양자게이트의 다른 특성인 가역성, 유니타리 특성과 함께 기본 조건이다. 2장에서부터 배우는 한 개의 큐빗과 두 개 큐빗에 작동하는 게이트를 적당한 개수만큼 가지고도 우리가 하고 싶은 어떠한 양자 연산도 효율적으로 해낼 수 있다. 이 사실은 수학적으로 Solovay-Kitaev 정리로 증명되어 있다.

이 양자컴퓨터의 보편성은 이제부터 학습하게 될 단일 큐빗 양자게이트들을 잘 엮어서 회로를 만들면 우리가 원하는 양자 연산이 기대하는 정확도로 나오도록 보장해 준다고 생각하면 된다. 양자게이트의 보편성과 기타 특성은 5장에서 자세히 학습할 것이다.

(5) 특정한 큐빗을 측정할 수 있는 능력: 최종적으로 양자 연산이 끝난 후 그 결과를 읽어야 하는데, 여기에는 특정한 큐빗을 임의로 측정할 수 있는 능력이 필요하다. 앞의 측정의 가설에서 살펴보았듯이 측정은 양자역학에서 핵심적인 개념이다. 실제 측정은 이론과 달라서 100% 효율적이지 않은데, 이럴 경우 같은 측정을 여러 번 반복하여 효율을 높이게 된다.

나머지 두 개의 조건은 양자 통신에 필요한 것으로서 다음과 같다.

(6) 큐빗의 정적인 상태와 동적인 상태를 상호 전환할 수 있는 능력
(7) 특정 위치에서 동적인 상태의 큐빗을 신뢰성 있게 전송할 수 있는 능력

이 두 가지 능력을 가지고 큐빗을 한 장소에서 다른 곳으로 이동시킬 때(날으는 큐빗), 결어긋남 없이 온전한 양자 상태로 보내는 것은 어려운 작업이다. 결맞은 상태에 있는 양자 상태 혹은 최대로 엉켜 있는 큐빗을 이동시키는 기술은 양자암호전송(quantum key distribution)[6] 등

6) https://ko.wikipedia.org/wiki/양자_키_분배

에서 사용된다.

1.7 상업용 양자컴퓨터의 발전

이상에서 살펴본 양자 컴퓨팅을 단순히 실험실 수준의 구현이 아닌 상용 또는 그에 준하는 독자적인 기기로 어떻게 만들었는지 살펴보자.

디웨이브사의 양자 어닐링 컴퓨터

상업용 양자컴퓨터로서 대중들에게 제일 먼저 데뷔를 한 것은 캐나다 디웨이브(D-Wave)사에서 개발한 양자 어닐링(Quantum Annealing) 컴퓨터 D-Wave 1이다(2011). 이 컴퓨터는 128 큐빗 칩셋을 가지고 '세계 첫 상용 양자컴퓨터'로 소개되었다. 양자 어닐링은 일본의 가도와키와 니시모리가 1998년도에 발표한 논문에 기반을 두고, 양자요동(quantum fluctuations)을 이용하여 목적함수의 글로벌 최소를 찾는 방법론을 말한다.

디웨이브사의 양자 어닐링 컴퓨터가 큐빗의 중첩과 얽힘, 그리고 보편적인 양자게이트를 진정으로 구현하고 있는지 물리학계에서 회의론이 대두되었다.[7] 2013년 양자 어닐링이 양자 현상을 이용하여 고전적인 모사 어닐링(simulated annealing)을 뛰어넘을 수 있다는 논문[8]이 발표된 바 있다. 디웨이브사는 2013년 512 큐빗으로 업그레이드된 D-Wave 2를 발표했고, 록히드마틴과 구글이 D-Wave 1을 구매했다.

그림 1.9 | 디웨이브사의 상용 양자 어닐링 컴퓨터 D-Wave 1
(출처: http://cryptowiki.net/index.php?title=File:D_wave_one_system.jpg, D-Wave사 홈페이지 참조)

7) 김재완 고등과학원 교수 및 이순칠 카이스트 교수 관련 기사: http://scienceon.hani.co.kr/113775
8) https://www.nature.com/articles/ncomms3067

IBM의 양자컴퓨터 IBMQ

우리가 학습하면서 주로 사용하게 될 양자컴퓨터는 IBM사가 2016년부터 개발한 5 큐빗 양자 프로세서를 일반에게 공개한 IBMQ Experience이다. IBMQ Experience는 전 세계에 산재한 IBM의 양자컴퓨터에 인터넷을 통하여 손쉽게 접근하여 양자 회로를 연산시켜 볼 수 있게 해 준다. 또한 IBMQ는 양자 컴퓨팅의 전 세계 포럼을 제공하고 있다. 여기에서 양자 컴퓨팅의 기초에서부터 프로그램 개발까지 전 세계 유저들과 소통하며 경험할 수 있다. 5 큐빗에서 시작했던 IBMQ Experience는 2017년 16 큐빗까지 늘어났다.

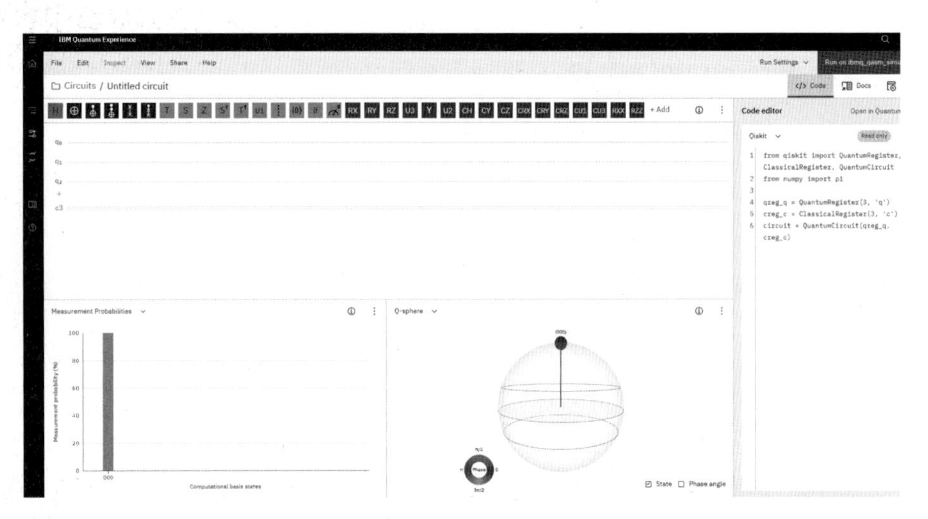

그림 1.10 | 2020년 9월 현재 IBMQ experience circuit composer 화면

이온트랩 양자컴퓨터: IONQ

위에서 설명한 두 양자컴퓨터의 큐빗은 초전도 현상을 이용한 큐빗을 사용하고 있다. 초전도 기반 큐빗 이외의 방식도 전 세계에서 연구 개발이 활발하며, 그중 이온을 사용한 이온트랩 기술이 양자컴퓨터로 상용화되어 있다.

이온트랩은 레이저광과 자기장으로 이온을 공중에 띄워 가두는 '트랩(trapping)' 기술이다. 미국의 노벨상 수상자 데이브 와인랜드(Dave Wineland)와 그의 연구팀은 이온트랩 기술을 사용하여 최초로 조절이 가능한 큐빗과 양자게이트를 구현해 보였다. 이온트랩 큐빗이 실질적으로 가장 빨리 실험적으로 구현된 큐빗이라고 할 수 있다.

2015년 매릴랜드대학교의 크리스토퍼 먼로(Christopher Monroe)와 듀크대학교의 김정상 교수는 이온트랩을 이용한 상용 양자 컴퓨팅 회사 IONQ를 미국 매릴랜드주 컬리지 파크에 설립했다.

그림 1.11 | IONQ의 32 큐빗 이온트랩 기반 양자컴퓨터
(출처: https://ionq.com/)

참고문헌

- Michael A. Nielsen, Isaac L. Chuang, Quantum Computation and Quantum Information: 10th Anniversary Edition, Cambridge University Press; 1st edition (January 31, 2011)
- Benioff, Paul (1980). "The computer as a physical system: A microscopic quantum mechanical Hamiltonian model of computers as represented by Turing machines". Journal of Statistical Physics. 22 (5): 563–591. Bibcode:1980JSP....22..563B. doi:10.1007/bf01011339. S2CID 122949592.
- Feynman, Richard (June 1982). "Simulating Physics with Computers" (PDF). International Journal of Theoretical Physics. 21 (6/7): 467–488. Bibcode:1982IJTP...21..467F. doi:10.1007/BF02650179. S2CID 124545445. Archived from the original (PDF) on 8 January 2019. Retrieved 28 February 2019.
- Manin, Yu. I. (1980). Vychislimoe i nevychislimoe [Computable and Noncomputable] (in Russian). Sov.Radio. pp. 13–15. Archived from the original on 2013-05-10. Retrieved 2013-03-04.
- DeVincenzo (2000). "The Physical Implementation of Quantum Computation". https://arxiv.org/abs/quant-ph/0002077

요약

1. 양자컴퓨터는 양자역학에 기반을 두고 기존 컴퓨터와 근본적으로 다른 패러다임으로 구동되는 새로운 컴퓨터 기술을 말한다.

2. 기존 컴퓨터의 비트에 해당하는, 양자컴퓨터 정보처리의 기본 단위가 큐빗(또는 큐비트)이다.

3. 큐빗의 두 가지 상태는 $|0\rangle$ 과 $|1\rangle$ 로 표현된다.

4. 큐빗의 상태는 반지름 1인 블로흐 구 위에 존재하는 점, 즉 벡터로 표현된다.

5. 큐빗의 가장 중요한 두 가지 특징은 중첩과 얽힘이다.

   - 중첩은 한 개의 큐빗의 상태가 측정 전에 어떤 확률값을 가지고 두 가지 상태로 겹쳐져 있는 것을 말한다.
   - 큐빗의 상태는 측정 전에 중첩되어 있지만, 측정 후에는 가능한 상태 중 한 개로 결정된다.
   - 측정 후 어떤 상태로 결정되느냐인 확률값은 $|0\rangle$ 과 $|1\rangle$ 상태 각 앞에 있는 수치의 복소수 절댓값이다.
   - 얽힘은 두 개 이상의 큐빗의 양자 상태가 연결되어 하나의 양자 상태의 변화가 다른 큐빗의 양자 상태에 영향을 끼치는 것을 말한다.

6. 양자컴퓨터를 실제 구현하기 위한 기본 조건으로서 디빈센조의 조건이 있다.

연습문제

1. 양자컴퓨터를 한두 문장으로 정의하시오.

2. 양자컴퓨터의 정보처리의 기본 단위는?
   ① 비트　② 큐빗　③ 바이트　④ 니블

3. 양자컴퓨터에 대한 다음 설명 중 옳지 않은 것은?
   ① 모든 계산 문제에서 기존 컴퓨터에 비해 속도 향상이 기대됨
   ② 중첩과 얽힘의 성질을 이용함
   ③ 특별한 양자알고리즘이 필요함
   ④ 현재 양자컴퓨터는 오류의 발생이 필연적임

4. IBM사가 개발한 양자 컴퓨팅 개발 플랫폼의 이름은?
   ① tensorflow　② tensorflow quantum　③ ibm cloud　④ ibm quantum

5. 큐빗 한 개의 중첩의 특성에서 양자역학의 측정의 가설을 설명하시오.

6. 고전적인 비트와 큐빗의 차이를 설명하시오.

7. 디빈센조의 조건을 설명하시오.

8. 큐빗의 중첩과 얽힘의 차이는 무엇인가?

9. 큐빗의 중첩 현상에 의해 양자컴퓨터가 기존 컴퓨터에 비해 어떤 우월한 점이 발생했을까?

제2장

IBM의 Hello Quantum 게임

이 장에서 학습할 내용

- IBM이 배포한 Hello Quantum 앱으로 게임을 하면서 양자 컴퓨팅을 경험해 본다.
- Hello Quantum을 통해 큐빗의 특성을 이해해 본다.
- 게이트의 작용을 수식이 아닌 게임으로 이해한다.
- 게임에서 게이트의 작용을 약간의 수학을 통해 확인하고 그 의미를 확실하게 이해한다.*

* Hello Quantum을 통해 직관적으로 이해한 큐빗, X, Z, H, CZ 게이트의 엄밀한 수학적 개념은 3장에서 학습한다.

2.1 Hello Quantum 소개

Hello Quantum(이하 HQ)은 IBM사에서 2017년 양자 컴퓨팅의 대중화를 위해 개발하여 공개한 교육용 게임이다. 이 게임을 안드로이드와 iOS에서 무료로 다운로드받아 설치해 보자. 이 게임을 통해 양자역학과 양자 컴퓨팅에 입문하는 대중이 양자 컴퓨팅의 기초 동작 원리를 '비교적' 쉽게 익힐 수 있다. HQ를 통해서 사용자는 두 개의 큐빗에 X, Z, H, CZ의 네 개의 기본 양자게이트가 작용하는 양자 컴퓨팅 연산을 게임하듯이 경험해 볼 수 있다. 각 게이트에 대한 기본적인 설명이 게임 안에 비교적 풍부하게 제공되어 양자 컴퓨팅의 작동 원리를 이해하는 데 도움이 된다. 그러나 관련 수학은 나와 있지 않고, 실제 사용되는 게이트보다 훨씬 적은 숫자의 양자게이트를 소개하고 있어, 이 게임만으로 양자 컴퓨팅을 깊이 이해하기에는 부족한 부분이 많다. 이 게임을 양자 컴퓨팅 입문용으로 사용하고, 이 게임의 작동 원리를 양자역학적 관점에서 다시 고찰할 것을 권한다. 이 장에서는 HQ의 기본 동작 원리를 소개하고, 이를 양자역학적 관점에서 이해함으로써 양자 컴퓨팅을 실습하는 기초를 수립할 것이다.

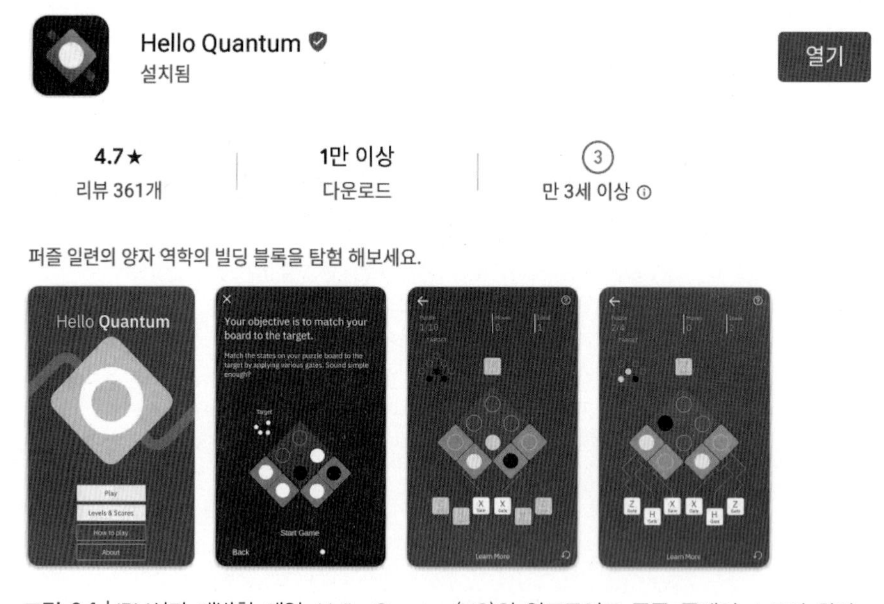

그림 2.1 | IBM사가 개발한 게임, Hello Quantum(HQ)의 안드로이드 구글 플레이 스토어 화면

* 이 장과 이후의 장에서 Hello Quantum과 IBM Quantum 이미지와 일부 소스코드의 사용을 정식으로 허가받았다. 이 이미지에는 모두 Reprint Courtesy of IBM Corporation © 문구가 삽입되며 IBM사의 허가에 따라 이미지가 사용되는 장의 첫 페이지에서만 표시한다.
IBM, the IBM logo, and ibm.com are trademarks or registered trademarks of International Business Machines Corporation, registered in many jurisdictions worldwide. Other product and service names might be trademarks of IBM or other companies. A current list of IBM trademarks is available on the Web at "IBM Copyright and trademark information" at www.ibm.com/legal/copytrade.shtml.

게임의 설치와 진행 방법

HQ는 안드로이드와 iOS 버전 모두 출시되어 있다. 두 운영체제에서 게임의 동작은 동일하므로, 편의상 안드로이드에서의 설치와 게임 진행을 소개한다. 설치를 위해 구글 플레이에서 Hello Quantum이란 키워드로 검색하여 International Business Machines Corp.이 배포한 게임을 설치한다.

설치가 완료되면 바탕화면에 다음과 같은 아이콘이 보일 것이다.

그림 2.2 | Hello Quantum 게임 아이콘

이 단순해 보이는 아이콘은 큐빗이라는 양자 컴퓨팅의 기본 단위를 표현하고 있다. 게임을 실행하면 첫 화면에서 가운데 동그라미가 세 개의 상태로 변하는 애니메이션이 나온다. 이는 큐빗의 세 가지 기본적인 상태를 표현한 것이다. 이 큐빗 밑에 네 개의 메뉴(게임 실행, 레벨과 점수, 게임하는 법, 게임에 대하여)가 나온다.

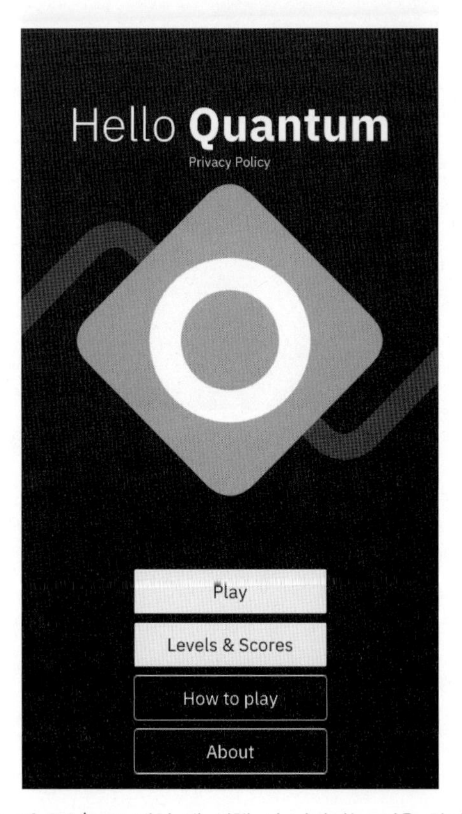

그림 2.3 | HQ 게임 앱 실행 시 나타나는 처음 화면

본격적인 게임을 플레이하기 전에 위에서 두 번째 메뉴인 레벨과 점수(Levels & Scores)를 눌러보자. 이 게임은 목표를 달성하면 완수되는 '퍼즐(puzzle)'과 일정 숫자의 퍼즐을 다 완수하면 승급되는 '레벨(level)'로 구성되어 있다. 레벨 1의 퍼즐 1에서 시작하여 10개의 퍼즐을 완수하면 레벨 2로 올라가고, 레벨 2의 퍼즐 네 개를 다 깨면 세 개 퍼즐의 레벨 3으로 승급한다. 레벨 4는 가장 고난도의 게임으로서 총 11개의 퍼즐로 이루어져 있다. 물론 퍼즐과 레벨의 숫자가 높아질수록 게임은 어려워지며, 각각의 레벨에서 다른 양자게이트를 다룰 수 있게 된다. 게임 진행 시 가장 낮은 수준(레벨 1, 퍼즐 1)에서부터 차례차례 올라가고, 퍼즐 1에서 '양자점프'를 해서 갑자기 퍼즐 11을 할 수는 없다. 그러나 모든 퍼즐을 깨고 난 후에는 복습 삼아 아무 퍼즐로 가서 다시 플레이해 볼 수 있다.

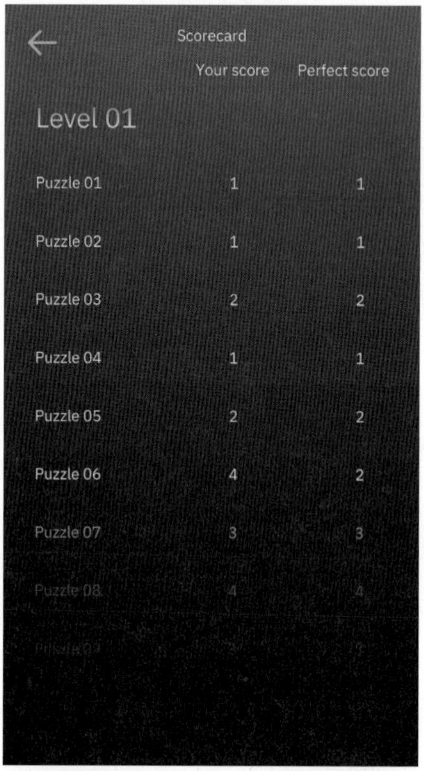

그림 2.4 | 레벨 1을 완료한 사용자의 화면. 각 레벨은 단계별로 진행되는 여러 퍼즐로 이루어져 있다.

이제 [Play] 버튼을 눌러서 가장 첫 퍼즐, Level 01, Puzzle 01을 들어가보자. 게임 구성과 플레이하는 방법은 심오한 양자컴퓨터의 세계에 비하면 아주 단순하다. 좌상단은 게임의 단계로서 레벨 1의 총 10개 퍼즐 중 첫 번째 퍼즐(1/10)을 하고 있음을 보여준다(그림 2.4). 이 단계 표시의 오른쪽에 Moves와 Ideal이 보일 것이다. 이는 여러분이 시도한 양자게이트의 조작 횟수(moves)와 목표로 하는 최소 조작 횟수(ideal)를 나타낸다. 목표 횟수 이내로 게이트를 조작해야 이 퍼즐을 깨고 다음 퍼즐로 갈 수 있다. 이 퍼즐 1은 목표 시행 횟수(ideal)가 1회로, 단 한 번의 시도를 통해 목표를 달성해야 한다.

이 게임의 목표는 아주 단순하다. 좌상단의 TARGET 표시 아래에 8개의 원 형태를 중앙의 바둑판 모양의 양자컴퓨터에서 구현하는 것이다. 이 원은 양자컴퓨터의 기초 단위인 큐빗을 나타낸다. 중앙의 바둑판 역시 TARGET과 같은 개수의 원으로 이루어져 있지만, 잘 보면 이 바둑판 밑에 선으로 연결된 X라 표시된 스위치 같은 것이 보인다. 이 스위치는 양자게이트 또는 게이트라고 불리며, 좀 더 자세히 보면 X 외에 다른 게이트도 연결되어 있지만 비활성화되어 있다. 이 게이트는 진도가 나가면서 점차 활성화된다.

TARGET과 중앙 바둑판을 비교해 보면 TARGET은 검은 점 세 개가 ∴ 형태로 배치되어 있는 반면, 중앙의 양자컴퓨터 회로는 왼쪽의 흰색 점 두 개가 다르다는 것을 알 수 있다. 이제 일렬로 늘어서 있는 X 게이트 중 왼쪽의 것을 눌러보면 '픽' 하는 소리와 함께 흰색 원 두 개가 검은색으로 바뀌면서 TARGET과 같은 상태가 된다. 그리고 Moves 숫자가 1이 되면서 Ideal 숫자와 같으므로 "Perfect moves"란 축하 메시지와 함께 한 번 더 게임을 할지(Retry) 아니면 다음 단계로 갈지(Next) 결정하게 된다.

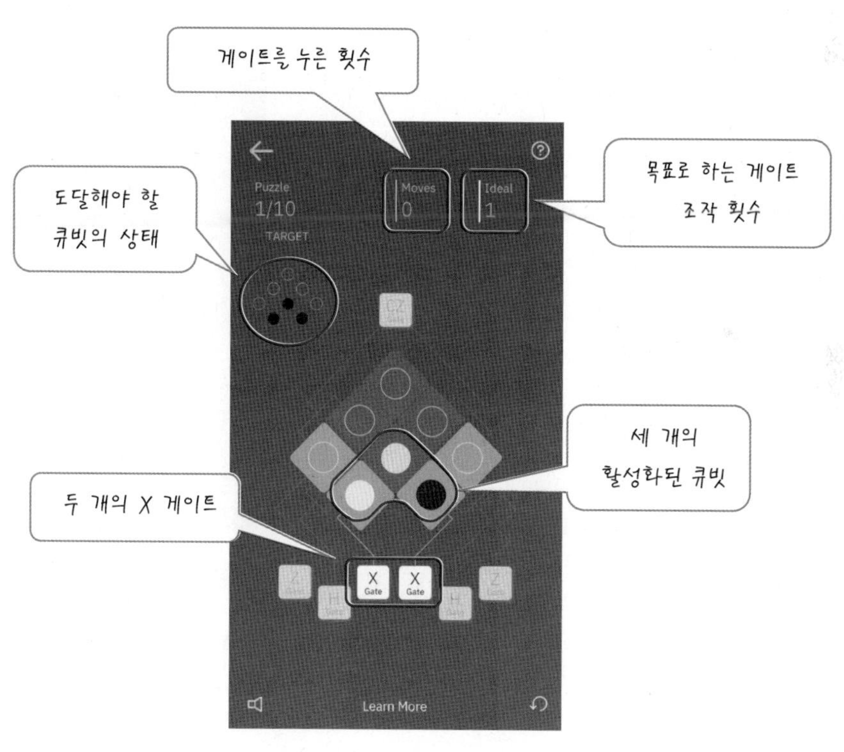

그림 2.5 | HQ 게임의 화면 구성

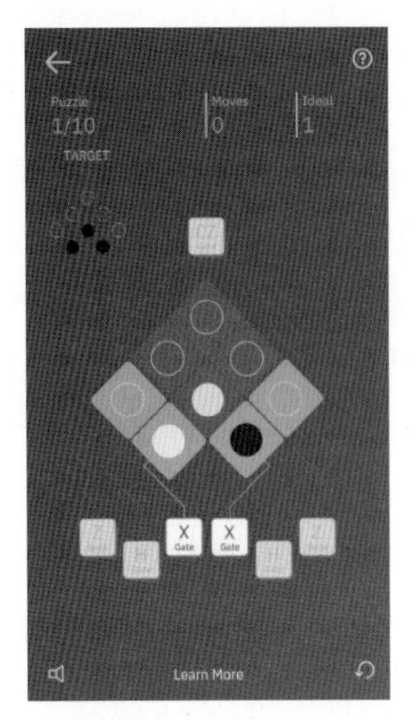

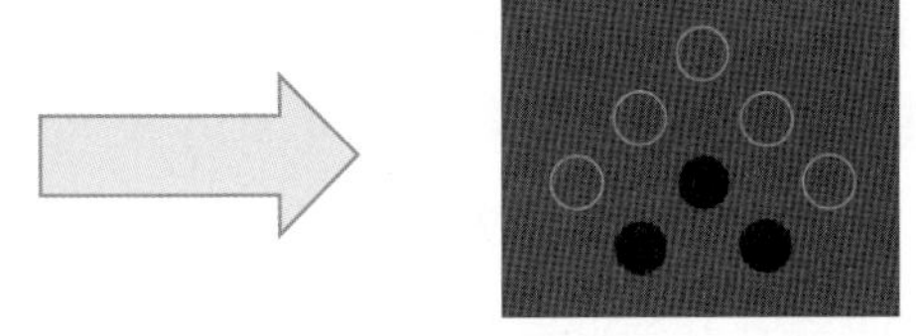

게이트(여기서는 X 게이트)를 눌러 이상적인
횟수(ideal) 내에 목표 상태에 도달한다.

그림 2.6 | HQ 게임의 플레이 목표. 초기 상태의 큐빗을 각 퍼즐에 나온 게이트를 조작해 목표 상태에 도달한다. 목표 상태는 각 화면의 우측 상단에 나와 있다. 목표하는 최소의 조작 횟수는 Ideal로 표시되어 있다.

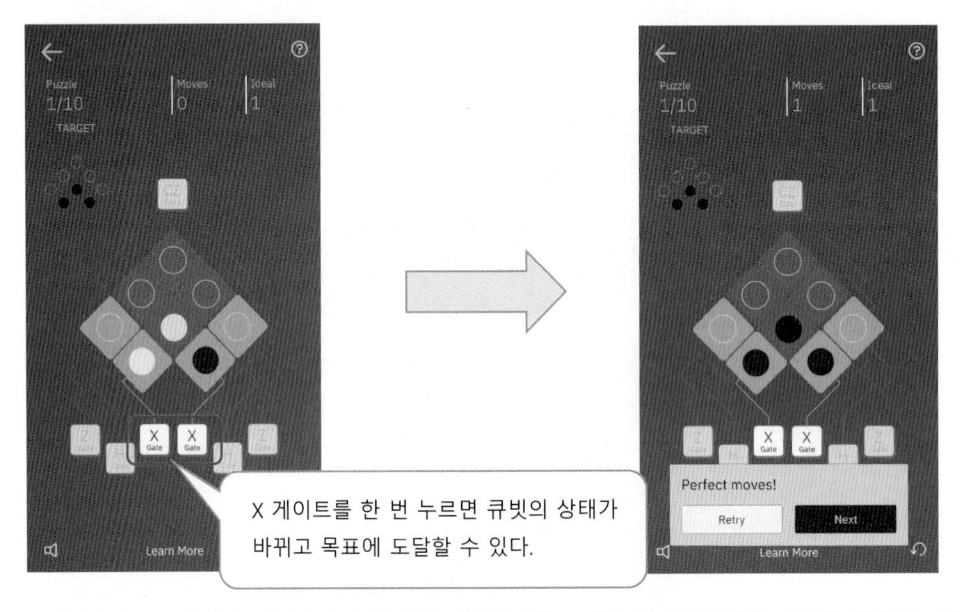

그림 2.7 | 게임의 플레이 방법. 게임의 가장 첫 번째 퍼즐인 레벨 1 퍼즐 1의 플레이 화면. 퍼즐을 완료하는 방법은 왼쪽의 초기 상태에서 게이트(여기에서는 X 게이트)를 최소 목표 횟수(ideal) 이내로 눌러 오른쪽과 같은 타깃(target) 상태에 도달하는 것이다.

2.2 양자컴퓨터의 기초 단위 큐빗과 양자게이트

이 게임의 각 퀴즈를 깨나가는 것은 그리 어렵지 않지만(어느 단계 이상에서는 상당한 시행착오를 겪어야 최소 실행으로 깰 수 있다), 전체 게임을 다 끝내도 '이게 뭐지?'란 생각이 들

수 있다. 이 게임의 진정한 가치는 양자역학, 특히 그 수학적 의미를 충분히 이해했을 때 느낄 수 있다.

우선 양자 컴퓨팅의 가장 기초 단위인 큐빗(qubit)에 대해 알아보자.

HQ의 첫 화면에서 [How to play]로 들어가면 그림과 같이 큐빗에 대한 설명이 나온다. 큐빗은 양자컴퓨터의 모든 연산의 가장 기초 단위를 나타낸다. 기존 컴퓨터에서 정보처리가 비트(bit) 단위로 이루어진다는 것을 알고 있을 것이다. 0과 1의 두 가지 상태를 정보처리의 가장 기본 단위로 사용하는 기존 컴퓨터와 유사하게 양자컴퓨터도 두 가지 상반되는 상태(state)를 정의한다.

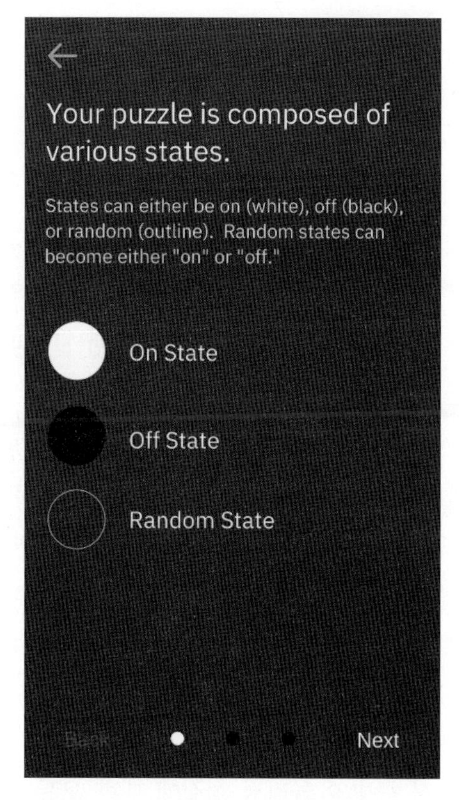

그림 2.8 | HQ 게임에서 설명되는 큐빗의 개념

큐빗은 기존 컴퓨터의 0과 1처럼 두 개의 서로 다른 상태를 나타내며, 이는 '낮과 밤', '음과 양', '남과 여'와 같이 극명하게 다른 자연의 상태와 같다고 생각할 수 있다. 이를 양자역학에서는 수학적으로 $|0\rangle$과 $|1\rangle$ 같이 표시한다.[1] HQ에서 큐빗은 on과 off 상태로 부르고(이름을 어떻게 부르는지는 중요하지 않다), 이를 각각 흰색과 검은색 원에 대응시켜 놓았다.

---

1) $|0\rangle$과 $|1\rangle$ 같은 수학적 표현을 브라켓 기호라 한다. 이 기호와 관련된 수학적 지식은 3장에서 자세히 학습할 것이다.

• On State ↔ 흰 원, $|0\rangle$ 으로 표시한다.

• Off State ↔ 검은 원, $|1\rangle$ 로 표시한다.

그런데 그림 2.8을 보면 이 두 가지 상태 외에 제3의 상태, 즉 가운데가 비어 있는 흰 원이 Random State(임의의 상태)라는 이름으로 존재하는 것을 알 수 있다.

• 불확정적인 임의의(Random) 상태 ↔ 가운데가 비어 있는 흰 원으로 표시한다.

이 임의의 상태가 양자컴퓨터가 지금 우리가 쓰는 컴퓨터와 근본적으로 다른 점을 나타내주며, 양자역학의 기본 원리에서 도출된 것이다. 이 상태는 양자역학의 기본 가정인 측정의 가설에서 유래하며, 관측이 일어나기 전 양자 상태는 $|0\rangle$ 과 $|1\rangle$ 의 두 상태가 확률적으로 공존하는 상태에 있다는 것을 나타낸다(큐빗의 중첩 상태).

지금 HQ에서는 편의상 세 개의 상태, 즉 on, off, random 상태로 큐빗의 상태를 나타냈지만, 사실 이 세 개의 상태는 큐빗을 벡터 적으로 표시한 상태벡터의 다른 표현에 불과하다. 즉, 큐빗의 상태는 우리가 수학 시간에 배운 크기와 방향을 가진 벡터로 표현되며, 큐빗의 상태벡터 $|\psi\rangle$ 는 $|0\rangle$ 과 $|1\rangle$ 를 기저 벡터로 하여 다음과 같이 표시된다. [$|\rangle$ 기호는 양자 상태를 표현하기 위해 디랙(P.M. Dirac)이 고안했으며 켓(ket) 벡터라고 부른다.]

$$|\psi\rangle = \alpha_0|0\rangle + \alpha_1|1\rangle$$

$|\psi\rangle$ 는 큐빗의 상태함수로서 큐빗의 물리적 성질에 대한 모든 정보를 가진 수학적 표현이라고 생각하면 된다. $|0\rangle$ 과 $|1\rangle$ 의 기저 벡터는 2차원 벡터가 x축과 y축의 좌표로 나타내는 것과 같이, $|\psi\rangle$ 라는 상태벡터를 구성하는 두 개의 좌표축과 같은 것이라고 생각하자.

여기에서 1장에서 학습한 양자역학의 기본 가정을 상기해 보자.

큐빗의 양자 상태

큐빗 한 개의 양자 상태는 $|0\rangle$ 또는 $|1\rangle$의 수학적 합으로 표현된다. 이 양자 상태는 큐빗의 물리적인 모든 정보를 담고 있는 '블랙박스'이다.

이러한 양자 상태를 $|\psi\rangle$로 표시하면 $|\psi\rangle = \alpha_0|0\rangle + \alpha_1|1\rangle$와 같다.

기저 상태: $|0\rangle$과 $|1\rangle$은 $|\psi\rangle$를 구성하는 좌표축과 같은 '특별'한 양자 상태로서 기저(basis) 상태라고 부른다.

측정의 가설

한 개의 큐빗의 양자 상태 $|\psi\rangle$를 인간이 측정하기 전에는 두 기저 상태가 중첩되어 있어 어떤 상태에 있는지 정확히 알 수 없다. 그러나 측정을 시행하면 양자 상태는 두 기저 중 반드시 하나로 결정된다(양자 상태의 붕괴).

$$|\psi\rangle = \alpha_0|0\rangle + \alpha_1|1\rangle \rightarrow \text{(측정 후)}\ |\psi\rangle = |0\rangle \ \text{또는}\ |\psi\rangle = |1\rangle$$

양자 측정의 확률적 해석

큐빗 한 개의 양자 상태 $|\psi\rangle = \alpha_0|0\rangle + \alpha_1|1\rangle$에서 α_0과 α_1의 복소수 절댓값 제곱 $|\alpha_0|^2$과 $|\alpha_1|^2$은 측정 후 각각 $|0\rangle$과 $|1\rangle$로 붕괴될 확률을 나타낸다.

이와 같은 양자역학의 기본 가정에 의하면, 이 $|\psi\rangle$라는 양자 상태가 측정이라는 과정을 거치면 $|0\rangle$ 또는 $|1\rangle$ 중 하나의 상태로 '붕괴'되며, α_1과 α_2는 복소수로서 절댓값 제곱하면 각각 $|0\rangle$ 또는 $|1\rangle$로 붕괴될 확률을 나타낸다. α_1과 α_2를 복소수 제곱하면 확률이므로 이를 다음과 같이 수학적으로 표시할 수 있다. 이 $|\psi\rangle$를 3차원 구에서 화살표로 표현한 것을 블로흐 구(Bloch sphere)라고 한다.

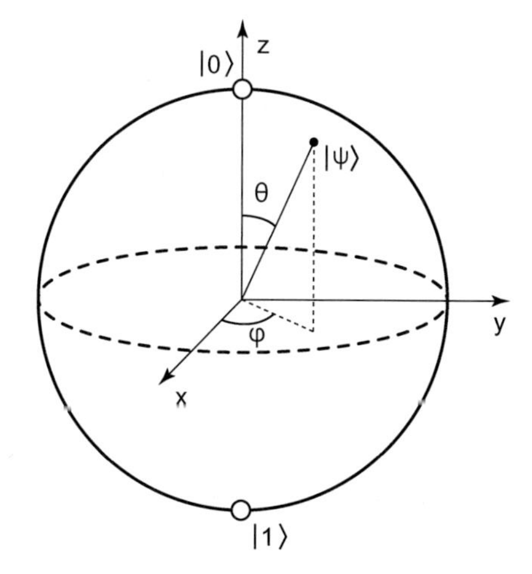

그림 2.9 | 블로흐 구에 나타낸 큐빗의 양자 상태벡터 $|\psi\rangle$. 상태벡터는 반지름 1인 단위원상에 존재하는 벡터이다. 상태벡터가 북극에 위치할 때 $|0\rangle$, 남극에 위치할 때 $|1\rangle$ 상태가 된다.

큐빗의 세 가지 상태(on, off, random 상태)를 HQ 게임과 블로흐 구에서 어떻게 나타내는지 정리해 보면 다음 표와 같다.

큐빗의 상태	HQ 게임	블로흐 구
On state	흰 원	$\|0\rangle$, 화살표가 북극을 가리키는 상태
Off state	검은 원	$\|1\rangle$, 화살표가 남극을 가리키는 상태
Random state	가운데가 빈 원	화살표가 블로흐 구 표면에서 북극이나 남극이 아닌 다른 점을 가리키는 상태. 큐빗의 양자 상태가 임의의 확률로 불확실하게 존재하는 상태.

측정의 가설과 양자게이트

양자역학의 측정의 가설에 대해 자세히 알아보자. 앞에서 설명한 것처럼 한 큐빗의 상태함수 $|\psi\rangle$는 기저 벡터 $|0\rangle$과 $|1\rangle$에 의해 $|\psi\rangle = \alpha_0|0\rangle + \alpha_1|1\rangle$와 같이 각 기저에 일정한 복소수 값($\alpha_0$와 α_1)을 곱한 다음에 합한 것으로 나타낼 수 있다. 이러한 상태함수에 측정이라는 물리적 과정을 행하면, 상태함수는 반드시 $|0\rangle$ 아니면 $|1\rangle$ 중 어느 한 상태로만 남게 되는데 이것을 "$|\psi\rangle$가 측정 후 기저 상태로 붕괴되었다"고 말한다. 이때 우리는 $|\psi\rangle$가 측정 후 반드시 $|0\rangle$이 될지 $|1\rangle$이 될지 100% 정확히는 알 수 없다. 다만 확률적으로 $|0\rangle$로 붕괴할 확률은 $|\alpha_0|^2$이고, $|1\rangle$로 붕괴할 확률은 $|\alpha_1|^2$이라는 것만 알 수 있을 뿐이다.

구체적으로 예를 들면 $|0\rangle$이 될 확률이 60%라고 가정하면 $|1\rangle$이 될 확률은 40%이다. (붕괴 후 가능한 상태는 $|0\rangle$과 $|1\rangle$밖에 없으므로 두 확률값의 합은 반드시 1이 되어야 한다.)

이러한 측정의 확률적 해석은 양자역학이 이전의 고전물리에 비해 결정적으로 다른 자연에 대한 해석을 보여준다. 즉, 큐빗의 상태를 측정할 때 어떤 상태(on state 아니면 off state)가 나올지 100% 정확히는 알 수 없고, 단지 그 결과의 가능성만을 알 수 있다. 이후 실제 양자컴퓨터 IBMQ의 결과도 몇 %라는 확률로 나오는 것을 볼 수 있다. (양자역학의 측정의 가설에 대한 자세한 내용은 3장에서 학습한다.)

양자게이트

HQ 게임의 구성요소는 크게 큐빗과 양자게이트 단 둘뿐이라고 할 수 있다. 이러한 사실은 실제 양자컴퓨터에서도 적용된다고 할 수 있다. 양자컴퓨터를 회로적인 면에서 볼 때 가장 중요한 구성요소는 큐빗과 양자게이트이다. 정보가 저장되고 처리되는 기초 단위로서 원으로 표현된 것이 큐빗이었다. 게이트는 큐빗에 물리적인 조작을 가해서 그 상태를 변형시키는 반도체 소자와 같은 것이다.

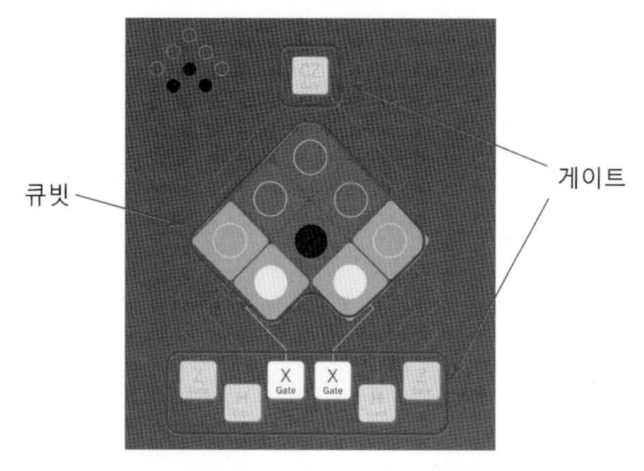

그림 2.10 | 양자컴퓨터의 두 구성요소인 큐빗과 양자게이트

다시 말하면 양자게이트는 양자컴퓨터의 가장 기초적인 회로로서 큐빗에 약속된 인위적인 연산을 수행하여 큐빗의 상태를 바꾸는 것이라고 이해할 수 있다. (영어에서 '게이트'는 문을 의미하므로 큐빗이 문을 통과하여 다른 상태로 변모하는 것이라고 이해할 수 있다.)

양자게이트에 대한 정확한 이해는 수학적인 이해를 필요로 하며, 10여 종 이상의 양자게이트가 양자 컴퓨팅에 사용되고 있다. HQ 게임에서는 다음 네 가지 X, Z, H, CZ 게이트만 사용한다.

이제부터 HQ 게임에 사용되는 네 가지 게이트에 대해 하나씩 알아보자.

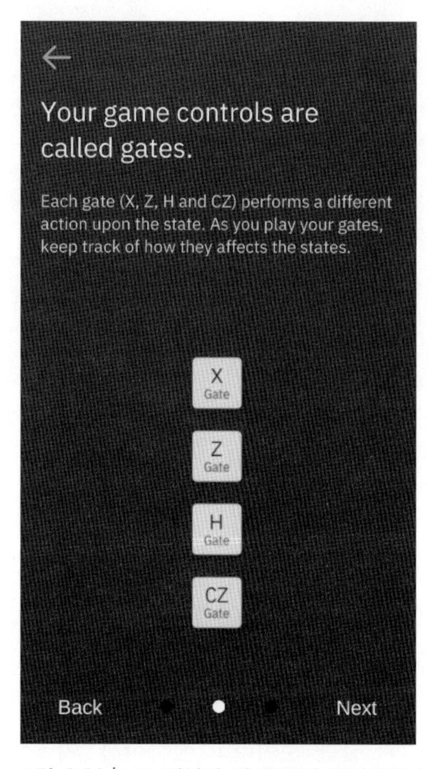

그림 2.11 | HQ 게임의 네 종류의 양자게이트

첫 번째 양자게이트: X 게이트

X 게이트는 HQ 게임에서 가장 먼저 나오는 양자게이트이며, 큐빗은 X 게이트를 통과하면 상태가 반전된다. 즉, $|0\rangle$을 $|1\rangle$로, $|1\rangle$을 $|0\rangle$으로 변환해 준다. HQ 게임에서 $|0\rangle$과 $|1\rangle$은 각각 on과 off 상태로 표현되므로 X 게이트에 의해 on과 off가 각각 off와 on으로 상태가 바뀐다.

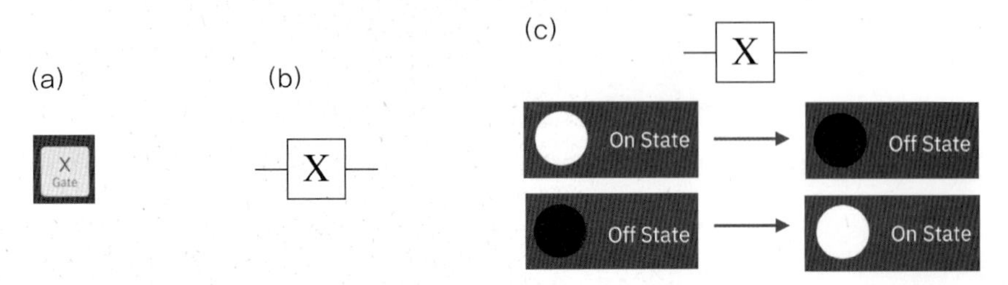

그림 2.12 | (a) HQ 게임에서 보이는 X 게이트의 표현. (b) 일반적인 양자게이트 X 게이트의 기호. (c) HQ 게임에서 on과 off 상태가 X 게이트에 의해 상태가 반전된다.

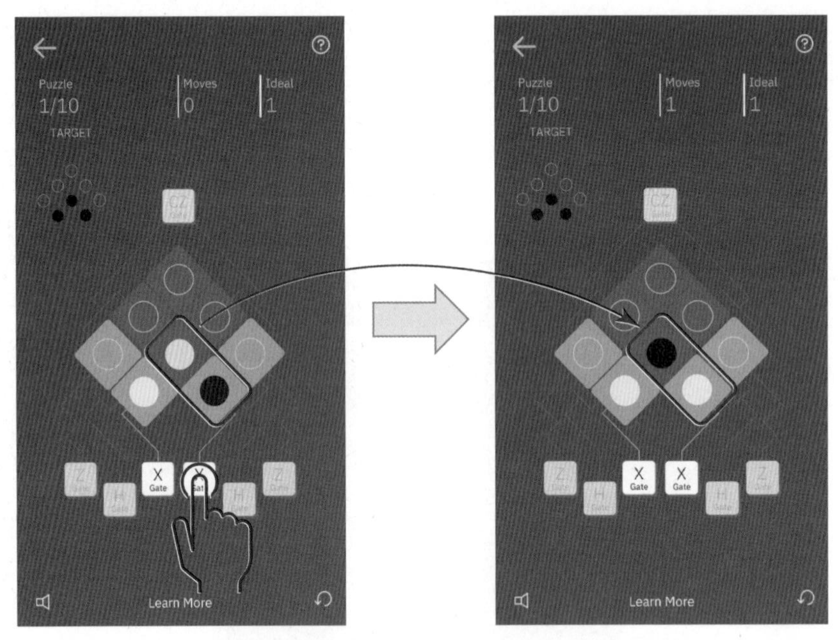

그림 2.13 | X 게이트의 작용. X 게이트를 누르면 연결되어 있는 큐빗이 흰 원 ↔ 검은 원으로 상태를 바꾼다. 가운데가 비어 있는 원은 상태가 변하지 않는다.

X 게이트: 반전 스위치

- 흰 원(ON 상태) -- (X 게이트를 누르면) → 검은 원(OFF 상태)
- 검은 원(OFF 상태) -- (X 게이트를 누르면) → 흰 원(ON 상태)

X 게이트는 온-오프 스위치와 같은 것이라고 생각하자. 이 스위치는 가역적으로 작동해서 두 번 누르면 원래 상태로 되돌아온다.

• 흰 원(ON 상태) -- (X 게이트를 누르면) → 검은 원(OFF 상태) -- (X 게이트를 누르면) → 흰 원(ON 상태)
• 검은 원(OFF 상태) -- (X 게이트를 누르면) → 흰 원(ON 상태) -- (X 게이트를 누르면) → 검은 원(OFF 상태)

X 게이트는 일정한 상태로 준비되었거나 측정이 완료된 큐빗의 상태를 바꾸고 싶을 때 사용하는 스위치의 일종이라고 생각하면 될 것이다. 그러나 X 게이트는 양자 논리 소자에서 파울리 게이트라고 불리는 네 개의 기초 게이트 중 하나로서, 가장 많이 사용되는 게이트 중 하나이다. 또한 파울리 게이트는 3차원 공간에서 x, y, z축이 모든 점을 기술하는 기본 좌표축인 것처럼 큐빗의 모든 조작을 가능하게 하는 게이트를 만들 수 있는 가장 기초적인 도구이다. X 게이트와 파울리 게이트를 포함한 게이트에 대한 완전한 이해는 수학을 필요로 하므로 3장에서 자세히 학습할 것이다.

큐빗과 게이트의 수학적 표현, 다른 기저 상태

큐빗을 이해하는 방법에는 여러 가지가 있다. 이제까지 살펴본 것처럼 흰색, 검은색 바둑알을 떠올릴 수 있고, 블로흐 구에서의 화살표로도 이해할 수 있다. 큐빗에 대한 중요한 표현법으로 수학적 표현이 있다. 앞에서 잠시 켓(ket) 벡터로 양자 상태 또는 큐빗의 상태를 표시할 수 있음을 배웠다.

on 상태에 해당하는 켓 벡터는 $|0\rangle$으로 쓰기로 약속했는데, 이러한 켓 벡터와 완벽하게 동일한 양자 상태를 행렬 또는 벡터로도 표현할 수 있다. 켓 벡터로 표현된 큐빗의 $|0\rangle$ 상태벡터를 2차원의 벡터로 표시하면 다음과 같다.

$$\text{ON 상태} \ \square \quad |0\rangle := \begin{bmatrix} 1 \\ 0 \end{bmatrix}$$

off 상태인 $|1\rangle$은 2차원 벡터로 다음과 같이 표현할 수 있다.

$$\text{OFF 상태} \ \blacksquare \quad |1\rangle := \begin{bmatrix} 0 \\ 1 \end{bmatrix}$$

이 두 개의 벡터는 우선 중요한 성질로서 서로 스칼라 곱을 하면 0, 즉 서로 직교한다는 성질이 있다.

$\langle 0|1\rangle = \langle 1|0\rangle = 0$ ↔ 두 벡터 $|0\rangle$과 $|1\rangle$의 스칼라 곱은 0이 된다. ↔ 두 벡터 $|0\rangle$과 $|1\rangle$는 서로 수직으로 만난다.

또한 $|0\rangle$과 $|1\rangle$ 각각을 자신과 스칼라 곱을 해보면 그 값은 1이 된다. 이것은 한 벡터의 크기가 1인 것과 같다.

$$\langle 0|0\rangle = \langle 1|1\rangle = 1 \leftrightarrow \text{두 벡터 } |0\rangle\text{과 } |1\rangle\text{의 크기는 1이다.}$$

여기에서 $\langle 0|$ 벡터는 브라(bra) 벡터라고 불리며, 켓 벡터 $|0\rangle$과는 쌍둥이와 같은 관계에 있다. 이에 대해서는 3장에서 자세히 알아본다. 켓 벡터와 브라 벡터는 두 벡터가 스칼라 곱을 하는 것처럼 위와 같이 스칼라 곱을 할 수 있다.

이 두 개의 벡터가 직교하므로 마치 2차원 평면에서의 x, y축과 같다고 생각할 수 있다. 그리고 임의의 2차원 점은 x, y축상에서의 좌표로 나타낼 수 있으므로, 2차원상에서 임의의 큐빗의 양자 상태함수는 $|0\rangle$과 $|1\rangle$로 나타낼 수 있다.

$$|a\rangle = v_0|0\rangle + v_1|1\rangle \rightarrow \begin{bmatrix} v_0 \\ v_1 \end{bmatrix}$$

큐빗의 상태를 열벡터로 표시했다면, 양자게이트는 정방행렬로 나타낸다. 우리가 배운 X 게이트는 정방행렬로서 다음과 같이 표현된다.

$$X := \begin{bmatrix} 0 & 1 \\ 1 & 0 \end{bmatrix}$$

큐빗에 양자게이트를 작용시키는 상황을 수학적으로 표현하면 켓 벡터에 행렬을 연산시키는 것과 같다.

상태에서 X 게이트를 누른다. $\leftrightarrow$ $|0\rangle$의 왼쪽에서 행렬 X를 연산한다.

$$X|0\rangle = \begin{bmatrix} 0 & 1 \\ 1 & 0 \end{bmatrix}\begin{bmatrix} 1 \\ 0 \end{bmatrix} = \begin{bmatrix} 0 \\ 1 \end{bmatrix}$$

그런데 흥미롭게도 이 행렬 연산 결과는 $|1\rangle$과 동일하다. 이 결과는 에 X 게이트를 작용하면 off 상태 가 나오는 것과 동일하다. 즉,

$$X|0\rangle = |1\rangle$$

이번에는 off 상태인 에 X 게이트를 작용시키는 상황을 행렬 연산과 비교해 보자.

$|1\rangle$ 상태에서 X 게이트를 누른다. $\leftrightarrow$ $|1\rangle$의 왼쪽에서 행렬 X를 연산한다.

$$X|1\rangle = \begin{bmatrix} 0 & 1 \\ 1 & 0 \end{bmatrix}\begin{bmatrix} 0 \\ 1 \end{bmatrix} = \begin{bmatrix} 1 \\ 0 \end{bmatrix}$$

이 연산 결과는 $\begin{bmatrix} 1 \\ 0 \end{bmatrix} = |0\rangle$ 상태를 낳았다!

따라서

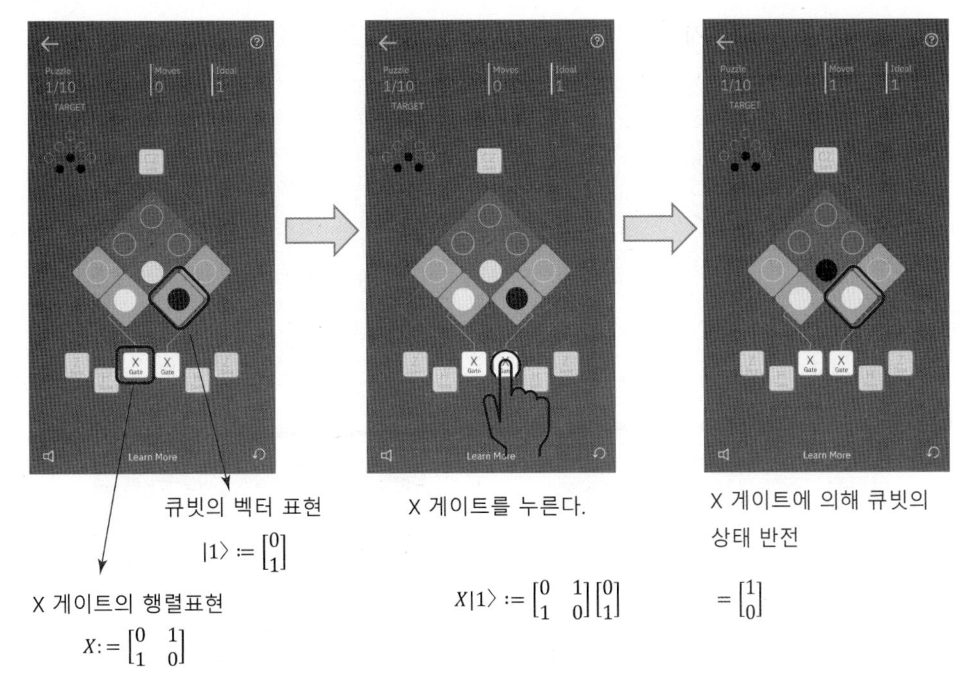

그림 2.14 | HQ 게임에서 큐빗과 게이트는 모두 그에 상응하는 행렬 표현이 있다. |1⟩ 상태의 큐빗에 X 게이트를 작용시키는 것은 |1⟩로 표현된 열 벡터에 행렬 X를 연산시키는 것과 같다.

$$X|1\rangle = |0\rangle$$

이상의 행렬 연산은 X 게이트가 큐빗의 양자 상태를 반전(on ↔ off)시키는 HQ 게임의 상황과 완벽하게 같은 결과를 내줌을 알 수 있다.

두 번째 양자게이트: Z 게이트

게임의 순서로는 Z 게이트가 H 게이트보다 늦게 나오지만(H 게이트와 Z 게이트는 각각 4번, 7번 퀴즈에 처음 등장함), 이해를 돕기 위해 Z 게이트를 먼저 알아보자.

Z 게이트는 그림 2.15와 같이 표시되며, 행렬 표현은 다음과 같다.

$$z := \begin{bmatrix}1 & 0\\0 & -1\end{bmatrix}$$

Z 게이트에 의해 큐빗의 양자 상태는 $|0\rangle \rightarrow |1\rangle$, $|1\rangle \rightarrow |0\rangle$으로 변환되고 random 상태는 그대로 random 상태이다(그림 2.16).

그렇다면 Z 게이트가 X 게이트와 다른 점은 무엇일까?

(a)  Z Gate (b) $z := \begin{bmatrix}1 & 0\\0 & -1\end{bmatrix}$

그림 2.15 | (a) HQ 게임의 Z 게이트 아이콘, (b) Z 게이트의 행렬 표현

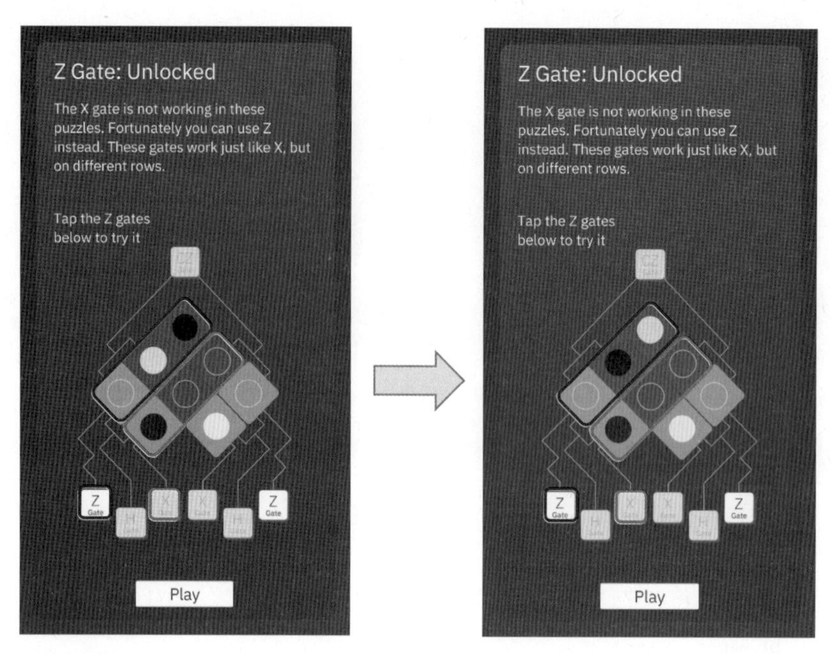

그림 2.16 | Z 게이트를 누르면 진한 색으로 표시한 열에 있는 큐빗만 그 상태를 반전시킨다. Z 게이트를 누르면 on, off, random 상태가 각각 off, on, random 상태로 바뀐다. 반면 X 게이트는 옅은 색으로 표시한 열의 큐빗에만 영향을 미친다. Z 게이트와 X 게이트가 연결된 회로선에 주목하면 이해할 수 있다.

Z 게이트와 X 게이트가 작용하는 큐빗은 다른 위치에 있다. 그림에서 보듯이 Z 게이트는 X 게이트와 작용하는 큐빗과 다른 열(row), 정확히 말하면 그 위에 위치한 열에 있는 큐빗의 상태를 반전시킨다. 회로를 잘 보면 Z 게이트는 상위 열에 회로선으로 연결되어 있고, X 게이트는 그 아래 열에 위치한 큐빗에 연결되어 있다.

HQ 게임에서 다른 열에 위치한 큐빗은 양자 컴퓨팅의 '기저(basis)'란 개념을 시각화한 것이다. 기저의 정확한 수학적 개념은 3장에서 본격적으로 살펴보기로 하고, 여기서는 기저는 큐빗의 양자 상태를 바라보는 다른 좌표축 또는 관측하려는 여러 다른 물리량(스핀값, 운동량, 공간상의 좌표 등)을 의미한다고만 알아두자.

X 게이트가 작용하는 위치에 있는 큐빗과 Z 게이트가 작용하는 큐빗은 다른 큐빗이 아니다. 단지 같은 큐빗에서 관측하려는 물리량이나 이 큐빗을 관측하는 좌표축에서 차이가 있을 뿐이다.

이것은 3차원 공간상의 벡터가 다른 좌표축에서 그 x, y, z 성분값이 다른 것과 같다. 조금 더 이해하기 쉬운 2차원 공간에서 좌표축을 회전함으로써 새로운 좌표계를 얻을 수 있다. 같은 한 점을 기술하는 벡터값 (x, y)는 다른 좌표계에서 다른 벡터값 (x′, y′)를 갖는다(그림 2.17). 양자 컴퓨팅에서 두 개의 다른 '기저'는 이와 같이 두 개의 다른 좌표계와 같은 것이다.

X 게이트는 현재 기저(좌표계)에서 표현된 큐빗의 상태를 반전시키며, Z 게이트는 다른 기저(좌표계)에서의 큐빗을 뒤집는 작용을 한다. 즉, X 게이트와 Z 게이트는 큐빗의 상태를 반전시키는 동일한 작용을 하면서, 다른 기저(관측계)에서 작동한다는 점에서 다르다.

Z 게이트의 분명한 의미는 연습문제에서와 같이 기저 벡터 $|+\rangle$, $|-\rangle$과 $|0\rangle$, $|1\rangle$에 Z 게이트를 작용시키는 행렬 연산을 해보면 알 수 있다.[2)] Z 게이트는 $|+\rangle$, $|-\rangle$을 각각 $|-\rangle$, $|+\rangle$로 뒤집는 역할을 한다.

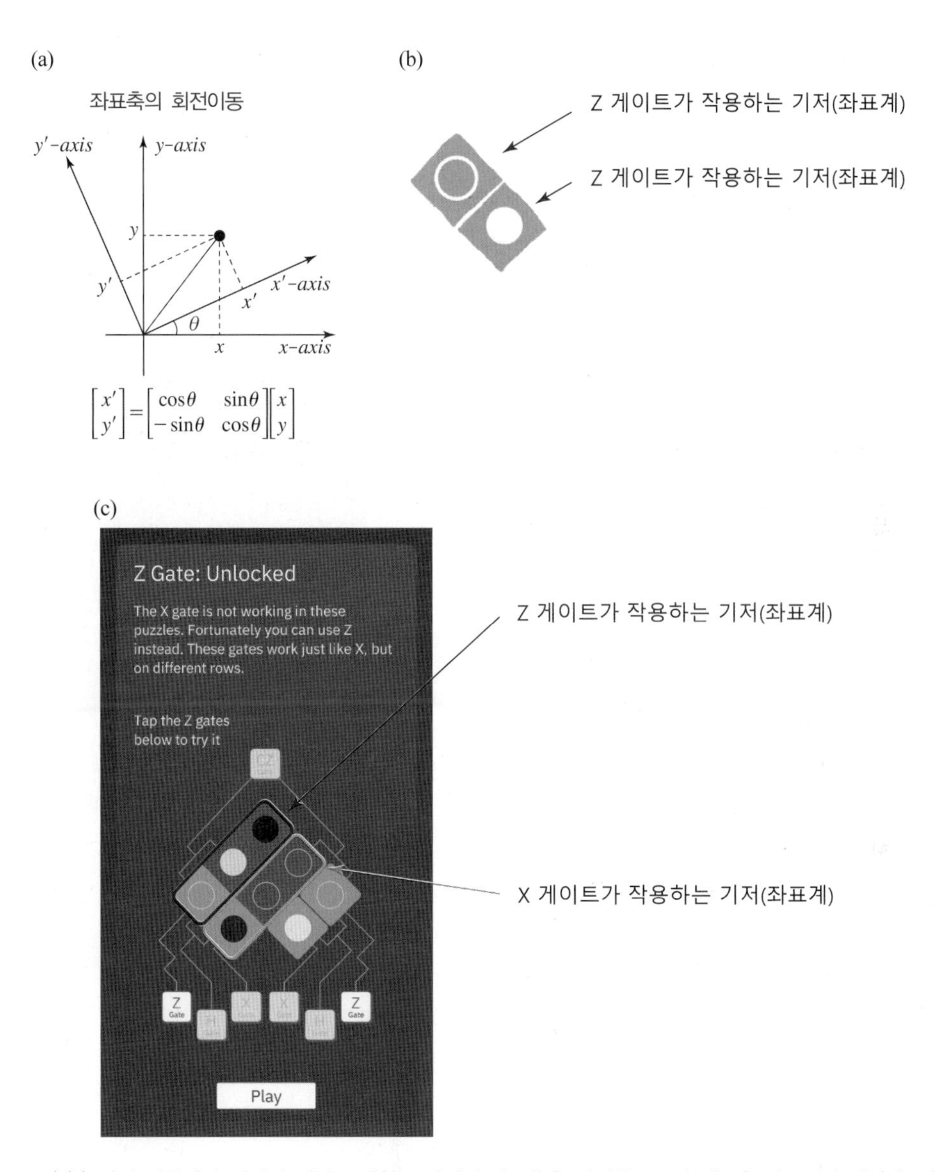

그림 2.17 | (a) 양자 컴퓨팅의 기저의 개념. 2차원 공간에서 좌표축을 회전함으로써 새로운 좌표계가 생긴다. 같은 한 점에 대해 다른 좌표계에서 x, y 성분값은 달라진다. 양자 컴퓨팅에서 두 개의 다른 '기저'는 이와 같이 두 개의 다른 좌표계에 해당된다. (b) HQ에서 표현된 한 개의 큐빗의 모습. 큐빗은 한 개이지만 기저가 어디냐에 따라 그 상태가 달라진다. 이래는 현재 기저에서의 큐빗의 상태. 현재 큐빗의 상태가 확정적이지만 다른 기저에서는 불확실한 상태이므로 가운데가 비어 있는 random 상태로 나타냈다. (c) HQ 화면에서 큐빗과 Z, X 게이트의 모습.

2) $|+\rangle$와 $|-\rangle$는 다음과 같이 정의된 상태벡터이며 H 게이트를 학습할 때 자세하게 알아본다.

$$\frac{|0\rangle+|1\rangle}{\sqrt{2}}=|+\rangle,\quad \frac{|0\rangle-|1\rangle}{\sqrt{2}}=|-\rangle$$

세 번째 양자게이트: H게이트

H 게이트는 Hadamard(아다마르) 게이트[3]의 줄임말로, 퍼즐 4에서 처음 등장한다. 이 게임에 등장하는 순서로 보면 X 게이트 → H 게이트 → Z 게이트 → CZ 게이트의 순서이지만, X와 Z 게이트는 파울리 게이트라는 네 개의 게이트로 이루어진 게이트 그룹의 일원이므로, 이 둘을 같이 이해하는 것이 좋다. H 게이트를 먼저 알아보자.

H 게이트는 위아래 열에 있는 큐빗의 자리를 바꾸는 기능을 한다. 아래 그림에서 H 게이트는 대각선 방향으로 정렬해 있는 두 열의 큐빗에 연결되어 있다. H 게이트를 누르면, 아래 열의 큐빗이 위로 올라가고, 위 열의 큐빗이 아래 열로 내려간다. H 게이트를 한 번 더 누르면, 큐빗이 다시 자리를 바꿔 원래 상태로 돌아간다.

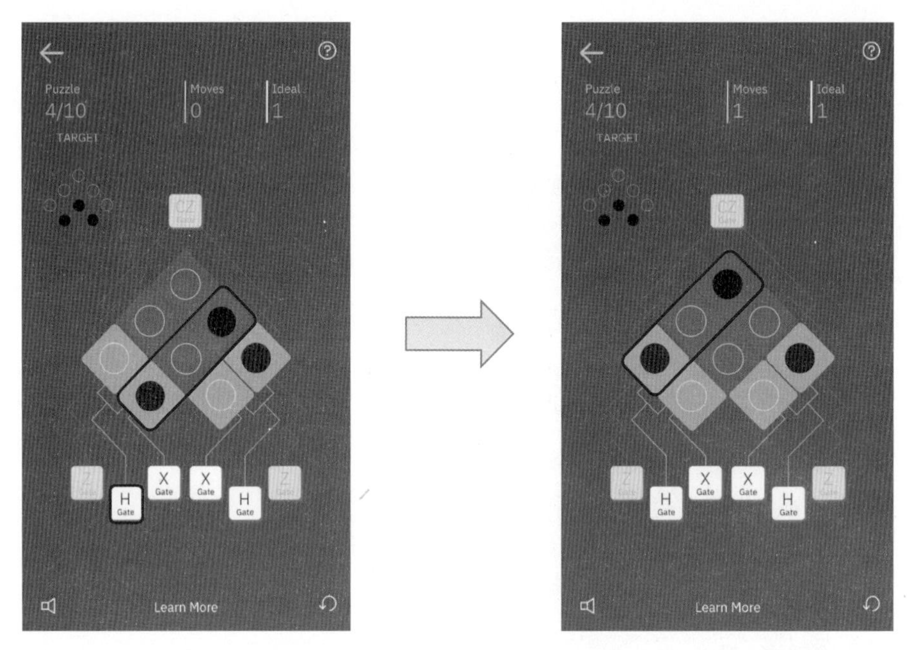

그림 2.18 | H 게이트의 작용. H 게이트를 누르면 아래 열에 있는 큐빗이 위 열로 위치를 바꾼다. 다시 H 게이트를 작용시키면 위 열에서 아래로 내려간다.

이것이 의미하는 것은 무엇일까?

앞에서 알아본 바와 같이 한 개 큐빗이 HQ 게임(양자 컴퓨팅)에서 가질 수 있는 경우는 다음 세 가지이다.

(1) ○ 흰 원: ON 상태 $|0\rangle$

(2) ● 검은 원: OFF 상태 $|1\rangle$

(3) ◙ 비어 있는 원: RANDOM 상태

3) 아다마르는 프랑스 수학자 자크 아다마르(Jacques Hadamard, 1865~1963)의 이름을 딴 것이다.

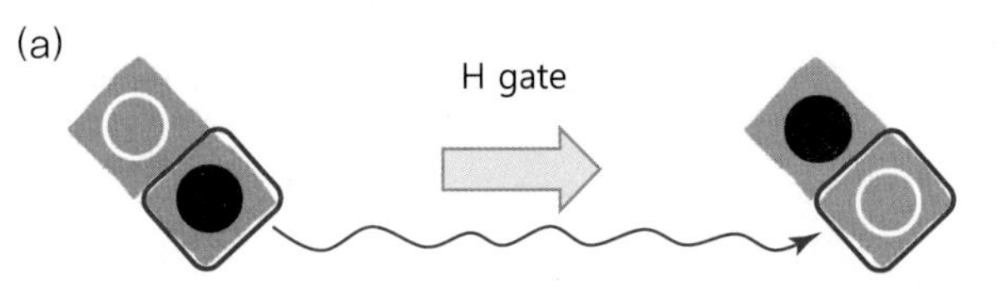

H 게이트에 의해 큐빗의 상태가 검은 원에서 비어 있는 원이 됨

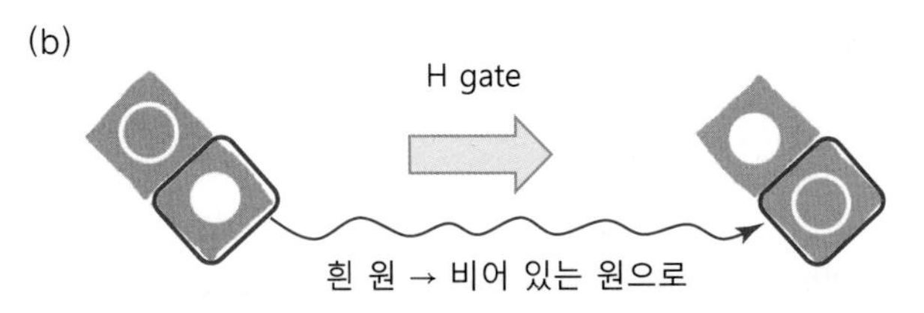

그림 2.19 | H 게이트에 의해 위아래 열의 큐빗이 서로 자리를 바꾼다. 아래 열에 있는 큐빗의 양자 상태를 살펴보면, (a) 검은색이었던 양자 상태가 빈 원으로 바뀌었다. (b)에서는 흰 원이었던 큐빗의 양자 상태가 빈 원으로 바뀌었다.

위 그림에서 보듯이 H 게이트는 큐빗의 위아래 열의 위치를 바꾼다. 그런데 이 상황을 아래에 있는 큐빗의 입장에서 살펴보면, 검은색(off)이었던 큐빗의 상태가 가운데가 빈 원(random)으로 바뀌었다. 또한 흰색(on)이었던 큐빗의 상태가 H 게이트에 의해 역시 빈 원(random)으로 변한다. 즉 H 게이트는 흰색 혹은 검은색으로 확정적이었던 큐빗의 양자 상태를 불확실한 상태인 빈 원으로 바꾸는 작용을 한다.

이 상황을 행렬연산으로 이해해 보자. H 게이트의 행렬 표현은 다음과 같다.

$$\mathrm{H} := \frac{1}{\sqrt{2}}\begin{bmatrix} 1 & 1 \\ 1 & -1 \end{bmatrix}$$

이 행렬에 의해 표준 기저 벡터 $|0\rangle = \begin{bmatrix} 1 \\ 0 \end{bmatrix}$, $|1\rangle = \begin{bmatrix} 0 \\ 1 \end{bmatrix}$이 어떻게 변하는지 조사해 보면 다음과 같다.[4)]

$$\mathrm{H}|0\rangle = \frac{1}{\sqrt{2}}\begin{bmatrix} 1 & 1 \\ 1 & -1 \end{bmatrix}\begin{bmatrix} 1 \\ 0 \end{bmatrix} = \frac{1}{\sqrt{2}}\begin{bmatrix} 1 \\ 1 \end{bmatrix} = |+\rangle$$

$$\mathrm{H}|1\rangle = \frac{1}{\sqrt{2}}\begin{bmatrix} 1 & 1 \\ 1 & -1 \end{bmatrix}\begin{bmatrix} 0 \\ 1 \end{bmatrix} = \frac{1}{\sqrt{2}}\begin{bmatrix} 1 \\ -1 \end{bmatrix} = |-\rangle$$

즉, H 게이트는 $|0\rangle$를 $|+\rangle$로 , $|1\rangle$를 $|-\rangle$로 바꾸는 기능을 한다.

이 $|+\rangle$와 $|-\rangle$ 상태는 $|0\rangle$과 $|1\rangle$이 반반의 확률로 섞여 있는 양자 상태이다. 왜냐하면 아래와 같이 분해되기 때문이다.

---

4) 이 연산의 결과물은 상당히 자주 등장하므로 다음과 같이 기호로 표시하곤 한다.

$$\frac{1}{\sqrt{2}}\begin{bmatrix} 1 \\ 1 \end{bmatrix} = |+\rangle \qquad \frac{1}{\sqrt{2}}\begin{bmatrix} 1 \\ -1 \end{bmatrix} = |-\rangle$$

$$|+\rangle = \frac{1}{\sqrt{2}}\begin{bmatrix}1\\1\end{bmatrix} = \frac{1}{\sqrt{2}}\begin{bmatrix}1\\0\end{bmatrix} + \frac{1}{\sqrt{2}}\begin{bmatrix}0\\1\end{bmatrix} = \frac{1}{\sqrt{2}}(|0\rangle + |1\rangle)$$

$$|-\rangle = \frac{1}{\sqrt{2}}\begin{bmatrix}1\\-1\end{bmatrix} = \frac{1}{\sqrt{2}}\begin{bmatrix}1\\0\end{bmatrix} - \frac{1}{\sqrt{2}}\begin{bmatrix}0\\1\end{bmatrix} = \frac{1}{\sqrt{2}}(|0\rangle - |1\rangle)$$

앞에 나왔던 글상자 "양자 측정의 확률적 해석"에서 "큐빗 한 개의 양자 상태 $|\psi\rangle = \alpha_0|0\rangle + \alpha_1|1\rangle$에서 α_0과 α_1의 복소수 절댓값 제곱 $|\alpha_0|^2$과 $|\alpha_1|^2$은 측정 후 각각 $|0\rangle$과 $|1\rangle$로 붕괴될 확률을 나타낸다."고 하였다.

따라서 $|+\rangle$ 상태가 측정 후 $|0\rangle$과 $|1\rangle$로 붕괴될 확률은 50%이다. 이 사실은 $|-\rangle$ 상태에도 마찬가지로 적용된다. $|+\rangle$와 $|-\rangle$ 상태에는 $|0\rangle$과 $|1\rangle$가 반반씩 섞여 있다.

우리가 HQ 게임을 하면, H 게이트에 의해 on 상태와 off 상태 모두 random 상태로 변하는 것을 알 수 있다. 이 사실은 행렬 연산 결과와 100% 부합하는데, 위에서 알게 된 $|+\rangle$와 $|-\rangle$ 상태가 HQ 게임에서의 random 상태이다.

ON 상태 $|0\rangle$

OFF 상태 $|1\rangle$

RANDOM 상태 $|+\rangle$ 또는 $|-\rangle$

$|0\rangle$과 $|1\rangle$이 반반씩 섞여 있는 상태가 $|+\rangle$ 혹은 $|-\rangle$이란 사실에서 random 상태의 물리적인 의미를 다음과 같이 좀 더 분명하게 이해할 수 있다.

RANDOM 상태 $|+\rangle$ 또는 $|-\rangle$, 측정 후 $|0\rangle$과 $|1\rangle$ 중 어떤 것이 될지 불확실한 상태

이러한 수학적 현상을 HQ에서 살펴보면, 큐빗의 아래 원이 검은색, 즉 off 상태($|1\rangle$)에 있다면, H 게이트에 의해서 $|-\rangle$로 변한다. $|-\rangle$ 상태는 $|+\rangle$, $|-\rangle$ 기저시스템에서 off 상태에 해당하므로 역시 검은색 원으로 표시되었다.

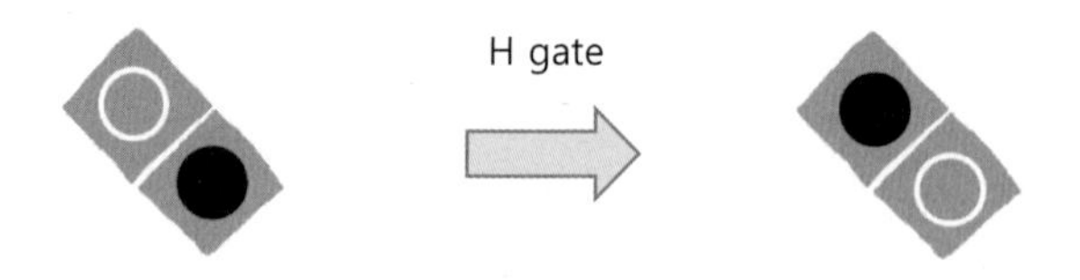

그림 2.20 | HQ 게임에서 H 게이트의 작용

불확정성의 원리

이제까지 HQ 게임을 하는 동안 다음과 같은 '이상한' 점을 눈치챘을지도 모른다.

한 큐빗에서 아래의 원이 확정적이면, 즉 on 혹은 off 상태이면 위의 원은 항상 비어 있는 random 상태가 된다. 만약 위의 원이 확정적인 상태에 있으면, 즉 on 또는 off 상태에 있다면

아래 원은 항상 random 상태가 된다.

이것은 양자역학의 가장 기본적인 원리인 불확정성의 원리에 기인한 큐빗의 고유한 성질이다. 좀 더 수학적으로 말하면 한 기저에서 명확히 측정하여 큐빗의 양자 상태가 결정되면 다른 기저에서의 양자 상태는 불확실해져 그 상태를 정확히 알 수 없다. 큐빗의 양자 상태를 한 기저에서 측정하는 행위는 다른 기저에서의 상태를 흐트러트린다고 할 수 있다.

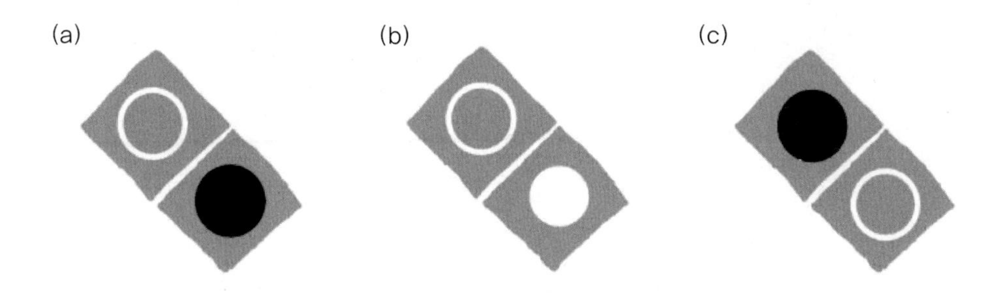

그림 2.21 | HQ에서 표현된 큐빗의 세 가지 가능한 상태. 아래 열(기저)에서 (a) 검은 원 혹은 (b) 흰 원이면 위의 열(기저)에서의 양자 상태는 항상 빈 원이 된다. (c) 만약 아래 원이 빈 원이면 위에 있는 원은 검은 원이나 흰 원이 된다. 한쪽 열에 있는 원이 확정된 상태가 되면 다른 열의 큐빗의 양자 상태는 항상 불확정한 random 상태에 있다.

H 게이트에 의해 처음에 검은색이었던 큐빗의 상태가 이제는 불확실한 상태가 된 것이 아니다. 큐빗이 처음에 $|1\rangle$, $|0\rangle$ 기저시스템에서 하나의 상태로 확정된 상태에 있다가 H 게이트에 의해 이제는 $|+\rangle$, $|-\rangle$ 기저시스템으로 옮겨가므로, 이제는 $|1\rangle$, $|0\rangle$의 상태가 어떻게 된 것인지 불확실해진 것이다.

이 현상은 양자역학의 놀라운 발견 중 하나인 불확정성의 원리에 의한 것이다. 불확정성의 원리는 컴컴한 방에서 손전등 하나만 가지고 구석구석 들여다보는 것에 비유할 수 있다. 손전등으로 처음에 책상 밑을 비추면 그곳만 밝아지고 다른 곳은 어두워진다. 이제 손전등을 다른 데, 책상 위를 비추면 책상 밑이 어두워서 잘 보이지 않게 된다. 이처럼 큐빗의 정보도 기저시스템을 바꾸면 그 이전 기저시스템에서 얻었던 정보가 불확실해질 때가 있다. [그렇지 않을 때도 물론 존재하는데 이때는 두 기저시스템이 compatible하다(잘 맞는다)고 말한다.]

네 번째(마지막) 양자게이트: CZ 게이트

CZ 게이트는 Controlled Z 게이트의 줄임말이며, 3단계 퍼즐 1에 가서야 봉인이 풀려서 볼 수 있다.

CZ 게이트는 이제 한 개의 큐빗이 아니라 두 개의 큐빗이 상호작용하는 상황을 나타낸다.

CZ 게이트는 조건부 Z 게이트로서 조건이 되는 큐빗이 $|1\rangle$ 상태에 있을 때 해당 열에 Z 게이트를 작용시킨다. 조건에 해당하는 큐빗을 일종의 스위치라고 생각하면 된다. CZ 게이트에서 C(controlled)가 붙은 것은 스위치에 의하여 작동하는 Z 게이트라는 뜻이다.

아래 그림을 살펴보자. 그림의 왼쪽 회로에서 스위치에 해당하는 큐빗을 색으로 표시했다. 스위치가 검은 원일 때 CZ 게이트는 아무런 일을 하지 않는다. 따라서 CZ 게이트를 눌러도 회로는 전혀 변함이 없다.

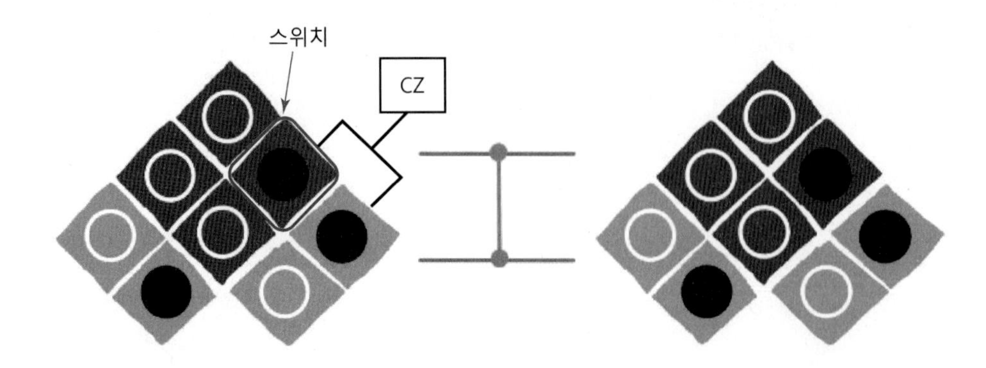

그림 2.22 | CZ 게이트의 작용. CZ 게이트에 의해 검은색의 두 큐빗이 연결되어 있다. 스위치에 해당하는 위의 큐빗이 검은색이므로 CZ 게이트를 눌러도 회로에는 변함이 없다. 두 양자 회로 사이의 기호는 CZ 게이트를 나타낸다.

이제 아래와 같은 상황에서 스위치 큐빗이 하얀 상태가 되어 스위치가 켜졌다. 이때 상위 열에 있는 큐빗에 Z 게이트를 작동시킨다. 이 규칙에 의해 상위 큐빗의 상태가 Z 게이트에 의해 바뀌게 된다(on → off, off → on, random → random).

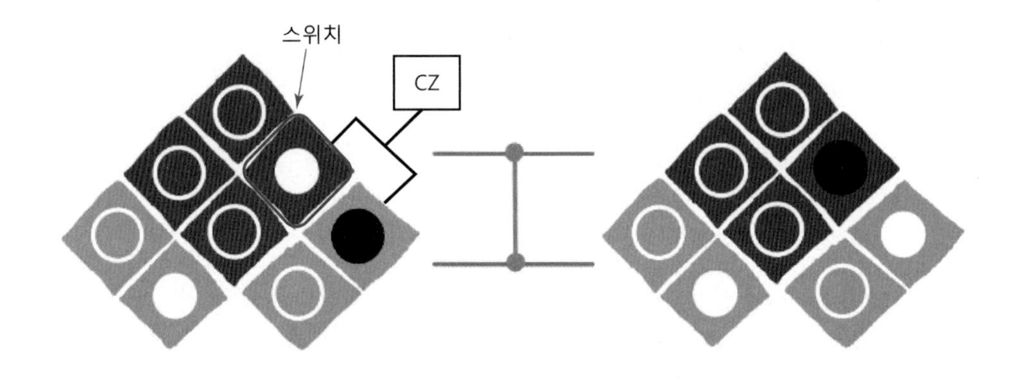

그림 2.23 | 스위치 인 위의 큐빗이 하얀색이므로 CZ 게이트를 눌렀을 때 아래에 있는 큐빗의 상태가 검은색에서 흰색으로 반전된다.

그런데 이 스위치에 해당하는 큐빗의 위치는 임의로 정할 수 있으므로, 이 HQ 게임에서는 다음과 같이 아래에 있는 큐빗이 스위치가 되는 상황도 설정해 놓았다. 아래 상황에서는 아래에 있는 큐빗이 스위치 역할을 하고, 하얀 상태로서 스위치가 켜지므로 CZ 게이트에 의해 상위 열의 큐빗들이 Z 게이트의 작용을 받게 된다.

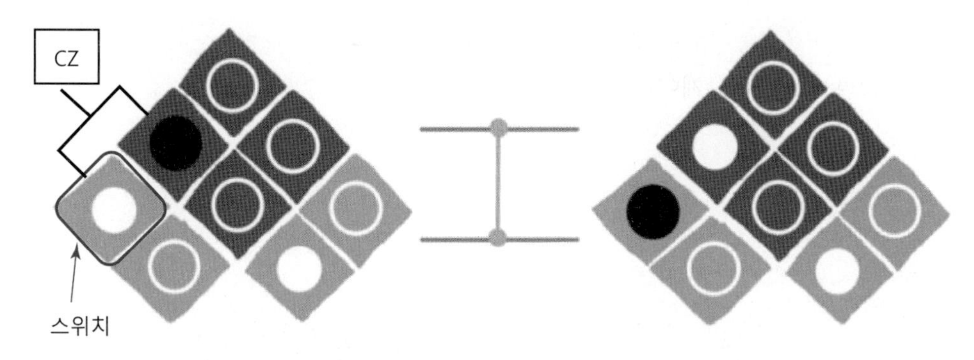

그림 2.24 | CZ 게이트의 스위치 큐빗이 아래 열에 위치한다.

이 상황을 좀 더 단순하게 이해하기 위해, CZ 게이트는 단순히 연결되어 있는 두 원의 위치를 바꾸는 역할을 한다고만 생각해도 좋다.

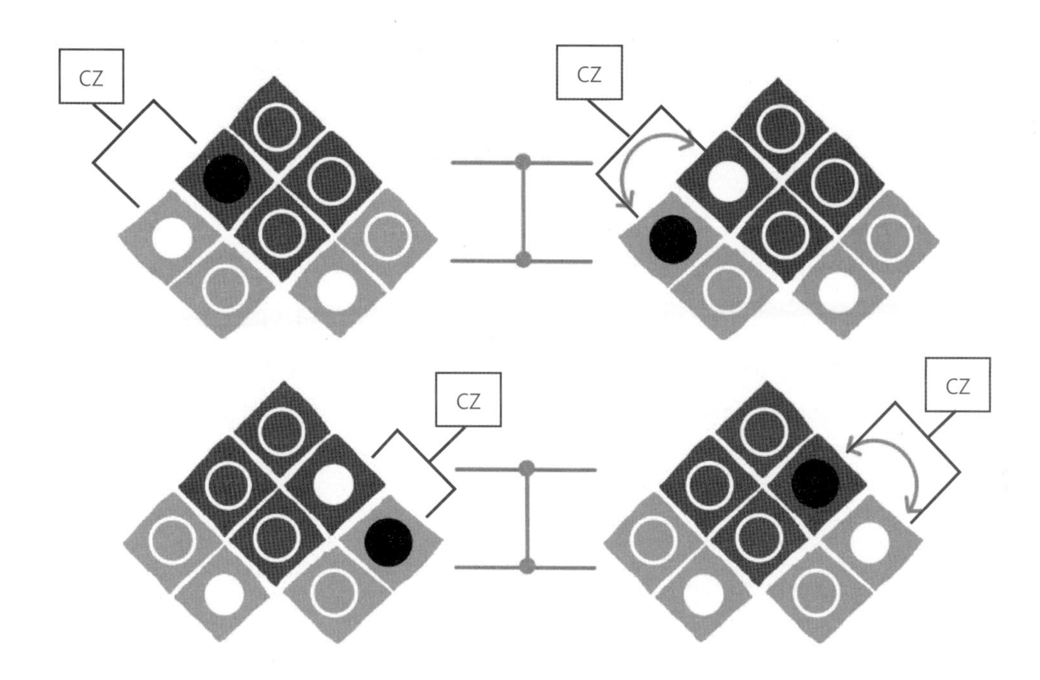

그림 2.25 | 이제까지 살펴본 CZ 게이트의 작용은 CZ 게이트에 연결된 두 큐빗이 게이트에 의해 서로 자리를 바꾸는 것으로 생각할 수 있다.

CZ 게이트는 이제까지 알아본 X, H, Z 게이트가 한 개의 큐빗에 작용하는 것과 달리 두 개의 큐빗에 작용하므로 그 행렬적 표현도 훨씬 복잡해진다. 수학적 고찰은 3장에서 자세히 알아보기로 하고, CZ 게이트의 행렬적 표현은 다음과 같다고만 알아두자.

$$CZ := \begin{bmatrix} 1 & 0 & 0 & 0 \\ 0 & 1 & 0 & 0 \\ 0 & 0 & 1 & 0 \\ 0 & 0 & 0 & -1 \end{bmatrix}$$

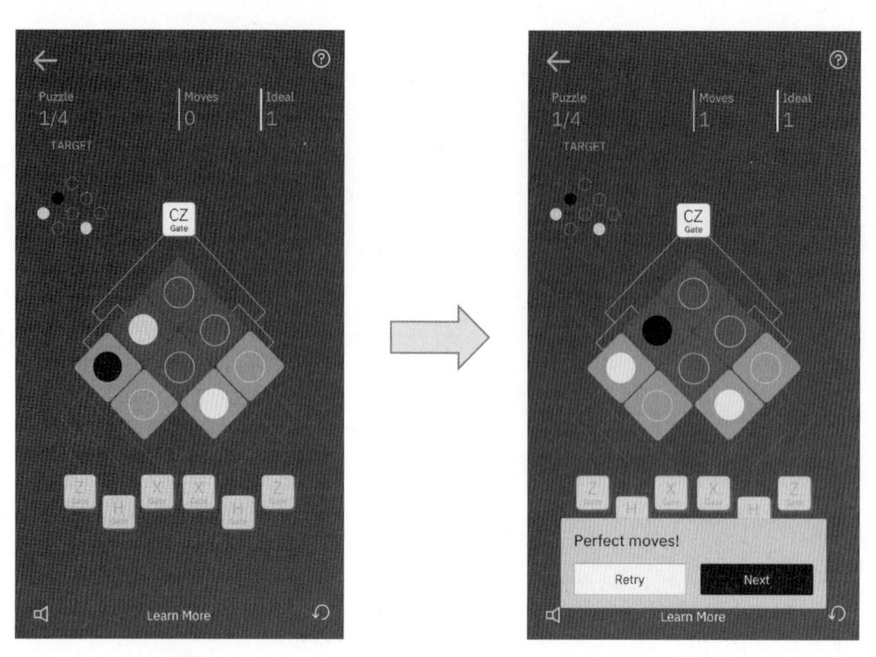

그림 2.26 | CZ 게이트의 실행 화면. CZ 게이트를 누르면 회로선으로 연결되어 있는 두 큐빗이 서로 상태를 바꾼다.

HQ 게임을 마치며

4단계의 퍼즐 11을 마치면 어느덧 HQ 게임을 다 완수한 것이다. 게임의 엔딩은 생각보다 밋밋하게 느껴질지도 모르겠다. 그러나 이 작은 게임에 양자 컴퓨팅의 핵심인 네 개의 양자게이트와 중요한 양자역학의 원리가 숨어 있다. 앞으로 IBM Quantum 양자컴퓨터를 프로그래밍하면서 종종 HQ로 돌아와 게이트와 큐빗의 행동을 왜 이렇게 표현했는지 생각해 보자.

요약

1. 큐빗은 음과 양, 낮과 밤과 같이 명확히 구분되는 두 개의 양자 상태를 갖고 있고, 이를 $|0\rangle$ 과 $|1\rangle$ 로 표현한다.

2. 큐빗에 어떤 물리적 작용을 하여 그 상태를 변화시키거나 측정하는 '회로'에 해당되는 것을 양자게이트 혹은 게이트라고 한다.

3. X 게이트에 의해 큐빗은 서로 다른 상태로 반전된다.

4. H(아다마르) 게이트에 의해 위와 아래 열에 있는 큐빗들이 그 위치를 바꾼다.

5. Z 게이트는 X 게이트와 유사하게 큐빗의 상태를 반전시키지만, X 게이트가 작동하는 기저와 다른 기저에서 작동한다는 점이 다르다.

6. X, H, Z 게이트는 한 개의 큐빗에 작용하는 단일 큐빗 게이트이다.

7. CZ 게이트는 두 개의 큐빗에 의해 작동하는 이중 큐빗 게이트이다.

8. CZ 게이트는 첫 번째 큐빗(컨트롤)의 상태에 따라 두 번째 큐빗(타깃)에 Z 게이트를 작용하는 게이트이다. 컨트롤 큐빗이 1(ON) 상태일 때 타깃 큐빗의 상태를 반전시킨다.

9. HQ 게임에서 배운 네 개의 양자게이트를 표로 정리해 보면 다음과 같다.

게이트 이름	아이콘 모양	행렬 표현	큐빗에 대한 작용
X (X 게이트)	X Gate	$x := \begin{bmatrix} 0 & 1 \\ 1 & 0 \end{bmatrix}$	큐빗의 상태를 반전시킨다.
Z (Z 게이트)	Z Gate	$z := \begin{bmatrix} 1 & 0 \\ 0 & -1 \end{bmatrix}$	큐빗이 상위 열에 있을 때 X 게이트와 같이 큐빗의 상태를 반전시킨다.
H (아다마르 게이트)	H Gate	$H := \frac{1}{\sqrt{2}} \begin{bmatrix} 1 & 1 \\ 1 & -1 \end{bmatrix}$	큐빗의 위와 아래 열의 위치를 바꾼다.
CZ (조건부 Z 게이트)	CZ Gate	$CZ := \begin{bmatrix} 1 & 0 & 0 & 0 \\ 0 & 1 & 0 & 0 \\ 0 & 0 & 1 & 0 \\ 0 & 0 & 0 & -1 \end{bmatrix}$	CZ 게이트는 회로선으로 연결되어 있는 두 큐빗에 대해서, 컨트롤 큐빗의 상태에 따라 타깃 큐빗의 상태를 반전시킨다.

연습문제

1. 큐빗이 무엇인지 개념적으로 설명하시오.

2. 게이트와 큐빗의 상관관계를 설명하시오.

3. CZ 게이트와 Z 게이트를 비교하여 설명하시오.

4. 큐빗의 상태를 블로흐 구로 표현한다면, 큐빗을 단지 흰 원과 검은 원으로만 표현하는 것과 어떤 개념적 차이를 보일 수 있을까?

5. 양자역학의 측정의 가설을 설명하시오.

6. IBM HQ에서 퍼즐 1을 완성하고 그 스크린숏을 제시하시오.

7. IBM HQ에서 퍼즐 4를 완성하고 그 스크린숏을 제시하시오.

8. H 게이트의 작동 원리를 설명하시오.

9. IBM HQ의 최종 단계를 종료한 후 그 스크린숏을 제시하시오.

10. 아래와 같은 X 게이트의 행렬 표현에 대하여 다음을 조사하시오.

$$\begin{bmatrix} 0 & 1 \\ 1 & 0 \end{bmatrix}$$

$|0\rangle$과 $|1\rangle$을 현재 기저(좌표계)에서 다음과 같은 열벡터로 표시하자.

$$|0\rangle = \begin{bmatrix} 1 \\ 0 \end{bmatrix}, \ |1\rangle = \begin{bmatrix} 0 \\ 1 \end{bmatrix}$$

(1) X 게이트 행렬을 $|0\rangle$ 벡터에 한 번 작용하면 어떤 벡터가 되는가?

(2) 행렬의 곱에 의해 $X^2 = XX$를 계산하시오.

(3) X 게이트를 $|0\rangle$ 벡터에 두 번 작용하면 어떤 벡터가 되는가? 이 결과를 (2)번의 계산과 연관지어서 설명하시오.

11. Z 게이트의 행렬 표현은 $\begin{bmatrix} 1 & 0 \\ 0 & -1 \end{bmatrix}$이다. $|0\rangle$과 $|1\rangle$을 현재 기저(좌표계)에서 다음과 같은 열 벡터로 표시하자.

$$|0\rangle = \begin{bmatrix} 1 \\ 0 \end{bmatrix}, \ |1\rangle = \begin{bmatrix} 0 \\ 1 \end{bmatrix}$$

(1) Z 게이트를 위와 같이 현재 기저에서 표현된 $|0\rangle$과 $|1\rangle$에 작용하면 각각 어떤 상태로 변화하는가?

(2) 이제 $\frac{|0\rangle + |1\rangle}{\sqrt{2}} = |+\rangle$, $\frac{|0\rangle - |1\rangle}{\sqrt{2}} = |-\rangle$로 하는 새로운 기저 벡터 $|+\rangle$와 $|-\rangle$를 생각한다. $|+\rangle$와 $|-\rangle$를 각각 Z 게이트 행렬에 연산시켜 어떻게 변화하는지 확인하시오.

(3) 위의 연산을 통해 다음과 같이 Z 게이트는 큐빗의 위 열에 표현된 기저에서만 작용한다는 사실을 설명하시오.

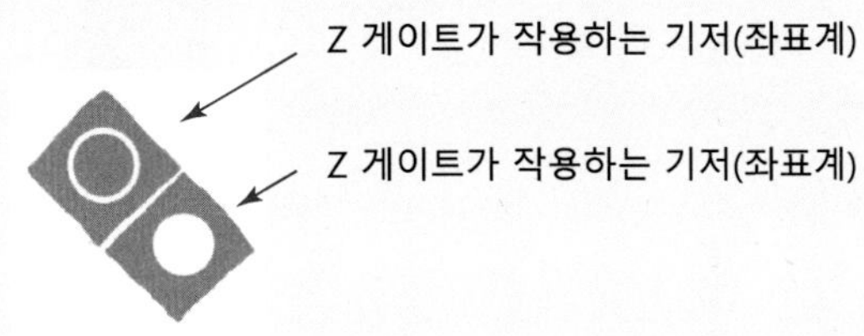

제3장

양자역학의 수학적 기초

이 장에서 학습할 내용

- 양자 컴퓨팅의 기본 전제인 양자역학의 수학적인 기초를 학습한다.
- 상태벡터가 무엇인지 학습한다.
- 힐버트 공간과 쌍대(쌍둥이) 공간을 이해한다.
- 디랙 표기법을 학습하고, 켓 공간과 브라 공간의 관계를 이해한다.
- 기저와 고유 벡터가 무엇이고 상태벡터가 기저의 합으로 표현됨을 이해한다.
- 양자역학의 측정의 가설을 이해한다.
- 측정의 가설에 의해 양자 컴퓨팅의 연산 결과는 항상 확률값으로 나옴을 이해한다.

3.1 양자역학에 대하여

1장에서 간단히 언급한 양자역학의 기초를 바탕으로 양자 컴퓨팅의 이해를 위한 수학적 기초를 학습해 보자.

19세기 말과 20세기 초 고전물리학의 모순을 해결하면서 등장한 양자물리학 혹은 양자역학은 인간이 발견한 과학 이론 중 가장 정확한 것이다. 당시 유럽을 중심으로 한 물리학계는 이전까지 절대 진리로 알고 있었던 뉴턴역학과 고전전자기학으로는 설명하기 어려운 현상의 출현으로 골머리를 앓고 있었다. (자외선 파탄이 한 예로서 고전전자기학으로 설명하면 빛의 에너지는 무한이 되어서 난로 옆에서 우리의 몸은 타버려야 한다!) 양자역학은 이러한 과학의 위기를 성공적으로 해결하면서, 일부 과학자들(심지어 양자역학의 선구자 중 한 사람이었던 아인슈타인도 포함해서)의 반대에도 불구하고, 아직까지 현대 과학계의 주류 이론으로 군림하고 있다.

양자 컴퓨팅은 양자역학의 기본 공준과 개념을 바탕으로 통신과 정보, 암호학 등을 결합한 독자적인 학문 분야이다. 양자역학의 기본 개념에 대한 이해 없이 양자 컴퓨팅을 학습하기란 불가능에 가깝다.

이 심오한 양자역학의 학습을 위해 보통 대학의 학부와 대학원에서 한 학기 이상의 집중적인 수업이 개설되고 있다. 아마도 대학 수준의 양자역학을 한 학기 수강하였다면 양자 컴퓨팅을 학습하는 것이 훨씬 수월할지도 모른다.

이 책은 양자역학의 응용분야인 양자 컴퓨팅을 실제적인 경험을 통해 학습하는 데 목적을 두고 쓰였다. 이 책이 다루고자 하는 범위와 양자역학의 방대성을 생각할 때, 양자 컴퓨팅의 전반적인 구동원리를 이해할 수 있는 최소한의 수학적 기초를 소개하고자 한다. 본격적인 양자역학의 학습을 위해 훌륭한 양자역학 교과서들을 찾아 읽을 것을 권한다.

이번 3장에서 소개하는 수학은 이후 학습에서 반복적으로 사용된다. 양자역학을 처음 접하는 독자라면 이후 양자 컴퓨팅을 학습하면서 그 수학적 원리를 정확히 이해하기 위해 이 장과 참고문헌을 반복해서 학습할 것을 권장한다.

3.2 양자 상태, 양자 상태함수, 양자 상태벡터

양자역학에서는 한 물리적 세계(physical system)의 모든 정보가 상태함수(state function) 또는 상태벡터(state vector)에 담겨 있다고 가정한다. 여기에서 가정(postulate, 공준으로도 번역된다)은 그러한 가정하에 수학적·물리적 논리를 전개한다는 전제조건에 해당한다. 양자역학은 여러 가정이 있고 이 가정에 기반한 이론이 실험과 잘 부합되므로 이러한 가정은 현재까지 모두 옳다고 일반적으로 받아들여지고 있다.

이 상태함수는 여러 문자로 표시할 수 있지만, 가장 많이 사용되는 문자 중 하나는 그리스 문자 ψ(프사이 또는 영어 발음은 사이)로 표시한다.

이 세상 모든 물리 세계는 상태함수 Ψ로 표현한다.
Ψ: 한 물리적 세계의 모든 정보를 담고 있는 상태함수 또는 상태벡터

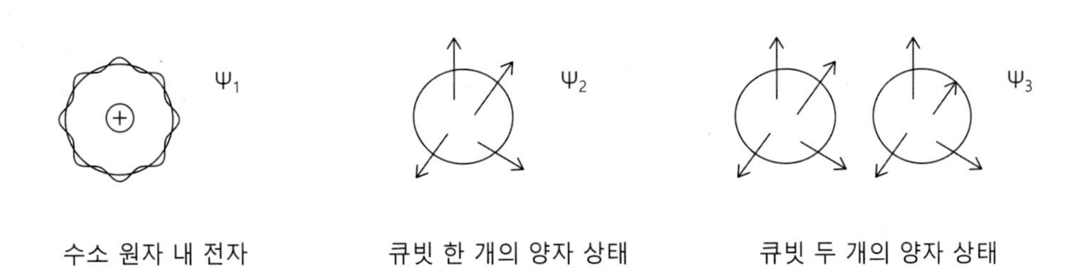

그림 3.1 | 다양한 물리적 세계의 양자 상태

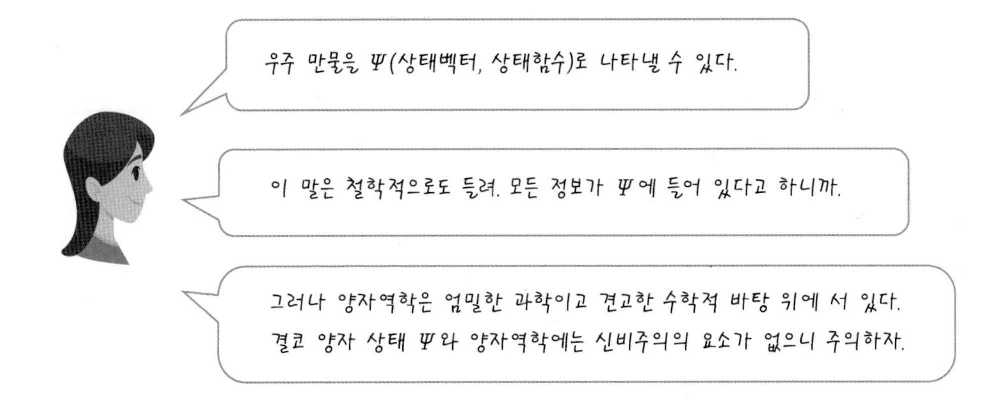

힐버트 공간

일반적으로 만물의 양자 상태는 조물주만이 그 실체를 아는 블랙박스라고 할 수 있다. 이를 인간이 측정할 수 있도록 실체화하기 위해서는 수학적 도구가 필요하다. 앞에서 양자역학에서는 한 물리적 시스템의 양자 상태를 힐버트 공간(Hilbert space)이라고 부르는, 벡터들로 이뤄진 벡터공간에서 정의된 한 벡터로 기술한다는 사실을 배웠다. 이 사실에서 알 수 있듯이 양자역학, 나아가 양자컴퓨터는 벡터공간과 그 공간에서 일어나는 연산을 다루는 수학을 기본 도구로 하고 있다. 벡터공간에서의 벡터, 행렬, 선형 연산을 다루는 학문을 선형대수학이라고 한다. 선형대수학은 양자역학의 언어라고 할 수 있다. 아래에서 선형대수학의 기초를 양자컴퓨터와 연관 지어서 학습해 보자.

힐버트 공간은 정의상 무한한 차원을 갖고 내적이 정의된 벡터공간이지만, 유한한 차원의 벡터공간도 힐버트 공간이라고 부른다. 우리의 주인공인 큐빗을 물고기에 비유한다면, 힐버트 공간은 큐빗이 살고 있는 바다와 같다.

한 큐빗의 양자 상태는 무한차원을 가진 벡터공간인 힐버트 공간 안의 한 벡터로 모두 표현할 수 있다.

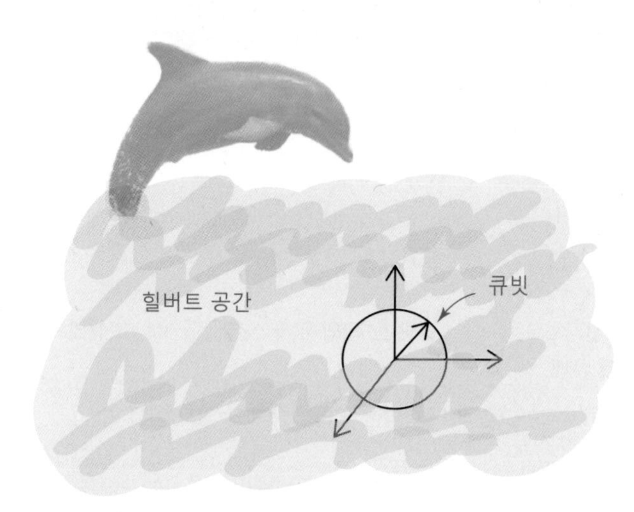

그림 3.2 | 큐빗은 특별한 벡터공간인 힐버트 공간 안에 존재한다.

정확한 비유는 아니지만 상태함수를 좀 더 쉽게 이해하기 위해 슈뢰딩거의 고양이에 등장하는 한 마리의 고양이를 상상해 보자.

이 고양이의 물리적인 모든 정보가 담겨 있는 수학적 표현이 양자 상태함수 또는 양자 상태벡터이다. 이 고양이가 현실세계에서 x, y, z축에 해당하는 3차원 공간에 놓여 있듯이 상태벡터는 무한한 차원의 복소수로 이루어진 힐버트 공간에 존재한다. 힐버트 공간을 보통 H라는 알파벳 대문자로 표시한다.

이를 수학 기호로 쓰면 다음과 같다.

$\Psi \in H$: H는 무한차원의 복소수로 이루어진 벡터공간 힐버트 공간이다. 양자 상태는 이 힐버트 공간에 속해 있다.

여기에서 주의할 것은 힐버트 공간은 단순한 복소수의 집합이 아니라 복소수 벡터로 이루어진 벡터공간이라는 점이다. 크기만을 갖는 스칼라양과 달리 벡터는 크기와 방향을 가진 화살표 또는 한 좌표공간에 설정된 좌표점으로 정의된다.

힐버트 공간 H의 쌍대공간 H^*

$\psi^+ \in H^*$: H에 상태함수 Ψ가 있다면 H^*에는 그에 상응하는 상태함수 $\Psi^\dagger$가 존재한다.

양자역학의 기본 전제는 한 힐버트 공간에 대해서 그에 상응하는 이중공간이 존재한다는 것이다. 이 이중공간은 (물리학적으로 정확한 비유는 아니지만) 우리가 거울 속을 보았을 때 보게 되는 이미지와 같은 것이라고 할 수 있다.

이 이중공간을 H^*로 나타내며, 이 공간 내에 존재하는 상태함수는 $\Psi^\dagger$로 나타낸다. [† 기호는 서양 단검 모양으로 대거(daggar)라고 읽는다.]

$\psi^\dagger \in H^*$: H에 상태함수 Ψ가 있다면 H^*에는 그에 상응하는 상태함수 $\Psi^\dagger$가 존재한다.

그림 3.3 | 현실의 앨리스(왼쪽)가 거울 속으로 들어가는 모습. 힐버트 공간과 그 안의 모든 양자 상태에는 거울과 같은 쌍대(쌍둥이) 양자 상태가 있다. 힐버트 공간 H와 그 안에 있는 양자 상태의 거울 속 이미지와 같은 것이 H^*와 그 안에 있는 양자 상태들이다.

디랙(브라켓) 표기법과 행렬 표현법

우주 만물의 양자역학적인 물리적 상태는 상태함수로 나타낼 수 있다. 양자 컴퓨팅은 큐빗이 주인공이므로 이제 한 개의 큐빗의 상태함수를 살펴보자. 2장에서 잠깐 알아본 바와 같이 큐빗은 고전적인 비트와 유사하게 0과 1에 해당되는 두 개의 구별되는 상태를 갖고 있다. 그러나 고전적인 비트와는 다르게 이 두 상태의 중첩된 상태도 존재한다. 고전적인 물리학과 근본적으로 다른 물리학적 법칙하에 양자역학이 돌아가므로 큐빗의 상태함수도 단순히 0과 1이라는 숫자가 아닌 독자적인 수학 기호가 필요할 것이다.

큐빗을 포함하여 모든 양자 상태(상태벡터)를 수학적으로 표현하는 방법으로 디랙의 브라-켓 방법과 행렬 표현법이 있다. 이 두 가지 방법은 일견 달라 보이지만 물리적으로 동일한 양자역학을 표현하고 있으며 양자 컴퓨팅 입문자라면 두 표현법 모두에 익숙해질 필요가 있다.

브라-켓(또는 브라켓) 표기법

이 기호체계는 양자역학의 개척자 중 한 사람인 디랙이 개발한 것이어서 디랙(Dirac) 표기법이라고도 불린다. 브라-켓(bra-ket)이란 용어는 '⟨'와 '⟩'를 영어로 bracket이라고 부르는 데서 착안한 명칭이다. '⟨'와 '⟩'를 bracket의 앞뒤로 보아 각각 bra와 ket으로 부른다.

이 기호체계에 따르면 상태벡터 Ψ는 다음과 같이 표기된다.

$$|\psi\rangle: \text{켓(ket) 벡터} \in H$$

이 켓 상태벡터는 위에서 설명한 힐버트 공간 H에서 정의된 복소수 형태의 벡터이다.

위에서 우리는 각 힐버트 공간에는 쌍대(쌍둥이) 공간이 존재하고 상태벡터도 마찬가지로 대응하는 상태벡터가 쌍대(쌍둥이) 공간에 존재함을 배웠다.

이 쌍대(쌍둥이) 공간에 존재하는 상태벡터를 브라-켓 표기법에서는 $\langle\Psi|$: 브라(bra) 벡터 $\in H^*$라고 쓰며, 브라 벡터와 켓 벡터는 "이중쌍대(dual conjugate) 관계에 있다"고 한다.

$$\langle\psi| \xleftrightarrow{(dual\,conjugate)} |\psi\rangle$$

브라 벡터와 켓 벡터가 소속되어 있는 공간 H와 H*를 때로는 브라 공간과 켓 공간으로도 부른다.

큐빗 한 개의 상태벡터의 디랙 표기법

이제 양자컴퓨터의 주인공 큐빗의 상태함수를 디랙 표기법으로 표현해 보자.

컴퓨터의 기초인 비트가 0과 1의 두 상태가 있듯이, 큐빗도 두 개의 명백히 구별되는 상태가 있다.

큐빗도 고전 비트처럼 0과 1이라고 쓰면 어떨까? 이렇게 쓰면 큐빗이 두 개의 구별되는 상태에 있다는 것이 분명하지만, 양자역학의 상태를 충분히 표현할 수 없고 따라서 큐빗의 중요한 성질인 중첩과 얽힘 등을 나타낼 수 없게 된다.

따라서 큐빗은 양자역학의 고유한 표기법을 사용해야 함을 알 수 있다.

이 상태를 디랙 표기법으로 표기한다면, 두 개의 상태가 다르다는 의미만 나타낼 수 있다면 $|+\rangle$와 $|-\rangle$, $|*\rangle$와 $|**\rangle$, $|!\rangle$와 $|\&\rangle$ 등도 모두 가능한 표현법이다.

그러나 고전 비트가 0과 1로 나타내지므로, 큐빗의 상태벡터를 $|0\rangle$과 $|1\rangle$로 표현하는 것이 제일 자연스러워 보이며, 이 표기법이 큐빗의 표준 표기법이다.

큐빗 한 개의 양자 상태의 브라켓 표기법

$|0\rangle$: 고전 비트의 0에 상응

$|1\rangle$: 고전 비트의 1에 상응

위와 같이 큐빗의 양자 상태를 표현하는 방식을 계산기저(또는 표준기저) 방법이라고 한다.

여기에 나온 기저는 곧 학습하기로 한다.

행렬 표현법

행렬 표현법은 디랙(브라켓) 표기법과 일견 달라 보이지만 물리학적으로 동일한 표현법이다.

우리가 수학에서 배운 행렬은 숫자나 수식을 직사각형이나 정사각형 모양으로 정렬해 놓은 것을 말한다. 일반적으로 m*n개의 원소 x_{ij}를 아래와 배열하고 괄호로 묶은 것을 m×n 행렬이라고 한다(선형대수학, 이일해 저, 1991).

다음과 같이 m×1 행렬과 1×n 행렬을 각각 행 벡터와 열 벡터라고 부른다.

$$X = \begin{bmatrix} x_{11} & x_{12} & \cdots & x_{1n} \\ x_{21} & x_{22} & \cdots & x_{2n} \\ \vdots & \vdots & \vdots & \vdots \\ x_m & x_{m2} & \cdots & x_{mn} \end{bmatrix}$$

(1) 네 개의 원소를 가진 열 벡터

$$X = \begin{bmatrix} x_1 \\ x_2 \\ x_3 \\ x_4 \end{bmatrix}$$

(2) 네 개의 원소를 가진 행 벡터

$$Y = \begin{bmatrix} Y_1 & Y_2 & Y_3 & Y_4 \end{bmatrix}$$

(3) 2×2 정방행렬

$$z = \begin{bmatrix} Z_{11} & Z_{12} \\ Z_{21} & Z_{22} \end{bmatrix}$$

상태벡터의 행렬 표현법과 디랙 표기법의 정확한 관계를 이해하려면 기저와 내적을 이해해야 하지만, 그 전에 단도직입적으로 큐빗 한 개의 행렬 표현법을 다음과 같이 정리해 보자.

$$|0\rangle \leftrightarrow \begin{pmatrix} 1 \\ 0 \end{pmatrix}$$

$$|1\rangle \leftrightarrow \begin{pmatrix} 0 \\ 1 \end{pmatrix}$$

즉 큐빗의 상태벡터 $|0\rangle$를 행렬로 쓰면 다음과 같은 모양의 열 벡터가 되고,

$$|0\rangle \leftrightarrow \begin{pmatrix} 1 \\ 0 \end{pmatrix}$$

두 번째 상태 $|1\rangle$는 다음과 같이 된다.

$$|1\rangle \leftrightarrow \begin{pmatrix} 0 \\ 1 \end{pmatrix}$$

큐빗 한 개의 양자 상태의 행렬 표기법

$$|0\rangle := \begin{pmatrix} 1 \\ 0 \end{pmatrix}$$

$$|1\rangle := \begin{pmatrix} 0 \\ 1 \end{pmatrix}$$

위와 같이 큐빗의 양자 상태를 표현하는 방식을 계산기저(또는 표준기저) 방법이라고 한다.

3.3 기저

기저(basis)와 차원(dimension)

여기에 우리가 많이 들어본 슈뢰딩거의 고양이가 3차원 공간에 존재하고 있다. 3차원 공간에서 이 고양이가 어디에 위치하는지 측정하고 싶어졌다. 고양이의 물리적 '위치'를 알려면 서로 직교하는 x, y, z축으로 이루어진 기본 좌표축이 필요하다. 그리고 이 세 좌표축의 숫자가 차원의 개수에 해당한다는 것을 다 알고 있을 것이다.

이해를 좀 더 쉽게 하기 위해 양자역학의 상태벡터를 우리가 고등학교 수학에서 배운 3차원 공간에 놓인 벡터 R과 같은 것이라고 생각해 보자.

이 벡터를 표시하기 위해 3차원 공간에서 x, y, z의 세 개의 직교 좌표축이 필요하다. 직교 좌표축이 설정된다면 이 벡터 R의 좌표는 다음과 같이 표현된다.

$$R = (200, 300, 500) \leftrightarrow R = 200\,e_x + 300\,e_y + 500\,e_z$$

여기에서 e_x, e_y, e_z는 각각 x, y, z축 방향의 서로 직교하는 크기 1의 단위벡터를 말한다. 양자역학의 기저는 e_x, e_y, e_z와 유사한 수학적 개념을 갖고 있다고 생각해도 좋다.

양자역학의 상태벡터 $|\Psi\rangle$도 힐버트 공간에서 정의된 벡터이므로, 만약 그 힐버트 공간이 3차원이라면 $|\Psi\rangle = \alpha_1|e_1\rangle + \alpha_2|e_2\rangle + \alpha_3|e_3\rangle$와 같이 (일종의) 직교단위벡터 $|e_1\rangle$, $|e_2\rangle$, $|e_3\rangle$가 존재한다. 이 $|e_i\rangle(i=1,\ 2,\ 3)$에 해당되는 상태벡터를 기저(basis)라고 부르며, 힐버트 공간은 유한차원에서 무한차원까지 모두 존재하므로, 임의의 상태벡터

$|\Psi\rangle = \alpha_1|\alpha_1\rangle + \alpha_2|\alpha_2\rangle + \alpha_3|\alpha_3\rangle + \cdots\cdots \alpha_n|\alpha_n\rangle$ (n은 유한한 자연수 혹은 무한한 자연수 값)이라고 쓸 수 있다.

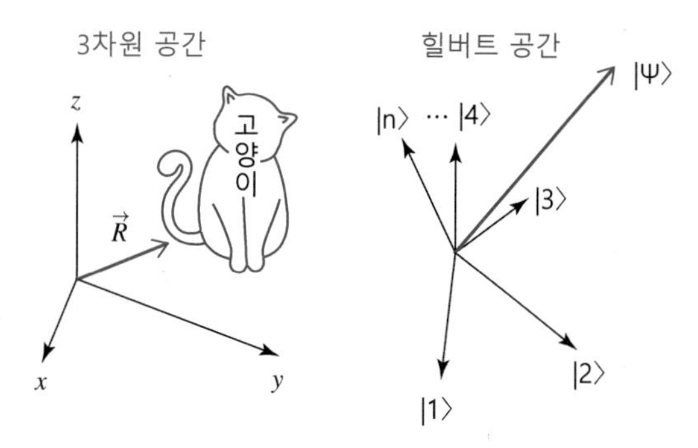

그림 3.4 | 기저의 개념. 현실의 3차원 공간상의 고양이의 좌표를 설정하는 데 x, y, z 방향의 세 좌표축이 필요하며, 각 방향의 크기 1인 단위벡터가 기저이다. 힐버트 공간 안에 정의된 양자 상태벡터 $|\Psi\rangle$도 비슷한 개념으로 기저벡터 $|1\rangle$, $|2\rangle$, $\cdots$, $|n\rangle$을 기저로 설정하여 수학적으로 기술한다.

벡터의 선형결합

양자역학의 기저와 차원을 정확히 이해하기 위해서는 선형대수학에서 이야기하는 벡터의 선형결합, 선형독립, 선형종속이라는 개념을 잘 이해할 필요가 있다. 앞에서 기저를 설명할 때, 3차원 공간에서 세 개의 서로 직교하는 기저(단위벡터) e_x, e_y, e_z를 예로 들었다. 보통 기저가 이렇게 상호 직교하는 벡터를 가지고 구성하기 때문에 모든 기저가 서로 직교한다고 생각하기 쉽다. 그렇지만 모든 기저는 서로 직교하지 않으며, 한 벡터공간에서 직교하지 않은 수많은 기저시스템이 존재한다. 이를 잘 이해하기 위해서 선형대수학에서 정의하는 기저를 잘 학습할 필요가 있다.

먼저 벡터의 선형결합에서 시작하자.

일반적으로 벡터공간[1]에서 정의된 n개의 벡터 v_1, v_2, $\cdots$, v_n 각각에 상수 $a_i(i=1,\ 2,\ \cdots,\ n)$를 곱해서 벡터의 일차항만으로 모두 더한 다음의 형태를 벡터의 선형결합(또는 일차결합)이라고 한다.

---

1) 크기와 방향을 가진 객체로 정의되는 벡터가 원소로 있는 벡터공간 V는 엄밀하게, 두 벡터에 대해서 벡터의 덧셈과 스칼라 곱셈 연산이 정의되는 공집합이 아닌 집합을 말한다. 이 정의에 따라 벡터공간 V가 갖는 10개의 기본적인 성질(공리)이 있다.

$$a_1v_1 + a_2v_2 + a_3v_3 + \cdots + a_nv_n = \sum_{i=1}^{n} a_iv_i$$

양자역학의 상태벡터도 벡터이므로, 마찬가지로 다음과 같이 n개의 상태벡터 $|1\rangle$, $|2\rangle$, $\cdots$, $|n\rangle$ 각각에 복소수 상수 $a_i(i = 1,\ 2,\ \cdots,\ n)$를 곱해서 선형결합을 만들 수 있다.

$$a_1|1\rangle + a_2|2\rangle + a_3|3\rangle + \cdots + a_n|n\rangle = \sum_{i=1}^{n} a_i|n\rangle$$

벡터의 선형종속과 선형독립

다음으로는 벡터공간의 기저를 이해하기 위해 가장 중요한 개념인 선형종속과 선형독립에 대해 알아보자.

선형종속과 선형독립은 n개의 벡터 v_1, v_2, $\cdots$, v_n의 선형결합이 0(벡터)인 상황에서 나오는 성질이다.

이 선형결합을 벡터 0으로 두었을 때,

$$a_1v_1 + a_2v_2 + a_3v_3 + \cdots + a_nv_n = 0$$

선형독립은 모든 a_i에 대해서 이 식을 만족시키는 $a_i = 0$밖에 없는 상황이다.

반대로 선형종속은 a_i 중 적어도 하나가 0이 아닌 상수(스칼라)로서 존재할 때를 말한다.

기저

기저는 다음의 두 가지 성질을 모두 갖고 있는 벡터의 집합 V를 말한다.

(1) 이 집합 V에 있는 벡터들은 선형독립이다.
(2) V가 속해 있는 벡터공간의 모든 벡터는 기저의 선형결합으로 모두 표현할 수 있다. 이를 생성(span)한다고 한다.

여기에서 중요한 사실은 어떤 집합의 벡터들이 기저가 되려면 이 두 성질을 모두 갖고 있어야 한다는 점이다. 이는 반례를 통해 쉽게 이해할 수 있다.

(1) 3차원 실수벡터공간에서 두 벡터 (1,0,0)과 (0,1,0)는 선형독립이지만, 3차원 실수공간의 모든 벡터를 생성하지 않는다.
(2) 1차원 실수벡터공간에서 1과 2는 이 공간의 모든 벡터를 생성하지만, 선형독립은 아니다.

여기에서 또 하나의 중요한 사항은 기저벡터는 기하학적으로 반드시 서로 직교할 필요는 없다는 점이다.

차원

벡터공간에서 기저의 숫자를 차원(dimension)이라고 한다.

계산기저 또는 표준기저

양자 컴퓨팅의 큐빗의 양자 상태를 기술하는 표준적인 기저를 계산기저(computational basis) 또는 표준기저(standard basis)라고 한다. 이 기저는 다음과 같이 표현된다.

$$|0\rangle \leftrightarrow \begin{pmatrix} 1 \\ 0 \end{pmatrix}$$

$$|1\rangle \leftrightarrow \begin{pmatrix} 0 \\ 1 \end{pmatrix}$$

컴퓨터의 정보처리 단위가 0, 1이므로 이를 디랙 표기법으로 $|0\rangle$과 $|1\rangle$로 나타냈다고 볼 수 있다. 이 계산기저가 아래에서 설명하는 내적을 이용하여 서로 직교하고 그 크기가 1임은 쉽게 보일 수 있다.

기저의 변경

3차원 공간에서 벡터 R을 기술하기 위해 좌표축은 무한히 많이 설정할 수 있다. 이처럼 양자 상태벡터를 기술할 때 기저는 한 종류만 있지 않고 (이론적으로) 무한히 많은 기저가 존재한다.

예를 들어 상태벡터 $|\Psi\rangle$가

$$|\Psi\rangle = \alpha_1|\alpha_1\rangle + \alpha_2|\alpha_2\rangle + \alpha_3|\alpha_3\rangle + \cdots\cdots \alpha_n|\alpha_n\rangle$$

기저벡터 $|\alpha_i\rangle$로 펼쳐져 있다면, 또 다른 기저벡터의 집합 $|\beta_i\rangle$으로도 펼쳐질 수 있다. 단, $|\alpha_i\rangle$와 $|\beta_i\rangle$는 서로 선형관계여서는 안 된다. 즉, $|\alpha_i\rangle \neq C|\beta_i\rangle$($C$는 어떤 복소수).

$$|\Psi\rangle = \beta_1|\beta_1\rangle + \beta_2|\beta_2\rangle + \beta_3|\beta_3\rangle + \cdots\cdots + \beta_m|\beta_m\rangle$$

상태벡터의 내적

우리는 3차원 공간에서 정의된 벡터에서 내적(scalar product 또는 inner product)이란 연산을 알고 있다.

$$\vec{\alpha} \cdot \vec{\beta} = (\alpha_1,\ \alpha_2,\ \alpha_3) \cdot (\beta_1,\ \beta_2,\ \beta_3) = \alpha_1\beta_1 + \alpha_2\beta_2 + \beta_1\alpha_3 = \text{스칼라 값}$$

이제 양자역학의 상태벡터의 많은 성질이 3차원 공간벡터와 유사하다는 생각을 하게 되었을 것이다. 벡터 간에 내적이란 연산이 존재한다면 상태벡터에도 유사한 것이 있지 않을까?

답은 그렇다(yes)이며, 양자 상태벡터의 연산도 똑같은 내적이란 이름으로 불린다. 앞에서 우리는 켓(ket) 공간에서 정의된 상태벡터 $|\Psi\rangle$에 대응하는 거울상과 같은 브라 공간에서의 벡터 $\langle\Psi|$가 존재한다고 했다. 즉 $\langle\Psi| \leftrightarrow |\Psi\rangle$의 일대일 대응이 있고, $\langle\Psi|$과 $|\Psi\rangle$가 이중대응(dual correspondence)의 관계에 있다고 한다.

상태벡터의 내적은 이 켓과 브라 상태벡터 사이에 정의되는 아주 중요한 연산으로서 다음과 같이 정의된다.

$$(\langle\alpha|) \cdot (|\beta\rangle) = \langle\alpha|\beta\rangle = \text{복소수 값}$$

즉, 브라 공간에서 벡터 $\langle\alpha|$를, 켓 공간에서 $|\beta\rangle$를 골라서 어떤 복소수 값이 나오게 하는 연산이라고 이해할 수 있다.

양자역학의 내적은 다음과 같은 세 가지 기본적인 성질이 있다.

(1) $\langle\alpha|\cdot(|\beta_1\rangle + |\beta_2\rangle + |\beta_3\rangle + \cdots + |\beta_n\rangle) = \langle\alpha|\beta_1\rangle + \langle\alpha|\beta_2\rangle + \langle\alpha|\beta_3\rangle + \cdots + \langle\alpha|\beta_n\rangle$

(2) $\langle\alpha|\beta\rangle = \langle\beta|\alpha\rangle^*$

(3) $\langle\alpha|\alpha\rangle = 0$

첫 번째 성질은, 다항식 연산의 $(a+b)*(c+d) = ac+ad+bc+bd$와 유사한 개념이며, '내적의 선형성'이라고 부른다. 이 성질을 이용하여 상태벡터들이 여러 벡터의 합으로 표현되었을 때 그 상태벡터들의 내적을 쉽게 할 수 있다. 예를 들면, 어떤 상태벡터들이

$$|\alpha\rangle = \alpha_1|\alpha_1\rangle + \alpha_2|\alpha_2\rangle$$
$$|\beta\rangle = \beta_1|\beta_1\rangle + \beta_2|\beta_2\rangle$$

로 주어졌다면,

$$\begin{aligned}\langle\alpha|\beta\rangle &= \langle\alpha|(\beta_1|\beta_1\rangle + \beta_2|\beta_2\rangle) = \beta_1\langle\alpha|\beta_1\rangle + \beta_2\langle\alpha|\beta_2\rangle \\ &= \beta_1(\alpha_1^*\langle\alpha_1| + \alpha_2^*\langle\alpha_2|)|\beta_1\rangle + \beta_2(\alpha_1^*\langle\alpha_1| + \alpha_2^*\langle\alpha_2|)|\beta_2\rangle \\ &= \alpha_1^*\beta_1\langle\alpha_1|\beta_1\rangle + \alpha_2^*\beta_1\langle\alpha_2|\beta_1\rangle + \alpha_1^*\beta_2\langle\alpha_1|\beta_2\rangle + \alpha_2^*\beta_2\langle\alpha_2|\beta_2\rangle\end{aligned}$$

가 된다. (위의 계산에서 $\langle\alpha| = \alpha_1^*\langle\alpha_1| + \alpha_2^*\langle\alpha_2|$가 됨에 유의한다.)

두 번째 성질은 두 개의 벡터 $\langle\alpha|$와 $\langle\beta|$의 순서를 바꾸어 내적하면 그 값은 서로 복소켤레 혹은 복소공액(complex conjugate)이 된다는 것이다.

예를 들어, 큐빗의 두 가지 상태가 각각 다음과 같다고 하자.

$$|\alpha\rangle = \frac{i}{\sqrt{2}}|0\rangle + \frac{1}{\sqrt{2}}|1\rangle$$

$$|\beta\rangle = \sqrt{\frac{2}{3}}|0\rangle + \frac{i}{\sqrt{3}}|1\rangle$$

위의 두 켓 벡터에 상응하는 브라 벡터는 다음과 같다.

$$\langle\alpha| = -\frac{i}{\sqrt{2}}\langle 0| + \frac{1}{\sqrt{2}}\langle 1|$$

$$\langle\beta| = \sqrt{\frac{2}{3}}\langle 0| - \frac{i}{\sqrt{3}}\langle 1|$$

이제 (1)번의 내적 계산의 선형성을 이용해 $\langle\alpha|\beta\rangle$를 계산해 보면 다음과 같다.

$$\begin{aligned}
&\langle\alpha|\beta\rangle \\
&= \left(\frac{-i}{\sqrt{2}}\langle 0| + \frac{1}{\sqrt{2}}\langle 1|\right)\cdot\left(\sqrt{\frac{2}{3}}|0\rangle + \frac{i}{\sqrt{3}}|1\rangle\right) \\
&= \left(\frac{-i}{\sqrt{2}}\right)\left(\sqrt{\frac{2}{3}}\right)\langle 0|0\rangle + \left(\frac{1}{\sqrt{2}}\right)\left(\frac{i}{\sqrt{3}}\right)\langle 1|1\rangle \\
&= -\frac{i}{\sqrt{3}} + \frac{i}{\sqrt{6}} = \left(\frac{1}{\sqrt{6}} - \frac{1}{\sqrt{3}}\right)i
\end{aligned}$$

위의 값을 얻기 위해 $\langle 0|0\rangle = \langle 1|1\rangle = 1$, $\langle 0|1\rangle = \langle 1|0\rangle = 0$을 사용하였음에 유의하자. 이제 $\langle\beta|\alpha\rangle$를 계산해 보면

$$\begin{aligned}
&\langle\beta|\alpha\rangle \\
&= \left(\sqrt{\frac{2}{3}}\langle 0| - \frac{i}{\sqrt{3}}\langle 1|\right)\cdot\left(\frac{i}{\sqrt{2}}|0\rangle + \frac{1}{\sqrt{2}}|1\rangle\right) \\
&= \sqrt{\frac{2}{3}}\cdot\frac{i}{\sqrt{2}}\langle 0|0\rangle - \frac{i}{\sqrt{3}}\cdot\frac{1}{\sqrt{2}}\langle 1|1\rangle \\
&= \frac{i}{\sqrt{3}} - \frac{i}{\sqrt{6}} = \left(\frac{1}{\sqrt{3}} - \frac{1}{\sqrt{6}}\right)i
\end{aligned}$$

이 되어 다음을 확인할 수 있다.

$$\langle\alpha|\beta\rangle = \langle\beta|\alpha\rangle^{*} \tag{3.1}$$

마지막으로, 세 번째 성질인 $\langle\alpha|\alpha\rangle \geq 0$은 임의의 $|\alpha\rangle = \alpha_1|0\rangle + \alpha_2|1\rangle$의 경우에서 $\langle\alpha|\alpha\rangle = |\alpha_1|^2 + |\alpha_2|^2$이므로 이 값은 항상 0보다 크거나 같게 됨을 의미한다. 이 값이 0이 되는 경우는 오직 $|\alpha\rangle = 0$인 경우뿐이다.

상태벡터의 직교

$\langle\alpha|\alpha\rangle$가 항상 0보다 크거나 같다는 사실을 위에서 보았다. 만약 두 상태벡터 $|\alpha\rangle$와 $|\beta\rangle$의 내적값이 0이 된다면 어떤 상황일까? ($\langle\alpha|\beta\rangle=0$) 이런 경우 내적이 0인 벡터가 기하학적으로 직교하는 것처럼 두 상태벡터 $|\alpha\rangle$와 $|\beta\rangle$가 서로 직교(orthogonal)한다고 한다.

브라켓 표기법이 아니고 행렬 표현에 의해 상태벡터를 나타냈을 때 내적은 어떻게 될까?

행렬 표현으로 나타낸 두 개의 상태벡터가 있다면

$$|\alpha\rangle:=\begin{pmatrix}\alpha_1\\ \alpha_2\\ \vdots\\ \alpha_m\end{pmatrix}$$

$$|\beta\rangle:=\begin{pmatrix}\beta_1\\ \beta_2\\ \vdots\\ \beta_m\end{pmatrix}$$

아래와 같이 나타낼 수 있다.

$$\begin{pmatrix}\alpha_1\\ \alpha_2\\ \vdots\\ \alpha_m\end{pmatrix}\cdot\begin{pmatrix}\beta_1\\ \beta_2\\ \vdots\\ \beta_m\end{pmatrix}=\left(\alpha_1^*\alpha_2^*\cdots\ \alpha_m^*\right)\begin{pmatrix}\beta_1\\ \beta_2\\ \vdots\\ \beta_m\end{pmatrix}$$
$$=\alpha_1^*\beta_1+\alpha_2^*\beta_2+\cdots\ \alpha_m^*\beta_m$$

상태벡터의 크기

상태벡터 $|\alpha\rangle$의 크기(norm)는 다음과 같이 정의된다.

$$\||\alpha\rangle\|=\sqrt{\langle\alpha|\alpha\rangle}$$

만약 상태벡터의 크기가 1이면 그 상태벡터를 단위벡터라고 한다.

블로흐 구

이제까지 알아본 바를 정리하면, 한 개 큐빗의 양자 상태는 측정하기 전에 $|0\rangle$과 $|1\rangle$의 선형 결합으로 표현된다. 이를테면 위의 예시는 한 개 큐빗이 가질 수 있는 양자 상태 중 하나이다.

$$|\beta\rangle=\sqrt{\frac{2}{3}}|0\rangle-\frac{i}{\sqrt{3}}|1\rangle$$

이와 같은 한 개 큐빗의 양자 상태벡터를 일반화하여 수학적으로 나타내면 다음과 같다.

$$|\Psi\rangle = \cos(\theta)|0\rangle + e^{i\varphi}\sin(\theta)|0\rangle$$

큐빗의 양자 상태를 위와 같이 각도 θ와 Φ로 표현하면 모든 양자 상태를 나타낼 수 있다. 예를 들어 큐빗의 양자 상태가 위의 $|\beta\rangle$로 주어졌다면,

$$\cos(\theta) = \sqrt{\frac{2}{3}}, \ \sin(\theta) = \frac{1}{\sqrt{3}} \text{이고}$$

$e^{i\varphi} = i$로 정의되는 각도 θ와 Φ를 다음과 같이 구할 수 있다.

$$\theta = \cos^{-1}\left(\sqrt{\frac{2}{3}}\right), \ \Phi = \pi/2$$

다중큐빗의 상태벡터

이제까지는 큐빗이 한 개일 때 상태벡터가 어떻게 표시되는지 알아보았다. 한 개의 큐빗으로 된 양자컴퓨터로 할 수 있는 일은 거의 없다. 그러나 큐빗이 두 개만 되어도 이후 학습할 초밀도 코딩(양자 통신)과 도이치 알고리즘처럼 흥미로운 응용을 해볼 수 있다. 큐빗이 두 개 이상이 되면 양자 시스템을 어떻게 수학적으로 기술할 것인가?

큐빗이 두 개일 때 양자 회로의 초기 상태는 다음과 같다. 우리는 각각의 양자 상태를 디랙 표기법과 행렬 표기법으로 어떻게 나타내는지 알고 있다.

그림 3.5 | 두 개의 큐빗 q_0와 q_1이 모두 $|0\rangle$에 초기화되어 있는 2 큐빗 양자 회로

두 큐빗의 양자 상태벡터가 모두 $|0\rangle$이라면, 이 두 개의 큐빗이 만들어내는 전체 양자 시스템을 디랙 표기법으로 아래와 같이 표기한다.

$$|0\rangle \otimes |0\rangle = |00\rangle = |0\rangle|0\rangle$$

$\otimes$ 기호는 텐서(tensor) 곱을 의미하며 단순한 스칼라양의 곱의 아니라 벡터들 간의 곱을 나타낸다.

이 $|0\rangle \otimes |0\rangle$를 행렬로 표현할 때 주의할 점이 있다.

고전적인 비트의 관점에서 보아도 큐빗 한 개가 나타낼 수 있는 정보량이 두 개이므로 큐

빗 두 개의 경우 $2^2=4$개의 상태가 우선 가능하므로, 행렬 벡터는 네 개의 원소가 된다고 예측할 수 있다.

따라서

$$|0\rangle := \begin{pmatrix}1\\0\end{pmatrix}$$

상태가 두 개 이어져 있으므로

$$|0\rangle \otimes |0\rangle = \begin{pmatrix}1\\0\\1\\0\end{pmatrix} \longrightarrow \text{NO!}$$

이라고 생각하기 쉽다. (위의 계산은 틀린 것이다.)

그러나 2 큐빗 상태벡터의 텐서 곱의 정확한 정의는 다음과 같다.

$$\begin{bmatrix}a_1\\a_2\end{bmatrix} \otimes \begin{bmatrix}b_1\\b_2\end{bmatrix} = \begin{bmatrix}a_1 & \begin{bmatrix}b_1\\b_2\end{bmatrix}\\ a_2 & \begin{bmatrix}b_1\\b_2\end{bmatrix}\end{bmatrix} = \begin{bmatrix}a_1 & b_1\\a_1 & b_2\\a_2 & b_1\\a_2 & b_2\end{bmatrix}$$

첫 번째 벡터의 두 원소 a_1과 a_2 각각에 두 번째 벡터를 통째로 곱하게 된다.

따라서

$$|0\rangle \otimes |0\rangle = \begin{pmatrix}1\\0\end{pmatrix} \otimes \begin{pmatrix}1\\0\end{pmatrix} = \begin{pmatrix}1 & \begin{pmatrix}1\\0\end{pmatrix}\\ 0 & \begin{pmatrix}1\\0\end{pmatrix}\end{pmatrix} = \begin{pmatrix}1\\0\\0\\0\end{pmatrix}\}$$

마찬가지의 방법으로 $|1\rangle \otimes |1\rangle$을 계산해 보면

$$|1\rangle \otimes |1\rangle = \begin{pmatrix}0\\1\end{pmatrix} \otimes \begin{pmatrix}0\\1\end{pmatrix} = \begin{pmatrix}0\\0\\0\\1\end{pmatrix}$$

위의 두 큐빗의 상태를 정리해 보면 다음과 같다(오른쪽 그림은 해당하는 양자 회로를 나타낸다).

$$|0\rangle \otimes |0\rangle = |00\rangle = \begin{pmatrix}1\\0\\0\\0\end{pmatrix}$$

$|0\rangle$ ————————

$|0\rangle$ ————————

$$|0\rangle \otimes |1\rangle = |01\rangle = \begin{pmatrix} 0 \\ 1 \\ 0 \\ 0 \end{pmatrix}$$

$|0\rangle$

$|1\rangle$

$$|1\rangle \otimes |0\rangle = |10\rangle = \begin{pmatrix} 0 \\ 0 \\ 1 \\ 0 \end{pmatrix}$$

$|1\rangle$

$|0\rangle$

$$|1\rangle \otimes |1\rangle = |11\rangle = \begin{pmatrix} 0 \\ 0 \\ 0 \\ 1 \end{pmatrix}$$

$|1\rangle$

$|1\rangle$

이제 큐빗이 세 개가 있다면 어떻게 될까?

첫 번째 벡터의 원소 각각에 대해 곱해지는 두 번째 벡터를 통째로 곱한다는 사실을 생각해 보면 큐빗이 세 개일 때도 동일한 원리에 의해

$$\begin{pmatrix} a_1 \\ a_2 \end{pmatrix} \otimes \begin{pmatrix} b_1 \\ b_2 \end{pmatrix} \otimes \begin{pmatrix} c_1 \\ c_2 \end{pmatrix} = \begin{pmatrix} a_1 \begin{bmatrix} b_1 \begin{bmatrix} c_1 \\ c_2 \end{bmatrix} \\ b_2 \begin{bmatrix} c_1 \\ c_2 \end{bmatrix} \end{bmatrix} \\ a_2 \begin{bmatrix} b_1 \begin{bmatrix} c_1 \\ c_2 \end{bmatrix} \\ b_2 \begin{bmatrix} c_1 \\ c_2 \end{bmatrix} \end{bmatrix} \end{pmatrix}$$

따라서 위 텐서 곱의 결과는

$$\begin{bmatrix} a_1 & b_1 & c_1 \\ a_1 & b_1 & c_2 \\ a_1 & b_2 & c_1 \\ a_1 & b_2 & c_2 \\ a_2 & b_1 & c_1 \\ a_2 & b_1 & c_2 \\ a_2 & b_2 & c_1 \\ a_2 & b_2 & c_2 \end{bmatrix}$$

이제 큐빗의 상태벡터로 돌아가면 3 큐빗의 첫 번째, 두 번째 양자 상태는

$$|0\rangle \otimes |0\rangle \otimes |0\rangle = |000\rangle = \begin{bmatrix} 1 \\ 0 \\ 0 \\ 0 \\ 0 \\ 0 \\ 0 \\ 0 \end{bmatrix}$$

$$|0\rangle \otimes |0\rangle \otimes |1\rangle = |001\rangle = \begin{bmatrix} 0 \\ 1 \\ 0 \\ 0 \\ 0 \\ 0 \\ 0 \\ 0 \end{bmatrix}$$

위의 결과를 잘 살펴보면 큐빗의 숫자가 아무리 많아도 행렬 원소에서 오직 1은 한 번 들어간다는 사실을 알 수 있다.

따라서 큐빗의 숫자가 임의의 자연수 N개일 때,

$$|00\ldots00\rangle \leftrightarrow \left.\begin{pmatrix} 1 \\ 0 \\ 0 \\ \vdots \\ 0 \\ 0 \end{pmatrix}\right\} 2^n, \ |00\ldots01\rangle \leftrightarrow \begin{pmatrix} 0 \\ 1 \\ 0 \\ \vdots \\ 0 \\ 0 \end{pmatrix}, \ \cdots,$$

$$|11\ldots10\rangle \leftrightarrow \begin{pmatrix} 0 \\ 0 \\ 0 \\ \vdots \\ 1 \\ 0 \end{pmatrix}, \ |11\ldots11\rangle \leftrightarrow \begin{pmatrix} 0 \\ 0 \\ 0 \\ \vdots \\ 0 \\ 1 \end{pmatrix}$$

그리고 큐빗의 개수가 세 개만 되어도 $|000\rangle$, $|001\rangle$, $|010\rangle$ $\cdots$ 모두 8개의 상태를 자세히 적기 번거로우므로, 다음과 같이 쓰면 지면을 절약할 수 있다.

- 2 큐빗

  $|00\rangle = |0\rangle,\ |01\rangle = |1\rangle,\ |10\rangle = |2\rangle,\ |11\rangle = |3\rangle$

- 3 큐빗

  $|000\rangle = |0\rangle,\ |001\rangle = |1\rangle,\ |010\rangle = |2\rangle,\ \cdots,\ |111\rangle = |7\rangle$

- N 큐빗

  $|00\cdots 0\rangle = |0\rangle,\ |00\cdots 1\rangle = |1\rangle,\ |111\cdots 1\rangle = |N-1\rangle$

이상을 정리한 것을 아래 표에 나타냈다.

1 큐빗	2 큐빗	3 큐빗	N 큐빗
$\|0\rangle$	$\|00\rangle=\|0\rangle$	$\|000\rangle=\|0\rangle$	$\|0\cdots0\rangle=\|0\rangle$
$\|1\rangle$	$\|01\rangle=\|1\rangle$	$\|001\rangle=\|1\rangle$	$\|0\cdots1\rangle=\|1\rangle$
	$\|10\rangle=\|2\rangle$	$\|010\rangle=\|2\rangle$	$\|0\cdots10\rangle=\|2\rangle$
	$\|11\rangle=\|3\rangle$	$\|011\rangle=\|3\rangle$	·
		$\|100\rangle=\|4\rangle$	·
		$\|101\rangle=\|5\rangle$	·
		$\|110\rangle=\|6\rangle$	·
		$\|111\rangle=\|7\rangle$	·
			$\|1\cdots1\rangle=\|2^N-1\rangle$
기저벡터의 개수: 2	기저벡터의 개수: 4	기저벡터의 개수: 8	기저벡터의 개수: 2^N
$\alpha\|0\rangle+\beta\|1\rangle$	$\sum_{n=0}^{3} a_n\|n\rangle$	$\sum_{n=0}^{7} a_n\|n\rangle$	$\sum_{n=0}^{2^N-1} a_n\|n\rangle$

3.4 연산자와 양자게이트

연산자와 게이트의 의미

이제까지 행 벡터(켓 벡터)와 열 벡터(브라 벡터)로 나타내지는 큐빗의 상태벡터에 대해 알아보았다.

1장에서 양자컴퓨터는 크게 두 가지 요소로 이루어져 있다고 했다.

양자컴퓨터 = 큐빗 + 게이트

큐빗의 양자 상태를 수학적으로 어떻게 표현할지를 배웠으므로 게이트가 무엇인지 자세히 알아보자.

양자게이트는 고전적인 컴퓨터에서 쓰이는 로직 게이트와 마찬가지로 정보의 단위인 큐빗에 어떤 작용을 가하여 원하는 결과를 만들어내는 회로라고 할 수 있다. 양자컴퓨터는 양자역학에 바탕을 두고 있으므로, 양자게이트도 양자역학에서 근원을 찾아야 한다.

양자게이트는 양자역학의 연산자(operator)를 물리적으로 구현한 것으로 이해할 수 있다. 양자역학에서 정의된 양자 연산자를 양자컴퓨터에서 실제 사용할 수 있도록 전자회로와 같이 만든 것이라고 이해해 보자.

따라서 양자역학적 혹은 수학적인 작용에서 다음과 같이 이해할 수 있다.

양자게이트(quantum gate)==양자 연산자(quantum operator)

수학에서 연산자는 한 공간에서 정의된 요소들을 다른 요소로 바꿔주는 함수 또는 수학적 규칙으로 정의된다.

양자역학의 연산자 X는 일반적으로 켓 벡터의 왼쪽에 놓여, 어떤 다른 켓 벡터를 만들어내는 함수라고 생각할 수 있다.

$$X(|\alpha\rangle) = |\beta\rangle$$

연산자 X, Y, Z는 일반적인 선형함수처럼 다음과 같은 기본적인 성질을 갖는다.

- $X+Y=Y+X$: 교환법칙이 성립한다.
- $X+(Y+Z)=(X+Y)+Z$: 결합법칙이 성립한다.

연산자의 브라 상대

앞에서 켓 벡터의 거울에 비치는 상과 같은 존재인 브라 벡터가 일대일로 대응함을 보았다.

연산자에도 그러한 거울상에 해당하는 것이 존재하며 이는 다음과 같이 정의된다.

$$X|\alpha\rangle \text{의 거울상} \quad \langle\alpha|X^\dagger$$

$X^\dagger$는 연산자 X의 이중상대(dual conjugate) 또는 헤르밋 상대(Hermitian adjoint)라고 한다.

연산자 또는 게이트의 행렬 표현

상태벡터가 행 또는 열의 일차원 행렬 구조라면, 연산자 또는 게이트의 행렬 표현은 정방행렬의 모습을 갖고 있다.

큐빗의 입장에서 정리해 보면 다음과 같다.

- 단일 큐빗: 게이트의 행렬식은 2×2의 정방행렬이다.

$$\text{(a)} \begin{pmatrix} a \\ b \end{pmatrix} \quad \text{(b)} \begin{pmatrix} x_{11} & x_{12} \\ x_{21} & x_{22} \end{pmatrix}$$

- 2중 큐빗: 게이트의 행렬식은 4×4의 정방행렬이다.

$$\text{(a)} \begin{pmatrix} a \\ b \\ c \\ d \end{pmatrix} \quad \text{(b)} \begin{pmatrix} x_{11} & x_{12} & x_{13} & x_{14} \\ x_{21} & x_{22} & x_{23} & x_{24} \\ x_{31} & x_{32} & x_{33} & x_{34} \\ x_{41} & x_{42} & x_{43} & x_{44} \end{pmatrix}$$

- 큐빗이 N개일 때: 위의 경우를 일반화해 보면 큐빗이 N개 있을 때의 양자 상태에 적용되는 게이트의 행렬식은 $2^N\times2^N$ 행렬이다.

$$
\text{(a)} \begin{bmatrix} a_0 \\ a_1 \\ \vdots \\ a_{2^N-1} \end{bmatrix} \quad \text{(b)} \begin{bmatrix} x_{11} & x_{12} & \cdots & x_{1N} \\ x_{21} & x_{22} & \cdots & x_{2N} \\ \vdots & \vdots & \cdots & \vdots \\ x_{N1} & x_{N2} & \cdots & x_{NN} \end{bmatrix}
$$

연산자의 곱

행렬의 곱처럼 연산자도 곱셈(multiplication)을 할 수 있다. 이를테면 연산자 X, Y가 있다고 하자. 이 두 연산자의 곱 XY는 어떤 의미를 가질까?

연산자는 작용이 가해지는 상태벡터의 입장에서 생각해 보면 이해하기 쉽다.

XY를 상태벡터 $|\alpha\rangle$에 작용시켜 보면

$$XY|\alpha\rangle = X(Y|\alpha\rangle) \tag{1}$$

위의 양자 연산은 먼저 $Y|\alpha\rangle$를 수행한 후 이 결과에 X를 연산시키는 것이다.

그렇다면 YX 연산은 어떨까?

상태벡터 $|\alpha\rangle$를 작용시켜 보면

$$YX|\alpha\rangle = Y(X|\alpha\rangle)\text{이므로} \tag{2}$$

(1)번과 (2)번을 비교해 보았을 때 XY와 YX는 일반적으로 같을 수 없다는 것을 알 수 있다.

$XY \neq YX$: 연산자의 곱은 교환법칙이 성립하지 않는다.

다음으로 XY의 브라 상대를 살펴보면, $XY|\alpha\rangle = X(Y|\alpha\rangle)$의 브라 상대는 $(\langle\alpha|Y^+)X^+ = \langle\alpha|Y^+X^+ = \langle\alpha|(XY)^+$ 이므로 $(XY)^+ = Y^+X^+$ 임을 알 수 있다.

연산자의 역

양자역학의 연산자가 행렬의 형태를 갖고 있으므로 선형대수학을 그대로 적용하고 있다는 사실을 눈치챌 수 있다.

임의의 N차원 정방행렬 X의 역행렬은 다음과 같이 정의된다.

$$XX^{-1} = X^{-1}X = I$$

여기에서 I는 단위행렬로서 다음과 같다.

$$I=\begin{pmatrix}1 & 0 & 0 & 0\\ 0 & 1 & 0 & 0\\ \vdots & \vdots & \vdots & \vdots\\ 0 & 0 & 0 & 1\end{pmatrix}$$

양자 연산자도 같은 방식으로 역연산자를 정의할 수 있다.

임의의 양자 연산자 X에 대해 그 역연산자는 $XX^{-1}=X^{-1}X=1$을 만족시키는 연산자 X^{-1}이고, 1 연산자는 $1|\alpha\rangle=|\alpha\rangle$로서 상태벡터에 아무런 변화를 주지 않는 연산자이다.

일반적으로 연산자의 곱은 교환법칙이 성립하지 않지만 예외적으로 연산자 자신과 그 역연산자는 교환법칙이 성립한다.

연산자의 고유값

양자역학의 연산자와 양자 컴퓨팅의 게이트는 어떤 양자 상태(큐빗의 양자 상태)에 측정 혹은 물리적 작용을 하는 것을 수학적으로 표현한 것이다.

예를 들면 어떤 물리량을 측정하는 연산자를 A라고 하자. 그 물리량을 측정하기 위해 관측장비를 양자 상태 혹은 큐빗에 갖다 대는 작업은 $A|\alpha\rangle$로 표현된다.

이 연산의 결과 $A|\alpha\rangle=a|\alpha\rangle$와 같이 아주 단순한 모양의 결과가 나올 때, a를 연산자 A의 고유값이라고 한다. 이때 $|\alpha\rangle$는 A에 대하여 고유값 a의 고유벡터 혹은 기저벡터라고 한다.

고유값이 수학적인 용어라면 물리적 의미는 무엇일까?

연산자 또는 게이트 A의 고유값은 측정 후 얻어지는 가능한 측정값이다. 연산자가 N×N 정방행렬일 때 고유값의 개수는 최대 N개이다.

예를 들어, 파울리 X 게이트의 고유값과 고유벡터를 구해 보자.

$$X=\begin{bmatrix}0 & 1\\ 1 & 0\end{bmatrix}$$

고유벡터 $|x\rangle$를 다음과 같이 놓고

$$\begin{pmatrix}a\\ b\end{pmatrix}=|x\rangle$$

고유값을 계산해 보면 다음과 같고,

$$X|x\rangle=\begin{pmatrix}0 & 1\\ 1 & 0\end{pmatrix}\begin{pmatrix}a\\ b\end{pmatrix}=x\begin{pmatrix}a\\ b\end{pmatrix}=x\begin{pmatrix}1 & 0\\ 0 & 1\end{pmatrix}\begin{pmatrix}a\\ b\end{pmatrix}$$

$$\Rightarrow\begin{pmatrix}0-x & 1\\ 1 & 0-x\end{pmatrix}\begin{pmatrix}a\\ b\end{pmatrix}=0$$

이를 정리해 보면 다음과 같다.

$$\begin{pmatrix} -x & 1 \\ 1 & -x \end{pmatrix}\begin{pmatrix} a \\ b \end{pmatrix} = 0$$

위의 x값이 0이 아닌 의미 있는 값이 나오기 위해서 x가 들어 있는 2×2 행렬의 행렬식이 0이 되어야 한다. 따라서

$$\begin{vmatrix} -x & 1 \\ 1 & -x \end{vmatrix} = x^2 - 1 = 0$$

$$x = \pm 1$$

위의 x 값은 이 연산자를 작용시켰을 때 얻을 수 있는 측정치가 $x=1$과 $x=-1$의 두 값으로 나올 수 있음을 알려준다.

각 고유값에 대해서 고유벡터도 구할 수 있는데 $x\pm1$일 때 대응되는 고유벡터를 각각 $|x=\pm1\rangle$이라고 하면,

(1) $x=1$일 때

$$X\,|x=1\rangle = (+1)\,|x=1\rangle = |x=1\rangle$$

$$-ax+b=0,\ -a+b=0$$

$$a-bx=0\ \ a-b=0$$

$$a=b \Rightarrow |x\rangle = \frac{1}{\sqrt{2}}\begin{pmatrix} 1 \\ 1 \end{pmatrix}$$

(2) $x=-1$일 때

$$X\,|x=-1\rangle = (-1)\,|x=1\rangle = |x=-1\rangle$$

$$-ax+b=0=a+b=0$$

$$a=-b \Rightarrow |x\rangle = \frac{1}{\sqrt{2}}\begin{pmatrix} 1 \\ -1 \end{pmatrix}$$

연산자의 기대값

연산자의 고유값은 연산자가 측정 혹은 게이트 조작 후 만들어내는 값이라고 했다. 양자역학에서 상태벡터는 고유벡터가 중첩된 상태이고 확률적 해석을 따르게 됨을 보았다. 1장에서 살펴본 바와 같이, 한 큐빗의 양자 상태가 다음과 같이 주어진다면,

$$|\psi\rangle = \sqrt{\frac{2}{3}}\,|0\rangle + \frac{i}{\sqrt{3}}\,|1\rangle$$

측정의 가설에 의해, $|0\rangle$과 $|1\rangle$에 있을 확률이 각각 $\left(\sqrt{\frac{2}{3}}\right)^2 = 66\%$, $\left(\frac{i}{\sqrt{3}}\right)^2 = 34\%$가 된다. 확률적 해석이 좀 더 피부에 와 닿게 이해하려면, 같은 조건에서 100개의 큐빗을 마련하였을

때 66개의 큐빗은 $|0\rangle$에, 나머지 34개는 $|1\rangle$의 상태에서 발견되었다는 것이다.

이처럼 양자역학이 확률에 기반하기 때문에, 실제 실험과 조작을 큐빗에 여러 번 혹은 많은 큐빗에서 수행하면, 측정값은 고유값을 중심으로 확률분포를 따름을 알 수 있다.

어떤 연산자 X가 있고 우리가 이 연산자를 작용시키려는 양자 상태가 $|\Psi\rangle$라고 할 때, 연산자의 기대값은 $\langle X\rangle$ 또는 $\langle X\rangle_{\psi}$라고 쓰고 다음과 같이 정의한다.

$$\langle X\rangle_{\psi} = \langle X\rangle = \langle\psi|X|\psi\rangle$$

위 식을 잘 살펴보면, X의 기대값을 얻으려면 먼저 X를 $|\psi\rangle$에 작용시키고, 이 결과에 다시 브라 벡터 $\langle\psi|$를 내적시키면 된다.

위에서 고유값을 구한 파울리 X 연산자의 기대값을 $|\psi\rangle = \frac{2}{\sqrt{3}}|0\rangle + \frac{i}{\sqrt{3}}|1\rangle$에서 구해보자.

$$X = \begin{bmatrix} 0 & 1 \\ 1 & 0 \end{bmatrix}$$

$$X|\psi\rangle = X\left[\frac{2}{\sqrt{3}}|0\rangle + \frac{i}{\sqrt{3}}|1\rangle\right]$$

$$= \sqrt{\frac{2}{3}}X|0\rangle + \frac{i}{\sqrt{3}}X|1\rangle$$

$$= \sqrt{\frac{2}{3}}|1\rangle + \frac{i}{\sqrt{3}}|0$$

여기에 브라 벡터 $\langle\psi| = \sqrt{\frac{2}{3}}\langle 0| - \frac{i}{\sqrt{3}}\langle 1|$를 내적시키면, ($\langle 1|$의 계수 부호가 바뀜에 주의!)

$$\langle x\rangle = \langle|\psi|x|\psi\rangle = \left(\sqrt{\frac{2}{3}}\langle 0| - \frac{i}{\sqrt{3}}\langle 1|\right)\left(\sqrt{\frac{2}{3}}|1\rangle + \frac{i}{\sqrt{3}}|0\rangle\right)$$

$$= \sqrt{\frac{2}{3}} \times \frac{i}{\sqrt{3}}\langle 1|1\rangle - \sqrt{\frac{2}{3}} \times \frac{i}{\sqrt{3}}\langle 0|0\rangle$$

($\langle 0|1\rangle = \langle 1|0\rangle = 0$이 되어 왼쪽의 두 항만 남게 된다.)

이제 $\langle 0|0\rangle = \langle 1|1\rangle = 1$이므로

$$\langle X\rangle = 0$$

연산자 X를 큐빗에 작용시키면 $+1$과 -1의 고유값들이 나오지만, 위의 양자 상태 $|\psi\rangle$에서 평균값은 0이 됨을 알 수 있다.

만약 $|\psi\rangle$가 X의 고유벡터로 표현되었다면, 기대값은 좀 더 쉽게 구할 수 있다.

일반적으로 연산자 X의 상태벡터 $|\psi\rangle$에서의 기대값은 상태벡터가 특정한 기저 $|\alpha\rangle$로 표현되었을 때 다음과 같다.

$$|\psi\rangle = \sum_{i=0} a_i |\alpha_i\rangle$$

헤르밋 연산자

이제까지 연산자의 일반적인 성질(정의, 고유값, 기대값)을 알아보았다.

연산자를 수학적인 측면에서 접근한다면 복소수 원소를 갖는 임의의 $N \times N$ 행렬로 수많은 연산자를 만들어낼 수 있다. 그러나 양자역학, 특히 양자 컴퓨팅은 실제 측정 결과를 낼 수 있는 연산자에 관심을 갖게 된다.

이제 실질적이고 좀 더 '쓸모 있으며' 특별한 연산자를 알아보자.

헤르밋 연산자는 그 기대값이 항상 실수로 나오는 연산자이다. 우리가 실험을 할 때 물리적인 측정치는 보통 실숫값으로 나오므로 헤르밋 연산자는 추상적이고 수학적인 것보다 물리적인 것에 가깝다고 할 수 있다.

우리는 앞에서 연산자 H가 $H = H^+$이면 H를 헤르밋 연산자라고 배웠다.

어떤 상태벡터 $|\alpha\rangle$와 $|\beta\rangle$에 대해 $\langle\alpha|H|\beta\rangle = \langle\alpha|(H|\beta\rangle)$이므로 식 $\langle\alpha|\beta\rangle = \langle\beta|\alpha\rangle^*$ [식 (3.1)]을 상기해 보면

$$\langle\alpha|H|\beta\rangle = \langle\alpha|(H|\beta\rangle) = (\langle\beta|H^+)|\alpha\rangle^* = \langle\beta|H^+|\alpha\rangle^*$$

$$H = H^+$$

이므로 위 식은 다음과 같다.

$$\langle\alpha|H|\beta\rangle = \langle\beta|H|\alpha\rangle^*$$

위 표현식에서 $|\alpha\rangle = |\beta\rangle$라고 놓으면

$$\langle\alpha|H|\alpha\rangle = \langle\alpha|H|\alpha\rangle^*$$

H 연산자를 $|\alpha\rangle$에 적용한 기대값이 그 복소수 켤레와 같다. 즉

$$H_\alpha - H_\alpha^*$$

따라서 헤르밋 연산자의 기대값은 항상 실수가 나온다.

| 예제 |

파울리 X 연산자가 헤르밋 연산자인지 확인해 보자.

$$X = \begin{bmatrix} 0 & 1 \\ 1 & 0 \end{bmatrix}$$

에 대해서

$$X^{+} = \begin{bmatrix} 0 & 1 \\ 1 & 0 \end{bmatrix}$$

이므로 $X = X^{+}$, 즉 헤르밋 연산자이다.
계산기저 $|0\rangle$에서 X의 기대값을 계산해 보면,

$$\begin{aligned} \langle X \rangle &= (1 \ \ 0)\begin{pmatrix} 0 & 1 \\ 1 & 0 \end{pmatrix}\begin{pmatrix} 1 \\ 0 \end{pmatrix} \\ &= (1 \ \ 0)\begin{pmatrix} 0 \\ 1 \end{pmatrix} \\ &= 0 \end{aligned}$$

실숫값 0이 나옴을 볼 수 있다.
반면 파울리 Y 연산자는 다음과 같이 정의되고

$$Y = \begin{bmatrix} 0 & -i \\ i & 0 \end{bmatrix}$$

그 헤르밋 상대는

$$Y^{+} = \begin{bmatrix} 0 & -i \\ +i & 0 \end{bmatrix}$$

역시 그 자신과 같으므로 Y 연산자도 헤르밋 연산자이다.
계산기저 $|0\rangle$에서 Y 연산자의 기대값은

$$\begin{aligned} \langle Y \rangle &= (1 \ \ 0)\begin{pmatrix} 0 & -i \\ i & 0 \end{pmatrix}\begin{pmatrix} 1 \\ 0 \end{pmatrix} \\ &= (1 \ \ 0)\begin{pmatrix} 0 \\ i \end{pmatrix} \\ &= 0 \end{aligned}$$

실숫값 0이 나옴을 알 수 있다.

유니타리 연산자

또 하나의 중요한 연산자 종류인 유니타리 연산자를 알아보자. 유니타리 연산자는 특히 양자 컴퓨팅에서 중요한 개념인데, 양자게이트는 모두 유니타리 게이트(연산자)이기 때문이다.

유니타리 연산자의 정의는 다음과 같다.

어떤 연산자 U가 $U^\dagger = U^{-1}$를 만족하면, 연산자 U를 유니타리 연산자(unitary operator) 라고 한다.

유니타리 연산자의 특징은 자신의 헤르밋 켤레(Hermitian conjugate)가 역연산자와 같다. 이렇게 정의하면 유니타리 연산자의 의미가 잘 와닿지 않지만 다음과 같이 정의해 보면 그 물리적 의미를 더 잘 이해할 수 있다.

$U^\dagger = U^{-1}$의 양변에 U를 곱하면 $U^\dagger U = UU^\dagger = 1$이므로,

유니타리 연산자 $U \leftrightarrow U^\dagger U = UU^\dagger = 1$

유니타리 연산자는 그 정의에 의해 다음과 같은 성질을 가진다.

(1) **유니타리 연산자 U를 작용시킨 상태벡터의 크기는 작용 전의 크기와 같다. 즉 연산자 U는 상태벡터의 크기를 보존한다.**

임의의 상태벡터 $|\alpha\rangle$에 유니타리 연산자 U를 작용시켜 그 크기를 계산해 보자.

$$U|\alpha\rangle \rightarrow \|U|\alpha\rangle\| = \sqrt{(U|\alpha\rangle)^\dagger (U|\alpha\rangle)} = \sqrt{\langle\alpha|U^\dagger U|\alpha\rangle} = \sqrt{\langle\alpha||\alpha\rangle} = \||\alpha\rangle\|$$

(2) **모든 양자게이트는 유니타리의 성질을 가진 유니타리 게이트여야 한다.**

유니타리 연산자가 중요한 것은 이것이 우리가 다루는 양자컴퓨터의 기본 요소인 양자게이트의 기본 요건이기 때문이다. 즉, 모든 양자게이트는 유니타리 연산자여야 한다.

양자게이트의 유니타리 요건은 양자 컴퓨팅의 아주 중요한 가정이며, 양자역학에 의한 자연스러운 결과이다. 자세한 증명은 뒤의 심화학습에서 자세히 알아보기로 하고, 먼저 몇 가지 양자게이트가 실제로 유니타리 게이트인지 확인해 보자.

| 예제 |

Y 게이트가 유니타리 게이트임을 보이시오.

$$Y = \begin{bmatrix} 0 & -i \\ i & 0 \end{bmatrix}$$

$$Y^{+} = \begin{bmatrix} 0 & -i \\ +i & 0 \end{bmatrix}$$

$$Y^{-1} = \frac{1}{0 \cdot 0 - (-i)(i)} \begin{bmatrix} 0 & i \\ -i & 0 \end{bmatrix}$$

$$= \begin{bmatrix} 0 & -i \\ +i & 0 \end{bmatrix} = Y^{-1}$$

$Y^{+} = Y^{-1}$이므로 유니타리 연산자이다. $Y^{\dagger} Y = Y^{\dagger} Y = 1$도 확인해 볼 수 있다.

| 예제 |

아다마르 게이트 H가 유니타리 연산자임을 확인해 보고 계산기저 $|1\rangle$이 아다마르 게이트를 통과한 후에도 그 크기가 변하지 않음을 보이시오.

$$H = \frac{1}{\sqrt{2}} \begin{pmatrix} 1 & 1 \\ 1 & -1 \end{pmatrix}$$

$$H^{\dagger} = \frac{1}{\sqrt{2}} \begin{pmatrix} 1 & 1 \\ 1 & -1 \end{pmatrix}$$

$$H^{-1} = \frac{1}{-\frac{1}{2} - \frac{1}{2}} \begin{pmatrix} \frac{-1}{\sqrt{2}} & \frac{-1}{\sqrt{2}} \\ \frac{-1}{\sqrt{2}} & \frac{+1}{\sqrt{2}} \end{pmatrix} = \frac{1}{\sqrt{2}} \begin{pmatrix} 1 & 1 \\ 1 & -1 \end{pmatrix} = H^{\dagger} = H$$

따라서 아다마르 게이트 H는 유니타리 연산자이다. 특이하게도 H 연산자는 $H = H^{-1} = H^{\dagger}$의 특성을 가진다.

H 연산자를 계산기저 $|1\rangle$에 작용시켜 크기를 계산하면

$$H|1\rangle = \frac{1}{\sqrt{2}} \begin{pmatrix} 1 & 1 \\ 1 & -1 \end{pmatrix} \begin{pmatrix} 0 \\ 1 \end{pmatrix} = \frac{1}{\sqrt{2}} \begin{pmatrix} 1 \\ -1 \end{pmatrix}$$

$$\| H|1\rangle \| = \left(\frac{1}{\sqrt{2}} \right)^2 + \left(-\frac{1}{\sqrt{2}} \right)^2 = 1 = \| |1\rangle \|$$

계산기저 $|1\rangle$의 크기는 H 연산자 작용 후에도 변하지 않음을 볼 수 있다.

[심화학습] 양자게이트의 유니타리 요건의 증명

양자게이트가 반드시 유니타리 게이트여야 함은 양자 컴퓨팅의 기본 가정이면서 양자역학에서 자연스럽게 도출된 결과이다. 증명을 위해 다음과 같이 단계적으로 생각해 보자.

1. 모든 양자게이트의 작용은 양자역학의 시간 진화 연산자(time evolution operator)의 작용과 같다.

모든 양자게이트가 한 큐빗에 가하는 물리적 작용은 시간적으로 한 양자 상태에서 다른 양자 상태로 변화시키는 것이다. 즉, 큐빗의 처음($t=0$) 양자 상태 $|\psi(t=0)\rangle$에 있었다면, 이 큐빗에 가해지는 게이트(연산자) $U(t,\ t=0)$에 의해 큐빗의 양자 상태는 다음과 같이 변화하게 된다.

$$|\psi(t=0)\rangle \rightarrow |\psi(t>0)\rangle = U|\psi(t=0)\rangle \quad (1)$$

2. 시간 진화 연산자의 확률값은 시간에 따라 변화가 없이 항상 1이어야 한다(확률값 보존).

측정의 가설에서 파동 함수의 절댓값의 제곱은 그 상태에서 큐빗을 발견할 확률값에 해당한다. 큐빗은 항상 존재하고 있으므로, 초기 시간($t=0$)이나 그 이후의 시간에서 큐빗이 발견될 확률은 항상 1이다. 이를 양자역학으로 표현하면 다음과 같다.

$$1 = \langle\psi(t=0)|\psi(t=0)\rangle = \langle\psi(t>0)|\psi(t>0)\rangle \quad (2)$$

식 (1)을 식 (2)에 대입하면,

$$1 = \langle\psi(t>0)|\psi(t>0)\rangle = \langle\psi(t=0)|U^{\dagger}U|\psi(t=0)\rangle = \langle\psi(t=0)|\psi(t=0)\rangle \quad (3)$$

$(U|\psi))\rangle$의 켤레는 $\langle\psi|U^{\dagger}$임에 유의한다.)

식 (3)을 잘 살펴보면

$U^{\dagger}U = 1$임을 알 수 있고 $UU^{\dagger} = 1$도 자연스럽게 유도된다.

3. 슈뢰딩거 방정식에서 유도된 시간 진화 연산자는 유니타리이다.

해밀토니안이 H인 모든 양자 시스템은 슈뢰딩거의 방정식을 따른다.

$$\frac{d}{dt}|\psi(t)\rangle = \frac{1}{i\hbar}H|\psi(t)\rangle$$

이 방정식의 일반적인 해(solution)는 다음과 같이 주어지며,

$$|\psi(t)\rangle = \exp(-iHt/\hbar)|\psi(0)\rangle$$

이때 연산자 $U = \exp(-iHt/\hbar)|\psi(t=0)\rangle$는 자연스럽게 $U^{\dagger}U = UU^{\dagger} = 1$을 만족시키므로 유니타리 연산자이다.

3.5 양자역학의 측정의 가설

마지막으로 양자역학의 중요한 가설 중 하나인 측정의 가설을 알아보자.

양자역학의 측정의 가설의 개요

임의의 양자 시스템에서 상태벡터 $|\Psi\rangle$가 정규직교하는 N개의 기저집합 $|\alpha_i\rangle = |\alpha_1\rangle$, $|\alpha_2\rangle$, $|\alpha_3\rangle$, …, $|\alpha_N\rangle$로 다음과 같이 펼쳐져 있다.

$$|\psi\rangle = \sum_{i=1}^{N} \alpha_i |\alpha_i\rangle$$

(1) 양자역학적인 측정 후에 $|\Psi\rangle$는 기저벡터 $|\alpha_i\rangle$ 중 오직 한 개로 붕괴하며 그러할 확률은 $|\alpha_i|^2$이다.

$$|\psi\rangle = \sum_{i=1}^{N} \alpha_i |\alpha_i\rangle \rightarrow |\psi\rangle = |\alpha_i\rangle$$

(2) 모든 가능성의 합은 1이므로

$$\sum_{i=1}^{N} |\alpha_i|^2 = 1$$

우리가 배우는 양자역학은 1925년경 덴마크의 물리학자 닐스 보어(Niels Bohr)와 독일의 물리학자 베르너 하이젠베르크(Werner Heisenberg)가 주도해 발표한 양자역학 해석 중 하나인 코펜하겐 해석에 바탕을 두고 있다. 측정의 가설은 코펜하겐 해석의 핵심 가설 중 하나이며, 일견 상식과 어긋나 보이는 기묘함 때문에 많은 논란을 불러일으켜 왔다.

그럼에도 불구하고 코펜하겐 해석은 양자역학의 주류 이론으로서의 아성을 굳게 지키며 양자 컴퓨팅에도 그대로 적용되고 있다.

위에서 설명한 측정의 가설을 좀 더 살펴보자.

(1) 측정의 가설에 의하면 양자컴퓨터의 큐빗을 포함하여 모든 양자 상태벡터는 측정 전에 여러 기저벡터가 마치 구름과 같이 겹쳐져 있는 상태에 있다. 이때 양자 상태가 여러 기저벡터상태에 동시에 존재한다기보다, 측정 전에는 확실하게 알 수 없다는 뜻이다. 이 현상을 중첩(superposition)이라고 한다.

(2) 이렇게 중첩된 양자 상태 또는 양자 시스템을 측정하기 위해 물리적인 작용을 가한다. 측정하는 행위는 양자 시스템에 아무리 작을지라도 교란을 일으키게 된다. 그 결과, 양

자 시스템은 단순한 가능성의 상태였던 여러 기저벡터 중 오직 한 개의 기저벡터로 '붕괴'되고 만다.

슈뢰딩거의 고양이 사고 실험

슈뢰딩거의 방정식을 창안한 에르빈 슈뢰딩거(Erwin Schrödinger)는 코펜하겐 해석의 측정의 가설에 반대하여 유명한 슈뢰딩거의 고양이라는 사고 실험을 만들어냈다. 이 실험에서 고양이 한 마리가 상자 안에 들어가 있다. 이 상자 안에는 붕괴할 확률이 50%인 방사성 물질이 있는데 만약 방사성 물질이 붕괴되면 검출기에 의해 망치가 움직여 유리병이 깨진다. 그러면 유리병 속의 독약이 누출되어 고양이는 죽게 된다. 코펜하겐 해석에 따르면, 관찰자가 상자를 열어보기 전까지 고양이의 상태는 살아 있는 상태 $|삶(生)\rangle$과 죽은 상태 $|죽음(死)\rangle$이 중첩된다.

$$\frac{|삶\rangle + |죽음\rangle}{\sqrt{2}}$$

코펜하겐 해석의 측정의 가설에 따르면, 관찰자가 상자를 열기 전에 고양이가 죽은 것과 동시에 살아 있는 상태가 된다. "어떻게 고양이가 살아 있으면서 동시에 죽을 수 있는가?"

이 말도 안 되는 상황에 대한 코펜하겐 해석의 답은 "관찰 이전에 고양이가 삶과 죽음에 동시에 존재하는 것은 아니다. 측정 전의 상태는 불확실하며 측정 후 확률적으로 삶과 죽음이 각각 50%로 결정된다."는 것이다.

출처: https://twitter.com/nobelprize/status/1056958594917253120

(a) 관측 전: 양자 시스템이 중첩된 상태

(b) 측정하는 순간: 중첩된 양자 시스템이 붕괴

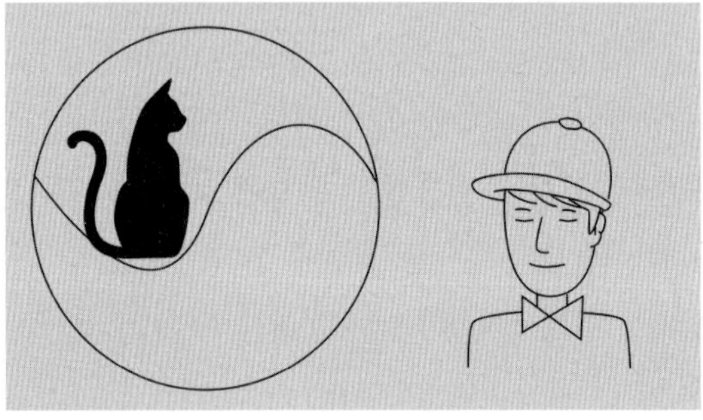

(c) 측정 후: 붕괴된 양자 시스템 유지

그림 3.6 | 밥이 경험하는 양자역학의 측정의 가설. (a) 밥이 눈을 감고 무관심할 때 양자 시스템은 검은 고양이와 흰 고양이 두 상태가 중첩되어 불확실한 상태에 놓여 있다. (b) 밥이 쌍안경을 들어 측정하는 순간 양자 시스템은 검은 고양이와 흰 고양이 중 하나로 붕괴되어 나타난다. (c) 밥이 쌍안경을 거두고 측정을 멈추어도 외부의 교란이 없는 한 양자 시스템은 검은 고양이의 상태에 계속 머물러 있다.

측정의 가설에 따른 양자 컴퓨팅의 연산 결과

측정의 가설은 양자역학뿐 아니라 양자 컴퓨팅의 연산 결과를 이해하는 데 핵심이다. 아래 그림은 같은 연산을 1,024번 수행하였을 때 최종 결과를 보여준다. 똑같은 실험 조건에서 만들어진 1,024개의 큐빗에 동일한 연산을 수행한 결과로 볼 수 있다. 그림에서 보듯이 양자 컴퓨팅의 연산 결과는 1,024번 수행한 결과의 통계적인 확률값으로 나타난다. 1,024번의 연산 수행 후 큐빗의 상태가 $|0\rangle$ 상태로 나타난 결과가 약 506번(49.5%), $|1\rangle$ 상태의 결과가 518번(50.5%)이었다. IBMQ 양자컴퓨터의 모든 결과는 이러한 막대그래프로서 각 양자 상태의 확률값으로 나타나므로, 이 결과의 의미를 잘 해석하는 것이 중요하다. 양자컴퓨터의 응용에서 양자역학과 양자 컴퓨팅의 원리에 대한 철저한 이해는 필수 불가결하다.

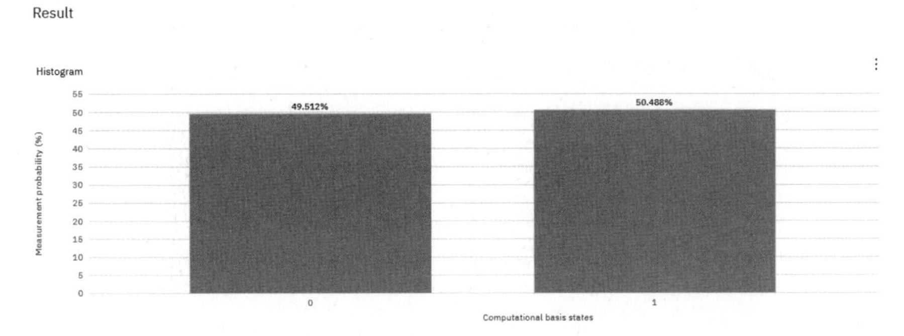

그림 3.7 | 양자 컴퓨팅의 연산 결과는 일차적으로 항상 확률값으로 나타난다. (Reprint Courtesy of IBM Corporation ©)

이 장에서는 양자 컴퓨팅의 기본을 이루는 양자역학의 수학적이고 물리학적인 뼈대를 공부했다.

요약

1. 큐빗을 포함한 모든 양자 시스템에 대한 모든 정보는 무한차원의 복소공간인 힐버트 공간에서 정의된 상태벡터에 담겨 있다.

2. 상태벡터는 디랙 표기법(브라-켓 표기법)과 행렬 표현법으로 표시하는데 이 두 표현법은 동일하다.

3. 모든 켓 벡터에 상응하여 브라 벡터가 존재한다.

4. 내적은 켓 벡터와 브라 벡터의 곱에 의해 복소수의 스칼라 값이 나오는 연산이다.

5. 서로 직교하는 켓 벡터와 브라 벡터의 내적은 0이다.

6. 상태벡터에 측정 혹은 연산을 수행하는 것을 연산자라고 하고, 양자 컴퓨팅에서는 연산자를 게이트라고 부른다.

7. 양자 상태벡터는 측정 전에 여러 기저의 합으로 중첩된 상태에 있고, 측정 후에는 오직 하나의 기저 상태로 붕괴되어 유지된다.

연습문제

1. 큐빗 한 개의 양자 상태가 다음과 같이 주어져 있다. 이를 행렬 표현으로 바꾸어 보시오.

$$\sqrt{\frac{1}{4}}\,i|0\rangle + \sqrt{\frac{3}{4}}|1\rangle$$

2. 위에 나온 큐빗의 상태벡터

$$\sqrt{\frac{1}{4}}\,i|0\rangle + \sqrt{\frac{3}{4}}|1\rangle$$

를 보고 다음 질문에 답하시오.

(1) 이 큐빗을 측정하였을 때 $|0\rangle$ 상태를 발견할 확률은 얼마인가?

(2) 이 큐빗을 측정하였을 때 $|1\rangle$ 상태를 발견할 확률은 얼마인가?

(3) 위의 두 확률값을 더했을 때 얼마의 값이 나오는가? 이를 양자역학의 측정의 가설을 바탕으로 설명하시오.

3. 두 상태벡터 $|\alpha_1\rangle$과 $|\alpha_2\rangle$가 다음과 같이 주어져 있다. 두 벡터의 내적 $\langle\alpha_1|\alpha_2\rangle$의 값은 얼마인가?

$$|\alpha_1\rangle = \sqrt{\frac{3}{4}}|01\rangle + \sqrt{\frac{1}{4}}\,i|11\rangle$$

$$|\alpha_2\rangle = \sqrt{\frac{1}{2}}|10\rangle + \sqrt{\frac{1}{2}}\,i|01\rangle$$

4. 계산기저와 함께 큐빗의 양자 상태를 기술할 때 많이 쓰이는 기저로서 아다마르 기저가 있다. 아다마르 기저는 다음과 같이 정의된다.

$$|+\rangle = \frac{1}{\sqrt{2}}(|0\rangle + |+\rangle)$$

$$|-\rangle = \frac{1}{\sqrt{2}}(|0\rangle - |+\rangle)$$

(1) 이 두 기저 $|+\rangle$와 $|-\rangle$가 서로 직교함을 보이시오.

(2) 이 두 기저의 크기가 1임을 보이시오.

5. 3 큐빗이 상태벡터 8개의 행렬 표현을 계산해 보시오.

6. 파울리 Z 연산자

$$Z = \begin{bmatrix} 1 & 0 \\ 0 & -1 \end{bmatrix}$$

는 헤르밋 연산자인가? 그리고 계산기저 $|0\rangle$에서 기대값을 구하시오.

7. 양자역학의 측정의 가설을 설명하시오.

8. 아다마르 연산자는 헤르밋 연산자인가?

9. 헤르밋 연산자의 고유값은 항상 실수임을 보이시오.

10. 큐빗 두 개를 마련했다. 이 2 큐빗 시스템에서의 상태벡터는 다음과 같았다.

$$|\psi\rangle = \frac{1}{\sqrt{4}}|00\rangle + \frac{1}{\sqrt{4}}|01\rangle + \frac{i}{\sqrt{3}}|10\rangle + \frac{2}{\sqrt{3}}|11\rangle$$

(1) 위의 상태벡터는 모두 몇 개의 기저로 이루어져 있는가?

(2) 위의 기저 중에서 측정 후 나타날 확률이 가장 높은 것은 무엇인가?

(3) 각 기저의 계수를 제곱해서 더해 보면 어떤 값이 나오는가? 왜 그 값이 나오는지 설명해 보시오.

(4) 완전히 같은 실험 조건에서 1,000개의 큐빗을 준비했다. 이 1,000개의 큐빗 측정 후 기저별로 각각 몇 개의 큐빗이 나오는가?

제4장

IBM Quantum 양자컴퓨터와 양자게이트의 기초

이 장에서 학습할 내용

- 실제 양자컴퓨터 IBM Quantum을 처음으로 사용해 본다.
- 양자게이트를 IBM Quantum 양자컴퓨터로 직접 실행해 본다.
- Qiskit 텍스트 기반 양자 프로그래밍 언어를 학습한다.
- Qiskit을 사용자의 컴퓨터에 설치하는 과정을 알아본다.
- Qiskit으로 벨 상태를 만드는 간단한 양자 프로그래밍을 실습해 본다.
- Qiskit의 주요 게이트와 함수를 알아본다.
- 현존하는 양자컴퓨터를 프로그래밍하는 다양한 기법을 학습한다.

QUANTUM COMPUTING

4.1 IBM Quantum 처음 들어가보기

IBM Quantum이란

IBM Quantum 혹은 IBM Quantum Experience는 IBM사가 개발한 양자컴퓨터와 양자 컴퓨팅 온라인 플랫폼을 결합한 서비스를 말한다. IBM사의 양자컴퓨터(혹은 양자 프로세서)는 초전도체 트랜스몬 큐빗을 바탕으로 하고 있다. 2021년 현재 20여 개의 양자컴퓨터 중 6개가 대중에게 무료로 공개되었다. 전 세계 모든 사람들은 2022년 현재까지 IBM Quantum을 통해 인터넷만 있으면 무료로 양자컴퓨터에 접속해 양자 컴퓨팅을 실행해 볼 수 있다. IBM Quantum은 이렇게 대중에게 공개된 양자컴퓨터를 직접 프로그래밍하고 실행해 볼 수 있는 온라인 리소스와 튜토리얼, 자습서를 망라한 플랫폼 서비스이다.

IBM Quantum 로그인과 초기 화면

링크(https://quantum-computing.ibm.com)[1]를 따라 들어가면 IBM Quantum 초기 화면에 접속할 수 있다.

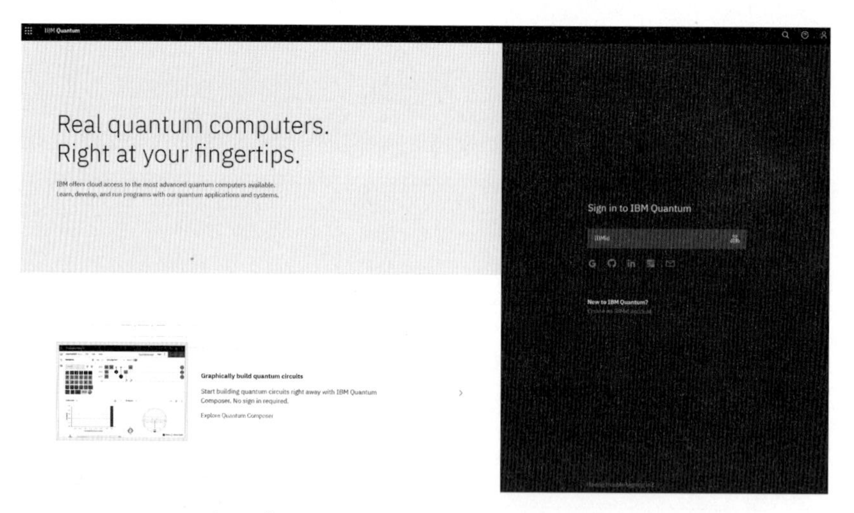

그림 4.1 | IBM Quantum 초기 화면(2022년 8월 현재)

1) 이 장과 이후의 장에서 Hello Quantum과 IBM Quantum 이미지와 일부 소스코드의 사용을 정식으로 허가 받았다. 이 이미지에는 모두 Reprint Courtesy of IBM Corporation © 문구가 삽입되며 IBM사의 허가에 따라 이미지가 사용되는 장의 첫 페이지에서만 표시한다.
IBM, the IBM logo, and ibm.com are trademarks or registered trademarks of International Business Machines Corporation, registered in many jurisdictions worldwide. Other product and service names might be trademarks of IBM or other companies. A current list of IBM trademarks is available on the Web at "IBM Copyright and trademark information" at www.ibm.com/legal/copytrade.shtml.

IBM Quantum에서 로그인하기 위해서는 IBM 아이디가 필요하지만, 사용자의 기존 구글, GitHub, LinkedIn, Fraunhofer 계정으로도 로그인하여 IBM 아이디와 동일하게 IBM Quantum을 사용할 수 있다.

IBM Quantum 대시보드

로그인하면 다음과 같은 대시보드(dashboard) 화면이 나타난다.

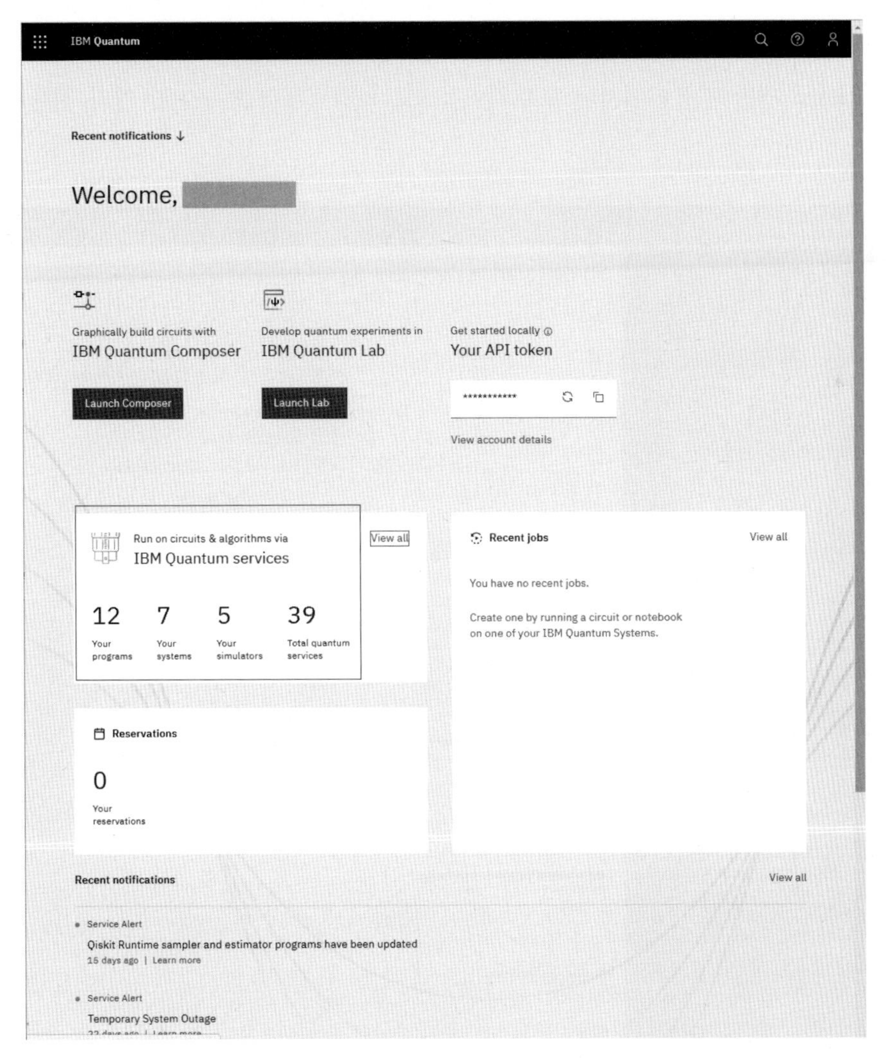

그림 4.2 | IBM Quantum 대시보드

Services 화면

먼저 대시보드의 가운데 왼쪽 Services 영역을 보자. 이곳에는 다음 정보가 간단히 표시된다.

- Your programs: 프로그램 개수
- Your systems: 시스템 개수
- Your simulators: 시뮬레이터 개수
- Total quantum services: 총 서비스 수

대시보드의 Services 영역 내의 View all을 클릭하면 Services 화면으로 이동한다. 이곳에는 다음 세 개의 탭이 있다.

- Programs: 예제 프로그램
- Systems: 사용자가 현재 사용할 수 있는 시스템 정보. 전 세계에 흩어져 있는 양자컴퓨터(backend)의 정보를 볼 수 있다.
- Simulators: 일반 컴퓨터에서 소프트웨어적으로 양자컴퓨터를 구현한 양자 시뮬레이터의 정보

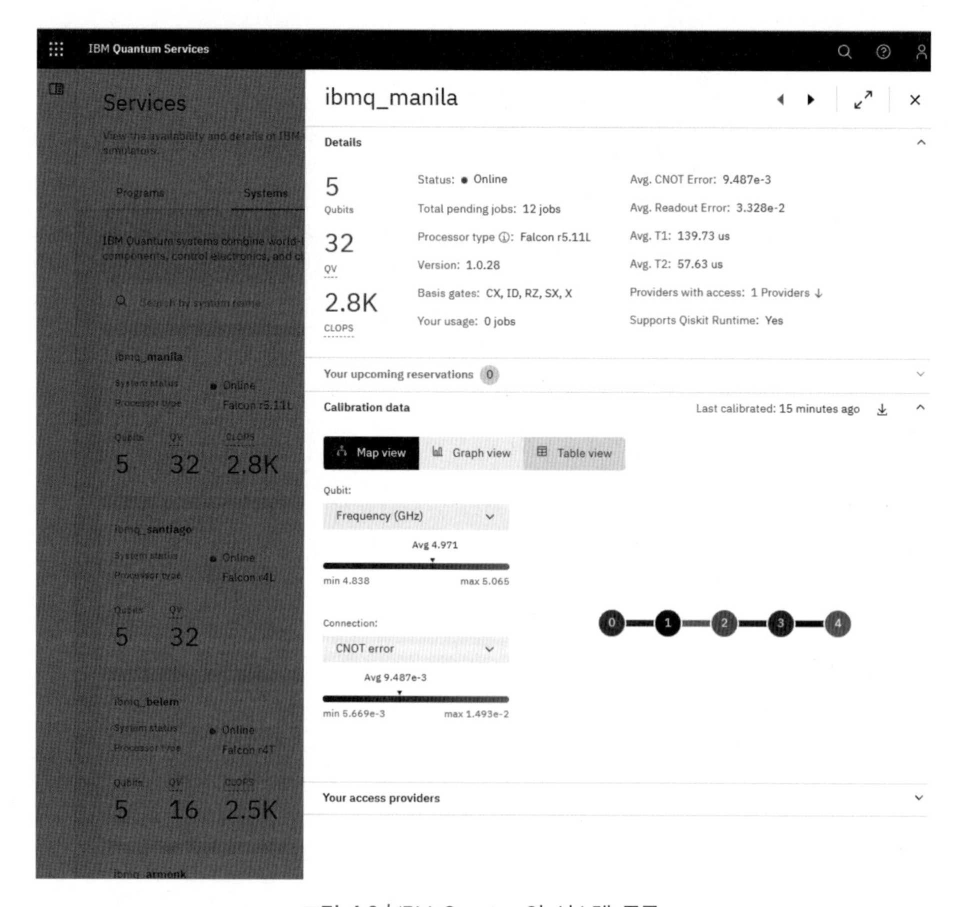

그림 4.3 | IBM Quantum의 시스템 목록

IBM Quantum 메뉴

화면 위쪽 검은색 막대 왼쪽 끝의 버튼을 클릭하면 다음과 같이 양자 회로를 작성하고 구동하기 위한 메뉴가 나타난다.

- Circuit Composer: 양자 회로를 처음 작성하는 곳이다. 바로 뒤에서 설명한다.
- Lab: IBM이 개발한 양자 시뮬레이션 프로그래밍 개발 도구(QISKIT)를 위한 메뉴이다. Circuit composer와 함께 파이썬(python) 언어를 사용하여 양자컴퓨터를 시뮬레이션하거나 양자컴퓨터에 접근해 사용해 볼 수 있다. Circuit composer가 마치 팔레트에 그림을 그리는 것 같은 보다 직관적인 접근법으로 양자 회로를 작성하게 해준다면, QISKIT으로는 전통적인 프로그래밍 기법으로 양자 회로를 시뮬레이션하거나 양자컴퓨터에 접속할 수 있다. 이 QISKIT을 이용한 프로그래밍에 대해서는 4.3절에서 자세하게 설명한다.
- Services: 앞에서 설명한 서비스 화면이다. 프로그램, 시스템, 시뮬레이터 정보를 볼 수 있다.
- Dashboard: 대시보드
- Quantum Challenge: IBM Quantum Challenge 대회 소개
- Documentation: 양자컴퓨터의 기초와 개발의 자료를 얻을 수 있는 곳
- Jobs: 연산을 의뢰한 결과를 볼 수 있다.

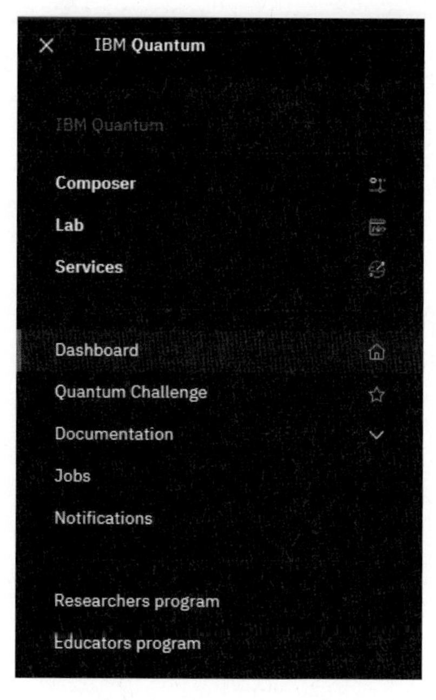

그림 4.4 | IBM Quantum 메뉴

양자 회로 작성 방법

메뉴에서 Composer를 클릭해 보자. 사용자는 여기에서 두 가지 중 하나를 선택할 수 있다. 첫

째, New Circuit에서 다음 페이지에서 그래픽적인 방법으로 양자 회로를 구성하고 양자컴퓨터(backend)를 선택하여 구동할 수 있다. 둘째, Import OpenQASM에서 Open Quantum Assembly Language(OpenQASM) 언어로 작성한 양자 회로를 업로드하여 자신이 원하는 양자 컴퓨터에서 구동할 수도 있다.

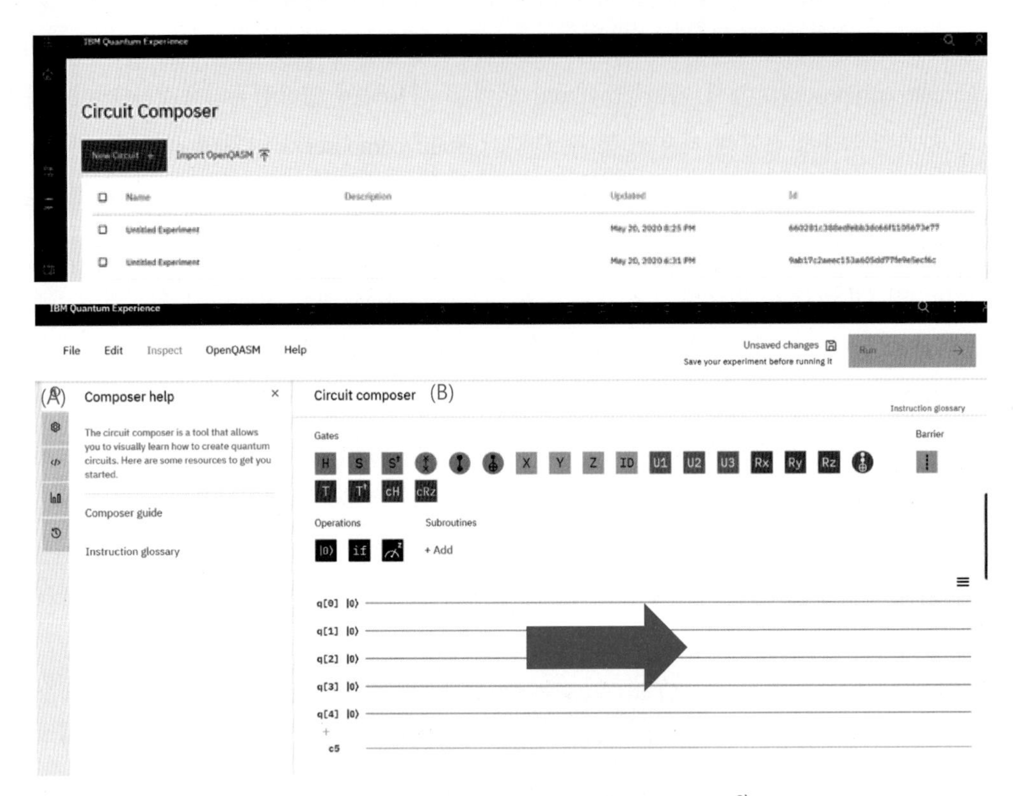

그림 4.5 | IBM Quantum의 Circuit Composer 화면[2)]

2) 4장과 이하 IBM Quantum 화면은 주로 2020년 기준의 것이며 현재 인터페이스와는 차이가 있다. 현재(2023년 10월 기준)는 다음과 같은 인터페이스이다.

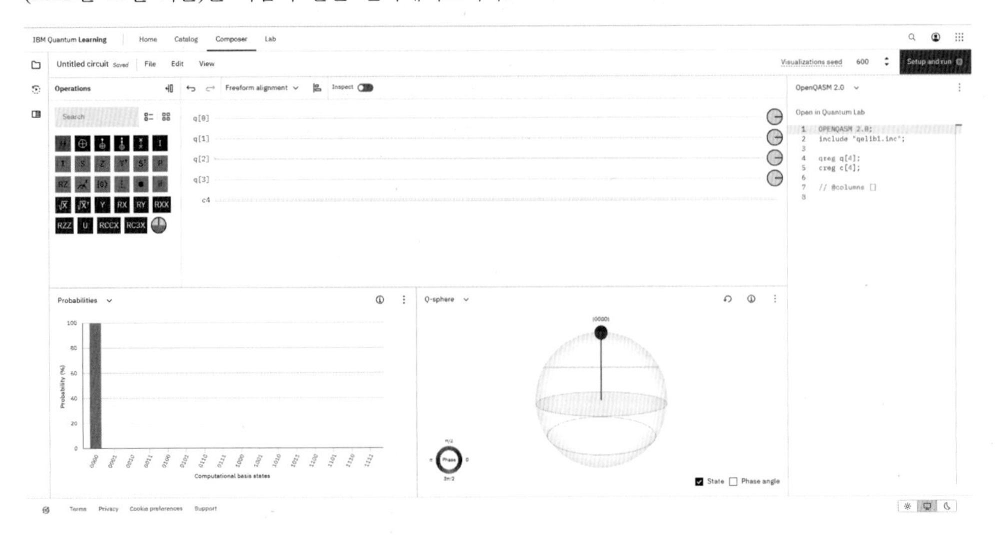

양자 회로를 구성하는 Circuit composer는 크게 두 부분인 A, B로 이루어져 있다. A 부분에서 양자 회로를 구성하기 위한 각종 정보와 용어에 대한 설명과 함께 양자 회로의 기본 설정, QASM Circuit editor, 양자 상태벡터의 시각적인 표현, 그리고 이제까지의 이력에 대한 정보(history)가 나온다. B 부분에서 각종 양자게이트를 사용하여 양자 회로를 구성해 볼 수 있다. 그림의 예시에서는 q[0]에서 q[4]까지 모두 5개의 큐빗을 사용할 수 있다. 큐빗에 이어진 선을 따라 각종 게이트가 놓여지고, 왼쪽에서 오른쪽으로 그림에 화살표 방향으로 시간이 흐르면서 양자 회로가 구동하는 것을 나타낸다. 맨 왼쪽에 초기 상태에서 5개 큐빗은 모두 $|0\rangle$ 상태에서 출발하고 있다.

왼쪽 메뉴에서 가장 먼저 설정(setting)을 들어가 보았다. 이 설정에서 필요한 비트의 개수를 한 개에서 최대 숫자(5개)까지 설정할 수 있다. 문제에 따라서 자기가 필요한 큐빗의 숫자만큼 여기에서 설정을 하면 된다. 이 설정 밑에서는 동기화할 수 있는(synchronize) 고전 비트 숫자를 설정할 수 있다. 이 고전적 비트는 보통 잘 쓰지 않아서 지금은 크게 신경을 쓰지 않아도 된다.

설정 하단의 메뉴는 Circuit editor로서 오른쪽에 회로 구성을 QASM(Quantum Assembly Language) 언어로 쓴 것이다. 양자 회로 구성을 오른쪽 세로 판에서 그래픽적으로 스케치를 하듯이 구성할 수도 있고, 프로그래밍 언어(파이썬 문법을 따름)로 회로 구성을 해볼 수도 있다. 당분간은 첫 번째 그래픽적인 회로 작성을 이용해 양자컴퓨터를 구동하고, 4.3절에서 QASM 언어를 배워보기로 한다.

왼쪽 위에서 세 번째 메뉴는 현재 양자 상태를 시각적으로 나타낸 것이다. 상술한 바와 같이 수비 2도 0과 1로 표현되는 양자 상태로 표현된다. 현재는 5개의 모든 큐빗이 영 상태로 초기화되어 있기 때문에 $|00000\rangle$에만 양자 상태로 존재하는 것을 알 수 있고 y축에서 양자 상태가 존재할 확률을 나타내며 $|00000\rangle$만이 확률 1(100%)로 존재한다.

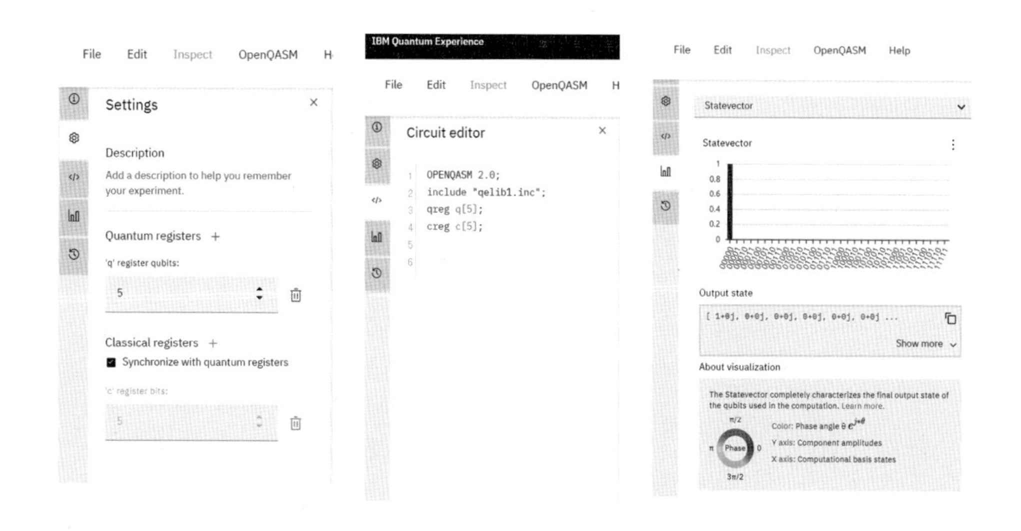

이제 B 부분을 자세히 살펴보자. 상단에 Gates라고 표시된 영역에서 다양한 양자게이트가 아이콘 형태로 진열되어 있다(그림 4.5). 이 게이트를 살펴보면 3장에서 Hello Quantum에서 익혔던 게이트 I, X, Y, Z가 보일 것이다. (I 게이트는 ID 게이트로 표시되었다.) 이 게이트 아이콘들은 단지 그림이 아니라 마우스로 클릭해서 드래그 앤드 드롭하면 아래의 회로에 마치 기판에 회로소자를 꽂듯이 게이트를 설치할 수 있다. 다음에서 가장 쉬운 양자 회로를 구성하고 돌려보기로 하자.

첫 번째 양자 회로 Hello Quantum World – 1큐빗의 측정

이제 양자 컴퓨팅의 첫 실습으로 큐빗 한 개의 측정을 실습해 보자. default로 IBM Quantum은 한 개보다 많은 큐빗(2020년 7월 현재 5 큐빗)을 초기 상태로 보여주므로, 큐빗을 한 개로 만들기 위해 큐빗의 숫자를 줄이는 과정이 필요하다.

큐빗의 숫자를 조절하는 방법은 두 가지가 있다. 첫 번째 방법은 위에서 설명했듯이 설정(Settings) 메뉴에서 양자 레지스터 > 큐빗의 숫자를 조절하는 것이다. 이 숫자를 조절하면 왼쪽 회로에서 큐빗의 숫자가 상응하여 달라지는 것을 알 수 있다.

다른 방법으로는, Circuit composer에서 직접 큐빗의 숫자를 조절할 수 있다. 초기치로 되어 있는 5개의 큐빗 상태에서 없애려고 하는 큐빗에 마우스 포인터를 대면 왼쪽에 작은 빨간색 휴지통이 보이며 포인터로 휴지통을 눌러 큐빗을 제거할 수 있다.

이상에서 설명한 두 가지 방법 중 한 가지 방법으로 큐빗의 숫자를 한 개로 줄인 후 측정 게이트( )를 드래그하면 큐빗의 회로선에 놓을 수 있는 자리가 자동으로 생성되어 여기에 드롭하면 게이트가 설치된다.

이 양자 회로는 한 개의 큐빗을 다른 게이트에 통과시키지 않고 바로 그 상태를 측정하는 가장 간단한 회로이다. 이 회로를 실제로 구동시키기 위해 상단의 Unsaved changes를 누르면 오른쪽의 Run 버튼이 활성화되어 비로소 양자컴퓨터에 회로를 제출할 수 있는 단계에 도달한다.

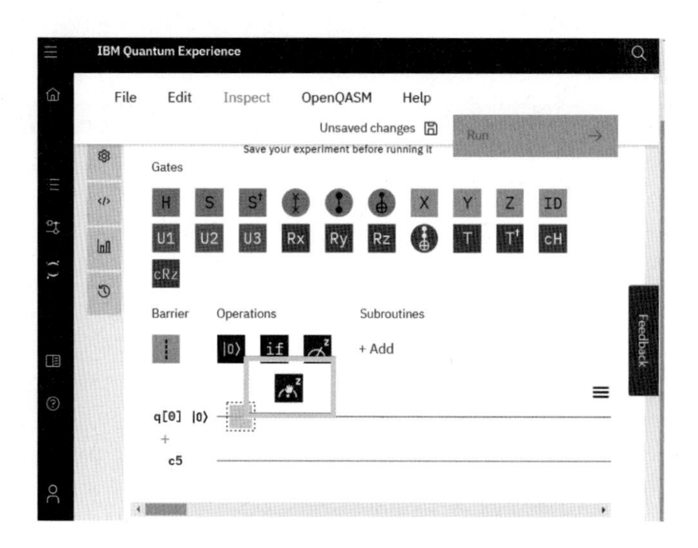

그림 4.6 | 측정 게이트를 드래그 앤드 드롭하는 모습

이제 특정 버튼을 눌러보자. 왼쪽의 1. Select an available backend에서 사용자가 현재 사용할 수 있는 양자컴퓨터(backend)의 목록이 보인다. 기존 컴퓨터에서 시뮬레이션 기법으로 양자컴퓨터를 구현한 양자 시뮬레이터 한 개(IBM Quantum_qasm_simulator)와 실제 IBM

QUANTUM 양자컴퓨터(멜버른, 로마, 런던, 미국 벌링턴, 에섹스, 우렌스, 비고, 요크타운, 아몽크) 중 한 곳을 선택한다.

2. Select number of shots에서 양자 연산을 통계적으로 처리하기 위해 같은 계산을 몇 번 수행할지 결정할 수 있다.

이제 오른쪽 상단의 Run 버튼을 누르자. 그러면 왼쪽 하단 Results 아래에 ibmq_16_melbourne-1024 shots가 생성되며, 계산이 완료되면 여기를 눌러서 계산 결과를 볼 수 있다. 계산은 양자컴퓨터의 상황에 따라 1분 이내 또는 10분 이상이 걸릴 때도 있다.

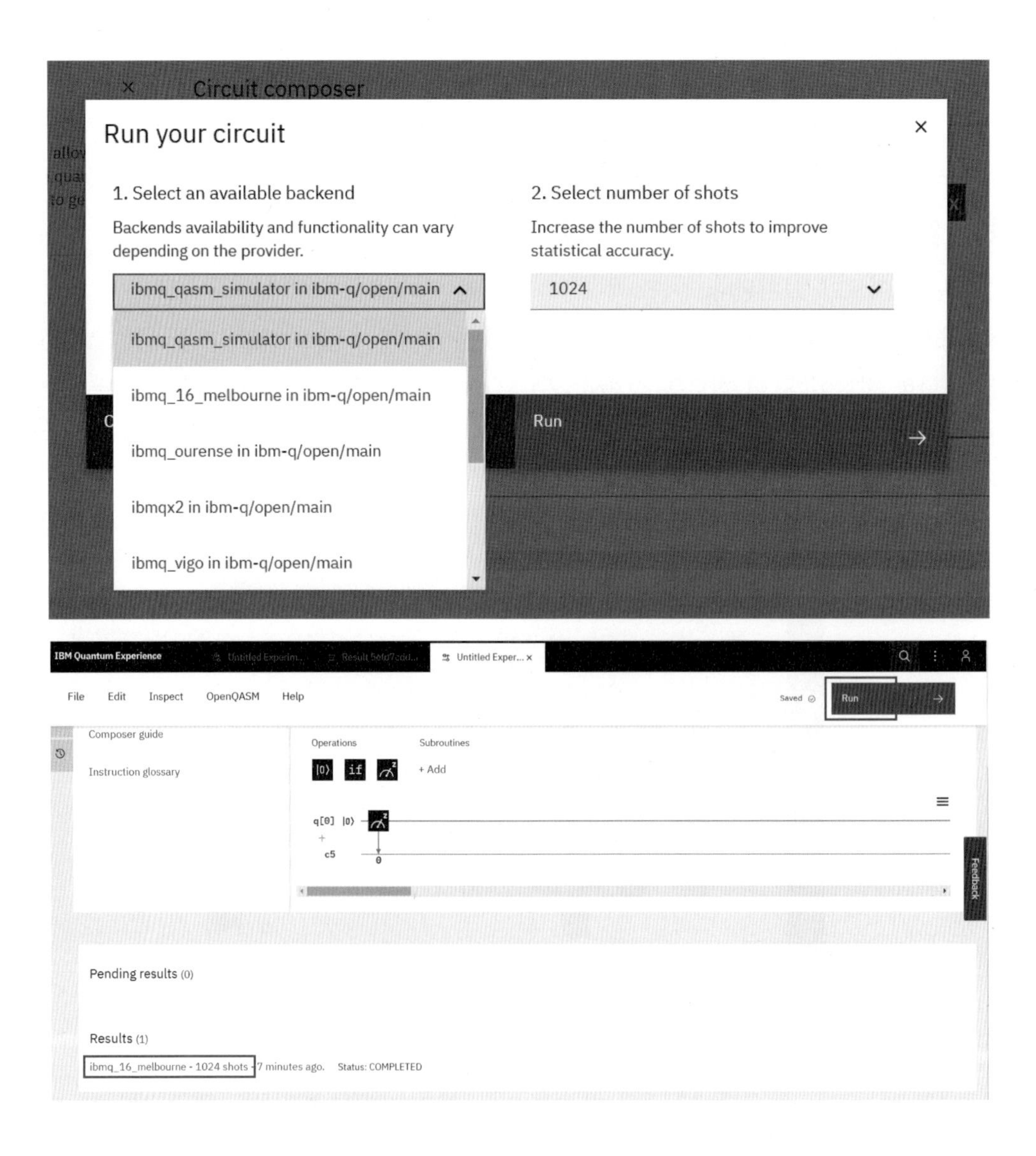

이 가장 간단한 양자 회로의 실행 결과는 그림에 나와 있다. 이 그림에서 x축은 가능한 양자 상태, 즉 $|0\rangle$, $|1\rangle$를 나타내며 y축은 각 양자 상태가 발생하거나 존재할 확률을 나타낸다. 1,024개의 계산을 반복 수행했을 때 99.7%가 $|0\rangle$ 상태 그리고 나머지 0.293%가 $|1\rangle$ 상태에

존재함을 알 수 있다. 이 결과는 양자역학의 기본 원리를 생각할 때 당연한 결과이다. 큐빗의 초기 상태가 $|0\rangle$ 상태이므로 큐빗에 아무런 게이트도 작용시키지 않았을 때 이 큐빗은 계속 그 초기 상태를 유지하게 된다. 이제 이 큐빗에 각각의 게이트를 작용시켰을 때 어떤 결과가 나오는지 살펴보자.

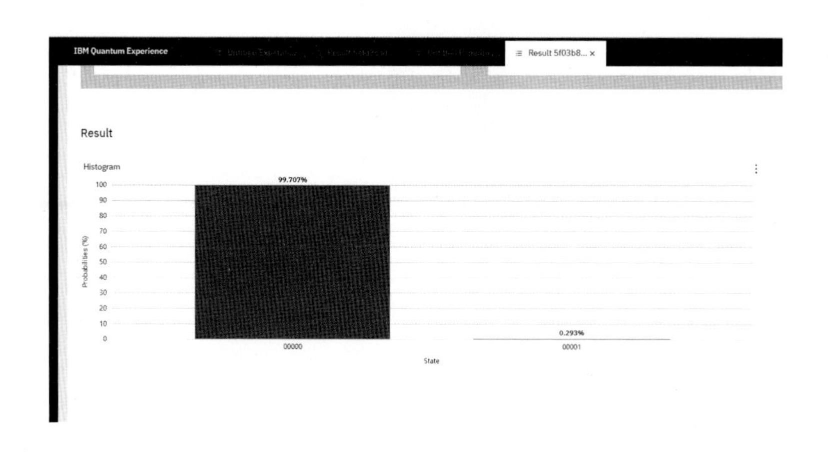

4.2 양자컴퓨터로 실행하는 양자게이트

파울리 게이트 – ID, X, Y, Z

이제 IBM Quantum으로 이전에 Hello Quantum에서 익혔던 네 개의 파울리 게이트를 실행해 보자.

$$ID = \begin{pmatrix} 1 & 0 \\ 0 & 0 \end{pmatrix} \quad X = \begin{pmatrix} 0 & 1 \\ 1 & 0 \end{pmatrix}$$

$$Y = \begin{pmatrix} 0 & -i \\ i & 0 \end{pmatrix} \quad Z = \begin{pmatrix} 1 & 0 \\ 0 & -1 \end{pmatrix}$$

ID 게이트

ID 게이트는 단위 행렬과 같은 수학적 구조를 갖고 있으며 큐빗에 아무런 작용도 가하지 않은 결과를 만들어낸다.

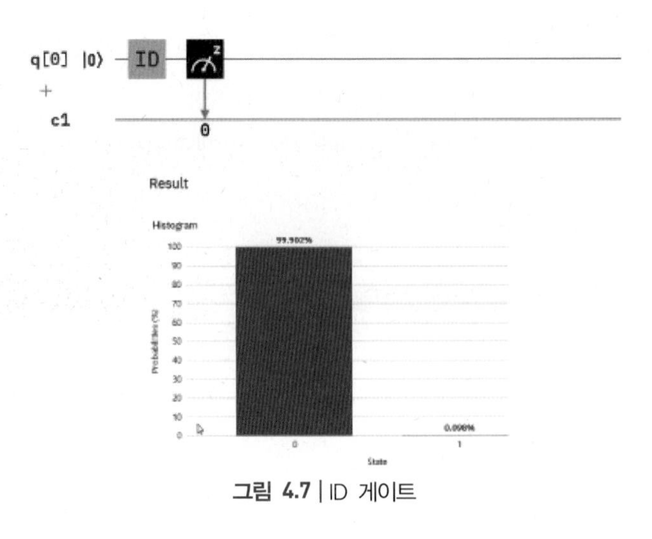

그림 4.7 | ID 게이트

X 게이트

X 게이트는 계산기저에 있는 큐빗의 상태를 반전시키는 역할을 한다. 이전 장에서 봤듯이 X 게이트는 $|0\rangle$을 $|1\rangle$로, $|1\rangle$을 $|0\rangle$으로 양자 상태를 바꾼다. (그래서 X 게이트를 종종 NOT 게이트라고도 부른다.) 파울리 게이트 중 하나인 X 게이트는 여러 양자 회로에서 많이 사용되지만 양자컴퓨터에서 모든 큐빗의 초기 상태가 $|0\rangle$인 상태이기 때문에 $|1\rangle$의 양자 상태를 만들려고 할 때 필요한 양자게이트이다.

X 게이트를 IBM Quantum에서 실행해 보면 다음과 같다.

$$X = \begin{pmatrix} 0 & 1 \\ 1 & 0 \end{pmatrix}$$

그림 4.8 | X 게이트의 심벌과 블로흐 구에서의 작용

아래 양자 회로에서 $|0\rangle$ 상태가 X 게이트에 의해 $|1\rangle$로 반전되었고, 실행 결과(양자 시뮬

레이터 사용) |1⟩ 상태로 나올 확률이 100%로 측정되었다. 실제 양자컴퓨터(ourense)에서 같은 회로를 구동해 보면 |1⟩ 상태로 나올 확률이 약 97%이다.

그림 4.9 | |0⟩으로 초기화된 큐빗 q_0에 X 게이트를 건 후 측정한 양자 시뮬레이터 결과

(2020년 8월 7일 현재 IBM Quantum의 인터페이스가 업데이트되었다. X 게이트의 기호가 바뀐 점에 주의하자.)

Y 게이트

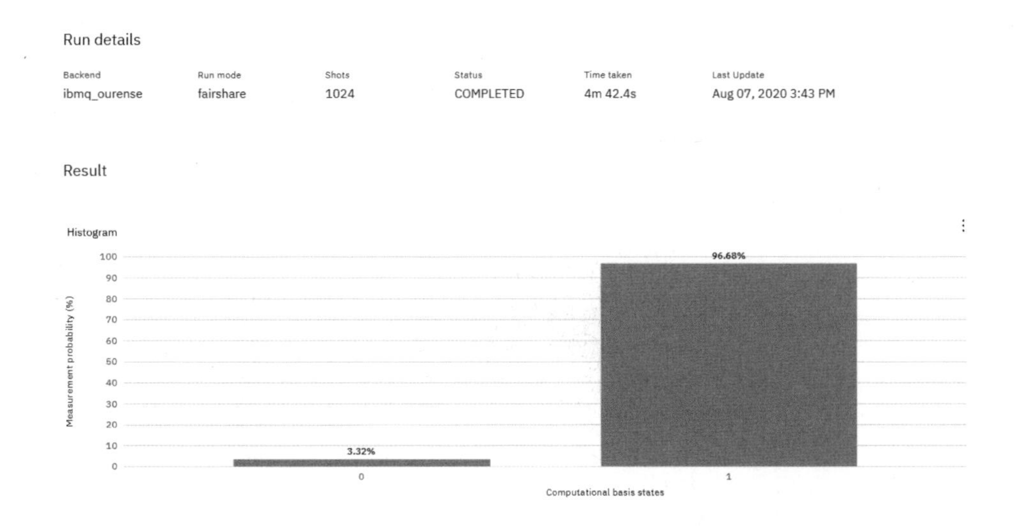

Y 게이트의 행렬 표현은 다음과 같으며 큐빗을 블로흐 구에서 x축을 중심으로 180도만큼 회전시키는 작용을 한다. 브라켓 표현을 쓰면 Y 게이트에 의해 $|0\rangle$은 $i|1\rangle$으로, $|1\rangle$은 $-i|1\rangle$로 바뀌게 된다.

$$Y=\begin{pmatrix}0 & -i\\ i & 0\end{pmatrix}$$

$$Y|0\rangle=\begin{pmatrix}0 & -i\\ i & 0\end{pmatrix}\begin{pmatrix}1\\ 0\end{pmatrix}=\begin{pmatrix}0\\ i\end{pmatrix}=i|1\rangle$$

$$Y|1\rangle=\begin{pmatrix}0 & -i\\ i & 0\end{pmatrix}\begin{pmatrix}0\\ 1\end{pmatrix}=\begin{pmatrix}-i\\ 0\end{pmatrix}=-i|0\rangle$$

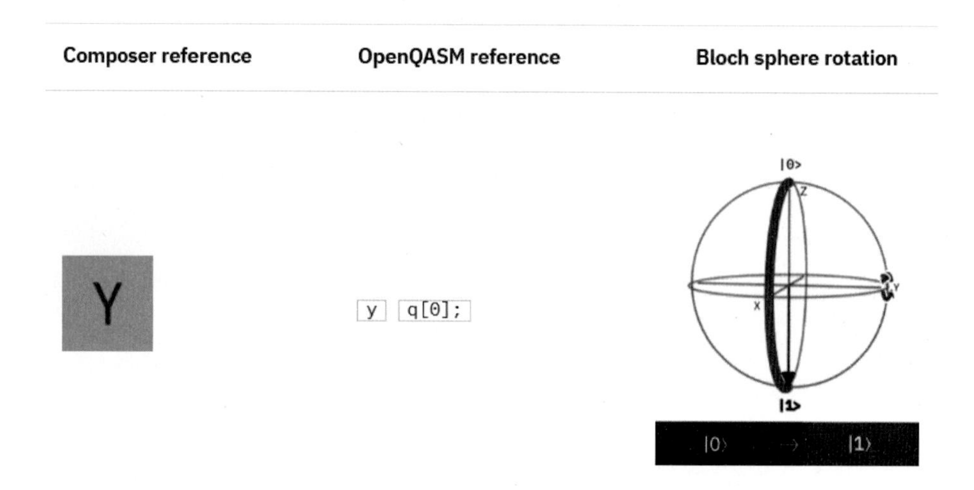

그림 4.10 | Y 게이트의 심벌과 블로흐 구에서의 작용

Y 게이트를 단일 큐빗 $|0\rangle$과 $|1\rangle$에 작용시킨 결과는 각각 $|1\rangle$과 $|0\rangle$ 양자 상태와 단지 위상(phase) 값의 차이밖에 없기 때문에 $|0\rangle \rightarrow |1\rangle$, $|1\rangle \rightarrow |0\rangle$로 바꾸는 X 게이트와 물리적으로는 전혀 다른 결과를 주지 않는다. 이것은 아래와 같이 IBM Quantum을 실행해 보아도 쉽게 알 수 있다. 아래 그림과 같이 $|0\rangle$과 $|1\rangle$이 Y 게이트를 통과하면 그 결과는 X 게이트와 동일하게 나타난다.

그렇다면 Y 게이트가 X 게이트와 다른 점은 무엇일까? 단일 큐빗에 X와 Y를 통과시키고 측정하면 같은 결과가 나오지만 블로흐 구에서 두 게이트에 의한 효과가 다르다. 따라서 X 또는 Y 게이트 이후에 다른 게이트를 통과할 경우 전혀 다른 결과를 얻게 된다.

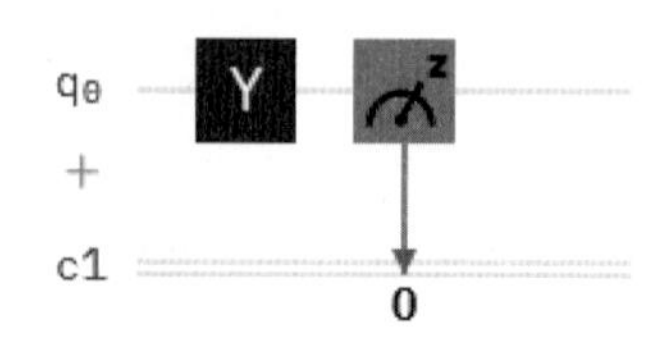

그림 4.11 | Y 게이트에 의한 $|0\rangle$과 $|1\rangle$의 변화를 양자컴퓨터(시뮬레이터)에서 실험한 결과. 각 큐빗이 X 게이트를 통과한 후의 결과와 동일한 결과가 나옴에 주의한다.

Z 게이트

파울리 게이트의 마지막으로서 Z 게이트를 살펴보자. Z 게이트는 X, Y 게이트에 비해 큐빗에 단순한 효과를 주게 된다. 단일 큐빗 $|0\rangle$ 에는 변화가 없지만 $|1\rangle \rightarrow -|1\rangle$ 의 작용을 한다. 수학적으로 $-1 = e^{i\pi}$ 인 것을 생각해 보면 Z 게이트는 $Z|1\rangle = e^{i\pi}|1\rangle = -|1\rangle$ 임을 볼 수 있다. 즉 $|1\rangle$ 의 위상을 180도(π)만큼 바꾸어주는 역할을 한다.

$$-1 = e^{i\pi}$$

$$Z|1\rangle = e^{i\pi}|1\rangle = -|1\rangle$$

$$Z = \begin{pmatrix} 1 & 0 \\ 0 & -1 \end{pmatrix}$$

$$Z|0\rangle = |0\rangle$$

$$Z|1\rangle = -|1\rangle \text{ (증명은 연습문제에서 다룸)}$$

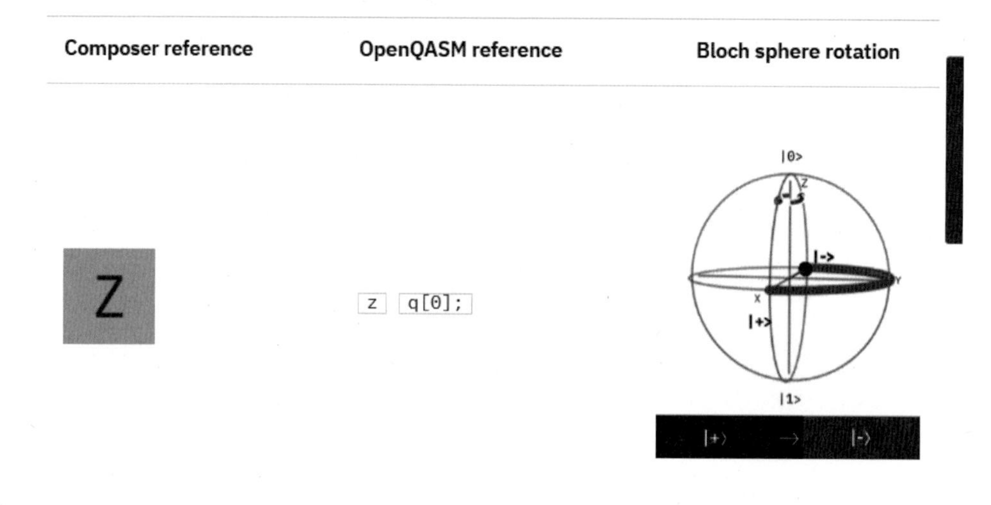

그림 4.12 | Z 게이트의 심벌과 블로흐 구에서의 작용

Original circuit

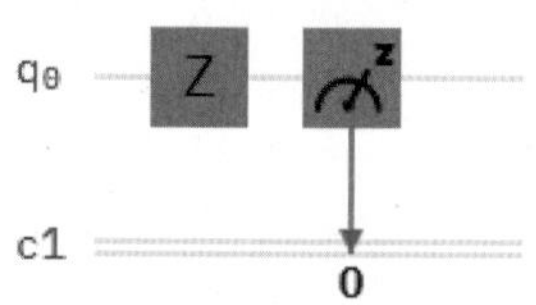

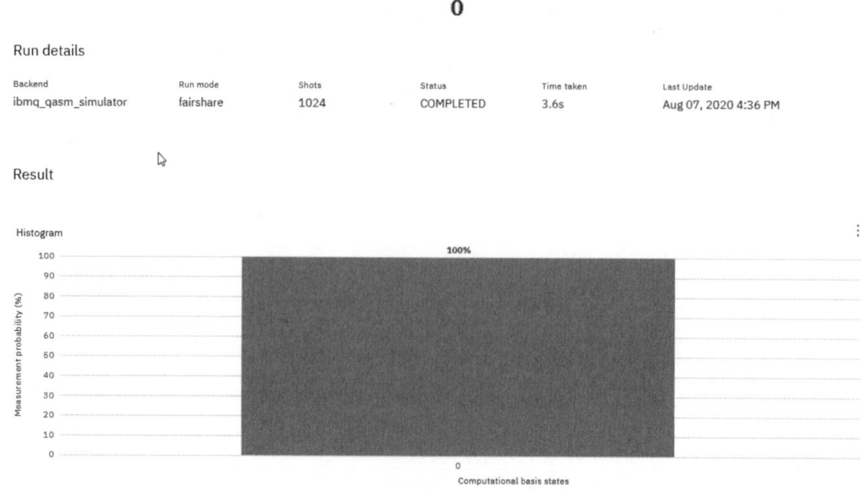

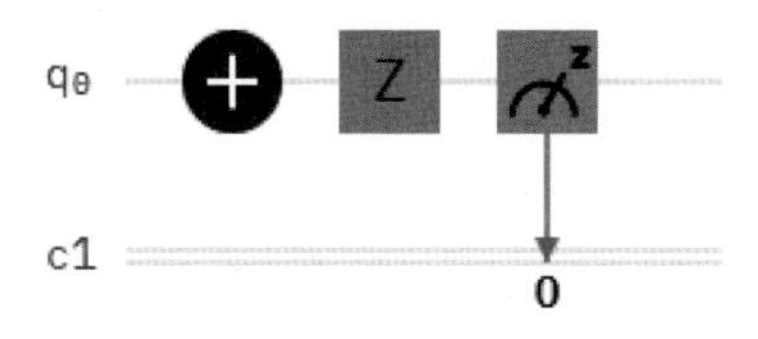

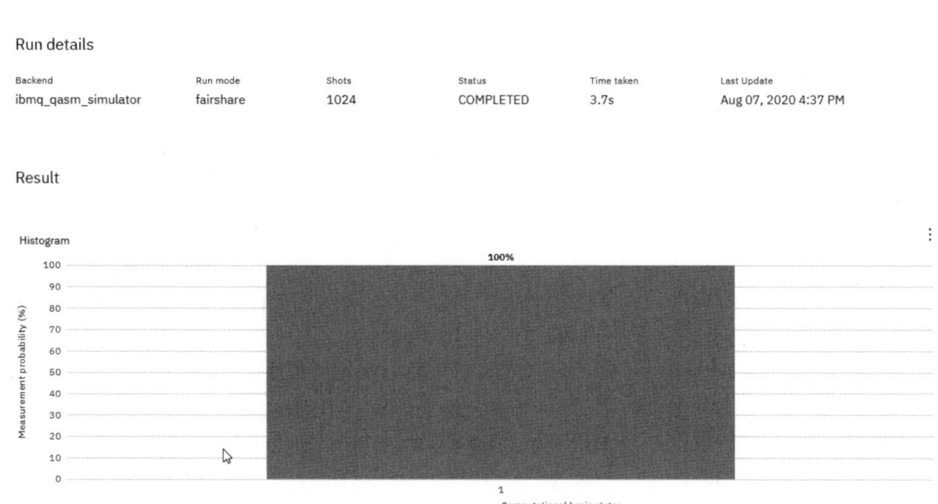

그림 4.13 | Z 게이트에 의한 |0⟩과 |1⟩의 변화를 양자컴퓨터(시뮬레이터)에서 실험한 결과

파울리 게이트의 특성과 중요성

단일 큐빗 게이트의 가장 기초적인 파울리 게이트는 유니타리 게이트이며 모든 양자 회로에서 ABC와 같은 역할을 한다. 이 파울리 게이트 집합이 중요한 것은 네 개의 파울리 게이트는 직교하는(orthogonal) 집합을 이루기 때문이다. 마치 기저함수처럼 이 네 개의 파울리 게이트를 갖고 있으면 임의의 단일 큐빗 게이트를 만들 수 있다.

> **파울리 게이트**
> I, X, Y, Z는 1큐빗 2차원 연산자 벡터공간의 기저이다.

이 사실을 좀 더 자세히 살펴보자.

먼저 네 개의 파울리 게이트 {I, X, Y, Z}는 서로에 대해서 선형독립적이다. 두 번째로 임의의 2×2 행렬은 이 4 행렬의 선형결합으로 표현할 수 있다. 이 두 가지 사실에서 선형대수학적으로 네 개의 파울리 게이트가 2×2 벡터공간을 펼친다(span)라고 말한다(연습문제).

파울리 게이트 네 개만 갖고 있으면 단일 큐빗을 위한 게이트를 (원리적으로는) 마음대로 만들 수 있다!

파울리 게이트는 벡터공간에서 임의의 벡터 함수를 만드는 기저벡터와 같은 역할을 한다고 볼 수 있다.

또한 임의의 2×2 행렬을 만들 수 있으므로 임의의 유니타리 게이트도 파울리 게이트의 선형조합으로 만들 수 있다.

[심화학습]

I, X, Y, Z는 1큐빗 2차원 연산자 벡터공간의 기저이다.

증명: 4개의 연산자 I, X, Y, Z가 2차원 연산자 벡터공간의 기저인 것은 임의의 복소수 2×2 행렬 연산자 U가 다음과 같이 I, X, Y, Z의 선형결합으로 유일한 방법으로 표현될 수 있다는 뜻이다.

$$U = aI + bX + cY + dZ, \text{ 여기에서 } a,\ b,\ c,\ d\text{는 임의의 복소수}$$

$$U = \begin{pmatrix} U_{11} & U_{12} \\ U_{21} & U_{22} \end{pmatrix} = a\begin{pmatrix} 1 & 0 \\ 0 & 1 \end{pmatrix} + b\begin{pmatrix} 0 & 1 \\ 1 & 0 \end{pmatrix} + c\begin{pmatrix} 0 & -i \\ i & 0 \end{pmatrix} + d\begin{pmatrix} 1 & 0 \\ 0 & -1 \end{pmatrix}$$

이를 U의 각 성분별로 풀어보면

$$U_{11} = a + d,\ U_{12} = b - ic,\ U_{21} = b + ic,\ U_{22} = a - d$$

즉,

$$a = \frac{U_{11} + U_{22}}{2},\ b = \frac{U_{12} + U_{21}}{2},$$

$$c = -i\left(\frac{U_{21} - U_{12}}{2}\right),\ d = \frac{U_{11} - U_{22}}{2}$$

를 얻는데, U의 임의의 복소수 성분 U_{11}, U_{12}, U_{21}, U_{22}에 대해서 a, b, c, d가 유일하게 결정된다. ■

파울리 게이트는 또한 다음과 같은 흥미로운 성질이 있다. 파울리 게이트 각각을 제곱하면 단위 게이트 I가 나오며 이러한 성질을 가진 행렬을 거듭행렬(involutory matrix)이라고 한다. 거듭행렬은 자신과 역행렬이 같은 특성이 있다.

$$I^2 = X^2 = Y^2 = Z^2 = -iXYZ = I$$

$$I^2 = X^2 = Y^2 = Z^2 = -iXYZ = I$$

$I = I^2$이므로 양변에 I^{-1}를 곱하면

$$II^{-1} = I^2 I^{-1} \to I^{-1} = I$$

마찬가지로

$$X = X^{-1} \qquad Y = Y^{-1} \qquad Z = Z^{-1}$$

아다마르 게이트

아다마르(Hadamard) 게이트는 파울리 게이트와 함께 양자 컴퓨팅에서 아주 중요한 위치를 차지하는 단일 큐빗 게이트이다. 아다마르 게이트는 거의 모든 양자 알고리즘에서 사용된다. 이전에 Hello Quantum에서는 두 열에 있는 큐빗의 위치를 바꾸는 것으로 이해했다.

아다마르 게이트를 보다 직관적으로 이해하기 위해 다음과 같이 선언을 해보자.

아다마르 게이트는 한 개 큐빗의 중첩 상태를 만들어낸다.

아다마르 게이트를 정의하기 위해서 바로 행렬 표현을 쓸 수 있지만 다른 방식으로 정의를 해보자.

아다마르 게이트를 큐빗의 초기 상태인 계산기저에서 두 계산기저가 중첩되어 있는 새로운 기저로 변환시켜 주는 게이트로 정의해 보자. $|0\rangle$과 $|1\rangle$이 같은 확률로 중첩되어 있는 상태를 생각해 본다면, $\frac{1}{\sqrt{2}}(|1\rangle + |0\rangle)$가 가장 자연스러운 선택이 될 수 있다. 이 양자 상태는 1과 0을 더한 상태이므로 $|+\rangle$라고 부르자. $\frac{1}{\sqrt{2}}(|1\rangle - |0\rangle)$의 절댓값의 제곱의 합이 1이 되기 위해 필요하다.

이 상태와 짝이 되는 다른 기저는 무엇일까? 약간의 추측을 해보면 그 기저는 $\frac{1}{\sqrt{2}}(|1\rangle - |0\rangle)$임을 알 수 있는데 편의를 위해 $|-\rangle$라고 표시해 보자.

이 $|-\rangle$의 크기는 역시 1이고,

$$\langle + | - \rangle = \frac{1}{\sqrt{2}}(\langle 1| + \langle 0|)\frac{1}{\sqrt{2}}(|1\rangle - |0\rangle)$$

$$= \frac{1}{2}(\langle 1|1\rangle - \langle 1|0\rangle) + \langle 0|1\rangle - \langle 0|0\rangle) = \frac{1}{2}(1-1) = 0$$

이므로 $|+\rangle$와 $|-\rangle$는 서로 직교하는 기저임을 알 수 있다.

이제 H 게이트는 $|0\rangle$을 $|+\rangle$로 $|1\rangle$을 $|-\rangle$로 바꿔주는 게이트로 정의한다.

$$H|0\rangle = |+\rangle = \frac{1}{\sqrt{2}}(|1\rangle + |0\rangle)$$

$$H|1\rangle = \rightarrow = \frac{1}{\sqrt{2}}(|1\rangle - |0\rangle)$$

위 식에서 좌우변의 $|0\rangle$과 $|1\rangle$의 계수를 살펴보면 H 게이트의 행렬식은 다음과 같음을 알 수 있다.

$$H = \frac{1}{\sqrt{2}}\begin{pmatrix} 1 & 1 \\ 1 & -1 \end{pmatrix}$$

이상을 종합해 보면 H 게이트는 계산기저에 있는 단일 큐빗을 $|+\rangle$, $|-\rangle$의 새로운 기저로 변환시켜 주는 게이트라고 할 수 있다. 여기에서 $|+\rangle$와 $|-\rangle$는 한 큐빗이 중첩되어 있는 두 개의 양자 상태를 의미한다.

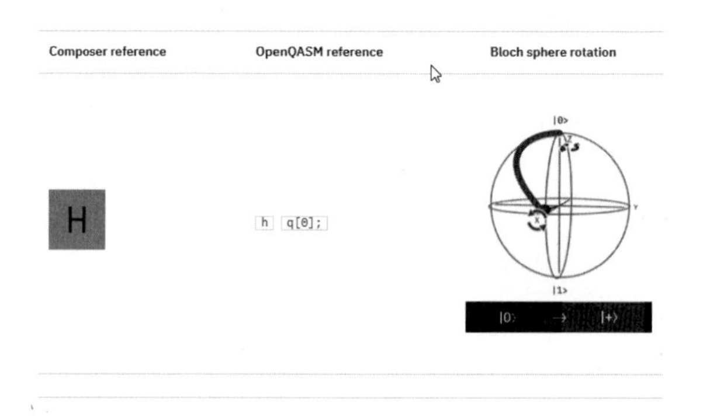

아래의 IBM QUANTUM 연산은 $H|0\rangle = |+\rangle = \frac{1}{\sqrt{2}} * (|1\rangle + |0\rangle)$을 보인 것이다. H 게이트에 의해 $|0\rangle$ 상태가 $|1\rangle$과 $|0\rangle$이 각각 50%의 확률로 존재하는 양자 상태로 변환되는 것을 볼 수 있다.

$H|1\rangle = |-\rangle = \frac{1}{\sqrt{2}} * (|1\rangle - |0\rangle)$의 연산은 연습문제에서 확인하기 바란다.

$$H|0\rangle = |+\rangle = \frac{1}{\sqrt{2}} \times (|1\rangle + |0\rangle)$$

$$H|1\rangle = \rightarrow = \frac{1}{\sqrt{2}} \times (|1\rangle - |0\rangle)$$

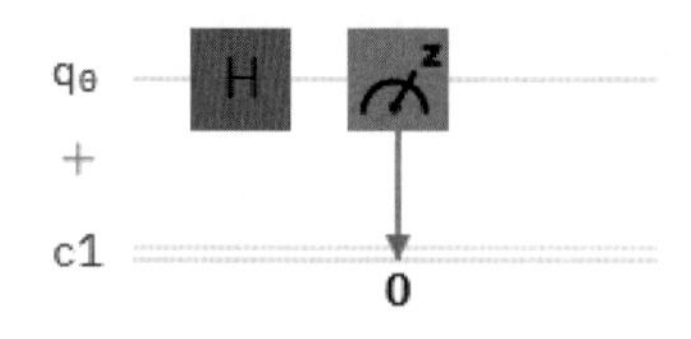

Run details

Backend	Run mode	Shots	Status	Time taken	Last Update
ibmq_qasm_simulator	fairshare	1024	COMPLETED	4.7s	Aug 07, 2020 5:36 PM

Result

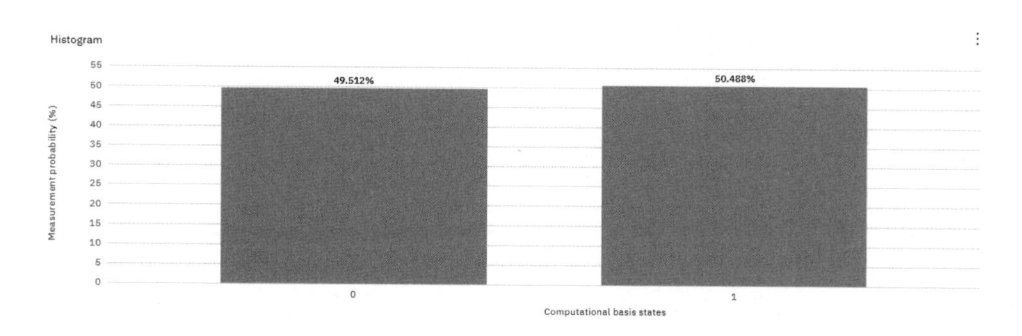

파울리 게이트와 마찬가지로 H 게이트도 제곱행렬로서 다음과 같은 중요한 성질이 있다.

$$H^2 = \frac{1}{\sqrt{2}}\begin{pmatrix} 1 & 1 \\ 1 & -1 \end{pmatrix} \frac{1}{\sqrt{2}}\begin{pmatrix} 1 & 1 \\ 1 & -1 \end{pmatrix} = \frac{1}{2}\begin{pmatrix} 1+1 & 1-1 \\ 1-1 & 1+1 \end{pmatrix} = \begin{pmatrix} 1 & 0 \\ 0 & 1 \end{pmatrix} = I$$

따라서 $H = H^{-1}$

이러한 H 게이트의 성질은 이후 양자 회로에서 유용하게 사용되므로 눈여겨보도록 하자.

CNOT(c-X) 게이트

이제까지 양자게이트는 한 개의 큐빗에 작용하는 단일 큐빗 게이트였다. 지금의 컴퓨터가 한 개의 비트로만 돌아가지 않듯이 실제적인 양자컴퓨터는 한 개 이상의 많은 큐빗이 필요하다. CNOT 혹은 c-X 게이트는 두 개의 큐빗의 상호작용에 의해서 최종적으로 한 개 큐빗의 상태를 반전시키는 이중 큐빗 게이트이다. CNOT 데이터의 기호는 다음과 같으며 두 큐빗에 걸쳐 있는 기호 모양을 하고 있다. 그림에서 위 선의 점으로 연결된 큐빗을 컨트롤(control) 큐빗이라고 부른다. 컨트롤 아래에 연결된 큐빗은 타깃(target) 큐빗이라고 부른다. 타깃 큐빗에 연결된 십자가 모양의 기호 ⊕는 X 게이트 기호이며 컨트롤 큐빗의 상태에 따라 X 게이트를 실행하는 것을 나타낸다.

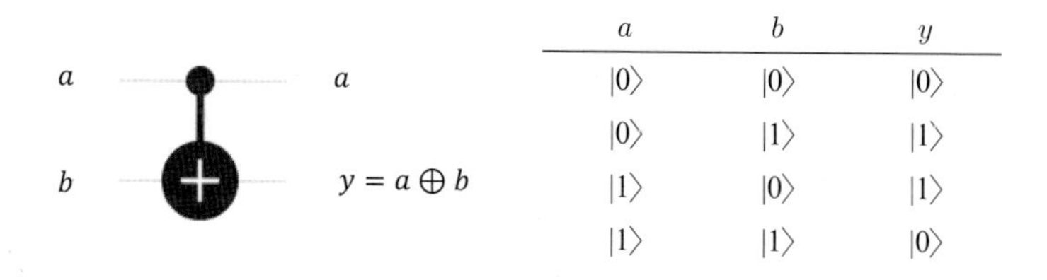

a	b	y
$\|0\rangle$	$\|0\rangle$	$\|0\rangle$
$\|0\rangle$	$\|1\rangle$	$\|1\rangle$
$\|1\rangle$	$\|0\rangle$	$\|1\rangle$
$\|1\rangle$	$\|1\rangle$	$\|0\rangle$

- 컨트롤 큐빗이 $|0\rangle$ 일 때: 타깃 큐빗에는 아무런 변화가 없다.
- 컨트롤 큐빗이 $|1\rangle$ 일 때: 타깃 큐빗의 상태가 반전된다. 즉 $|0\rangle \rightarrow |1\rangle$, $|1\rangle \rightarrow |0\rangle$이 된다.

계산기저에서 CNOT 게이트의 행렬 표현은 다음과 같다.

$$\text{CNOT}=\begin{pmatrix}1&0&0&0\\0&1&0&0\\0&0&0&1\\0&0&1&0\end{pmatrix}$$

이제까지 단일 큐빗 게이트가 2×2 행렬의 모습이었다면, CNOT 게이트는 이중 큐빗이 필요하므로 4×4의 크기를 갖는다.

이 행렬이 정의된 작용을 수행하는지 알아보자.

1) $a=|0\rangle,\ b=|0\rangle$ 일 때

$$a\otimes b=|0\rangle\otimes|0\rangle=\begin{pmatrix}1\\0\end{pmatrix}\otimes\begin{pmatrix}1\\0\end{pmatrix}=\begin{pmatrix}1\\0\\0\\0\end{pmatrix}$$

$$\text{CNOT}(a\otimes b)=\begin{pmatrix}1&0&0&0\\0&1&0&0\\0&0&0&1\\0&0&1&0\end{pmatrix}\begin{pmatrix}1\\0\\0\\0\end{pmatrix}=\begin{pmatrix}1\\0\\0\\0\end{pmatrix}=\begin{pmatrix}a_0\\a_1\end{pmatrix}\otimes\begin{pmatrix}b_0\\b_1\end{pmatrix}=\begin{pmatrix}a_0\ b_0\\a_0\ b_1\\a_1\ b_0\\a_1\ b_1\end{pmatrix}$$

$$a_0b_0=1,\ a_0b_1=a_1b_1=0$$

이 방정식의 해는 $a_0=b_0=1,\ a_1=0,\ b_1=0$밖에 없다.

2) $a=|1\rangle,\ b=|0\rangle$ 일 때

$$a\otimes b=\begin{pmatrix}0\\1\end{pmatrix}\otimes\begin{pmatrix}1\\0\end{pmatrix}=\begin{pmatrix}0\\0\\1\\0\end{pmatrix}$$

$$\text{CNOT}(a\otimes b)=\begin{pmatrix}1&0&0&0\\0&1&0&0\\0&0&0&1\\0&0&1&0\end{pmatrix}\begin{pmatrix}0\\0\\1\\0\end{pmatrix}=\begin{pmatrix}0\\0\\0\\1\end{pmatrix}=\begin{pmatrix}x_0\ y_0\\x_0\ y_1\\x_1\ y_0\\x_1\ y_1\end{pmatrix}$$

$$x_0y_0=0$$

$$x_0y_1=0$$

$$x_1y_0=0$$

$$x_1y_1=1$$

$$\Rightarrow x_1 = y_1 = 1,\ y_0 = 0,\ x_0 = 0$$

$$\begin{pmatrix} 0 \\ 1 \end{pmatrix},\ a \oplus b = \begin{pmatrix} 0 \\ 1 \end{pmatrix}$$

나머지 두 경우($a = |0\rangle$, $b = |1\rangle$ 일 때와 $a = |1\rangle$, $b = |1\rangle$ 일 때)는 연습문제에서 확인해 보자.

CNOT 게이트의 컨트롤과 타깃의 위치를 바꾸는 방법

IBM QUANTUM에서는 0번째 큐빗이 컨트롤로, 그 밑의 1번째 큐빗이 타깃으로 설정되어 있다. 필요에 의해서 컨트롤과 타깃의 위치를 바꿔서 계산하고 싶다면 어떻게 할까?

이러한 상황을 위해 IBM QUANTUM은 손쉽게 컨트롤과 타깃의 위치를 바꿀 수 있게 해 놓았다.

그림처럼 우선 두 개의 큐빗에 CNOT 게이트를 놓은 후 커서를 위치시키면 취소 아이콘(X 표시)과 수정 아이콘(연필 모양)이 생긴다. 수정 아이콘을 눌러서 두 큐빗의 위치를 변경하면 CNOT 게이트의 뒤집힌 모양을 얻을 수 있다.

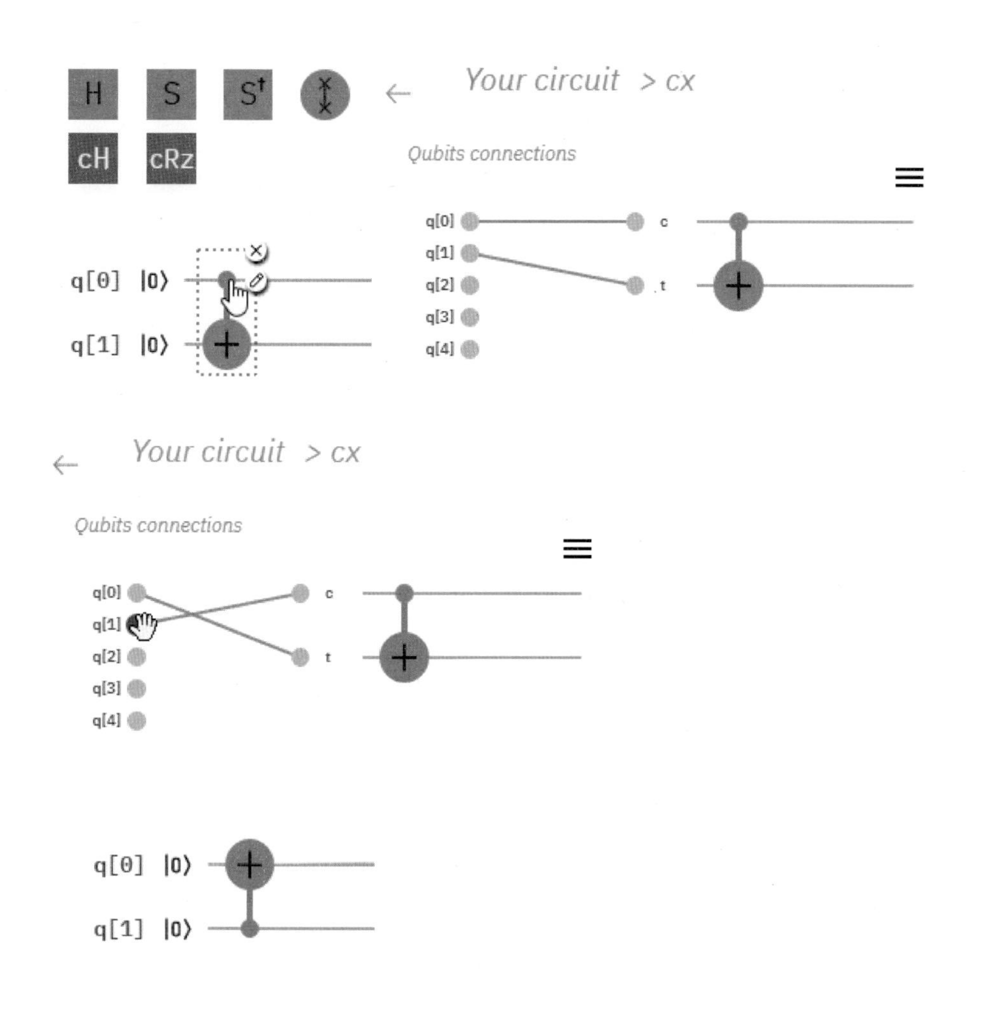

cX, cY, cZ 게이트: cU 게이트

4×4 행렬 c not 게이트를 잘 보면 오른쪽 하단에 exe 정방행렬이 X 게이트와 똑같은 모양을 하고 있다. 사실은 CNOT(cX) 게이트는 파울리 게이트 X, Y, Z 게이트를 기본으로 하는 controlled U 게이트의 특수한 예이다. CNOT 게이트가 컨트롤의 상태에 따라 타깃에 X 게이트를 작용시키는 이중축 양자게이트였다. 이와 같은 원리로 컨트롤 큐빗이 $|1\rangle$ 일 때에만 타깃 큐빗에 X 또는 Y 게이트의 스위치를 on시키는 이중 큐빗 양자게이트를 만들 수 있다.

$$\text{CNOT} = \begin{pmatrix} 1 & 0 & 0 & 0 \\ 0 & 1 & 0 & 0 \\ 0 & 0 & 0 & 1 \\ 0 & 0 & 1 & 0 \end{pmatrix}$$

그림 4.14 | CNOT 게이트의 우측 하단의 X 게이트와 같은 모양을 하고 있다.

아래 그림의 게이트가 C-U(controlled U) 게이트이며 U는 X, Y, Z 또는 임의의 유니타리 게이트를 가리킨다. (U = X일 때가 CNOT 게이트이다.)

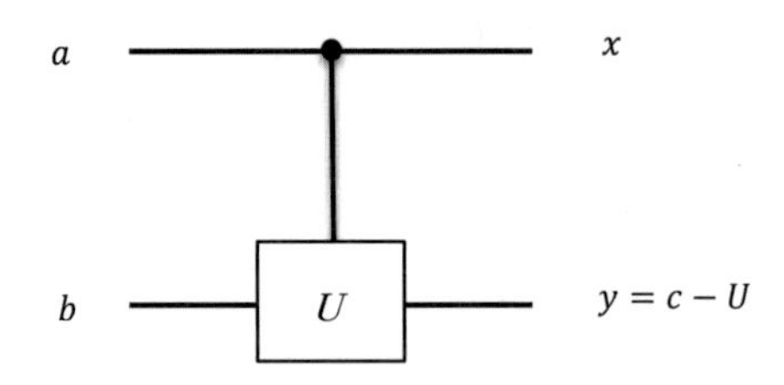

이제 $U = Y$인 경우를 조사하기 위해 시험 삼아 그림의 정사각형 부분에 Y 게이트를 넣어 보자.

$$C-Y = \begin{pmatrix} 1 & 0 & 0 & 0 \\ 0 & 1 & 0 & 0 \\ 0 & 0 & 0 & -i \\ 0 & 0 & i & 0 \end{pmatrix}$$

$$a = |0\rangle b = |0\rangle$$

$$C-Ya \otimes b = C-Y|00\rangle = C-Y = \begin{pmatrix} 1 & 0 & 0 & 0 \\ 0 & 1 & 0 & 0 \\ 0 & 0 & 0 & -i \\ 0 & 0 & i & 0 \end{pmatrix} \begin{pmatrix} 1 \\ 0 \\ 0 \\ 0 \end{pmatrix} = \begin{pmatrix} 1 \\ 0 \\ 0 \\ 0 \end{pmatrix}$$

따라서 $y = b = |0\rangle$ 이므로 C−Y 게이트는 타깃 큐빗 b에 아무 작용도 하지 않는다.

$a = |1\rangle$, $b = |1\rangle$ 일 때를 조사해 보자.

$$a \otimes b = \begin{pmatrix} 0 \\ 1 \end{pmatrix} \otimes \begin{pmatrix} 0 \\ 1 \end{pmatrix} = \begin{pmatrix} 0 \\ 0 \\ 0 \\ 1 \end{pmatrix}$$

$$\begin{pmatrix} 1 & 0 & 0 & 0 \\ 0 & 1 & 0 & 0 \\ 0 & 0 & 0 & -i \\ 0 & 0 & i & 0 \end{pmatrix} \begin{pmatrix} 0 \\ 0 \\ 0 \\ 1 \end{pmatrix} = \begin{pmatrix} 0 \\ 0 \\ -i \\ 0 \end{pmatrix} = \begin{pmatrix} x_0 y_0 \\ x_0 y_1 \\ x_1 y_0 \\ x_1 y_1 \end{pmatrix}$$

$$x_0 y_0 = x_0 y_1 = x_1 y_1 = 0$$

$$x_1 y_0 = -i$$

$$y_1 = 0$$

$$x_0 = 0$$

$$x_1 = 1$$

$$y_0 = -i$$

$$\begin{pmatrix} 0 & -i \\ i & 0 \end{pmatrix} \begin{pmatrix} 0 \\ 1 \end{pmatrix} = \begin{pmatrix} -i \\ 0 \end{pmatrix}$$

즉, $x = \begin{pmatrix} 0 \\ 1 \end{pmatrix}$, $y = \begin{pmatrix} -i \\ 0 \end{pmatrix}$

이제까지 $U = Y$인 경우를 일반화한 C−U 게이트는 다음과 같다.

$$C-U = \begin{pmatrix} 1 & 0 & 0 & 0 \\ 0 & 1 & 0 & 0 \\ 0 & 0 & U_{00} & U_{01} \\ 0 & 0 & U_{10} & U_{11} \end{pmatrix}, \quad U = \begin{pmatrix} U_{00} & U_{01} \\ U_{10} & U_{11} \end{pmatrix}$$

여기에서 U 게이트는 파울리 X, Y, Z 게이트를 중심으로 살펴보았지만, 임의의 2×2 행렬의 유니타리 양자게이트로 확장될 수 있음에 주의하자.

C−Z 게이트

C-Z 게이트는 C-U 게이트에서 U = Z 게이트인 경우이다. 컨트롤이 $|1\rangle$ 상태에 있을 때 타깃 큐빗에 Z 게이트를 연산한다.

다음은 C-Z 게이트의 기호 및 행렬 표현이다.

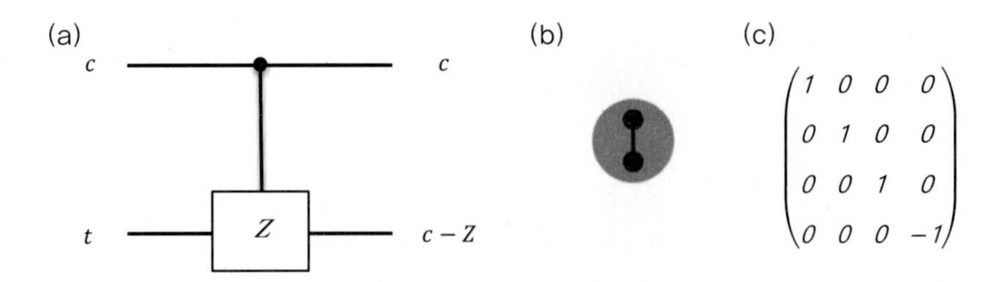

그림 4.15 | C–Z 게이트의 기호와 행렬 표현. 이 게이트의 기호는 (a)와 (b)가 통용되지만 IBM QUANTUM은 (b)번 기호를 사용한다.

회전 게이트: Rx, Ry, Rz 게이트

블로흐 구에서 큐빗을 한 축을 중심으로 임의의 각도로 회전시키는 게이트이다. Default로 각도는 Pi/2(=90도)이지만 이전에 설명한 CNOT 게이트의 컨트롤과 타깃 큐빗을 바꾸는 방법과 같은 방식으로 회전 각도를 임의로 설정할 수 있다.

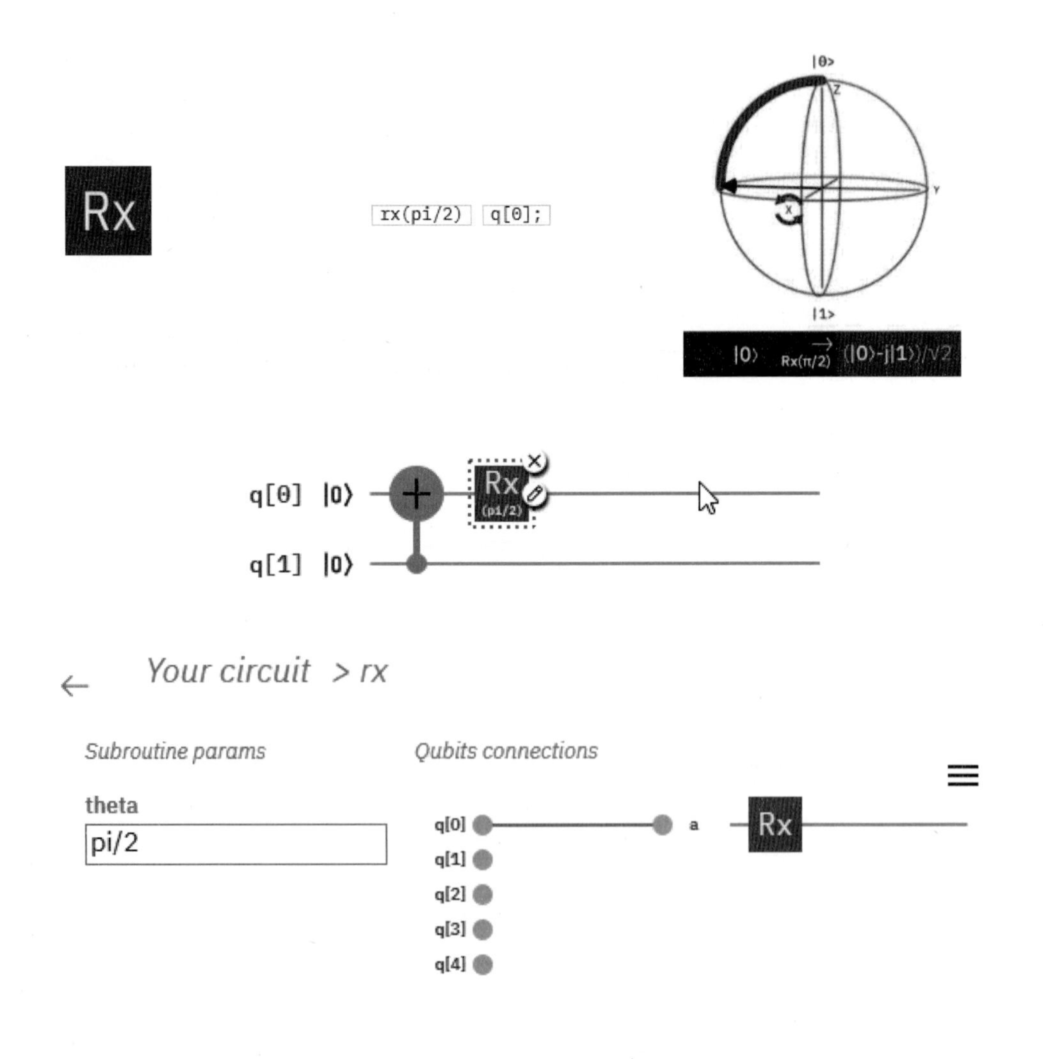

Composer reference	OpenQASM reference	Bloch sphere rotation
	`ry(pi/2) q[0];`	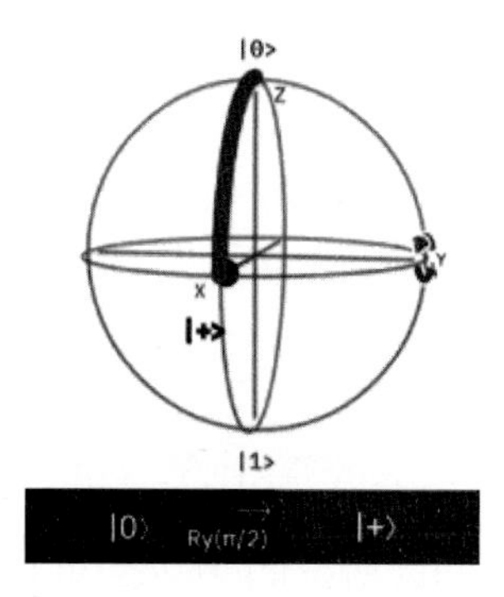

Composer reference	OpenQASM reference	Bloch sphere rotation
	`rz(pi/2) q[0];`	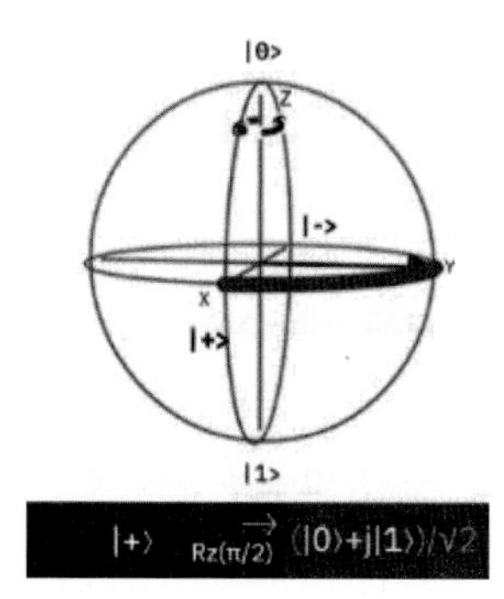

SWAP 게이트

SWAP 게이트에 의해 두 큐빗의 기저 상태 $|00\rangle$, $|01\rangle$, $|10\rangle$, $|11\rangle$에서 첫 번째와 두 번째 index가 교환된다. 즉,

$$\begin{aligned} \text{SWAP } |00\rangle &= |00\rangle \\ \text{SWAP } |01\rangle &= |10\rangle \\ \text{SWAP } |10\rangle &= |01\rangle \\ \text{SWAP } |11\rangle &= |11\rangle \end{aligned}$$

행렬 표현과 기호는 다음과 같다.

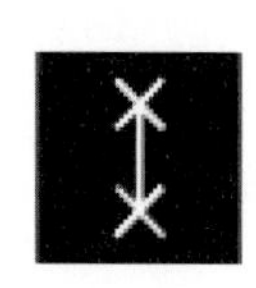

$$\text{SWAP} = \begin{bmatrix} 1 & 0 & 0 & 0 \\ 0 & 0 & 1 & 0 \\ 0 & 1 & 0 & 0 \\ 0 & 0 & 0 & 1 \end{bmatrix}$$

SWAP $|10\rangle = |01\rangle$을 확인해 보면 다음과 같다.

$$\text{SWAP}\,|10\rangle = \begin{bmatrix} 1 & 0 & 0 & 0 \\ 0 & 0 & 1 & 0 \\ 0 & 1 & 0 & 0 \\ 0 & 0 & 0 & 1 \end{bmatrix} \begin{bmatrix} 0 \\ 0 \\ 1 \\ 0 \end{bmatrix} = \begin{bmatrix} 0 \\ 1 \\ 0 \\ 0 \end{bmatrix} = |01\rangle$$

SWAP 게이트의 다른 세 기저에 대한 작용은 연습문제에서 확인하자.

토폴리 게이트

토폴리(Toffoli) 게이트는 토마소 토폴리(Tommaso Toffoli)가 고안해 낸 보편적이고(universal) 가역적인(reversible) 게이트이다. 보편성과 가역성은 양자게이트에서 중요한 위치를 차지하는데, 토폴리 게이트가 보편적이어서 모든 가역적인 양자 회로가 토폴리 게이트를 사용하여 구현될 수 있다. 보편성에 대해서는 나중에 좀 더 자세히 알아보기로 하고, 게이트의 가역성 및 비가역성을 자세히 알아보자.

가역성은 논리게이트 혹은 양자게이트의 출력에서 입력으로 연산을 거꾸로 수행할 수 있음을 말한다. 우선 고전적인 논리게이트에서 NOT 게이트와 ID 게이트를 생각해 보자.

이 두 게이트는 입력과 출력이 일대일 대응이 되므로 입력 → 출력을 거꾸로 해서, 출력에서 입력 방향으로 연산을 수행할 수 있다. 그러나 AND 게이트는 출력값 0에 대응하는 입력값이 세 개나 되므로 출력 → 입력으로 함수를 정의할 수 없게 된다.

게이트의 가역성은 함수와 마찬가지로 게이트의 입력과 출력이 일대일로 대응될 때에만 가능하다.

한 가지 흥미로운 사실은 고전적인 논리게이트는 비가역적인 게이트도 존재하지만 모든 양자게이트는 가역적이라는 점이다. 좀 더 구체적으로 말하면 양자게이트는 유니타리 특성을 만족시키고 있고, 유니타리 게이트는 자연적으로 가역성을 만족시키게 된다.

X(NOT) 게이트

입력	출력
0	1
1	0

→ 연산의 방향 OK
← 연산의 방향 OK

ID 게이트

입력	출력
0	1
1	0

↔ 연산의 방향 OK

AND 게이트

입력		출력
0	0	1
0	1	0
1	0	0
1	1	1

← 연산이 안 됨(비가역적)

게이트의 가역성은 고전적 컴퓨팅과 양자 컴퓨팅에서 에너지의 손실이란 점에서 모두 중요한 문제이다. 게이트는 정보를 흐르게 하고 가공하는 도구이고 게이트를 구동하기 위해 내부적인 정보의 흐름 외에 외부에서 에너지를 주어야 한다. 즉 정보는 에너지와 같다고 생각할 수 있다.

정보 = 에너지

비가역적인 게이트를 살펴보면 출력과 입력을 반대로 할 때 원래의 연산결과가 나오지 않으므로 정보가 한 방향으로만 흐르고 결국 어느 정도의 정보 손실이 있다. 반면 가역적인 게이트는 출력에서 받은 정보를 다시 입력으로 흘려도 같은 결과를 얻을 수 있으므로 정보의 손실이 없다.

물리적으로 보면 정보의 손실은 게이트의 열 손실과 관련이 있다. 비가역 게이트는 열 손실에 의한 정보의 손실이 있게 된다.

- 비가역적 게이트: 정보와 에너지의 손실이 있다.
- 가역적 게이트: 정보와 에너지의 손실이 없다.

정보와 에너지의 손실 면에서 가장 효율적인 컴퓨터의 구동 회로를 만들려면 가역적 게이트로만 구성하면 좋을 것이다. 기본적으로 양자게이트는 가역적이다.

토폴리 게이트는 세 개의 큐빗에 작용하는 3 큐빗 양자게이트이며 가역 게이트로서 중요성을 가진다. CNOT 게이트와 유사한 연산을 수행한다. CNOT 게이트가 컨트롤 큐빗 한 개와 타깃 큐빗 한 개로 이루어져 있듯이, 토폴리 게이트는 컨트롤 두 개와 타깃 큐빗 한 개로 구성된다. 토폴리 게이트의 작동 방식은 처음 두 개의 컨트롤 큐빗이 1일 때에만 타깃 큐빗의 상태를 반전시킨다.

토폴리 게이트의 행렬 표현과 기호는 다음 그림과 같다.

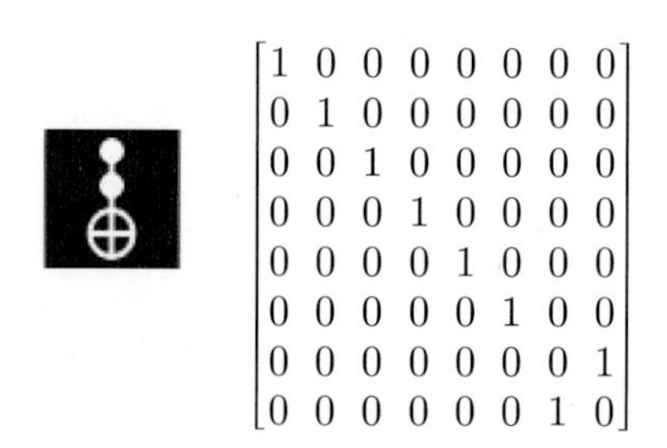

그림 4.16 | 토폴리 게이트의 심벌과 행렬 표현

토폴리 게이트의 연산을 IBM QUANTUM에서 확인해 보자.

(1) 첫 번째 컨트롤 큐빗 = $|0\rangle$, 두 번째 컨트롤 큐빗 = $|1\rangle$, 타깃 큐빗 = $|0\rangle$ 일 때를 확인해 보자.

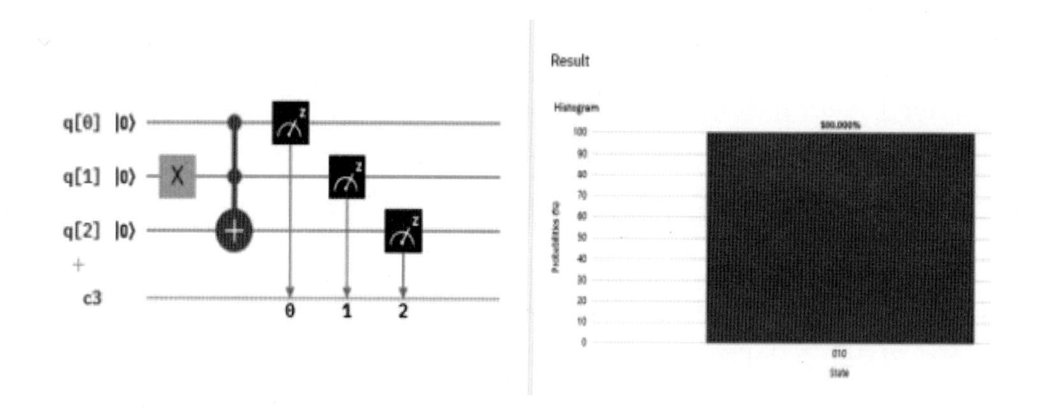

토폴리 게이트의 연산 수행 결과 $|010\rangle$, 즉 타깃 큐빗이 $|0\rangle$ 상태 그대로인 것을 볼 수 있다.

(2) 이번에는 첫 번째 컨트롤 큐빗 = $|1\rangle$, 두 번째 컨트롤 큐빗 = $|1\rangle$, 타깃 큐빗 = $|0\rangle$ 일 때를 확인해 보자. 두 개의 컨트롤이 모두 $|1\rangle$ 이므로 타깃 큐빗의 상태가 반전되어 $|1\rangle$ 이 될 것이다.

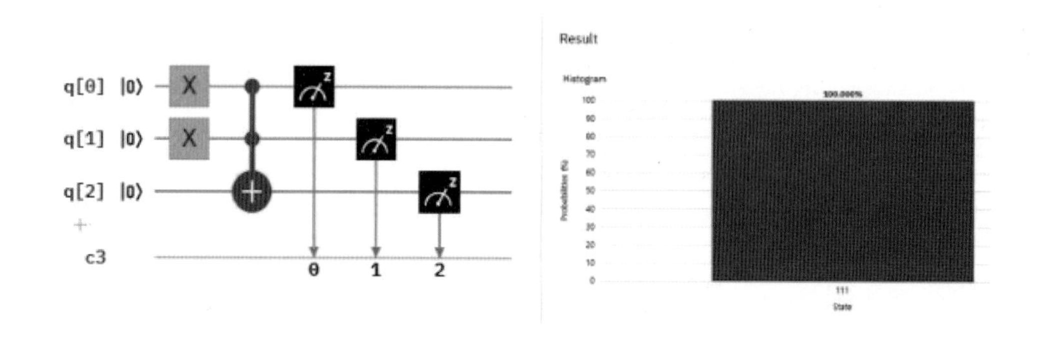

예상한 대로 최종 양자 상태가 $|111\rangle$이 되어 타깃 큐빗의 상태가 반전되었다.

S 게이트와 S† 게이트

S 게이트는 단일 큐빗 게이트로서 Z축 회전 게이트 Rz 게이트에서 회전 각도가 90도인 특수한 예이다. 위상(phase) 게이트라고도 불린다. S†(S 대거) 게이트는 회전 각도가 −90도에 해당하는 Rz 게이트이다.

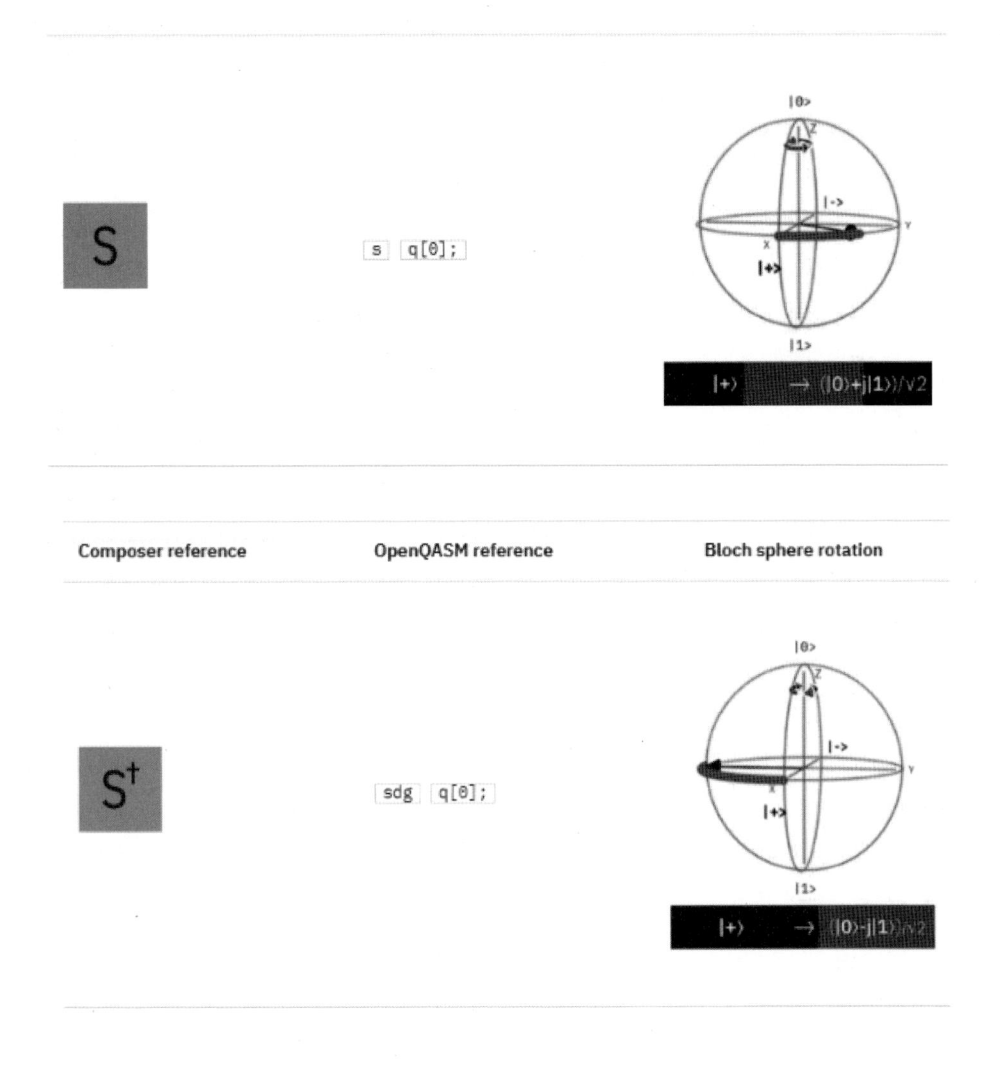

S 게이트와 S† 게이트의 행렬 표현은 다음과 같다.

$$S = \begin{pmatrix} 1 & 0 \\ 0 & i \end{pmatrix}$$

$$S^{+} = \begin{pmatrix} 1 & 0 \\ 0 & -i \end{pmatrix}$$

$$S^{\dagger} = \begin{pmatrix} 1 & 0 \\ 0 & -i \end{pmatrix}$$

T 게이트와 $T^\dagger$ 게이트

T 게이트와 $T^\dagger$(T 대거) 게이트는 다음의 행렬 표현을 갖는 게이트이다.

$$T = \begin{pmatrix} 1 & 0 \\ 0 & \exp\left(\frac{i\pi}{4}\right) \end{pmatrix}$$

$$T^\dagger = \begin{pmatrix} 1 & 0 \\ 0 & \exp\left(\frac{-i\pi}{4}\right) \end{pmatrix}$$

T 게이트는 $\pi/8$ 위상 게이트라고도 불리는데 이는 다음과 같은 성질 때문이다.

$$T = \begin{pmatrix} 1 & 0 \\ 0 & e^{\frac{i\pi}{4}} \end{pmatrix} = \begin{pmatrix} 1 & 0 \\ 0 & e^{\frac{\pi}{8}+\frac{\pi}{8}} \end{pmatrix} = e^{\frac{\pi}{8}} \begin{pmatrix} e^{-\frac{\pi}{8}} & 0 \\ 0 & e^{\frac{\pi}{8}} \end{pmatrix}$$

앞에서 살펴본 S 게이트와 $S = T^2$인 관계를 갖고 있다.

Controlled H(c-H) 게이트

Controlled H 게이트는 이전에 살펴본 Controlled U 게이트에서 U = H인 특수한 경우이다. 두 개의 큐빗에 작용하는 게이트이며 컨트롤이 $|1\rangle$일 때 타깃 큐빗에 H 게이트를 작용하기로 약속한다.

따라서

$$C-H = \begin{bmatrix} 1 & 0 & 0 & 0 \\ 0 & 1 & 0 & 0 \\ 0 & 0 & \frac{1}{\sqrt{2}} & \frac{1}{\sqrt{2}} \\ 0 & 0 & \frac{1}{\sqrt{2}} & \frac{-1}{\sqrt{2}} \end{bmatrix}$$

C-Rz(controlled Rz) 게이트

C_U 게이트에서 U = Rz(z축을 중심으로 회전시키는 게이트)인 경우이다. IBM QUANTUM에서 기호는 다음과 같다.

U_3, U_2, U_1 게이트

이 세 게이트는 블로흐 구에서 한 개의 큐빗을 필요한 각도로 회전시키고자 할 때 사용한다. U_3, U_2, U_1에서 게이트 이름의 각 숫자는 각도 변수의 숫자를 나타낸다.

U_3 게이트는 큐빗 한 개의 블로흐 구 내에서 세 개의 각도(θ, ϕ, λ)만큼 회전시키는 작용을 하며 이 각도를 오일러 각이라고 한다.

$$U_3(\theta, \ \phi, \ \lambda)=\begin{pmatrix} \cos\left(\frac{\theta}{2}\right) & -e^{i\lambda}\sin\left(\frac{\theta}{2}\right) \\ e^{i\phi}\sin\left(\frac{\theta}{2}\right) & e^{i(\phi+\lambda)}\cos\left(\frac{\theta}{2}\right) \end{pmatrix}$$

U_2 게이트는 블로흐 구 내에서 두 개의 각도(ϕ, λ)만큼 회전시키는 게이트이다. 두 개의 각도 변수가 필요하므로 U_2 게이트라고 한다. 행렬 표현은 다음과 같다.

$$U_2(\phi, \ \lambda)=\frac{1}{\sqrt{2}}\begin{pmatrix} 1 & -e^{i\lambda} \\ e^{i\phi} & e^{i(\phi+\lambda)} \end{pmatrix}$$

U_1 게이트는 한 개 각도 변수만큼 회전시키는 작용을 한다.

$$U_1(\lambda)=\begin{pmatrix} 1 & 0 \\ 0 & e^{i\lambda} \end{pmatrix}$$

이 행렬식을 잘 보면 Rz, 즉 z축을 중심으로 λ만큼 회전하는 게이트와 작용이 똑같다.

$$U_1(\lambda)=\begin{pmatrix} 1 & 0 \\ 0 & e^{i\lambda} \end{pmatrix}=e^{\frac{\lambda}{2}i}\begin{pmatrix} e^{-\frac{\lambda}{2}i} & 0 \\ 0 & e^{\frac{\lambda}{2}i} \end{pmatrix}=e^{\frac{\lambda}{2}i}R_Z(\lambda)$$

위의 식과 같이 $U_1(\lambda)$와 $Rz(\lambda)$는 위상계수(phase factor)밖에 차이가 나지 않으므로 큐빗에 작용하는 물리적 작용은 같다.

또한 흥미로운 사실은 각도 λ가 특별한 값을 가질 때 우리가 배운 다른 게이트와 같게 된다. 아래는 연습문제에서 확인하기 바란다.

$$U_1(\lambda=\pi)=Z$$

$$U_1\left(\lambda=\frac{\pi}{2}\right)=S$$

$$U_1\left(\lambda = \frac{\pi}{4}\right) = T$$

기타 IBM QUANTUM 회로 작성에 필요한 회로 요소

다음은 주요한 게이트는 아니고 효율적인 양자 회로 구성을 위해서 필요한 회로 요소들이다.

① 장벽(barrier)

회로 요소를 서로 분리할 때 사용한다.

② Z 측정 게이트

마지막으로 구성된 양자 회로의 결과는 최종적으로 측정 게이트를 붙임으로써 얻어진다. 아래의 Z 측정 게이트는 계산기저에서 양자 연산의 결과를 측정하는 게이트이다. (Z 측정 게이트라고 이름 붙은 것은 계산기저를 z 기저라고도 부르기 때문이다.)

양자게이트 정리

이 장에서는 IBM QUANTUM에서 사용하는 대부분의 양자게이트의 작동 방법과 행렬 표현 그리고 IBM QUANTUM에서의 사용 방법을 통해 IBM QUANTUM 양자 회로 작성과 실행을 자연스럽게 익힐 수 있었다. 게이트의 기호와 행렬 표현을 다음 표에 정리하였다. 다음 장에서는 이 게이트를 가지고 어떤 양자 컴퓨팅 문제를 다룰 수 있는지 알아본다.

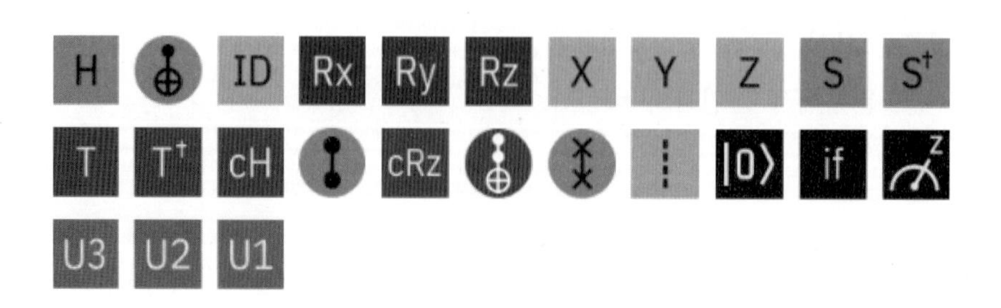

Operator	Gate(s)		Matrix
Pauli-X (X)	X	⊕	$\begin{bmatrix} 0 & 1 \\ 1 & 0 \end{bmatrix}$
Pauli-Y (Y)	Y		$\begin{bmatrix} 0 & -i \\ i & 0 \end{bmatrix}$
Pauli-Z (Z)	Z		$\begin{bmatrix} 1 & 0 \\ 0 & -1 \end{bmatrix}$
Hadamard (H)	H		$\frac{1}{\sqrt{2}}\begin{bmatrix} 1 & 1 \\ 1 & -1 \end{bmatrix}$
Phase (S, P)	S		$\begin{bmatrix} 1 & 0 \\ 0 & i \end{bmatrix}$
$\pi/8$ (T)	T		$\begin{bmatrix} 1 & 0 \\ 0 & e^{i\pi/4} \end{bmatrix}$
Controlled Not (CNOT, CX)			$\begin{bmatrix} 1 & 0 & 0 & 0 \\ 0 & 1 & 0 & 0 \\ 0 & 0 & 0 & 1 \\ 0 & 0 & 1 & 0 \end{bmatrix}$
Controlled Z (CZ)	Z		$\begin{bmatrix} 1 & 0 & 0 & 0 \\ 0 & 1 & 0 & 0 \\ 0 & 0 & 1 & 0 \\ 0 & 0 & 0 & -1 \end{bmatrix}$
SWAP			$\begin{bmatrix} 1 & 0 & 0 & 0 \\ 0 & 0 & 1 & 0 \\ 0 & 1 & 0 & 0 \\ 0 & 0 & 0 & 1 \end{bmatrix}$
Toffoli (CCNOT, CCX, TOFF)			$\begin{bmatrix} 1 & 0 & 0 & 0 & 0 & 0 & 0 & 0 \\ 0 & 1 & 0 & 0 & 0 & 0 & 0 & 0 \\ 0 & 0 & 1 & 0 & 0 & 0 & 0 & 0 \\ 0 & 0 & 0 & 1 & 0 & 0 & 0 & 0 \\ 0 & 0 & 0 & 0 & 1 & 0 & 0 & 0 \\ 0 & 0 & 0 & 0 & 0 & 1 & 0 & 0 \\ 0 & 0 & 0 & 0 & 0 & 0 & 0 & 1 \\ 0 & 0 & 0 & 0 & 0 & 0 & 1 & 0 \end{bmatrix}$

4.3 QISKIT 양자 프로그래밍 언어

QISKIT이란

QISKIT은 파이썬을 기반으로 한 IBM Q 양자 컴퓨팅 소스코드 작성 프로그래밍 언어 및 양자 컴퓨팅 라이브러리이다. 아래 그림에서와 같이 IBM QUANTUM의 모든 양자 연산은 큐빗과 게이트를 드래그 앤드 드롭 방식으로 스케치하듯 회로를 작성하면서 동시에 텍스트 기반의 코딩도 가능하게 되어 있다.

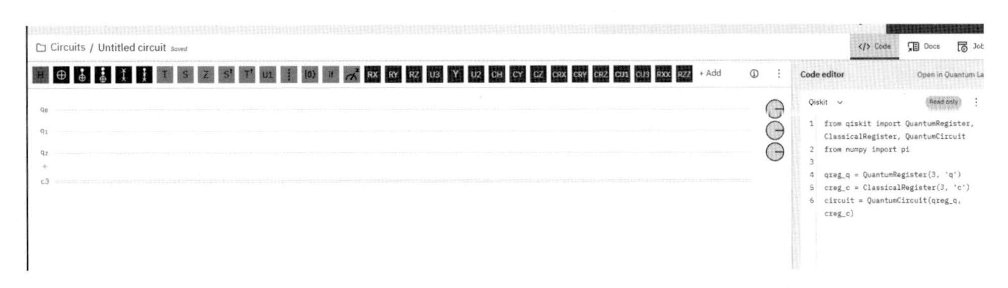

그림 4.17 | QISKIT 화면. 왼쪽의 graphical interface는 우리가 이제까지 사용한 그래픽적인 양자 코딩 방식이다. 오른쪽은 텍스트를 기반으로 양자 컴퓨팅 코드를 작성하는 QISKIT 코딩을 보여준다.

텍스트 기반의 QISKIT은 큐빗의 수가 많아질수록, 회로가 복잡해질수록 graphical interface 보다 더 효율적인 양자 프로그램을 작성할 수 있게 해준다. 또한 QISKIT은 오픈소스 소프트웨어 개발 키트(SDK, software development kit)로서 양자컴퓨터 접속 없이도 사용자의 (고전) 컴퓨터와 노트북에 설치하여 양자 시뮬레이션을 수행할 수 있게 해준다.

QISKIT을 사용할 수 있는 두 가지 방법

사용자가 QISKIT을 사용하는 방법은 두 가지가 있다. 첫 번째는 IBM QUANTUM에 직접 접속하는 방법이고, 두 번째는 각자의 컴퓨터에 QISKIT 라이브러리를 설치한 후 통상의 파이썬 프로그래밍에서 이 양자 라이브러리를 불러들여 코딩하는 방법이다.

① IBM QUANTUM의 Quantum Lab(Notebook)에서 코딩

IBM QUANTUM에 처음 로그인하면 왼쪽 메뉴에서 Circuit Composer와 Quantum Lab의 두 가지 메뉴를 볼 수 있다.

- Circuit Composer: graphical interface를 위주로 하여 양자 회로를 작성하는 방법. 이제까지 우리가 학습한 방법이다.
- Quantum Lab: QISKIT에 의한 텍스트 기반 양자 프로그래밍 방법

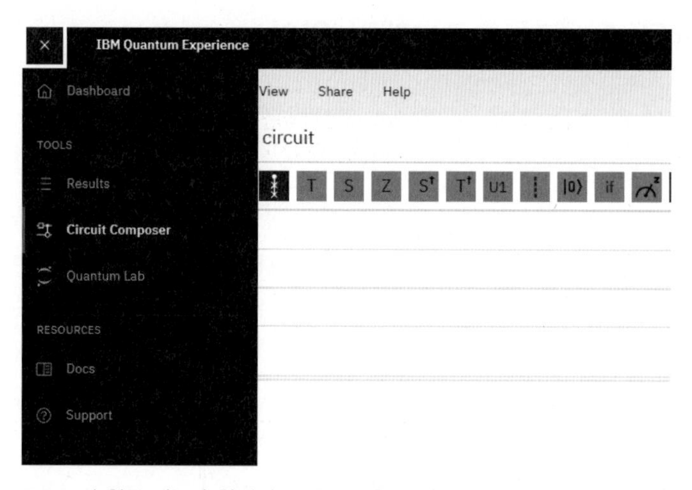

그림 4.18 | IBM QUANTUM의 왼쪽 메뉴가 완전히 펼쳐져 있을 때의 모습. Quantum Lab이 QISKIT 프로그래밍을 선택하는 메뉴이다.

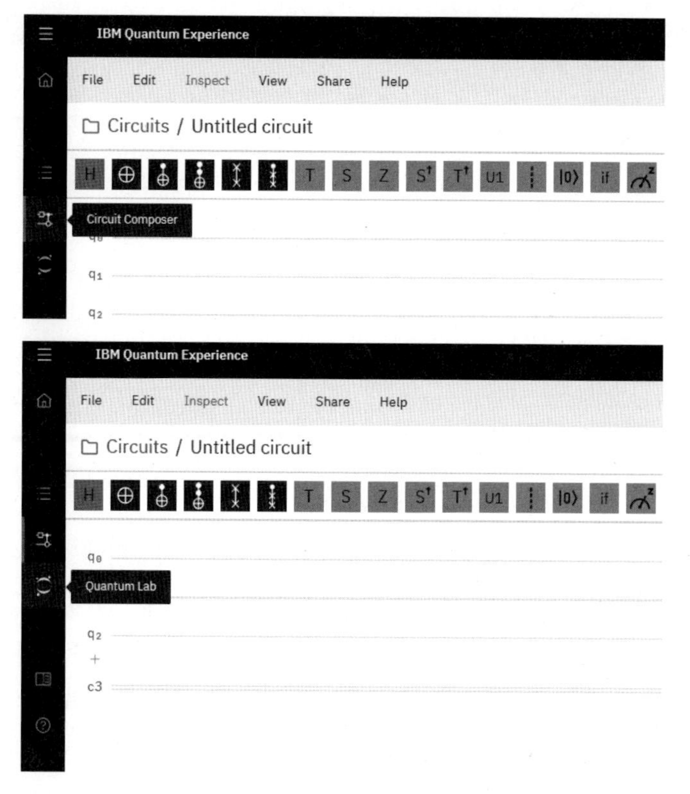

그림 4.19 | IBM QUANTUM의 왼쪽 메뉴가 접혀져 아이콘만 보이는 경우 해당 아이콘에 커서를 갖다 대면 각 메뉴의 이름이 팝업되고 마우스 왼쪽 클릭으로 선택할 수 있다.

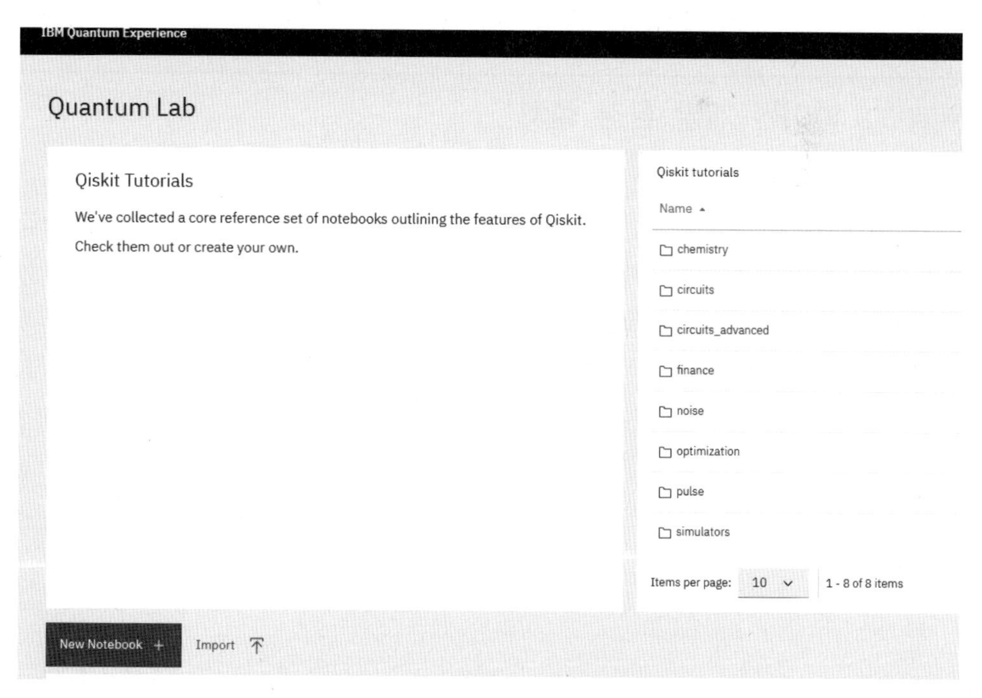

그림 4.20 | Quantum Lab 메뉴를 선택했을 때 초기 화면. 왼쪽 하단의 New Notebook을 눌러 새로운 QISKIT 코딩을 시작하거나, Import를 클릭하여 기존에 작성한 QISKIT 코드를 불러올 수 있다.

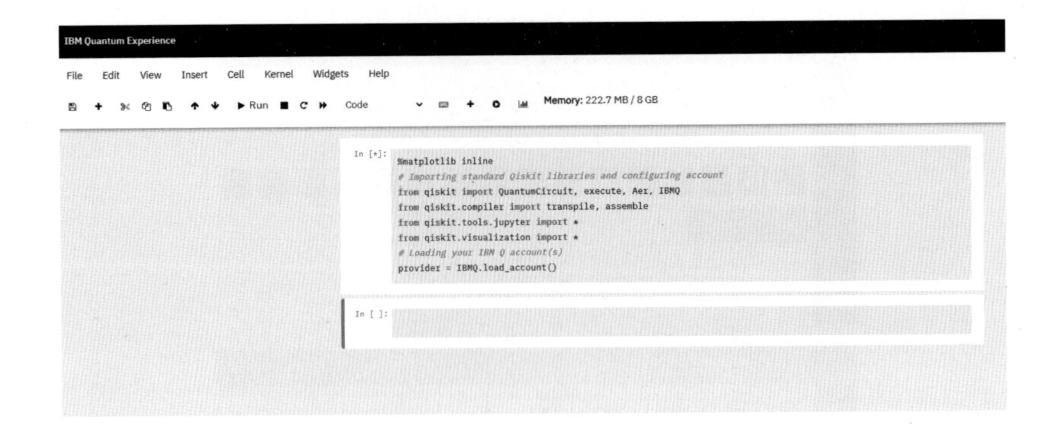

② QISKIT을 자신의 컴퓨터에 직접 설치하는 방법

이제 QISKIT을 IBM QUANTUM에서 실행하지 않고 자신의 컴퓨터에 설치하는 방법을 설명한다. 이 방법은 여러모로 이익이 있는데 (1) IBM QUANTUM에 접속하지 않고 독자적이 양자 시뮬레이션을 돌려볼 수 있고, (2) IBM QUANTUM의 시뮬레이터와 양자컴퓨터에 접속하여 자신의 코드를 돌려볼 수도 있다. 따라서 IBM QUANTUM의 Notebook에서 하던 작업을 그대로 해볼 수 있다. 물론 IBM QUANTUM에 접속하려면 인터넷에 연결되어 있어야 하고, IBM QUANTUM의 계정을 불러와야 한다.

4.4 파이썬 개발 환경 설치

파이썬 개발 환경은 python.org를 통해서 텍스트 기반(콘솔)을 사용할 수도 있으나, 요즘은 사용의 편리성으로 인해 아나콘다의 주피터(Jupyter) 노트북을 쓰는 것이 대세이다.

먼저 아나콘다 웹사이트(www.anaconda.org)에서 자신의 운영체제에 맞는 아나콘다를 다운받아 설치한다.

그림 4.21 | 아나콘다 초기 화면과 아나콘다 설치 화면(2020년 10월 기준)

아나콘다 설치 후 윈도우의 프로그램 그룹에서 아나콘다 폴더 아래에 아나콘다 Prompt 두 개가 보인다. 이 중 Anaconda Powershell Prompt를 클릭한다.

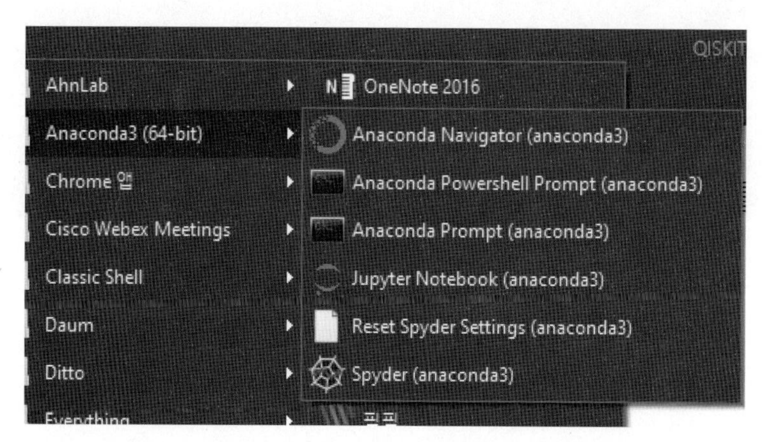

그림 4.22 | 아나콘다 프로그램 그룹에서 보이는 아나콘다 프로그램들. QISKIT을 설치하기 위해 Anaconda Powershell Prompt를 실행한다. 이후 QISKIT 코딩은 주피터 노트북을 실행해서 할 수 있다.

아나콘다 콘솔에서 pip install 구문으로 qiskit을 설치한다.

```
pip install qiskit
```

```
qiskituser — -bash — 80×24
Last login: Thu Jul 25 19:51:47 on ttys000
(base) $ pip install qiskit
```

QISKIT이 정상적으로 설치된 후 마지막으로 한 단계가 더 남아 있다. IBM QUANTUM의 시뮬레이터와 양자컴퓨터에 접속하기 위해서 본인의 IBM QUANTUM 계정 정보를 가져와야 한다. 이를 위해 계정 정보의 API 토큰(token)을 IBM QUANTUM에서 제공하고 있다.

IBM QUANTUM에 접속하기 위한 API 토큰 얻기

IBM QUANTUM에 로그인한 후 오른쪽 상단의 사람 모양 아이콘에 커서를 대고 My account에 들어간다. 그다음 화면에서 화면 중간에 Copy token 메뉴가 보인다. 이 메뉴를 클릭하면 본인의 IBM QUANTUM 계정의 API 토큰이 본인 컴퓨터의 클립보드에 복사된다.

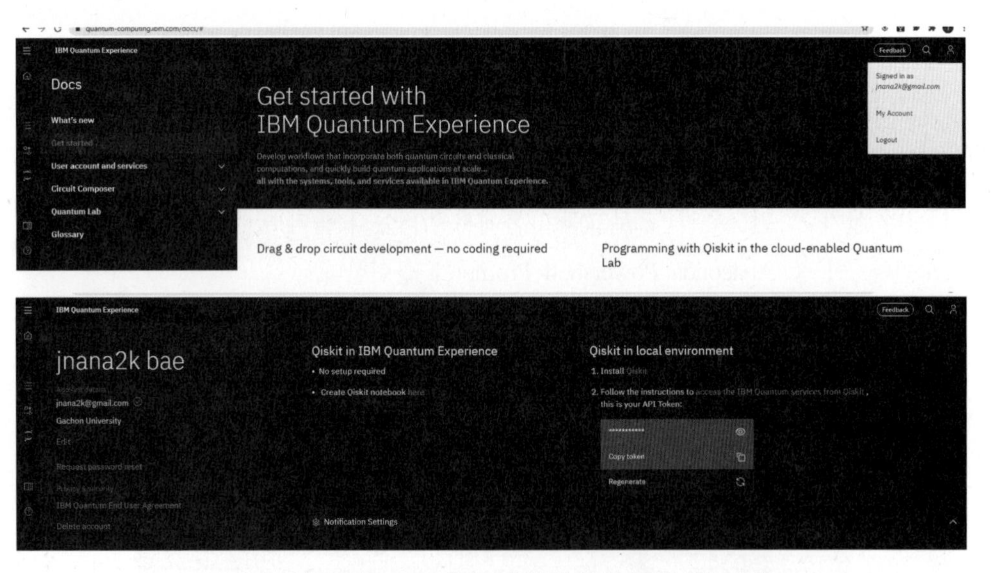

그림 4.23 | IBM Quantum에 로그인하여 API 토큰을 얻는 모습

이렇게 얻은 토큰은 다음 명령어를 실행하여 API 토큰을 저장하고 나중에 qiskit인 설정 파일에 사용하도록 한다. MY_API_TOKEN을 문서 편집기에 저장해 놓았던 토큰값으로 교체한다.

```
from qiskit import IBM QUANTUM
IBM QUANTUM.save_account('MY_API_TOKEN')
```

4.5 QISKIT을 이용한 첫 번째 양자 프로그램

QISKIT을 사용하여 첫 번째로 단순한 양자 프로그램을 작성하여 실행해 보자. 그림은 우리가 이미 학습한 두 개의 큐빗에서 최대로 얽혀 있는 양자 상태인 벨 상태를 만드는 양자 회로이다. $|1\rangle$, $|1\rangle$으로 초기화된 큐빗에 H와 CNOT 게이트를 차례로 걸면 다음과 같은 β_{11} 벨 상태가 얻어진다는 것을 배운 바 있다.

$$\beta_{11} = \frac{1}{\sqrt{2}}(|01\rangle - |10\rangle)$$

이 양자 회로를 구성하고 측정하는 그래픽적인 방법은 이미 실습해 본 바 있다. 아래 그림에서 보듯이 이 회로는 (1) 큐빗의 준비, (2) 얽힌 양자 상태 생성, (3) 측정의 세 단계로 이루어진다.

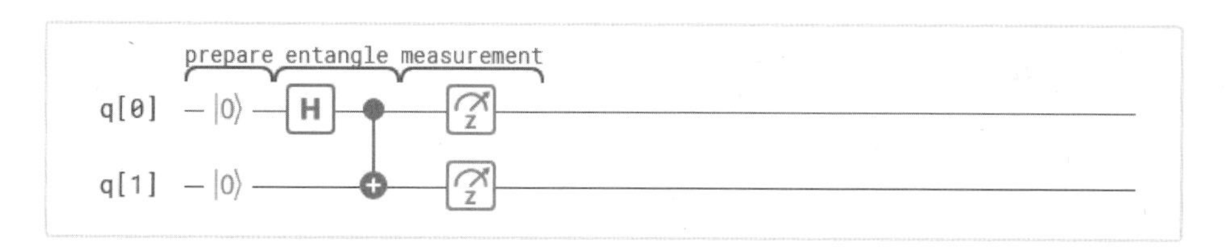

QISKIT 작성을 위해 IBM QUANTUM에 로그인한 후 Quantum Lab > New Notebook으로 들어가보자.

사용자가 New Notebook에서 처음 보는 화면은 다음과 같다. 오른쪽 상단에서 Kernel은 아나콘다 주피터 노트북과 호환되는 것임을 알 수 있다.

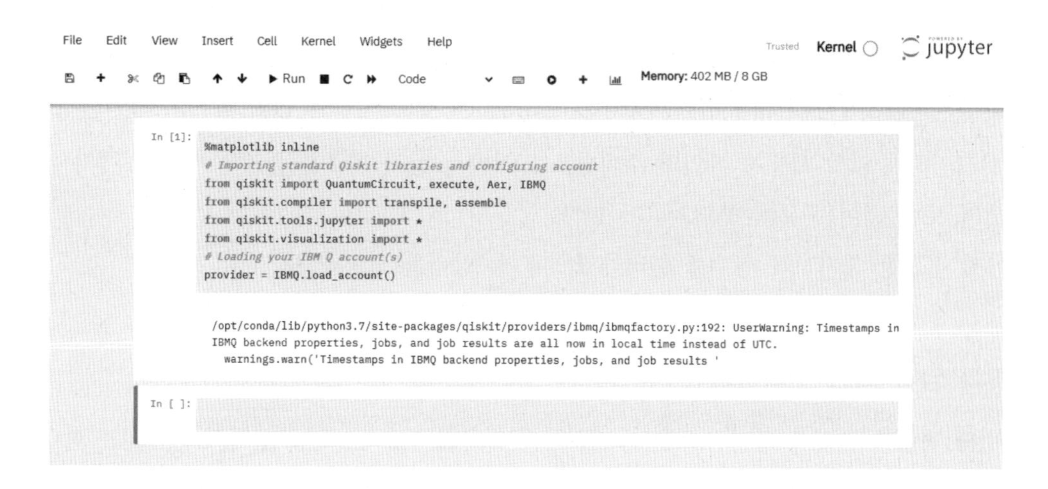

이 파이썬 입력 In [1]은 양자 프로그램을 구동하기 위해 필수적으로 필요한 패키지와 함수를 불러들이는 입력이다.

```
%matplotlib inline
```

첫 번째 줄은 주피터 노트북에서 그래프를 표시하기 위한 명령이다.

```
from qiskit import QuantumCircuit, execute, Aer, IBM QUANTUM
```

qiskit에서 다음의 중요한 함수와 시뮬레이터 백엔드 이름을 불러온다.

- QuantumCircuit: 아래에서 좀 더 자세히 설명하겠지만, 큐빗을 초기화하는 함수이다.
- Aer: 사용자가 접속하여 사용할 수 있는 IBM 양자 시뮬레이터 중 하나인 AER이다.
- execute: 양자 회로를 실행하는 함수이다.

```
from qiskit.compiler import transpile, asemble
from qiskit.tools.jupyter import *
```

위의 두 줄에서 qiskit 컴파일러를 사용하여 코드를 실행할 것을 나타낸다.

```
from qiskit.visualization import *
```

양자 회로를 그림으로 나타내고 그 결과 히스토그램을 시각화하는 데 필요한 패키지이다.

```
# Loading your IBM Q account(s)
provider = IBM QUANTUM.load_account()
```

양자 시뮬레이터에 접속하기 위해 IBM 계정 정보를 얻는 구문이다. IBM QUANTUM에 이미 로그인하여 Quantum Lab을 사용하는 경우 직접 계정 정보를 넘길 필요는 없지만, IBM에 로그인하지 않고 사용자 본인의 주피터 노트북에서 양자 회로를 돌리는 경우 위에서 설명한 API 토큰을 이 구문에서 넘겨줘야 한다.

이제 필요한 패키지와 함수를 불러들였으니 벨 상태를 코딩해 보자.

큐빗과 양자 회로 준비하기

첫 번째 명령은 큐빗과 고전 비트를 초기화하여 회로를 만드는 것이다. 이때 사용되는 함수가 QuantumCircuit(x, y)이며 x는 큐빗의 숫자, y는 그에 상응하는 고전 비트의 숫자이다.

사용자가 사용하고자 하는 큐빗의 숫자를 x에 입력하며 지금은 두 개의 큐빗이 필요하므로 $x=2$이다.

우리가 양자 컴퓨팅을 하고 있는데 고전 비트의 숫자 y라니, 이것은 왜 필요한 것일까?

현재의 IBM 양자컴퓨터의 큐빗에서 얻어지는 양자 연산 결과는 그에 상응하는 고전적 비트에 임시 저장했다가 그 결과를 해석하는 형태로 사용된다. 현재 양자컴퓨터의 큐빗에 전기적 신호를 주고 그 상태를 측정하는 모든 회로가 고전적인 전자기기이다. 양자컴퓨터에 현재 우리가 사용하는 방식의 고전적 컴퓨터가 붙어 있고, 그 고전적 컴퓨터의 역할을 하는 것이 고전적 비트 y라고 생각하면 된다.

사실 고전적 비트의 존재는 우리가 무심코 작성하고 있던 모든 양자 회로에 표현되어 있었다.

아래 그림에서 양자 회로의 맨 왼쪽에 큐빗 q0, q1, … 밑에 c3가 모두 세 개의 고전 비트를 표현한 것이며, 측정 게이트( )는 각 큐빗에서 측정한 결과를 대응하는 고전 비트에 전달하는 모습을 나타낸다.

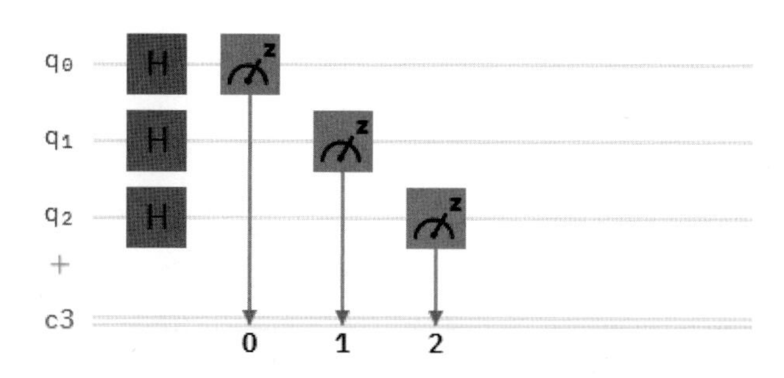

그림 4.24 | Circuit composer로 작성한 양자 회로. 각 큐빗의 측정 결과가 각각에 대응하는 고전 비트 세 개에 전달되는 것을 나타낸다.

circuit = QuantumCircuit(x, y) 구문에서 또 한 가지 주의할 사항은, 파이썬의 함수 사용 규칙에 의하여 변수명을 circuit이 아닌 다른 이름으로 사용 가능하며, 이하에서 관련 함수를 사용할 때 일관성 있게 함수명을 써야 한다는 점이다.

이를테면 qc = QuantumCircuit(x, y) 또는 QuantumCircuit = QuantumCircuit(x, y)와 같은 다른 이름의 변수를 사용하는 경우, 이하에서 설명할 함수들, 이를테면 circuit.h( )는 qc.h( ), QuantumCircuit.h( )로 변수 이름을 일관성 있게 써주어야 한다.

인풋 In [ ]:에 다음 코드를 입력하고 Shift + Enter↵를 쳐보자.

```
circuit=QuantumCircuit(2, 2)
```

아무런 메시지 없이 다음 인풋 In [ ]:이 나온다면 이 명령어가 성공적으로 실행된 것이다.

게이트 첨가하기

이제 큐빗과 그에 상응하는 고전 비트를 만들었으니 게이트를 넣어 큐빗을 조작하고 결과를 측정할 때이다.

다음 코드는 벨 상태를 만들고, 측정한 결과를 고전 비트에 저장하는 일을 한다.

```
circuit.h(0)
circuit.cx(0, 1)
circuit.measure([0,1], [0,1])
```

- circuit.h(x): 아다마르 게이트 H를 x번째 큐빗에 건다. 모든 프로그래밍 언어가 그렇듯이 큐빗의 순서는 0부터 시작한다. 우리는 맨 첫 번째 큐빗에 H가 작용하므로, x = 0이다. 또한 QuantumCircuit(x, y)에서 양자 회로의 이름으로 circuit이 아닌 다른 이름을 사용하였을 때 게이트 함수도 거기에 맞춰서 써줘야 한다.
  circuit = QuantumCircuit(2, 2) → circuit.h(x)
  qc = QuantumCircuit(2, 2) → qc.h(x)
- circuit.cx(x, y): CNOT 게이트를 x번째 컨트롤 큐빗, y번째 타깃에 건다.
- circuit.measure(x, x): circuit composer의 측정 게이트( )를 붙여서 측정한 후 그 결과를 고전적 비트에 저장하는 것이다. x번째 큐빗을 측정하여 x번째 고전 비트에 저장한다. 측정 게이트를 여러 큐빗 각각에 붙이기 위해 위의 구문을 계속 쓰는 수고를 하고 싶지 않다면 circuit.measure([0, n-1], [0, n-1])와 같이 써주면 된다. 괄호 속의 첫 번째 배열은 측정하려는 큐빗의 배열(0번 큐빗에서 n-1번째 큐빗까지), 두 번째 배열은 상응하는 고전 비트를 지정한다.

양자 시뮬레이션의 실행

circuit.measure(x, x)까지는 측정 게이트를 붙여 양자 회로 구성을 마무리한 것으로 아직 이 회로를 실행한 것이 아니다.

```
simulator = Aer.get_backend('qasm_simulator')
job = execute(circuit, simulator, shots=1000)
result = job.result()
counts = result.get_counts(circuit)
print("₩nTotal count for 00 and 11 are:", counts)
```

위 코드는 IBM의 양자 시뮬레이션 서버에 작성된 회로를 제출하고 실행하는 단계이다.

```
simulator = Aer.get_backend('qasm_simulator')
```

Aer.get_backend( )는 Aer 양자 시뮬레이터에 접속하여 사용할 것이라고 알려준다.

IBM은 양자 시뮬레이션의 다양한 용도와 특성에 맞춰서 네 가지 '원소' 시뮬레이터를 마련해 놓았다.

이 원소는 우주의 4대 원소인 '흙', '물', '불', '공기'란 이름을 가지고 있다. 보통 단순한 코딩은 공기에 해당하는 AER 원소의 시뮬레이터를 사용하면 충분하다. 각 원소의 특징은 다음과 같다.

- Terra: '흙' 원소의 양자 시뮬레이터는 흙과 대지가 그렇듯이 다른 양자 시뮬레이터의 기반을 제공한다.
- Aqua: '물' 원소의 Aqua 시뮬레이터는 'Algorithms for QUantum computing Applications'의 약자로서, 특정한 응용 개발(또는 도메인)을 위한 양자 프로그래밍용 라이브러리를 제공한다. 이 도메인은 화학, 재무, 머신러닝, 최적화이다.
- Ignis: '불' 원소의 시뮬레이터. 양자 하드웨어 확인(verification), 잡음 분석, 양자 에러 보정에 사용된다.
- Aer: '공기' 원소인 Aer은 적절한 노이즈 모델을 갖고 있는 고성능 양자 시뮬레이터이다. 다른 원소의 시뮬레이터를 사용할 때에도 Aer 시뮬레이터는 기본적으로 접속하여 사용하게 된다.

```
job = execute(circuit, simulator, shots=1000)
```

이제 작성한 코딩을 시뮬레이터에 제출하여 실행할 때이다. 이 명령은 execute( )로 이루어지며, circuit은 작성한 회로의 이름, simulator는 사용하려는 시뮬레이터 종류이다. shots는 동일한 양자 연산을 반복할 횟수이다. IBM QUANTUM의 circuit composer에서는 보통 1,024번이 default로 사용된다. 이 execute를 실행한 결과로서 job이란 이름의 instance의 핸들(handle)이 반환된다.

```
result = job.result()
counts = result.get_counts(circuit)
```

연산 결과를 각 양자 상태별로 정리하고 나타난 결과를 시각화하기 위해서 job.result( ) 함수를 사용한다.

- result.get_counts(circuit): 모든 양자컴퓨터 연산 결과는 가능한 양자 상태의 개수 또는 확

률분포로 나타난다. (보통 막대그래프 형식의 히스토그램이 양자 연산 결과 형식이다.) 이러한 통계 데이터를 얻어오는 것이 이 함수이다. 이 히스토그램 데이터를 counts에 저장한다.

```
print("₩nTotal count for 00 and 11 are:", counts)
```

양자 연산 결과 히스토그램을 텍스트 형식으로 나타낼 때 print(" ", counts) 구문을 쓴다. 전형적인 파이썬 함수로서 따옴표 " " 안의 문자열과 함께 counts로 나타난 결과를 문자열로 보여준다. ₩n은 개행문자(newline)이다.

```
circuit.draw()
```

우리가 텍스트로 작성한 양자 회로를 IBM Quantum의 circuit composer에서 보이는 회로 다이어그램으로 시각화해 준다. 비록 circuit composer의 예쁘고 알록달록한 게이트는 볼 수 없지만, 양자 회로를 훌륭하게 그려서 보여준다.

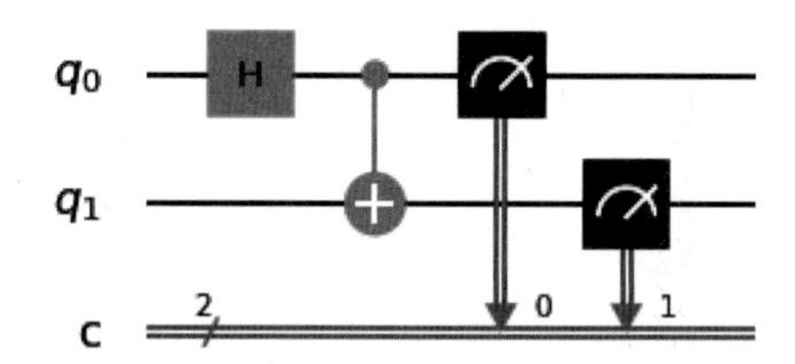

마지막으로 결과의 히스토그램을 다음과 같이 명령하여 그려볼 수 있다.

```
plot_histogram(counts)
```

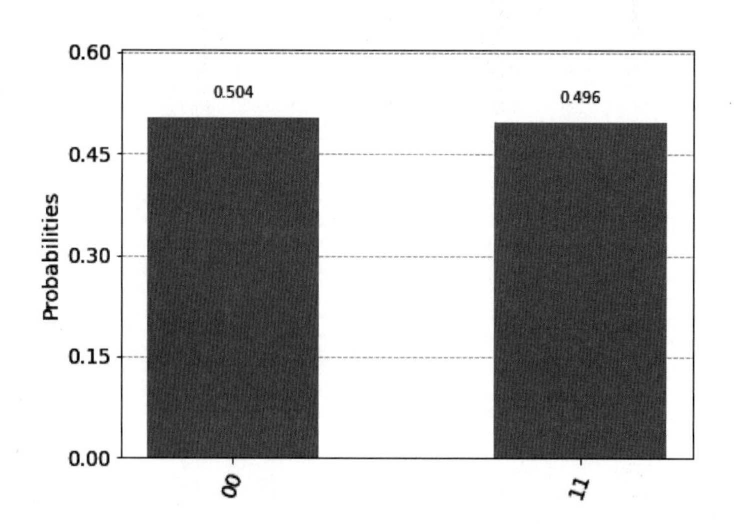

이제까지 알아본 코드를 주피터 노트북에 작성하여 실행한 결과는 다음과 같다. 양자 회로의 이름을 circuit이 아닌 qc로 하였음에 주의하자.

```
In [1]:  %matplotlib inline
         # Importing standard Qiskit libraries and configuring account
         from qiskit import QuantumCircuit, execute, Aer, IBMQ
         from qiskit.compiler import transpile, assemble
         from qiskit.tools.jupyter import *
         from qiskit.visualization import *
         # Loading your IBM Q account(s)
         provider = IBMQ.load_account()

         /opt/conda/lib/python3.7/site-packages/qiskit/providers/ibmq/ibmqfactory.py:192: UserWarning: Timestamp
         s in IBMQ backend properties, jobs, and job results are all now in local time instead of UTC.
           warnings.warn('Timestamps in IBMQ backend properties, jobs, and job results '

In [2]:  qc=QuantumCircuit(2,2)

In [3]:  qc.h(0)

         <qiskit.circuit.instructionset.InstructionSet at 0x7f04920c2a90>

In [5]:  qc.cx(0,1)

         <qiskit.circuit.instructionset.InstructionSet at 0x7f0492052b90>

In [6]:  qc.measure([0,1],[0,1])

         <qiskit.circuit.instructionset.InstructionSet at 0x7f0492107a50>

In [7]:  simulator=Aer.get_backend('qasm_simulator')

In [8]:  job=execute(qc,simulator,shots=1000)

In [10]: result=job.result()

In [11]: counts=result.get_counts(qc)

In [12]: print("\nTotal count number for 00 state and 11 state",counts)


         Total count number for 00 state and 11 state {'00': 504, '11': 496}
```

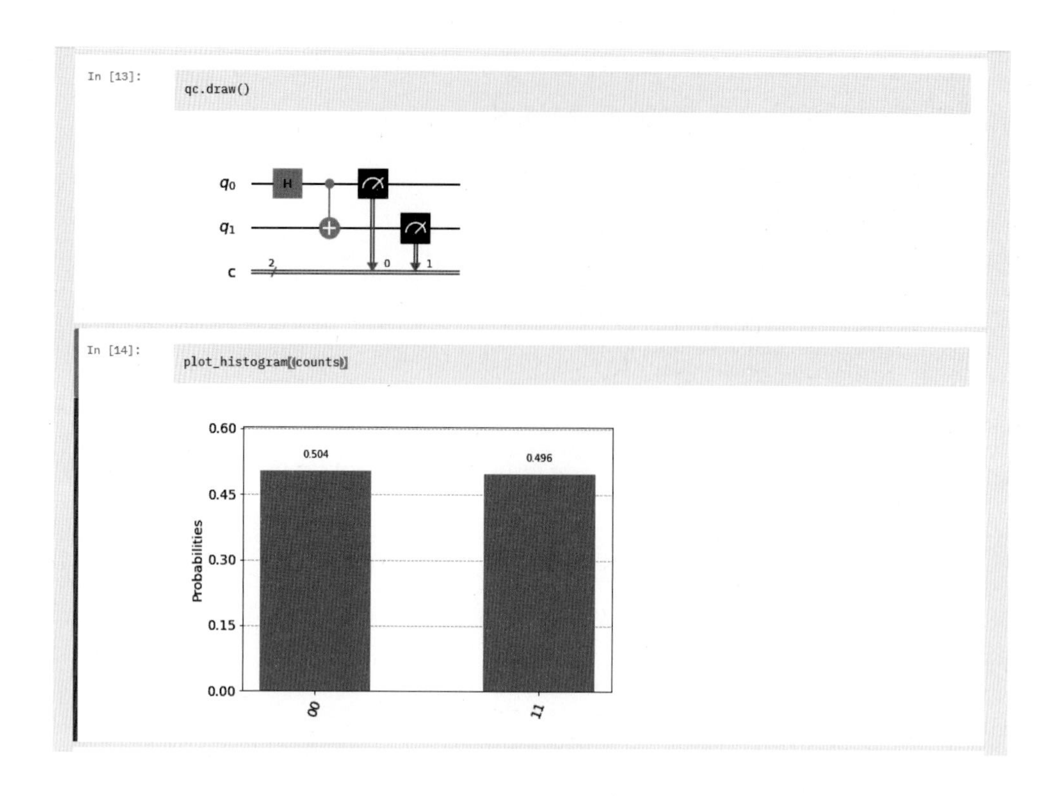

4.6 QISKIT 주요 함수 요약

이제부터 QISKIT의 주요 함수를 특히 게이트를 중심으로 알아본다. 더 상세한 정보를 얻기 위해 circuit library(qiskit.circuit.library)를 방문해 보자. 이 Circuit Library에서 모든 게이트와 함수화된 양자 회로의 목록, 자세한 클래스와 속성, 메서드 내용을 볼 수 있다.

우리가 이제까지 학습하고 사용했던 주요 게이트들은 Circuit Library 아래의 표준 게이트 (Standard Gates)에 정리되어 있다.

Circuit Library

Circuit Library (`qiskit.circuit.library`)

Standard Gates

`Barrier` (num_qubits)	Barrier instruction.
`C3XGate` ([angle, label, ctrl_state])	The 3-qubit controlled X gate.
`C4XGate` ([label, ctrl_state])	The 4-qubit controlled X gate.
`CCXGate` ([label, ctrl_state])	CCX gate, also known as Toffoli gate.
`DCXGate` ()	Double-CNOT gate.
`CHGate` ([label, ctrl_state])	Controlled-Hadamard gate.
`CPhaseGate` (theta[, label, ctrl_state])	Controlled-Phase gate.
`CRXGate` (theta[, label, ctrl_state])	Controlled-RX gate.
`CRYGate` (theta[, label, ctrl_state])	Controlled-RY gate.
`CRZGate` (theta[, label, ctrl_state])	Controlled-RZ gate.
`CSwapGate` ([label, ctrl_state])	Controlled-X gate.
`CSXGate` ([label, ctrl_state])	Controlled-√X gate.
`CUGate` (theta, phi, lam, gamma[, label, ...])	Controlled-U gate (4-parameter two-qubit gate).
`CU1Gate` (theta[, label, ctrl_state])	Controlled-U1 gate.
`CU3Gate` (theta, phi, lam[, label, ctrl_state])	Controlled-U3 gate (3-parameter two-qubit gate).
`CXGate` ([label, ctrl_state])	Controlled-X gate.
`CYGate` ([label, ctrl_state])	Controlled-Y gate.
`CZGate` ([label, ctrl_state])	Controlled-Z gate.
`HGate` ([label])	Single-qubit Hadamard gate.
`IGate` ([label])	Identity gate.

또한 기본적인 게이트들의 기초적인 사용법과 코딩 예시는 QISKIT의 "Summary of Quantum Operations" 페이지를 참고하자(https://qiskit.org/documentation/tutorials/circuits/3_summary_of_quantum_operations.html).

다음은 주요 게이트들의 QISKIT 함수를 정리한 것이며 양자 회로는 qc로 정의된 것이다.

이름	QISKIT 함수	회로 기호	행렬 표현
I Gate	qc.id( )	I	$I=\begin{pmatrix}1&0\\0&1\end{pmatrix}$
파울리 게이트			
X gate	qc.x( )	X	$X=\begin{pmatrix}0&1\\1&0\end{pmatrix}$
Y gate	qc.y( )	Y	$Y=\begin{pmatrix}0&-i\\i&0\end{pmatrix}$
Z gate	qc.z( )	Z	$Z=\begin{pmatrix}1&0\\0&-1\end{pmatrix}$
Clifford 게이트			
아다마르(Hadamard) 게이트	qc.h( )	H	$H=\frac{1}{\sqrt{2}}\begin{pmatrix}1&1\\1&-1\end{pmatrix}$
S gate	qc.s( )	S	$S=\begin{pmatrix}1&0\\0&i\end{pmatrix}$
$S^{\dagger}$ gate	qc.sdg( )	SDG	$S^{\dagger}=\begin{pmatrix}1&0\\0&-i\end{pmatrix}$
C3 게이트			
T gate	qc.t( )	T	$T=\begin{pmatrix}1&0\\0&e^{\frac{i\pi}{4}}\end{pmatrix}$
$T^{\dagger}$ gate	qc.tdg( )	TDG	$T^{\dagger}=\begin{pmatrix}1&0\\0&e^{\frac{-i\pi}{4}}\end{pmatrix}$

요약

1. QISKIT은 텍스트 기반 양자 프로그래밍 언어 및 개발 환경으로서, IBM QUANTUM의 circuit composer와 상관없이 독자적으로 사용자의 컴퓨터와 IBM QUANTUM에서 양자 회로를 작성하고 실행할 수 있게 해준다.
2. QISKIT을 사용자 컴퓨터에 설치하였을 경우, IBM QUANTUM의 시뮬레이터에 접속하기 위해 API 토큰을 IBM QUANTUM에서 받아 사용자 컴퓨터에 저장해야 한다.
3. qc = QuantumCircuit(n, n)을 이용하여 양자 큐빗 고전 비트를 설정하여 맨 처음 양자 회로를 구성한다.
4. QuantumCircuit( )으로 저장한 양자 회로의 이름은 이하의 함수에서 일관성 있게 사용해야 한다.
5. 큐빗에서의 연산 결과는 그에 상응하는 고전적 비트에 저장하여 우리가 사용할 수 있게 된다.
6. qc.draw( ) 함수를 사용하여 양자 회로를 시각화할 수 있다.
7. plot_histogram(counts) 함수를 사용하여 연산 결과 히스토그램을 시각화할 수 있다.

연습문제

1. $Z|0\rangle = |0\rangle$, $Z|1\rangle = -|1\rangle$을 행렬 연산을 통해 보이시오.

2. 파울리 게이트는 두 번 반복하면 I 게이트가 되는 성질이 있다. 다음을 보이시오.
   (1) $X^2 = I$
   (2) $Y^2 = I$
   (3) $Z^2 = I$

3. 임의의 단일 큐빗 유니타리 게이트는 네 개의 파울리 게이트 $\{I, X, Y, Z\}$의 선형결합으로 나타낼 수 있다. 이를 증명해 보자.
   (1) 먼저 네 개의 파울리 게이트 $\{I, X, Y, Z\}$는 서로에 대해서 독립적(linearly independent)임을 보이시오.
   (2) 두 번째로 임의의 2×2 행렬은 이 4행렬의 선형결합으로 표현할 수 있음을 보이시오.

4. $a = |0\rangle$, $b = |1\rangle$일 때 CNOT 게이트의 작용을 행렬 연산을 통해 확인하시오.

5. $a = |1\rangle$, $b = |1\rangle$일 때 CNOT 게이트의 작용을 행렬 연산을 통해 확인하시오.

6. $H|1\rangle = |-\rangle = \frac{1}{\sqrt{2}} * (|1\rangle - |0\rangle)$을 IBM QUANTUM에서 확인하시오.

7. 다음을 SWAP 게이트의 행렬 연산과 IBM QUANTUM을 통해 확인하시오.
   (1) SWAP $|00\rangle = |00\rangle$
   (2) SWAP $|01\rangle = |10\rangle$
   (3) SWAP $|11\rangle = |11\rangle$

8. 출력을 입력으로 넣었을 때 연산이 가역적임을 보여서 파울리 Y 게이트가 가역적임을 확인하시오.

9. 출력을 입력으로 넣었을 때 연산이 가역적임을 보여서 CNOT 게이트가 가역적임을 확인하시오.

10. 토폴리 게이트의 진리표는 다음과 같다. 각각의 입력에 대해 IBM QUANTUM으로 확인하시오.

입력			출력			입력			출력		
0	0	0	0	0	0	1	0	0	1	0	0
0	0	1	0	0	1	1	0	1	1	0	1
0	1	0	0	1	0	1	1	0	1	1	1
0	1	1	0	1	1	1	1	1	1	1	0

11. S 게이트에 $|+\rangle = \frac{1}{\sqrt{2}}(|0\rangle + |1\rangle)$를 작용하여 z축을 중심으로 90도 회전시킴을 보이시오.

12. $S = T^2$을 행렬 연산을 통해 보이시오.

13. C−H 게이트의 작용을 행렬 연산을 통해 확인해 보자.

(1) 컨트롤 = $|0\rangle$, 타깃 = $|0\rangle$일 때 타깃 큐빗은 C−H 게이트의 작용에 의해 어떻게 변하는가?

(2) 컨트롤 = $|1\rangle$, 타깃 = $|0\rangle$일 때 타깃 큐빗은 C−H 게이트의 작용에 의해 어떻게 변하는가?

14. QISKIT과 IBM QUANTUM의 circuit composer의 차이점을 설명하시오.

15. 큐빗 한 개 $|0\rangle$에 X 게이트를 걸어 측정하고, 그 회로와 결과를 시각화하는 qiskit 코딩을 작성하시오. 이를 IBM QUANTUM의 quantum lab에서 실행해 보시오.

16. 큐빗 한 개 $|1\rangle$에 H 게이트를 걸어 측정하고, 그 회로와 결과를 시각화하는 qiskit 코딩을 작성하시오. 이를 IBM QUANTUM의 quantum lab에서 실행해 보시오.

17. $|00\rangle$의 초기 큐빗에서 벨 상태 B00를 만드는 qiskit 회로를 실행해 보시오.

18. $|01\rangle$의 초기 큐빗에서 벨 상태 B01를 만드는 qiskit 회로를 실행해 보시오.

19. 항등 게이트 I의 실행 화면을 캡처해서 제출하시오. 반드시 실제 양자컴퓨터의 실행 결과(예를 들면 IBM Brisbane이나 IBM Nairobi에의 실행 결과)를 제출하시오. (아래와 같은 화면은 실행 결과가 아님)

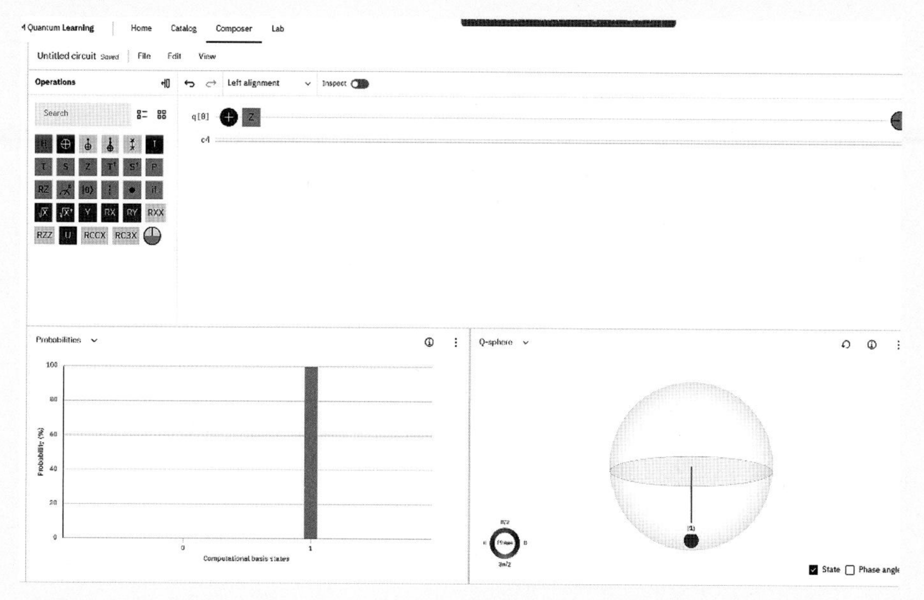

20. X 게이트에 $|0\rangle$과 $|1\rangle$을 연산시킨 결과의 실행 화면(2개)을 캡처해서 제출하시오. 반드시 실제 양자컴퓨터의 실행 결과(예를 들면 IBM Brisbane이나 IBM Nairobi에의 실행 결과)를 제출하시오.

21. 위의 결과를 행렬 연산 결과에 연관하여 설명해 보시오.

22. Y 게이트에 $|0\rangle$과 $|1\rangle$을 연산시킨 결과의 실행 화면(2개)을 캡처해서 제출하시오. 반드시 실제 양자컴퓨터의 실행 결과(예를 들면 IBM Brisbane이나 IBM Nairobi에의 실행 결과)를 제출하시오.

23. 위의 결과를 행렬 연산 결과에 연관하여 설명해 보시오.

24. X, Y 게이트의 차이를 설명해 보시오.

25. Z 게이트에 $|0\rangle$과 $|1\rangle$을 연산시킨 결과의 실행 화면(2개)을 캡처해서 제출하시오. 반드시 실제 양자컴퓨터의 실행 결과(예를 들면 IBM Brisbane이나 IBM Nairobi에의 실행 결과)를 제출하시오.

26. 위의 결과를 행렬 연산 결과에 연관하여 설명해 보시오.

제5장

양자 알고리즘: 도이치-조사 알고리즘과 번스타인-바지라니 알고리즘

QUANTUM COMPUTING

이 장에서 학습할 내용

- 양자 알고리즘의 기초를 학습한다.
- 알고리즘의 복잡도를 통해 양자 알고리즘의 우수성을 이해한다.
- 도이치 알고리즘에 대해 학습한다.
- 양자 알고리즘에서 오라클의 의미를 학습한다.
- 특수한 문제에서 양자 알고리즘이 고전적인 알고리즘보다 정보처리 속도가 빠름을 이해한다.
- 도이치 알고리즘을 일반화한 도이치-조사 알고리즘을 학습한다.

5.1 양자 알고리즘의 속도향상

알고리즘이란

인공지능과 컴퓨터과학의 대중적인 인기에 따라 '알고리즘(algorithm)'이란 단어가 일상적으로 친숙하게 된 지 오래이다. 알고리즘이란 용어는 9세기 수학자의 이름인 알 콰리즈미(al-Khwarizmi)에서 유래하였고, 그의 책에서 힌두 숫자의 산술 계산과정이 설명되었으며, 원래는 십진법의 계산 규칙을 의미했다고 한다. 알고리즘은 이제 단순한 계산 수행 과정이 아니라 문제를 푸는 모든 명확한 프로시저를 의미하게 되었다. 수학에서 내리는 알고리즘의 정의는 다음과 같다.[1)]

알고리즘은 계산을 수행하거나 문제를 푸는 명확한 명령어의 유한한 순서 있는 나열이다.

우리가 원하는 좋은 알고리즘이란

어떤 문제를 해결하는 데 있어 똑같은 작업이라도 작업 순서만 바꾸었는데 더 빠르게 문제를 해결한 경험이 있을 것이다.

19세기의 위대한 수학자 가우스가 10살의 나이에 발견한 1에서 100까지의 합을 구하는 방법도 훌륭한 알고리즘이 계산 시간을 얼마나 단축시키는지를 보여주는 예이다.

잘 알려진 일화에 따르면, 1에서 100까지의 합을 구하라는 선생님의 문제에 다른 학생들이 $1+2+3+\cdots+100$의 알고리즘을 수행하는 동안, 가우스는 아래와 같이 $1+100$, $2+99$, $3+98$, $\cdots$, $100+1$을 모두 더한 후 2로 나누어, 1에서 100까지의 합 5,050을 순식간에 계산해 냈다고 한다.

$$
\begin{array}{r}
1+\ \ 2+\ \ 3+\cdots+\ 98+\ 99+100 \\
+100+\ 99+\ 98+\cdots+\ \ 3+\ \ 2+\ \ 1 \\
\hline
101+101+101+\cdots+101+101+101
\end{array}
$$

$$\downarrow$$

$$\therefore (101*100) \div 2 = 5050$$

1) 이 장과 이후의 장에서 Hello Quantum과 IBM Quantum 이미지와 일부 소스코드의 사용을 정식으로 허가받았다. 이 이미지에는 모두 Reprint Courtesy of IBM Corporation © 문구가 삽입되며 IBM사의 허가에 따라 이미지가 사용되는 장의 첫 페이지에서만 표시한다.
IBM, the IBM logo, and ibm.com are trademarks or registered trademarks of International Business Machines Corporation, registered in many jurisdictions worldwide. Other product and service names might be trademarks of IBM or other companies. A current list of IBM trademarks is available on the Web at "IBM Copyright and trademark information" at www.ibm.com/legal/copytrade.shtml.

그렇다면 어떤 알고리즘이 얼마나 좋은지, 혹은 다른 알고리즘과 비교하여 성능이 얼마나 뛰어난지 정량적으로 수치화하는 방법에는 어떤 것이 있을까?

고전적인 컴퓨터과학에서 알고리즘의 효율성은 다음과 같이 두 기준의 계산 복잡도로 평가한다.

- 시간복잡도(time complexity): 입력값의 크기가 정해진 값일 때 알고리즘이 사용한 시간이 짧을수록 좋은 알고리즘이다.
- 공간복잡도(space complexity): 알고리즘을 실행할 때 필요한 계산기의 저장기기(메모리)의 양이 작을수록 좋은 알고리즘이다.

좋은 알고리즘이란 당연히 시간복잡도와 공간복잡도가 동시에 작은 알고리즘을 뜻할 것이다. 그러나 최근의 컴퓨터과학은 컴퓨터 하드웨어의 발달과 메모리 비용의 감소로 공간복잡도보다 시간복잡도를 중시하는 경향이라고 한다.

앞에서 언급한 문제의 일반적인 경우로서 1부터 N까지의 합을 구하는 문제를 생각해 보자. 이 문제를 가우스의 방법이 아닌 무식(?)한 알고리즘을 사용한다면, 1에 2를 더하고, 여기에 3을 더하고, 맨 마지막에 N을 더하게 된다. 이를 컴퓨터 언어로 프로그래밍하면 일반적으로 N 또는 N+1번의 코드 실행 단계가 필요하다.

[코드] 1에서 자연수 N까지 더하는 C 코드. 알고리즘이 실질적으로 N+1번 수행된다.

```
#include <stdio.h>
int main() {
    int N, i, sum = 0;
    printf("자연수 N을 입력하세요: ");
    scanf("%d", &n);
    for (i = 1; i <= N; ++i) {         // N번 실행된다.
        sum += i;
    }
    printf("1에서 N까지의 합 = %d", sum);
    return 0;
}
```

일반적으로 알고리즘의 시간복잡도를 평가하려면 입력값의 길이 혹은 입력 데이터의 크기가 N일 때 문제를 해결하는 데 걸리는 시간이나 단계를 세어봐서 적으면 적을수록 좋은 알고리즘이라고 할 수 있을 것이다. 입력 데이터의 길이(크기)가 N일 때, 알고리즘 수행 단계(시간)를 $T(N)$이라고 할 때, $T(N)$에서 결정적으로 중요한 가장 높은 차수만 가지고 다음과 같이 시간복잡도를 표시한다.

$$O(N)$$

여기에서 O는 order(다항식의 차수)를 의미하고, 이를 Big O 표기법이라고 한다.

예 한 알고리즘의 수행 단계가 $T(N) = N + 1$이면 시간복잡도는 $O(N)$
$T(N) = 2N^2 + N + 1$인 알고리즘의 시간복잡도는 $O(N) = N^2$

다음 표에서 입력 자료의 크기가 N일 때 컴퓨터과학에서 잘 알려진 시간복잡도를 살펴볼 수 있다.

복잡도	내 용
O(1)	상수형 복잡도. N과 상관없이 일정한 실행 시간을 갖는 알고리즘
O(log N)	로그형 복잡도. log N에 비례하는 실행 시간을 갖는 알고리즘
O(N)	선형 복잡도. 입력 데이터 크기에 비례하여 실행 시간이 소요되는 알고리즘
O(Nlog N)	선형 로그형 복잡도. 입력 데이터 크기에 정비례하지 않고 그보다 조금 더 실행 시간이 필요한 알고리즘
$O(N^2)$	제곱형 복잡도. N의 제곱에 비례해서 실행 시간이 필요
$O(N^3)$	삼차형 복잡도. N의 3승에 비례해서 시간이 소요
$O(N^b)$, b>1	다항식(polynomial) 복잡도. 위의 제곱형과 삼차형의 일반적인 형태
$O(b^N)$	지수형(exponential) 복잡도. 여기에서 알아본 복잡도 중 일반적으로 가장 오랜 시간이 걸리는 알고리즘

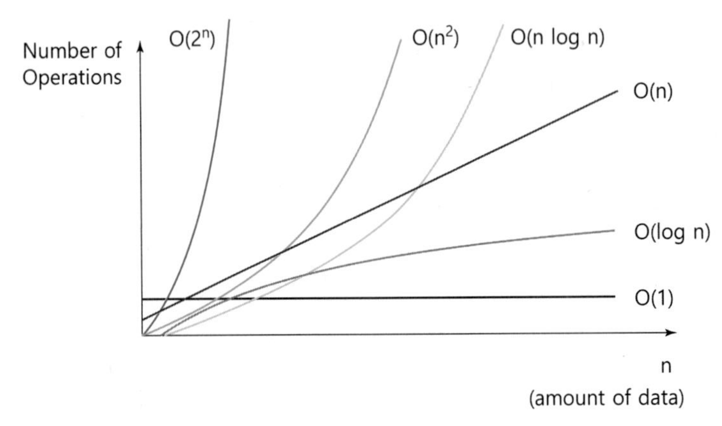

그림 5.1 | 고전 알고리즘의 다양한 시간복잡도. 입력 데이터의 크기에 따라 알고리즘 실행 시간이 달라지며, 일반적으로 지수형 복잡도가 가장 많은 실행 시간이 걸린다.

양자 컴퓨팅의 질문복잡도

우리가 이 장에서 학습할 양자 알고리즘은 고전적 알고리즘과 비교해서 양자컴퓨터에서 수행되는 알고리즘을 의미한다. 양자 알고리즘의 효율성을 평가할 때 위에서 살펴본 시간복잡도를 가지고 상응하는 고전 알고리즘의 시간복잡도와 비교하게 된다.

그리고 양자 알고리즘은 질문복잡도(query complexity)라고 하는 또 다른 알고리즘 평가기준을 주로 사용한다. 모든 알고리즘은 특정한 함수를 호출하여 계산을 해야 한다. 양자 컴퓨팅에서는 함수를 블랙박스 혹은 오라클이라는 특별한 이름으로 부르고 있다. 오라클에 대해서는 도이치 알고리즘을 학습할 때 좀 더 자세히 알아보기로 하고, 여기서는 질문(query)이란 오라클(무녀의 신탁)에게 질의하듯이 함수를 평가 또는 계산하는 것이라고만 이해하자. 질문복잡도란 양자 알고리즘을 수행할 때 답을 얻기까지 함수를 계산하는 횟수를 나타낸다.

질문복잡도의 개념에서 중요한 것은, **실제 함수가 몇 번 계산되었는가가 아니라 질문을 몇 번 하였는가**이다.

> **질문(question)과 질의(query)**
> Query는 질문, 질의로 번역되지만, 일반적인 질문(question)과는 다른 전문적인 의미를 지닌다. 컴퓨터과학에서 Query는 어떤 결정을 내리기 위해 데이터베이스에 질문하는 작업을 의미한다.

양자 알고리즘에서는 함수가 몇 번 계산되었는지에는 관심을 두지 않고 내가 알고 싶은 정답을 블랙박스 혹은 오라클에 몇 번 질문(query)하여 답을 얻었는지가 중요하다. **이는 큐빗의 중첩과 양자 병렬성으로 인해 함수의 호출과 계산이 동시에 수행되어 함수를 몇 번 호출했는지가 중요하지 않기 때문이다.**

잘 풀리는 문제 vs 잘 안 풀리는 문제

고전적 알고리즘의 복잡도를 보면 다항식 복잡도($O(N^2)$)와 지수적 복잡도($O(b^N)$)의 실행시간이 비교도 안 될 정도로 차이가 난다는 것을 알 수 있다. 지수함수적(exponential) 증가가 '무지막지하게 빠르게 증가하는'의 의미로 종종 일상용어로 쓰이기도 한다. 지수함수적 복잡도를 가진 알고리즘은 지수적 복잡도의 알고리즘보다 특히 입력 데이터 크기 N이 커질수록 결과를 내기가 어려워진다. 컴퓨터과학에서 다항식 복잡도 알고리즘은 쉽게 풀 수 있는 문제로, 지수함수적 알고리즘은 어려운 문제로 본다.[2)]

양자컴퓨터를 이용한 양자 알고리즘은 고전컴퓨터로 풀기 어렵거나 거의 풀 수 없는 문제를 해결할 수 있다고 알려져 있다. 고전컴퓨터로는 지수함수적인 시간이 필요한 문제에 대해 다항식 복잡도나 그와 유사한 성능을 내는 양자 알고리즘이 제시되었다. 이 장에서 다룰 도이치-조사 알고리즘과 번스타인-바지라니 알고리즘이 이러한 양자 속도향상(quantum speedup)의 입문격인 양자 알고리즘이다. 양자 알고리즘 중 가장 많이 알려져 있고 또 가장 실용적일 것으로 기대되는 쇼어의 소인수분해 알고리즘도 양자 속도향상 알고리즘의 대표적인 예이다(9장에서 학습한다).

양자 알고리즘의 우월성: 양자 속도향상

많은 사람들이 양자컴퓨터에서 돌아가는 양자 알고리즘이 고전적인 알고리즘보다 훨씬 빠르다, 즉 시간복잡도에서 우월하다고 믿는다. 이것이 가능한 이유는 바로 큐빗의 중첩 때문인데, 고전컴퓨터가 입력값에 대해 순차적으로 계산을 수행하는 반면, 양자컴퓨터는 중첩된 큐빗이 한 번에 처리되는 소위 '양자 병렬성(quantum parallelism)'을 이용하기 때문이다(그림 5.2).

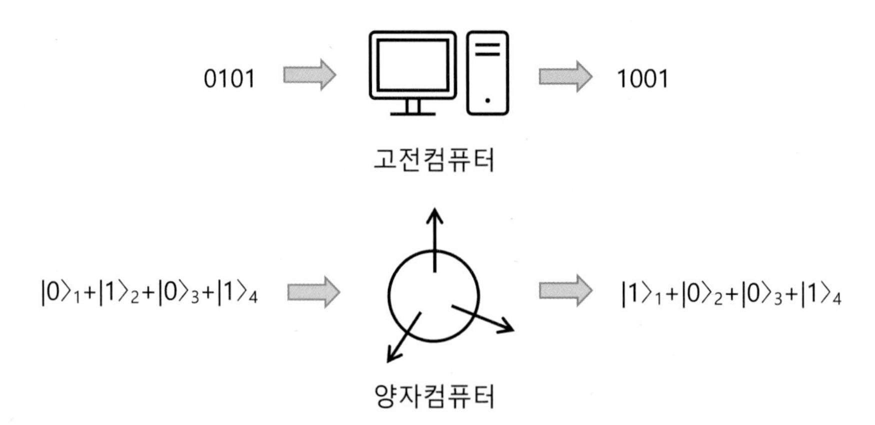

그림 5.2 | 고전컴퓨터에서는 0101의 데이터가 순차적으로 계산기에 입력, 알고리즘이 수행되어 1001이 출력된다. 반면에 양자컴퓨터는 중첩된 큐빗을 병렬적으로 처리하여 결과를 한 번에 도출한다.

2) Chris Bernhardt, *Quantum Computing for Everyone*, The MIT Press, 2020.

5.2 양자 알고리즘: 도이치-조사 알고리즘

도이치 알고리즘이란

도이치 알고리즘은 고전적인 알고리즘보다 양자 알고리즘이 지수함수적으로 빠르다는 것을 보인 첫 번째 양자 알고리즘이다. 1985년경 영국의 물리학자 데이비드 도이치가 발견한 알고리즘을 1992년 이후 일반화한 것이 도이치-조사 알고리즘이다.

| 양자컴퓨터의 개척자들 | 데이비드 도이치(1953~)

데이비드 도이치(David Deutsch)는 영국의 물리학자로서 양자 컴퓨팅을 개척한 선구자 중 한 사람이다. 영국 울프슨 칼리지에서 이론물리학(양자장 이론)으로 박사학위를 받은 후 1985년경 도이치-조사 알고리즘으로 완성되는 양자 알고리즘을 제시하였다. 또한 비슷한 시기에 얽힘 상태와 벨 상태를 양자 암호에 적용하는 데 중요한 기여를 하였다. 이러한 공로로 디랙 상(Dirac Prize)과 디랙 메달(Dirac Medal)을 1998년과 2017년에 각각 수상하였다.

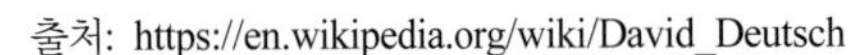

출처: https://en.wikipedia.org/wiki/David_Deutsch

이 알고리즘으로 해결할 수 있는 문제

모든 알고리즘은 어떤 특수한 문제를 해결하기 위해 고안되었다. 따라서 알고리즘을 이해하기 위해 이 알고리즘이 어떤 문제를 해결하는지 정확히 이해하는 것이 중요하다.

지금 어떤 함수 $f(x)$가 있다. 이 함수는 $\{0, 1\}$의 x값을 갖고 함숫값 $y=f(x)$도 $\{0, 1\}$인 아주 단순한 함수이다.

모든 x값에 대해 반드시 함숫값이 존재한다고 가정할 때, 이 단순한 함수 $f(x)$의 가능한 경우는 모두 몇 가지일까? 이 함수는 아주 단순하기 때문에 다음과 같이 일일이 경우의 수를 따져봐도 이에 대한 답을 쉽게 알 수 있다. x값 0, 1 각각에 대해 가질 수 있는 함숫값도 0 또는 1이므로 이를 표로 그리면 다음과 같다.

표 5.1 | 함수 $f(x)$의 x값에 대한 $y=f(x)$값. 가능한 함수의 경우로서 모두 네 종류의 함수가 존재한다.

x	0	1
y	0	0
y	0	1
y	1	0
y	1	1

이 진리표를 보면 $f(x)$의 가능한 경우는 $2^2 = 4$개임이 분명하다.

위의 진리표로 나타낸 함수를 직관적으로 다음과 같이 화살표로 그려보면 더 잘 이해될 것이다.

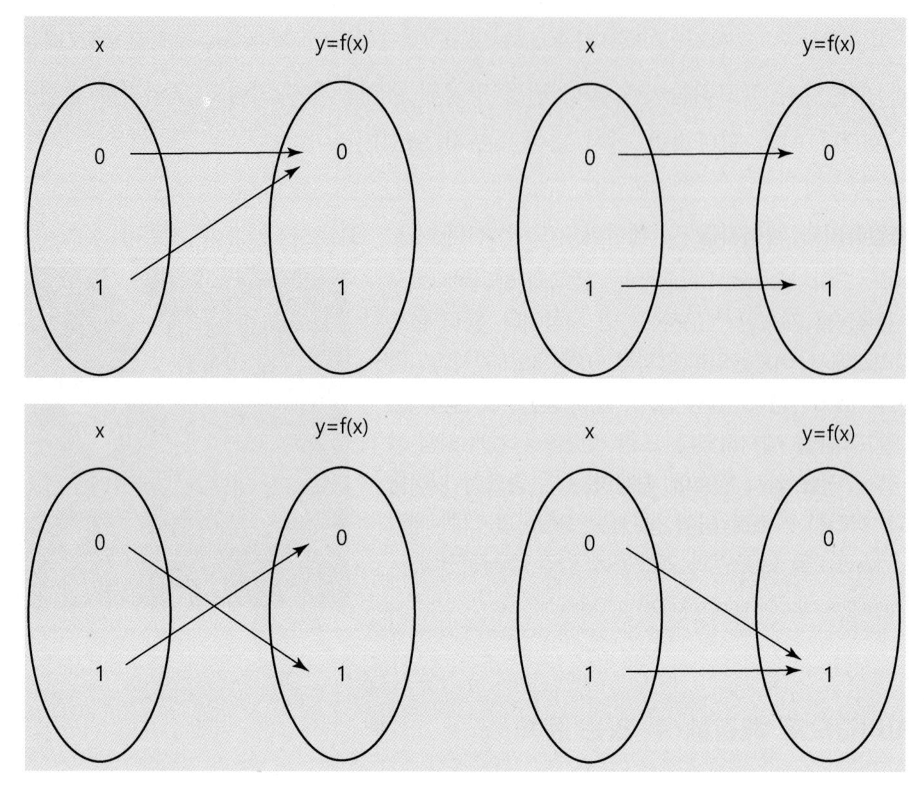

그림 5.3 | 함수 $y = f(x)$의 네 가지 경우. x에 y값을 화살표로 대응시켰다.

도이치 알고리즘은 이러한 특수한 함수 $f(x)$가 구체적으로 네 가지 경우 중 어떤 것에 해당하는지 알고자 하지 않는다. "이 함수 $f(x)$가 어떤 모양을 갖고 있어요?"라고 묻지 않고, "이 함수가 상수입니까 아니면 균형되어 있습니까?" 하고 묻는 질문에 단 한 번의 연산으로 답을 내놓는다. (이 질문을 영어로 query라고 부른다. query는 전산과학과 양자 알고리즘에서 반복적으로 나오는 용어로서, 어떻게 질문하느냐가 알고리즘에서 아주 중요한 의미를 갖게 되는 것이다.)

상수와 균형의 이해

위의 진리표와 화살표를 아래의 표와 같이 정리해 보았다. 여기에서 함수 $f(x)$가 가질 수 있는 경우의 수는 모두 4개이다. $f(0) \neq f(1)$이면 균형상태(balanced)라 하고, $f(0) = f(1)$이면 상수상태(constant)라고 한다.

달리 말하면,

- 균형상태: 다른 x값에 대한 함숫값 f가 모두 다른 경우. 함숫값이 나뉘어 있으므로 균형되었다고 한다.
- 상수상태: 다른 x값에 대해 함숫값 f가 같은 경우. 그 함숫값이 어떤 값이든 $f(0)=f(1)$이면 상수상태라고 한다.

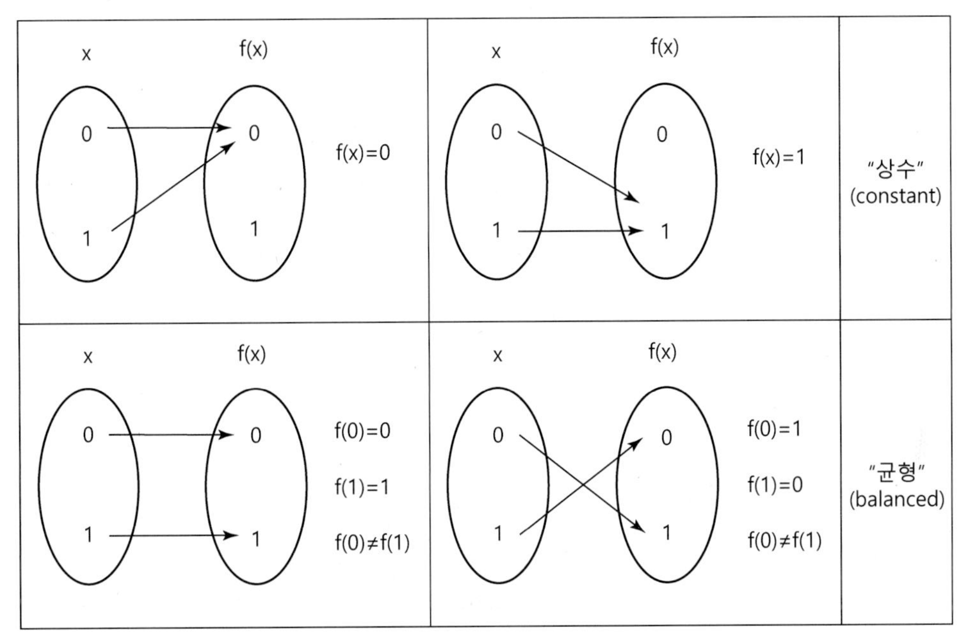

그림 5.4 | 도이치 알고리즘의 함수 f(x)의 상수와 균형 상태

도이치 알고리즘은 어떤 x에 대한 함숫값이 어떠한가에 대해서는 관심이 없고, 이 함수가 상수인지 균형인지 얼마나 빨리 알아낼 수 있는지를 해결하려는 것이다.

> **도이치 (양자) 알고리즘이 풀고자 하는 문제**
> 이 함수 $y=f(x)$는 '상수'입니까? 아니면 '균형'입니까?

고전적인 방법에 의한 문제 해결 vs 도이치 (양자) 알고리즘의 해결법

이 도이치 문제를 현재의 컴퓨터 알고리즘으로 해결하려면 얼마의 시간이 소요될까? 고전적인 알고리즘으로 함수 $f(x)$의 상수 혹은 균형 여부를 알려면 아래의 표와 같이 모두 두 번의 단계(함수 호출)를 거쳐야 한다.

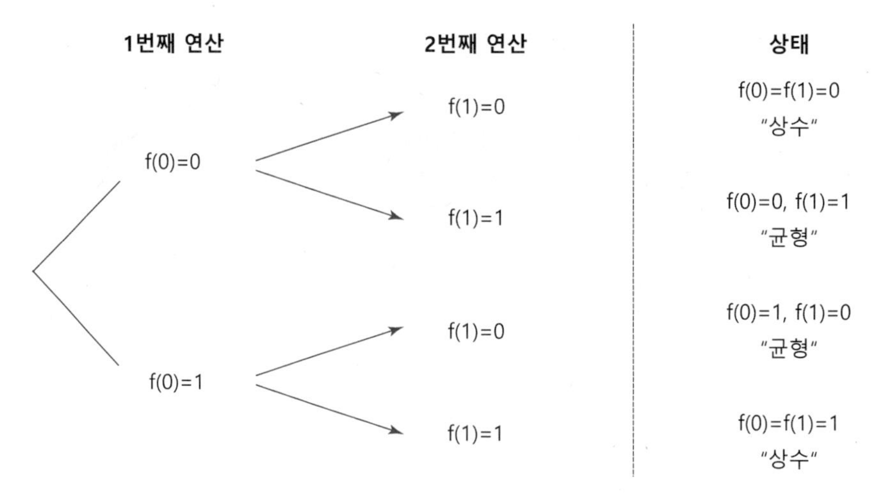

그림 5.5 | 함수 f가 상수인지 균형인지 판단하는 고전적인 알고리즘의 단계. 먼저 $f(0)$[또는 $f(1)$]의 값을 연산한 후 나머지 함수[$f(1)$ 또는 $f(0)$] 값을 연산해야 f의 상태를 판별할 수 있다. 따라서 총 두 번의 함수 호출이 필요하다.

그러나 도이치 알고리즘은 단지 한 번만 U_f라고 하는 특수한 알고리즘을 통과시키면 이 문제를 풀 수 있다.

오라클

양자 컴퓨팅에서는 양자 알고리즘의 핵심 부분을 오라클(oracle)이라고 하는 특별한 이름으로 부른다. 오라클의 사전적인 의미는 고대에 예언이나 충고를 전달해 주는 신관 혹은 무녀 또는 그때의 신탁을 의미한다. 19세기 영국 화가 존 윌리엄 워터하우스의 〈무녀에게 물어보기(Consulting the oracle)〉에서 검은 옷을 입은 무녀가 여인들에게 신탁을 전하는 모습이 보인다.

그림 5.6 | 존 윌리엄 워터하우스의 〈무녀에게 물어보기〉(1884)

오라클은 또한 블랙박스(black box)란 이름으로도 불린다. 입력 데이터가 검은색 천으로 가려져 있는 어떤 상자(블랙박스)를 통과하여 처리되는 것을 상상해 보자(그림 5.7). 위에서 살펴본 양자 병렬성에서 양자컴퓨터는 입력 데이터를 병렬적으로 처리하여 연산속도가 고전컴퓨터에 비해 향상됨을 보았다. 이러한 병렬처리를 담당하는 양자 알고리즘의 핵심 부분이 오라클이다.

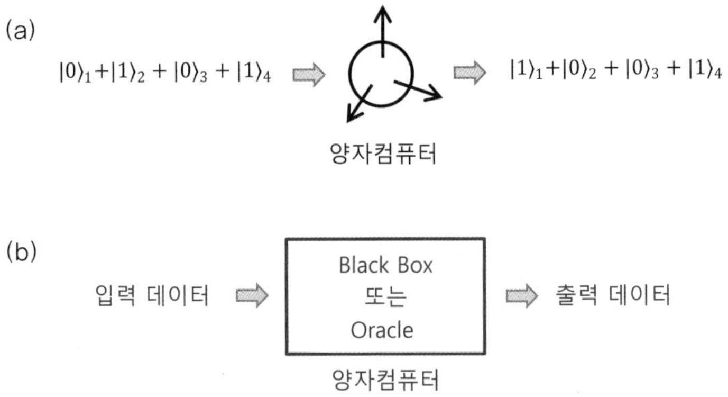

(a)

$|0\rangle_1+|1\rangle_2+|0\rangle_3+|1\rangle_4$ ⇨ 양자컴퓨터 ⇨ $|1\rangle_1+|0\rangle_2+|0\rangle_3+|1\rangle_4$

(b)

입력 데이터 ⇨ Black Box 또는 Oracle ⇨ 출력 데이터

양자컴퓨터

그림 5.7 | (a) 양자 병렬 데이터 처리와 (b) 이를 가능하게 하는 블랙박스 또는 오라클

우리가 지금 학습하는 도이치 알고리즘이라는 양자 알고리즘에서 오라클은 다음 그림에서 U_f로 표시된 부분이다(U_f에서 U는 유니타리 연산자를 의미한다). 큐빗을 적절한 상태로 준비한 후 마치 무녀에게 곧 있을 중요한 사건의 결과를 물어보듯이 오라클을 단 한 번 통과시키면(query) 함수 $f(x)$가 상수인지 균형인지 100%의 확률로 알 수 있다. 다음에서 자세히 살펴보겠지만, 도이치 알고리즘의 오라클은 U_f: $|x\rangle|y\rangle \rightarrow |x\rangle|y \oplus f(x)\rangle$ 인 함수이다.

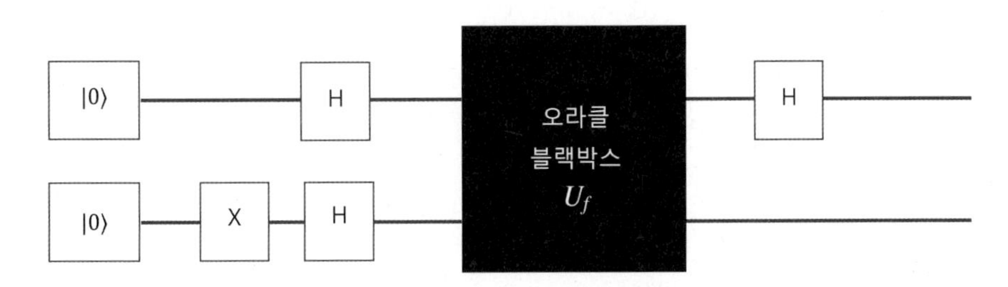

그림 5.8 | 도이치 알고리즘 회로도. 오라클에 해당되는 루틴 U_f에 준비된 두 개의 큐빗을 넣어 우리가 원하는 답을 얻을 수 있다.

이제 도이치 알고리즘을 자세히 살펴보자.

도이치 알고리즘의 개요

> **입력**: $\{0,\ 1\} \to \{0,\ 1\}$인 함수 $f(x)$가 있다. 이 함수에 대해 오라클(또는 블랙박스) U_f가 있는데 이 블랙박스는 $|x\rangle|y\rangle \to |x\rangle|y \oplus f(x)\rangle$를 수행한다. 가정에 의해 함수 $f(x)$는 상수(constant)와 균형(balanced) 두 경우 중 한 가지 상태로만 존재한다. 상수의 경우 모든 $f(x)$의 함숫값은 같으며, 균형일 때 다른 입력에 대해 함숫값은 다르다.
> **출력**: f가 상수일 때에만 0을 출력한다.
> **프로그램 수행 시간**: U_f를 오직 한 번만 계산한다. 그리고 언제나 100%의 확률로 성공한다.

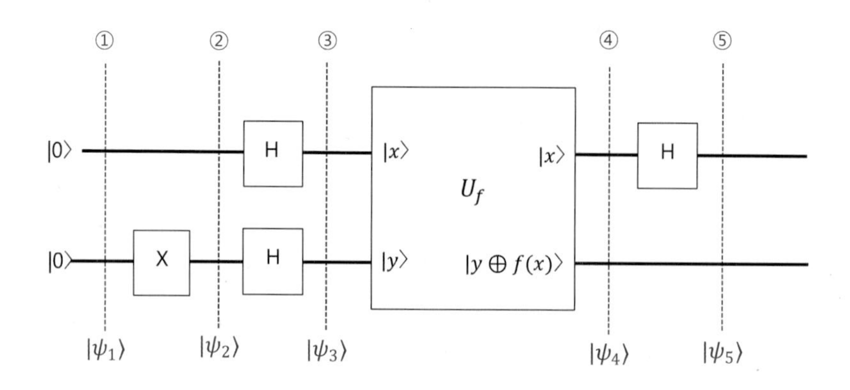

위 그림에서 각 단계(①~⑥)별로 두 큐빗의 상태벡터는 다음과 같이 된다. (결과를 먼저 보고 나중에 증명해 보자.)

①단계: $|\psi_1\rangle = |0\rangle|0\rangle = |00\rangle$

②단계: $|0\rangle|0\rangle \to |0\rangle|1\rangle = |\psi_2\rangle$

③단계: $\to \dfrac{|0\rangle + |1\rangle}{\sqrt{2}} \otimes \dfrac{|0\rangle - |1\rangle}{\sqrt{2}} = |\psi_3\rangle$

④단계: $\to \dfrac{(-1)^{f(0)}|0\rangle + (-1)^{f(1)}|1\rangle}{\sqrt{2}} \otimes \dfrac{|0\rangle - |1\rangle}{\sqrt{2}} = |\psi_4\rangle$

⑤단계: $\to \pm|f(0) \oplus f(1)\rangle \otimes \dfrac{|0\rangle - |1\rangle}{\sqrt{2}} = |\psi_5\rangle$

⑥단계: $f(x)$가 상수일 때 $|0\rangle$이 나올 확률 100%
$f(x)$가 균형일 때 $|1\rangle$이 나올 확률 100%

각 단계별로 상태벡터가 위의 표대로 나오는지 확인해 보자.

알고리즘의 절차

(1) 두 개의 큐빗 $|0\rangle$과 $|1\rangle$을 준비하는 단계이다. 늘 그렇듯이 초기 큐빗 $|0\rangle$ 두 개를 만

들어서 X 게이트를 사용하여 두 번째 큐빗을 $|1\rangle$ 상태로 만들 수 있다. 이를 수학적으로 쓰면 다음과 같다.

$$|0\rangle|0\rangle \xrightarrow{\mathrm{I}\otimes\mathrm{X}} |0\rangle|1\rangle$$

$\mathrm{I}\otimes\mathrm{X}$는 첫 번째 큐빗에 I 게이트, 두 번째 큐빗에 X를 작용시킨다는 의미이다. 즉, 두 개의 큐빗에 $\mathrm{I}\otimes\mathrm{X}$를 작용시킨다. 이 연산은 첫 번째 큐빗에 I 게이트를, 두 번째 큐빗에는 X 게이트를 작용시키는 것을 의미한다. 그 결과 $|0\rangle|0\rangle$이 $|0\rangle|1\rangle$로 변한다.

(2) 두 개의 큐빗에 모두 H 게이트를 작용시켜 중첩된 상태로 만든다. H 게이트에 의해서 $|0\rangle$은 $\frac{|0\rangle+|1\rangle}{\sqrt{2}}=|+\rangle$로, $|1\rangle$은 $\frac{|0\rangle-|1\rangle}{\sqrt{2}}=|-\rangle$로 변하게 됨(아주 중요!)을 상기해 보자. 이를 이용하여, 첫 번째 큐빗에 H 게이트를 작용시켜 중첩된 상태 $|+\rangle$를 만든다. 두 번째 큐빗은 $|-\rangle$ 상태이므로 H 게이트를 통과하여 중첩된 상태 $|-\rangle$가 된다. 이를 수학적으로 간명하게 나타내면, $|0\rangle|1\rangle \xrightarrow{H\otimes H} \frac{|0\rangle+|1\rangle}{\sqrt{2}}\otimes\frac{|0\rangle-|1\rangle}{\sqrt{2}}=|\psi_3\rangle$가 된다.

(3) 알고리즘에서 가장 중요한 단계이다. 두 개의 큐빗을 오라클 U_f에 통과시킨다.

$$\frac{|0\rangle+|1\rangle}{\sqrt{2}}\otimes\frac{|0\rangle-|1\rangle}{\sqrt{2}}$$
$$\xrightarrow{U_f} \frac{(-1)^{f(0)}|0\rangle+(-1)^{f(1)}|1\rangle}{\sqrt{2}}\otimes\frac{|0\rangle-|1\rangle}{\sqrt{2}}=|\psi_4\rangle \tag{5.1}$$

(4) 첫 번째 큐빗에 H 게이트를 통과시키고 측정한다. 측정 결과에 따라 함수 f가 상수인지 균형인지 100%의 확실성으로 알 수 있다.

(3)번과 (4)번 단계는 도이치 알고리즘의 핵심이며, 이에 대한 이해는 양자 알고리즘의 기본 토대가 된다. 이 단계를 자세히 검증해 보자.

(3)번 및 (4)번 단계의 증명

위에서 도이치 알고리즘이 크게 네 개의 단계로 구성되어 있다는 것을 보았다. 위에서 (1)번과 (2)번 단계는 쉽게 보일 수 있었는데, (4)번의 오라클 수행은 좀 더 수학적인 준비단계가 필요하다.

위상 되차기

도이치 알고리즘의 오라클은 수학적으로 큐빗의 상태벡터에 위상 되차기(phase kick back)란 과정을 수행하는 것이다.

위상 되차기란 첫 번째 큐빗의 상태 정보가 출력 상태벡터에서 위상(phase) 값으로 나타난다는 의미이다.

예비 작업으로서, 다음의 연산을 해보자.

$$\text{CNOT} : |0\rangle\left(\frac{|0\rangle - |1\rangle}{\sqrt{2}}\right)$$

첫 번째 큐빗이 $|0\rangle$이고 두 번째 큐빗은 아다마르 기저인 $|-\rangle = \frac{|0\rangle - |1\rangle}{\sqrt{2}}$인 양자 상태에 CNOT 게이트를 걸었다. 컨트롤인 첫 번째 큐빗이 $|0\rangle$이므로 당연히 CNOT 게이트는 타깃인 두 번째 큐빗에 아무 일도 하지 않는다. 따라서,

$$\text{CNOT} : |0\rangle\left(\frac{|0\rangle - |1\rangle}{\sqrt{2}}\right) \rightarrow |0\rangle\left(\frac{|0\rangle - |1\rangle}{\sqrt{2}}\right) \tag{5.2}$$

이번에는 첫 번째 큐빗이 $|1\rangle$이면 어떻게 될까?

$$\text{CNOT} : |1\rangle\left(\frac{|0\rangle - |1\rangle}{\sqrt{2}}\right) \rightarrow ?????$$

컨트롤이 $|1\rangle$이므로 이제 두 번째 큐빗에 NOT 연산을 수행해야 한다. 이는 다음과 같이 계산된다.

$$\begin{aligned}\text{CNOT} : |1\rangle\left(\frac{|0\rangle - |1\rangle}{\sqrt{2}}\right) &\rightarrow |1\rangle\left(\text{NOT}\left(\frac{|0\rangle - |1\rangle}{\sqrt{2}}\right)\right)\\ &= |1\rangle\left(\left(\frac{|1\rangle - |0\rangle}{\sqrt{2}}\right)\right)\\ &= -|1\rangle\left(\frac{|0\rangle - |1\rangle}{\sqrt{2}}\right)\end{aligned} \tag{5.3}$$

이 연산 결과를 보면 흥미롭게도 CNOT을 걸었음에도 양자 상태가 크게(?) 변하는 게 없고 단지 음의 부호(-1)만 붙어 있는 것을 볼 수 있다. 이전에 학습한 바와 같이 양자 상태에서 $+$와 $-$ 부호는 양자 상태의 위상에 해당한다는 점을 상기해 보자.

위의 두 개의 식 (5.2)와 (5.3)을 잘 살펴보면 다음의 규칙을 찾을 수 있다.

(1) 첫 번째 큐빗이 $|0\rangle$이면 당연히 양자 상태에 아무런 변화가 없다.

(2) 첫 번째 큐빗이 $|1\rangle$이면 CNOT의 수행 결과 양자 상태의 위상만 바뀐다. (전체 양자 상태에 -1이 곱해진다.)

(2)번에서 양자 상태가 $-$ 부호를 다는 것을 생각해 보면, (1)번에서 아무런 변화가 없는 것은 1이 곱해진 것으로 볼 수 있다.

이를 종합하여 두 개의 식 (5.2)와 (5.3)을 다음과 같이 한꺼번에 쓸 수 있다.

$$\text{CNOT}: |x\rangle\left(\frac{|0\rangle-|1\rangle}{\sqrt{2}}\right) \rightarrow (-1)^x|x\rangle\left(\frac{|0\rangle-|1\rangle}{\sqrt{2}}\right) \tag{5.4}$$

이제 이 양자 상태에 CNOT을 걸었을 때의 효과가 더 분명해졌을 것이다. $x=0$과 $x=1$을 각각 대입해 보면 위의 식은 식 (5.2)와 (5.3)을 모두 표현할 수 있다.

위의 식을 살펴봤을 때 흥미로운 것은, CNOT을 양자 상태 $|b\rangle\left(\frac{|0\rangle-|1\rangle}{\sqrt{2}}\right)$에 작용시킬 때, $|x\rangle$에서의 x값이 결과 상태의 $(-1)^x$로 나타난다는 것이다.

즉, 첫 번째 큐빗의 $|x\rangle$가 어떤 상태인지에 대한 정보가 최종 양자 상태의 위상값으로 나타난다. 이것이 위상 되차기(kick back)라고 부르는 이유이다.

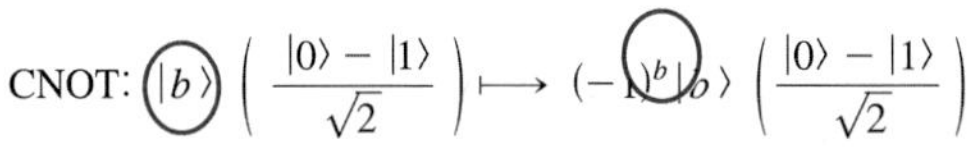

$$\text{CNOT}: |b\rangle\left(\frac{|0\rangle-|1\rangle}{\sqrt{2}}\right) \longmapsto (-1)^b|b\rangle\left(\frac{|0\rangle-|1\rangle}{\sqrt{2}}\right)$$

그림 5.9 | CNOT 게이트에 의해 첫 번째 큐빗 $|x\rangle$의 정보가 결과 상태의 위상값으로 나타난다.

아울러 위의 계산 결과를 약간 응용하면 다음의 중요한 식도 얻을 수 있다. (연습문제로 증명해 보기 바란다.) 이 결과는 도이치 알고리즘의 오라클에 바로 이용된다.

$$\text{CNOT}: \left(\frac{|0\rangle+|1\rangle}{\sqrt{2}}\right)\left(\frac{|0\rangle-|1\rangle}{\sqrt{2}}\right) \rightarrow \left(\frac{|0\rangle-|1\rangle}{\sqrt{2}}\right)\left(\frac{|0\rangle-|1\rangle}{\sqrt{2}}\right) \tag{5.5}$$

오라클 U_f에 의한 양자 연산

이제 (4)번의 오라클 양자 연산을 검증해 보자.

$$\frac{|0\rangle+|1\rangle}{\sqrt{2}} \otimes \frac{|0\rangle-|1\rangle}{\sqrt{2}}$$
$$\xrightarrow{U_f} \frac{(-1)^{f(0)}|0\rangle+(-1)^{f(1)}|1\rangle}{\sqrt{2}} \otimes \frac{|0\rangle-|1\rangle}{\sqrt{2}}$$

여기에서 오라클 U_f는 $U_f: |x\rangle|y\rangle \rightarrow |x\rangle|y \oplus f(x)\rangle$이다.

배타적 논리합 XOR

오라클에서 생소한 연산자 $\oplus$가 보일 것이다. 이 논리 연산은 배타적 논리합(eXclusive OR)으로서 XOR로 부른다. XOR은 양자 컴퓨팅과 알고리즘에서 자주 사용되는 논리 연산으로서, 아래와 같은 진리표에 의해 수행된다. 진리표를 보면 XOR은 OR 연산과 비슷한 결과를 보이지만, 입력 A와 B의 값이 다를 때에만 1의 값을 출력하고 이 외의 입력에서는 0을 출력한다. 상이한 입력값에만 OR와 같이 1의 출력값을 낸다고 해서 배타적(exclusive)이란 이름이 붙었다. 그림의 벤 다이어그램에서 입력 A와 B가 서로 배타적인 부분에서만 OR 연산의 출력 1을 나타낸다.

input		output
A	B	A XOR B
0	0	0
0	1	1
1	0	1
1	1	0

(a)

A	B	Q
0	0	0
0	1	1
1	0	1
1	1	1

(b)

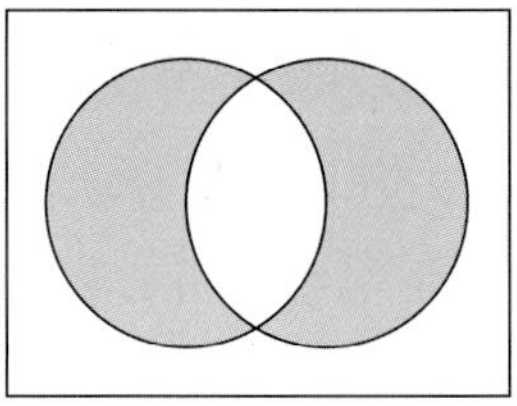

(c)

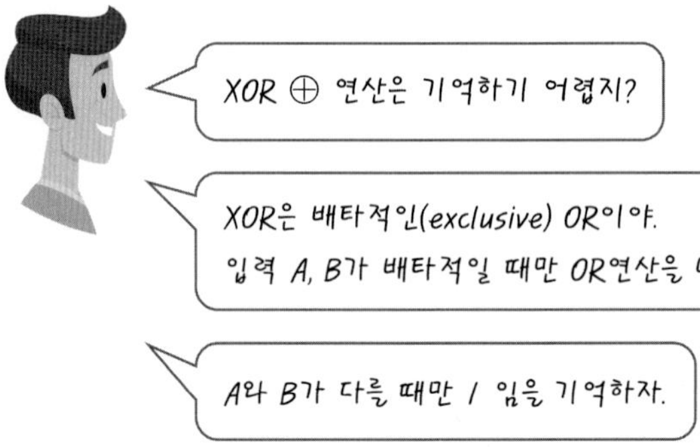

XOR ⊕ 연산은 기억하기 어렵지?

XOR은 배타적인(exclusive) OR이야.
입력 A, B가 배타적일 때만 OR연산을 나타내.

A와 B가 다를 때만 1임을 기억하자.

그림 5.10 | (a) XOR 논리 연산 진리표. (b) OR 논리 연산 진리표. (c) XOR 연산의 벤 다이어그램. 입력 A와 B가 공통인 부분(가운데 흰 부분)을 제외한 영역에서 출력 1을 나타낸다. 입력 A와 B가 다를 때(배타적일 때)에만, OR 연산과 같은 결과(1)를 출력한다.

오라클을 살펴보면 두 개의 큐빗 $|x\rangle|y\rangle$를 오라클에 통과시킬 때, 첫 번째 큐빗 $|x\rangle$는 변함이 없고, 두 번째 큐빗을 $|y\rangle$와 함숫값 $f(x)$의 논리합 연산 결과로 바꾸게 된다.

XOR 논리 연산을 염두에 두고 이제 오라클 연산을 해보자.

(4)번의 오라클 연산[식 (5.1)]은 $|+\rangle|-\rangle$를 오라클에 집어넣는 것이다. 이를 바로 연산하는 것은 좀 버거우므로, 먼저 첫 번째 큐빗을 $|x\rangle$로 놓고 간단한 다음을 계산해 보자.

$$U_f : |x\rangle\left(\frac{|0\rangle - |1\rangle}{\sqrt{2}}\right) \rightarrow \left(\frac{U_f|x\rangle|0\rangle - U_f|x\rangle|1\rangle}{\sqrt{2}}\right)$$

(단순히 함수 U_f를 두 개의 항에 분배한다.)

$$= \frac{|x\rangle|0\oplus f(x)\rangle - |x\rangle|1\oplus f(x)\rangle}{\sqrt{2}}$$

(U_f의 정의 $U_f : |x\rangle|y\rangle \rightarrow |x\rangle|y\oplus f(x)\rangle$를 적용한다.)

$$= |x\rangle\left(\frac{|0\oplus f(x)\rangle - |1\oplus f(x)\rangle}{\sqrt{2}}\right) \tag{5.6}$$

$|x\rangle$항이 공통이므로 밖으로 끄집어내서 정리한다.

이제 두 개의 XOR 연산 $|0 \oplus f(x)\rangle - |1 \oplus f(x)\rangle$을 계산하면 된다.

$f(x) = 0$ 또는 1이므로 각각의 경우에서 위의 식 (5.6)을 계산해 보면

$$f(x) = 0 : \frac{|0 \oplus f(x)\rangle - |1 \oplus f(x)\rangle}{\sqrt{2}} = \frac{|0\rangle - |1\rangle}{\sqrt{2}}$$

(그림 5.10의 진리표에서 $|0 \oplus 0\rangle = |0\rangle$, $|1 \oplus 0\rangle = |1\rangle$임을 이용)

$$f(x) = 1 : \frac{|0 \oplus f(x)\rangle - |1 \oplus f(x)\rangle}{\sqrt{2}} = \frac{|1\rangle - |0\rangle}{\sqrt{2}} = -\left(\frac{|0\rangle - |1\rangle}{\sqrt{2}}\right)$$

(그림 5.10의 진리표에서 $|0 \oplus 1\rangle = |1\rangle$, $|1 \oplus 1\rangle = |0\rangle$임을 이용)

위의 두 가지 경우를 일반화하면 다음과 같이 간략하게 쓸 수 있다.

$$\frac{|0 \oplus f(x)\rangle - |1 \oplus f(x)\rangle}{\sqrt{2}} = (-1)^{f(x)}\left(\frac{|0\rangle - |1\rangle}{\sqrt{2}}\right)$$

이를 종합하면

$$U_f : |x\rangle\left(\frac{|0\rangle - |1\rangle}{\sqrt{2}}\right) \rightarrow (-1)^{f(x)}|x\rangle\left(\frac{|0\rangle - |1\rangle}{\sqrt{2}}\right) \tag{5.7}$$

이 식을 살펴보면 위의 CNOT의 위상 되차기와 같은 일을 U_f가 하는 것을 알 수 있다.

$f(x) = 0$일 때, 결괏값은 $(-1)^0|x\rangle\left(\frac{|0\rangle - |1\rangle}{\sqrt{2}}\right)$

$f(x) = 1$일 때, 결괏값은 $(-1)^1|x\rangle\left(\frac{|0\rangle - |1\rangle}{\sqrt{2}}\right)$

즉, U_f에 의해 함숫값 $f(x)$가 결과 양자 상태의 위상에 영향을 주며 CNOT처럼 위상 되차기를 수행한다.

식 (5.7)에서 유심히 봐야 할 또 다른 사항은 U_f에 의한 출력에서 입력값 x가 다음과 같이 동일하게 나타난다는 점이다.

$$(-1)^{f(x)}|x\rangle\left(\frac{|0\rangle - |1\rangle}{\sqrt{2}}\right)$$

x

오라클 U_f는 우리가 다루는 함수 $f(x)$ 값이 위상값으로 결과 양자 상태에 출력되는 위상 되차기를 수행하는 것이다.

또한 식 (5.7)과 식 (5.4)를 비교해 보면, 큐빗이 두 개일 경우 U_f는 CNOT 게이트를 한 번만 사용하여 만들 수 있다. 즉 U_f = CNOT임을 알 수 있다.

$|x\rangle$를 $\frac{|0\rangle+|1\rangle}{\sqrt{2}}$로 바꾸기

이제 오라클에 의한 연산을 증명하는 마지막 단계에 왔다.

식 (5.7)의 첫 번째 큐빗 $|x\rangle$를 $\frac{|0\rangle+|1\rangle}{\sqrt{2}}$로 바꾸어서 넣어보자.

f(x) 값은 |x⟩의 x 값에 따라 f(0) 또는 f(1)이 된다.

$$U_f : |x\rangle\left(\frac{|0\rangle-|1\rangle}{\sqrt{2}}\right) \mapsto (-1)^{f(x)}|x\rangle\left(\frac{|0\rangle-|1\rangle}{\sqrt{2}}\right)$$

$\frac{|0\rangle+|1\rangle}{\sqrt{2}}$ $\frac{|0\rangle+|1\rangle}{\sqrt{2}}$

$$U_f : \left(\frac{|0\rangle+|1\rangle}{\sqrt{2}}\right)\left(\frac{|0\rangle-|1\rangle}{\sqrt{2}}\right) \rightarrow (-1)^{f(x)}\left(\frac{|0\rangle+|1\rangle}{\sqrt{2}}\right)\left(\frac{|0\rangle-|1\rangle}{\sqrt{2}}\right)$$

즉,

$U_f : |x\rangle\frac{|0\rangle-|1\rangle}{\sqrt{2}} \rightarrow (-1)^{f(x)}|x\rangle\left(\frac{|0\rangle-|1\rangle}{\sqrt{2}}\right)$인 것처럼, $|x\rangle = \left(\frac{|0\rangle+|1\rangle}{\sqrt{2}}\right)$이면,

$$U_f : \left(\frac{|0\rangle+|1\rangle}{\sqrt{2}}\right)\left(\frac{|0\rangle-|1\rangle}{\sqrt{2}}\right) \rightarrow (-1)^{f(x)}\left(\frac{|0\rangle+|1\rangle}{\sqrt{2}}\right)\left(\frac{|0\rangle-|1\rangle}{\sqrt{2}}\right)$$
$$= \frac{(-1)^{f(x)}|0\rangle+(-1)^{f(x)}|1\rangle}{\sqrt{2}} \otimes \left(\frac{|0\rangle-|1\rangle}{\sqrt{2}}\right)$$

이 식에서 첫 번째 항

$$(-1)^{f(x)}|0\rangle\left(\frac{|0\rangle-|1\rangle}{\sqrt{2}}\right)$$

은 오라클 연산

$$U_f : |x\rangle\frac{|0\rangle-|1\rangle}{\sqrt{2}} \rightarrow (-1)^{f(x)}|x\rangle\left(\frac{|0\rangle-|1\rangle}{\sqrt{2}}\right)$$

에서 $x=0$을 대입해서 얻은 것임을 알 수 있다. (위에서 설명한 대로 U_f의 출력에서 $f(x)$와 $|x\rangle$에서 동일한 x값이 나와야 한다.) 따라서 이 첫 번째 항은 다음과 같이 되어야 한다.

$$(-1)^{f(0)}|0\rangle\left(\frac{|0\rangle-|1\rangle}{\sqrt{2}}\right)$$

마찬가지의 논리로 두 번째 항

$$(-1)^{f(x)}|1\rangle\left(\frac{|0\rangle-|1\rangle}{\sqrt{2}}\right)$$

을 살펴보면, 오라클 연산에서 $x=1$을 대입해서 얻은 결과이다. 따라서 두 번째 항은

$$(-1)^{f(1)}|1\rangle\left(\frac{|0\rangle-|1\rangle}{\sqrt{2}}\right)$$

이 되어야 한다.

이를 종합하면,

$$\frac{|0\rangle+|1\rangle}{\sqrt{2}}\otimes\frac{|0\rangle-|1\rangle}{\sqrt{2}}$$
$$\xrightarrow{U_f}\frac{(-1)^{f(0)}|0\rangle+(-1)^{f(1)}|1\rangle}{\sqrt{2}}\otimes\frac{|0\rangle-|1\rangle}{\sqrt{2}}$$

이것으로 오라클 연산 (4)번이 증명된다.

이제 마지막으로 (5)번을 검증해 보자. 이 마지막 단계에서는 첫 번째 큐빗에 H 게이트를, 두 번째 큐빗에 I 게이트를 작용시킨다.

$$\xrightarrow{H\otimes I}\pm|f(0)\oplus f(1)\rangle\otimes\frac{|0\rangle-|1\rangle}{\sqrt{2}}$$

이 단계는 $f(x)$가 균형인지 아니면 상수인지 모든 경우를 따져보면 쉽게 이해할 수 있다. 먼저 $f(x)$가 균형인 경우

균형: $f(0)=0,\ f(1)=1$
균형: $f(0)=1,\ f(1)=0$

(3)의 식에 각각을 대입해 보면 첫 번째 큐빗은

(첫 번째 균형의 경우)

$$\frac{(-1)^{f(0)}|0\rangle+(-1)^{f(1)}|1\rangle}{\sqrt{2}}=\frac{|0\rangle-|1\rangle}{\sqrt{2}}=|-\rangle$$

(두 번째 균형의 경우)

$$\frac{(-1)^{f(0)}|0\rangle+(-1)^{f(1)}|1\rangle}{\sqrt{2}}=\frac{-|0\rangle+|1\rangle}{\sqrt{2}}=-|-\rangle$$

가 된다. 즉 $f(x)$가 균형이었다면, 첫 번째 큐빗은 $\pm|-\rangle$ 상태가 된다.

만약 $f(x)$가 상수인 다음의 경우

상수: $f(0)=1,\ f(1)=1$

상수: $f(0)=0,\ f(1)=0$

첫 번째 큐빗은 $\pm|+\rangle$ 상태가 된다(연습문제).

이제 5번째 단계에 들어가 H 게이트를 첫 번째 큐빗에 작용시켜 측정한다.

H 게이트는 다음과 같은 성질이 있으므로($H=H^{-1}$)

$$H|+\rangle=|0\rangle$$

$H|-\rangle=|1\rangle$이므로

$$H\left[\frac{|0\rangle+|1\rangle}{\sqrt{2}}\right]=|0\rangle$$

$$H\left[\frac{|0\rangle-|1\rangle}{\sqrt{2}}\right]=|1\rangle$$

상수인 경우

H 게이트를 통과하여 최종적으로 첫 번째 큐빗은 $\pm|0\rangle$의 상태가 된다. XOR 연산을 상기해 보면 $f(0)\oplus f(1)=0$이므로(두 입력이 같을 때, 즉 상수일 때 0이 출력됨), $\pm|f(0)\oplus f(1)\rangle$이 첫 번째 큐빗이다.

만약 첫 번째 큐빗을 측정하여 $|0\rangle$이 나왔다면 f는 상수이다.

균형인 경우

최종적으로 $\pm|1\rangle$이 나오게 된다. 마찬가지로 $\pm|f(0)\oplus f(1)\rangle$이 첫 번째 큐빗이다. 따라서 첫 번째 큐빗을 측정하여 f가 상수인지 균형인지 알 수 있다.

이상의 균형과 상수의 경우를 XOR 연산을 사용해서 다음과 같이 표현할 수 있다.

$$\pm|f(0)\oplus f(1)\otimes\frac{|0\rangle-|1\rangle}{\sqrt{2}}=|\psi_5\rangle$$

최종적으로 $|\psi_5\rangle$ 단계에서 첫 번째 큐빗을 측정하여

$|0\rangle$이 나오면 $f(x)$가 상수일 확률 100%
$|1\rangle$이 나오면 $f(x)$가 균형일 확률 100%

실습: 양자컴퓨터로 구현하는 도이치 알고리즘

이제 도이치 알고리즘을 QISKIT으로 구현해 보자.

이제까지 학습한 도이치 알고리즘을 실제 양자컴퓨터에 돌려보려면 다음의 수학적인 오라클 함수를 어떻게 양자게이트로 구현할 것인가가 어렵다.

$$U_f : |x\rangle|y\rangle \rightarrow |x\rangle|y \oplus f(x)\rangle$$

실질적인 접근법을 위해서 다음 오라클의 수학적 계산 결과를 상기하고 식 (5.1), 함수 f가 상수인 경우와 균형인 경우를 각각 따져보자.

$$\frac{|0\rangle+|1\rangle}{\sqrt{2}} \otimes \frac{|0\rangle-|1\rangle}{\sqrt{2}}$$
$$\xrightarrow{U_f} \frac{(-1)^{f(0)}|0\rangle+(-1)^{f(1)}|1\rangle}{\sqrt{2}} \otimes \frac{|0\rangle-|1\rangle}{\sqrt{2}}$$

함수 f가 상수인 경우

f가 상수인 경우는 $f(x)=0$과 $f(x)=1$, 두 가지 경우가 있다.

- $f(x)=0$일 때

  식 (5.1)은 $\frac{|0\rangle+|1\rangle}{\sqrt{2}} \otimes \frac{|0\rangle-|1\rangle}{\sqrt{2}} = |+\rangle|-\rangle$이 되므로 $U_f : |+\rangle|-\rangle \rightarrow |+\rangle|-\rangle$가 된다. 오라클 전후의 양자 상태를 비교해 보면, 오라클이 실제 하는 일은 하나도 없다. 즉, $f(x)=0$인 경우 오라클 $U_f = I$(1에 해당하는 게이트)이다.

  이를 양자 회로로 나타내 보면 다음과 같다.

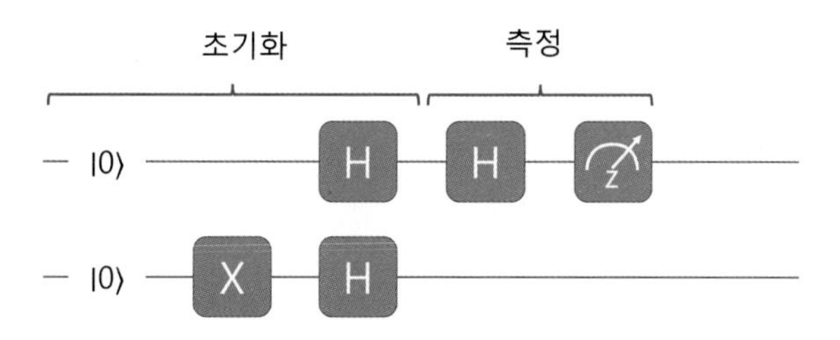

그림 5.11 | 함수 $f(x)=0$인 상수일 때의 도이치 알고리즘 양자 회로

위의 양자 회로를 IBM Quantum의 컴포저에서 구현한 회로와 IBMQ_Quito 양자컴퓨터에서 실행해 보면 다음과 같은 결과를 얻는다. 예상대로 첫 번째 큐빗의 상태가 $|0\rangle$이 거의

100%의 확률로 나옴을 볼 수 있다.

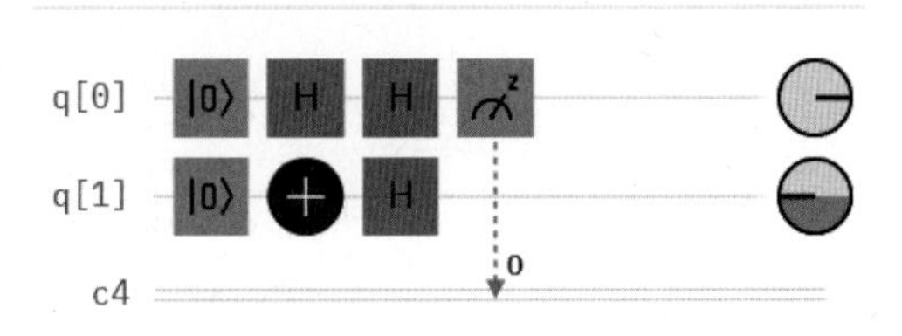

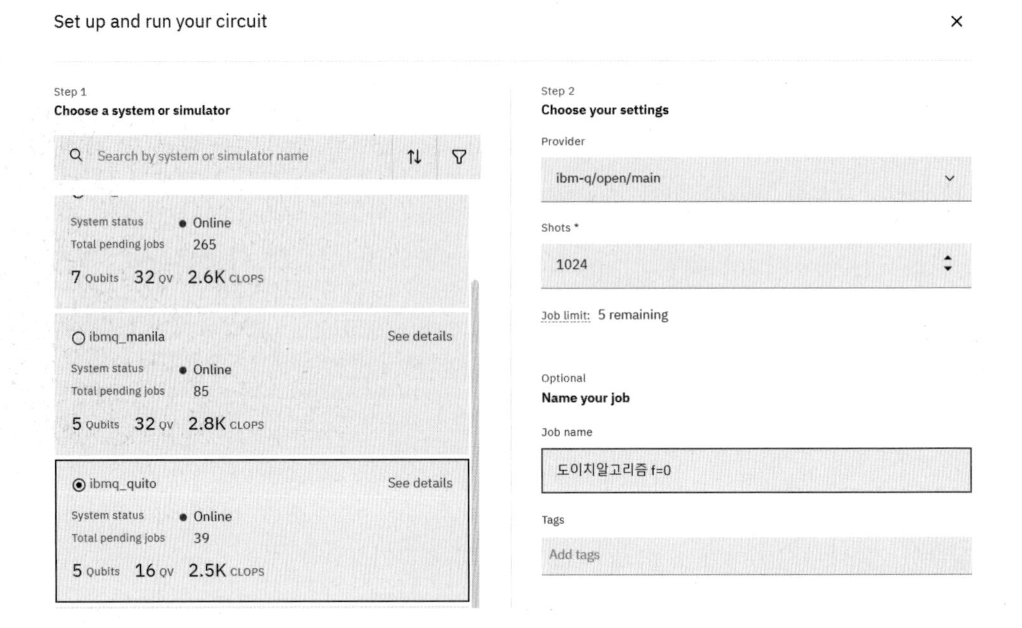

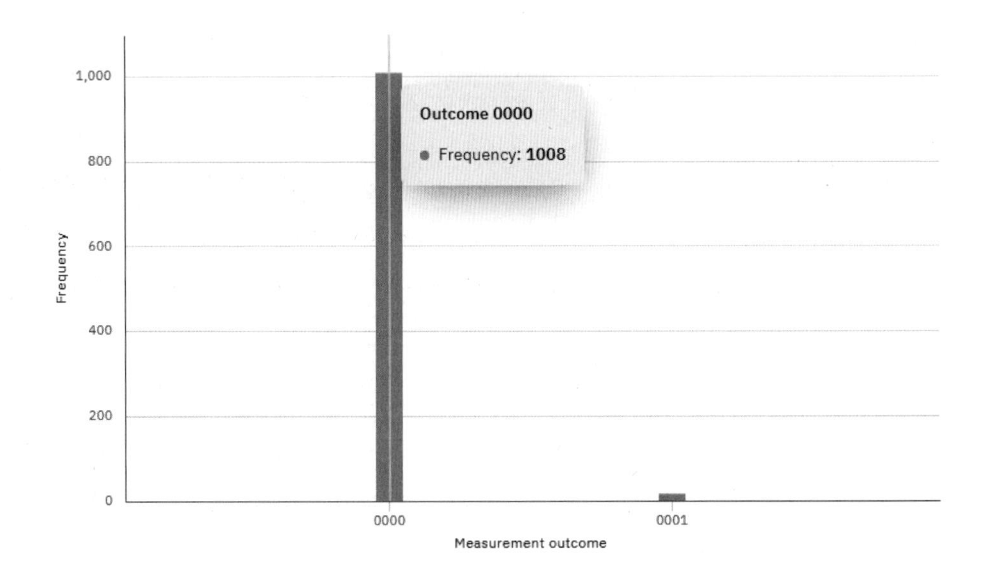

- $f(x)=1$인 경우

  식 (5.1)을 살펴보면, $(-1)^1=-1$이므로 $U_f: |+\rangle|-\rangle \rightarrow -|+\rangle|-\rangle$

  $X|-\rangle = X\frac{|0\rangle-|1\rangle}{\sqrt{2}} = \frac{|1\rangle-|0\rangle}{\sqrt{2}} = -|-\rangle$를 상기하면, $U_f=X$ 게이트를 사용하면 된다.

  이 경우 오라클을 통과한 후 첫 번째 큐빗이 $|+\rangle$에서 $|-\rangle$로 변화했다고 생각할 수도 있다. (-1)은 단지 양자 상태의 위상만 바꿀 뿐 물리적으로는 변화를 주지 않으므로, 이번 경우에도 오라클은 $U_f = I$와 같다.

  $f(x)$가 1일 때 오라클로서 X 게이트를 쓰는 경우 양자 회로는 다음과 같다.

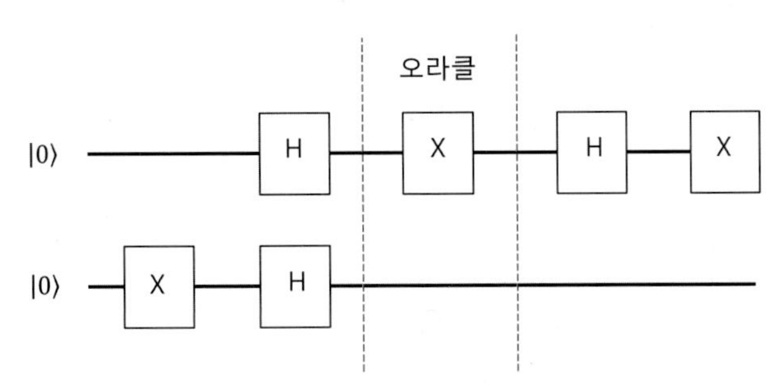

그림 5.12 | $f(x)=1$인 상수인 경우의 도이치 알고리즘 양자 회로

$f(x)$가 균형인 경우

$f(x)$가 균형상태인 경우의 오라클과 양자 회로를 알아보자. 균형상태인 경우 두 가지 가능성이 있다.

- $f(0)=0,\ f(1)=1$일 때

  식 (5.1)은 $U_f: |+\rangle|-\rangle \rightarrow |-\rangle|-\rangle$

  이 결과를 이전에 살펴본 CNOT의 위상 되차기와 비교하면 정확히 같은 식[식 (5.5)]이다! 따라서 오라클 U_f에 CNOT을 사용하면 된다.

- $f(0)=1,\ f(1)=0$일 때

  식 (5.1)은 $U_f: |+\rangle|-\rangle \rightarrow -|-\rangle|-\rangle$

  $f(x)$가 상수일 때 살펴본 바와 같이 (-1)은 단지 양자 상태의 위상값에만 영향을 주므로, 이 경우도 CNOT을 사용한 것과 같은 상황이다.

따라서 $f(x)$가 균형인 경우 오라클 U_f는 CNOT과 같다.

위에서 설명한 바와 같이 큐빗이 두 개인 도이치 알고리즘의 경우 오라클 U_f는 CNOT 게이트 한 개와 같다.

따라서 양자 회로는 다음 그림과 같다.

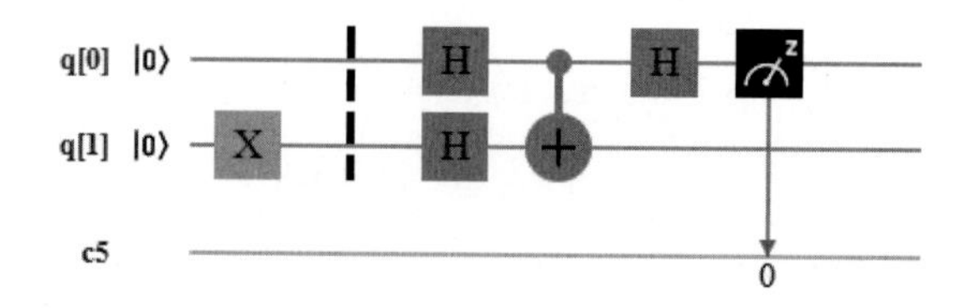

그림 5.13 | 큐빗이 두 개인 도이치 알고리즘의 양자 회로

도이치-조사 알고리즘

이제까지 우리가 학습한 도이치 알고리즘은 상수인지 균형인지 알아보려는 함수가 다음과 같이 가장 간단한 경우였다.

$$f : \{0,\ 1\} \rightarrow \{0,\ 1\}$$

이 경우는 x값이 0 또는 1 중 하나의 값을 갖게 되며 1비트의 입력값에 대해 함숫값 $f(x)$가 결정된다.

이에 비해 입력값이 n비트인 일반적인 경우에서 도이치 알고리즘을 확장한 것이 도이치-조사(Deutsch-Jozsa) 알고리즘이다[도이치-조사 알고리즘의 공동 발명자인 리처드 조사(Richard Jozsa)는 호주의 수학자로서 이 알고리즘과 함께 양자 순간이동의 발명으로도 유명하다].

즉, 도이치 알고리즘은 $n = 1$에서의 도이치-조사 알고리즘의 특수한 형태라고 할 수 있다.

> **도이치-조사 알고리즘의 함수 f**
> $f : \{0,\ 1\}^n \rightarrow \{0,\ 1\}$
> 즉 입력값 x는 n비트의 숫자이며, 출력은 0 또는 1이다.

입력값 x가 n비트라는 말의 의미

x가 n비트로 이루어져 있다는 다음의 수학식

$$f : \{0,\ 1\}^n \rightarrow \{0,\ 1\}$$

이 생소하게 느껴질 수 있다. 그렇다면 다음과 같이 n에 1, 2, 3과 같이 구체적인 숫자를 대입해 $f(x)$의 가능한 경우를 살펴보면 쉽게 이해할 수 있다.

- $n = 1$일 때 $f : \{0,\ 1\}^1 \rightarrow \{0,\ 1\}$
  가장 단순한 입력값 x의 경우로서 도이치 알고리즘의 입력값이 이 경우이다.

$n=1$

X	$Y=f(x)$
0	0
0	1
1	0
1	1

- $n=2$일 때 $f:\{0,\ 1\}^2 \to \{0,\ 1\}$

$n=2$가 되면 어떤 상황일까? x값 $\{0,\ 1\}^2$은 입력값이 2비트, 즉 두 자리의 0과 1로 이루어져 있다는 뜻이다. 즉 x는 00, 01, 10, 11의 네 가지 가능성이 있다. 각각의 x값에 대해 함숫값은 $\{0,\ 1\}$, 즉 1비트만 가능하다. 이를 표로 그려보면 다음과 같다.

$n=2$

X	$Y=f(x)$
00	0
00	1
01	0
01	1
10	0
10	1
11	0
11	1

- $n=3$일 때 $f:\{0,\ 1\}^3 \to \{0,\ 1\}$

$n=2$의 상황을 이해했다면 $n=3$도 쉽다. $\{0,\ 1\}^3$은 모두 3비트의 입력값이다. 따라서 x는 세 자리의 이진수로서 000, 001, 010, 100, 110, 011, 101, 111의 8가지 숫자가 존재한다. 각각의 x값에 대해 함숫값은 0 또는 1이므로 다음의 총 16가지의 함수가 존재한다.

$n=3$

X	$Y=f(x)$
000	0
000	1
001	0
001	1
010	0
010	1
100	0
100	1
110	0
110	1
011	0
011	1
101	0
101	1
111	0
111	1

도이치-조사 문제를 해결하기 위한 알고리즘 연산 시간

> **n비트의 입력값에 대해 $f(x)$가 상수인지 균형인지 판별하기 위한 연산 시간**
>
> - 고전적 알고리즘: $2^{n-1}+1$번의 연산
> - 도이치-조사 알고리즘: 1번의 연산, 그리고 100% 성공한다.

이제 자세한 증명 없이 도이치-조사 알고리즘의 양자 회로와 각 단계에서의 양자 상태를 제시한다. 기본 개념은 모두 도이치 알고리즘과 동일하다.

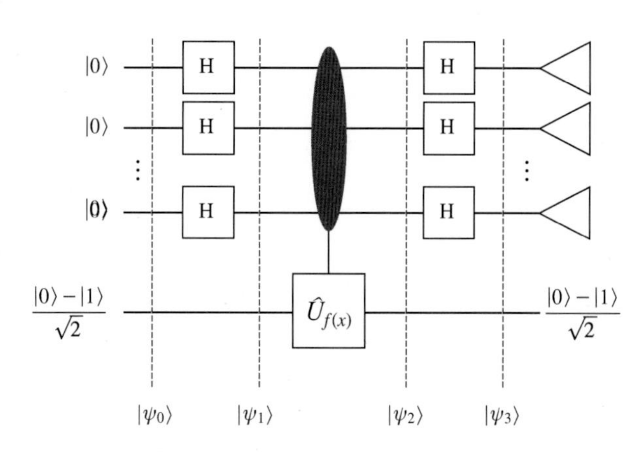

그림 5.14 | 도이치-조사 알고리즘의 양자 회로

$$|\psi_1\rangle=\frac{1}{\sqrt{2^n}}\sum_{x\in\{0,1\}^n}|x\rangle\left(\frac{|0\rangle-|1\rangle}{\sqrt{2}}\right)$$

$$\begin{aligned}|\psi_2\rangle&=\frac{1}{\sqrt{2^n}}U_f\left(\sum_{x\in\{0,1\}^n}|x\rangle\left(\frac{|0\rangle-|1\rangle}{\sqrt{2}}\right)\right)\\&=\frac{1}{\sqrt{2^n}}\sum_{x\in\{0,1\}^n}(-1)^{f(x)}|x\rangle\left(\frac{|0\rangle-|1\rangle}{\sqrt{2}}\right)\end{aligned}$$

$$\begin{aligned}|\psi_3\rangle&=\left(\frac{1}{\sqrt{2^n}}\sum_{x\in\{0,1\}^n}(-1)^{f(x)}\frac{1}{\sqrt{2^n}}\sum_{z\in\{0,1\}^n}(-1)^{x\cdot z}|z\rangle\right)\left(\frac{|0\rangle-|1\rangle}{\sqrt{2}}\right)\\&=\frac{1}{2^n}\sum_{z\in\{0,1\}^n}\left(\sum_{x\in\{0,1\}^n}(-1)^{f(x)+x\cdot z}\right)|z\rangle\left(\frac{|0\rangle-|1\rangle}{\sqrt{2}}\right)\end{aligned}$$

$|\psi_3\rangle$ 이후 처음 n개의 큐빗을 측정하면 다음의 진폭을 얻는다.

$$\frac{1}{2^n}\sum_{x\in\{0,1\}^n}(-1)^{f(x)}$$

최종 측정 결과로 다음을 얻으며,

$|0\rangle|0\rangle\ \cdots\ |0\rangle$의 진폭이 $+1$ 혹은 -1이면: $f(x)$가 상수일 확률 100%

$|0\rangle|0\rangle\ \cdots\ |0\rangle$의 진폭이 0이면: $f(x)$가 균형일 확률 100%

오직 한 번의 오라클 호출만 필요하다.

5.3 번스타인-바지라니 알고리즘

도이치 알고리즘은 고전컴퓨터보다 양자컴퓨터에서 더 빠르게 실행될 수 있는 양자 알고리즘이 존재한다는 사실을 보여주었다는 점에서 큰 의의가 있다. 그리고 1992년 도이치와 조사가 도이치 알고리즘을 일반화한 도이치-조사 알고리즘을 발표[3]한 직후, 우메시 바지라니(Umesh Vazirani)와 이던 번스타인(Ethan Bernstein)은 도이치-조사 알고리즘보다 복잡한 문제에서도 양자컴퓨터의 연산 속도가 고전컴퓨터보다 우위에 있을 수 있는 알고리즘을 발표하게 된다.

이제까지 학습한 도이치-조사 알고리즘은 복잡한 단계가 필요한 query(질문) 단계를 단 한 번만 수행해도 원하는 답을 100%의 확률로 얻게 해주었다. 그러나 실질적인 응용에서 이 알고리즘이 다루는 문제는 너무 단순하고 구체적이어서 복잡한 응용을 찾기 어려웠다.

번스타인-바지라니(Bernstein-Vazirani) 알고리즘(이하 'BV 알고리즘')이 해결하려는 문제는 도이치-조사 알고리즘의 경우와 비슷해 보이지만, n비트의 숨겨진 문자열이 개입돼 있다는 데 큰 차이가 있다. BV 알고리즘의 문제를 해결하기 위해 고전컴퓨터로는 n번의 질문(혹은 연산 시간)이 필요한 반면, 양자컴퓨터에서는 단 1번의 질문(query)만으로 해답을 알 수 있다.

직관적인 설명: 번스타인-바지라니 문제란 무엇인가

"n비트의 숨겨진 문자열"이라니 이게 무슨 의미일까? 이해를 돕기 위해, 앨리스와 밥이 다음과 같은 놀이를 하고 있는 상황을 보자.

앨리스: 밥, 0과 1로만 이루어진 8비트의 문자(숫자라고 봐도 좋다. 이를테면 01010000)가 있어. 이것을 검은 상자 안에 넣을게. 이 비밀의 문자열이 어떤 것인지 맞혀봐.

밥: 이 상자를 그냥 열어서 보면 안 될까?

앨리스: 그럴 수는 없어. 네가 갖고 있는 컴퓨터로 연산해서 이 박스 안에 있는 비밀의 문자를 맞혀야 해.

밥: 그러면 어려운 문제가 되는데? 나한테는 지금 인텔의 CPU로 구동되는 컴퓨터와 최신 양자컴퓨터가 있어. 이 두 개를 사용하면 비밀의 문자를 얼마나 빨리 알아낼 수 있을까?

---

3) D. Deutsch and R. Jozsa, Rapid solution of problems by quantum computation, Proceedings of the Royal Society of London A: Mathematical, Physical and Engineering Sciences, 439(1907):553-558, 1992.

앨리스: 이 비밀 문자열이 8비트의 문자열이니까 인텔 CPU 컴퓨터는 최소 8번 연산을 해야 해. 하지만 양자컴퓨터는 오라클을 단 한 번만 돌리면 100%의 확률로 비밀의 문자열을 알아낼 수 있어.

n비트의 비밀 문자열을 고전컴퓨터의 알고리즘으로 알아내기 위해서는 최소 n번의 연산 단계가 필요하다. 그러나 양자 알고리즘(BV 알고리즘)을 사용하면 오직 한 번의 질문(query)만으로도 100%의 확률로 정답을 알 수 있다. 단지 몇 비트의 비밀 문자가 아니라 수백만 비트의 문자열도 한 번의 질문만으로 충분하다!

번스타인–바지라니 문제

위에서 앨리스와 밥의 대화로 설명한 번스타인-바지라니 문제를 수학적으로 엄밀하게 정리해 보면 다음과 같다.

> 어떤 함수 f는 길이 n비트의 문자열을 x값으로 하여 단일 비트를 y값으로 대응시킨다. 즉,
>
> $$f : \{0,\ 1\}^n \rightarrow \{0,\ 1\}$$
>
> 이때 숨겨진 문자열 $s \in \{0,\ 1\}^n$가 있어서, 함수 $f(x) = x \cdot s \bmod 2$를 만족시키는 s를 최소한의 질문(query)을 통해 찾으시오.

BV 문제를 이해하기 위해서 $f(x) = x \cdot s \bmod 2$가 구체적인 예에서 어떻게 계산되는지 짚고 넘어가 보자.

$x \cdot s$는 x와 s를 벡터와 같이 표현했을 때 그 내적의 값을 의미하고, mod 2는 2로 나눈 나머지를 가리킨다. [mod 연산에 대해서는 앞으로 배울 9장 쇼어(Shor) 알고리즘에서 자세히 학습한다.]

구체적인 예에서 $n = 2$, 즉 2비트의 경우에서 $x_0 = 00$, $x_1 = 01$, $x_2 = 10$, $x_3 = 11$일 때, 우리가 찾고자 하는 숨겨진 문자열 $s = 10$이라고 가정해 보자.

이때 $x_0 = (0,\ 0)$, $x_1 = (0,\ 1)$, $x_2 = (1,\ 0)$, $x_3 = (1,\ 1)$, $s = (1,\ 0)$인 벡터로 생각하여 다음을 얻는다.

$$f(x_0) = x_0 \cdot s \bmod 2 = (0 \cdot 1 + 0 \cdot 0)(\bmod 2) = 0$$
$$f(x_1) = x_1 \cdot s \bmod 2 = (0 \cdot 1 + 1 \cdot 0)(\bmod 2) = 0$$
$$f(x_2) = x_2 \cdot s \bmod 2 = (1 \cdot 1 + 0 \cdot 0)(\bmod 2) = 1$$
$$f(x_3) = x_3 \cdot s \bmod 2 = (1 \cdot 1 + 1 \cdot 0)(\bmod 2) = 1$$

$n = 3$(3비트)의 예: f의 x값이 $x_1 = 001$, $x_2 = 010$, $x_3 = 111$이고 $s = 110$으로 주어졌다. 그러면

$$f(x_1) = x_1 \cdot s \bmod 2 = (0 \cdot 1 + 0 \cdot 1 + 1 \cdot 0)(\bmod 2) = 0$$

$$f(x_2) = x_2 \cdot s \bmod 2 = (0 \cdot 1 + 1 \cdot 1 + 0 \cdot 0)(\bmod 2) = 1$$

$$f(x_3) = x_3 \cdot s \bmod 2 = (1 \cdot 1 + 1 \cdot 1 + 1 \cdot 0)(\bmod 2) = 0$$

위의 예에서는 '숨겨진' 문자열 s의 값을 안다고 가정하고 함수 $f(x)$를 계산해 보았다. 이 예에서는 S가 사실 숨겨진 문자열이 아니었던 셈이다. 반면에 BV 알고리즘이 해결하고자 하는 문제는 x와 $f(x)$가 주어졌을 때 숨겨져 있는 s를 최소한의 시도로 찾아내는 것이다.

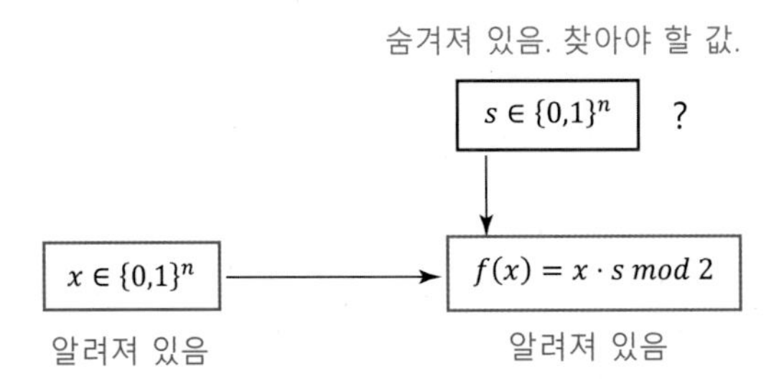

그림 5.15 | BV 문제의 개요. x값과 그 함수 $f(x) = x \cdot s \bmod 2$ 값이 알려져 있을 때 이 함숫값을 만족시키는 숨겨진 문자열 s를 최소한의 시도로 찾는 것이 BV 알고리즘의 목표이다.

좀 더 구체적인 예를 들어보면 다음과 같다. $n = 2$(2비트)의 x값에 대해 $f(x) = x \cdot s \bmod 2$가 다음과 같이 나타났다. 이를 만족시키는 2비트의 문자열 s는 무엇일까?

x	$f(x)$
00	1
01	0
10	1
11	0

$f(x) = x \cdot s \bmod 2$

$s = ?$

BV 문제를 해결하는 고전적인 알고리즘

BV 문제를 양자컴퓨터가 아닌 고전컴퓨터로 해결하기 위해서 가장 단순(하고 무식)한 방법은 다음과 같이 n번의 연산을 수행하는 것이다.

이해를 돕기 위해 비밀의 문자열 s를 $s = s_1 s_2 s_3 \cdots s_n$의 n개의 숫자(0 또는 1)로 쪼개어 보자.

$$s = s_1 s_2 \cdots s_n$$

$n = 4$(4비트)라면 예를 들어

$s = 1011 \Rightarrow s_1 = 1,\ s_2 = 0,\ s_3 = 1,\ s_4 = 1$로 분해한다.

그리고 함수 $f(x)$에 맨 처음 비트에서 맨 마지막 비트까지 오직 한 개의 1만 갖는 n개의 x값, 100…0, 0100…0, 0010…0, … 000…1을 차례로 $f(x)$에 넣어 계산을 해보자.

$f(100\cdots0) = 100\cdots0 \cdot s_1s_2s_3\cdots s_n \bmod 2 = s_1 \bmod 2 = s_1$($s_1$은 0 또는 1이므로 2로 나눈 나머지는 s_1과 같은 값이 나온다!)

$$f(0100\cdots0) = 0100\cdots0 \cdot s_1s_2s_3\cdots s_n \bmod 2 = s_2 \bmod 2 = s_2$$

$$f(0010\cdots0) = 0010\cdots0 \cdot s_1s_2s_3\cdots s_n \bmod 2 = s_3 \bmod 2 = s_3$$

…

$$f(000\cdots1) = 000\cdots1 \cdot s_1s_2s_3\cdots s_n \bmod 2 = s_n \bmod 2 = s_n$$

$n=4$를 또 예로 들어보자.

고전적인 방법으로 BV 문제를 풀기 위해 다음 네 개의 x값을 $f(x)$에 넣어보자.

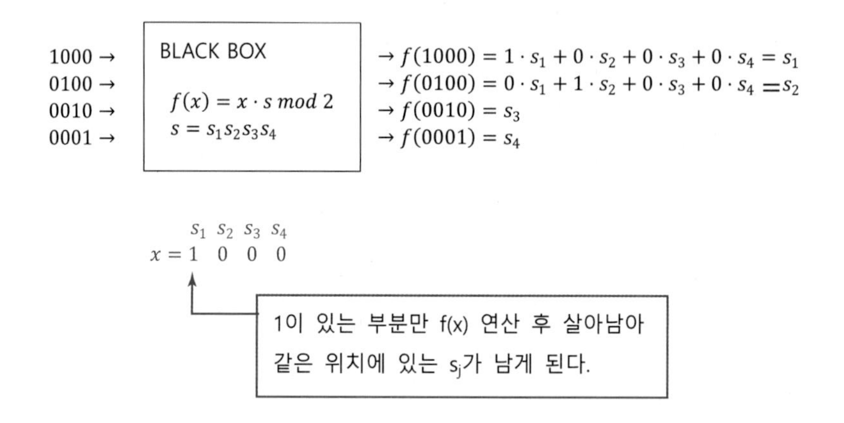

이상을 종합해 보면, 함수 $f(x)$를 n번 호출하여 n개의 x 값, 100…0, 0100…0, 0010…0, …, 000…1을 하나씩 계산하면 s에 해당하는 문자열 s_1, s_2, …, s_n을 모두 구할 수 있다. 즉, BV 문제를 해결하는(비밀의 문자열 s를 찾아내는) 고전적인 방법은 최소한 n번 함수를 불러서 계산하는 것이다. 이에 비해서 양자컴퓨터를 이용한 BV 알고리즘은 오직 한 번만 질문(query)하여 비밀 문자열 s를 결정할 수 있다.

양자 BV 알고리즘

이 BV 문제를 양자컴퓨터는 어떻게 해결하는지 살펴보자. 도이치-조사 알고리즘과 유사한 양자 회로가 다음 그림에 나와 있다.

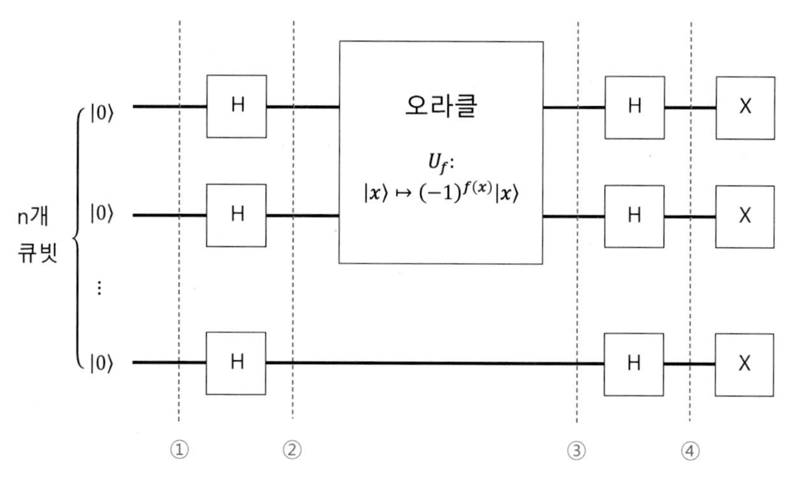

그림 5.16 | n개 큐빗에서 BV 알고리즘을 위한 양자 회로

<u>n비트 번스타인 바지라니 알고리즘</u>

1. n개의 큐빗을 $|0\rangle$으로 초기화한다.
2. 아다마르 게이트 n개를 각각의 큐빗에 걸어서 중첩된 양자 상태를 만든다.
3. 오라클 $U_f : |x\rangle \mapsto (-1)^{f(x)}|x\rangle$를 건다.
4. 다시 n개의 아다마르 게이트를 모든 큐빗에 건다.
5. n개의 큐빗을 모두 측정한다.

준비 단계 = ①번 단계의 양자 상태

$|0\rangle$으로 초기화된 큐빗 n개를 준비한다. 전체 양자 상태는 n개 양자 상태 $|0\rangle$의 텐서곱 $|\psi\rangle = |0\rangle \odot \cdots |0\rangle = |0\rangle^{\odot n}$이다.

②번 단계의 양자 상태

아다마르 게이트를 모든 큐빗에 걸면 중첩된 양자 상태를 얻는다는 사실을 이미 학습하였다. 따라서 이 단계를 거치면 양자 상태는 다음의 중첩 양자 상태가 된다.

$$|\psi\rangle = \frac{1}{\sqrt{2^n}} \sum_{x=0}^{2^n-1} |x\rangle$$

양자 상태는 이 단계를 거치고 오라클에 들어가게 된다. 오라클 U_f는 도이치 알고리즘에서 보았던 다음의 위상 되차기 유니타리 연산자이다.

$$U_f : |x\rangle \rightarrow (-1)^{f(x)}|x\rangle$$

③번 단계의 양자 상태

바로 위에서 살펴본 대로 오라클에 의해 각 기저 앞에 $(-1)^{f(x)}$를 곱해 주면 된다. ②번 단계의 양자 상태는 오라클에 의해 다음과 같이 변화한다.

$$\frac{1}{\sqrt{2^n}}\sum_{x=0}^{2^n-1}|x\rangle \rightarrow \frac{1}{\sqrt{2^n}}\sum_{x=0}^{2^n-1}(-1)^{f(x)}|x\rangle$$
$$=\frac{1}{\sqrt{2^n}}\sum_{x=0}^{2^n-1}(-1)^{x\cdot s \bmod 2}|x\rangle$$

[$f(x)=x\cdot s \bmod 2$임을 상기하자.]

위의 식

$$\frac{1}{\sqrt{2^n}}\sum_{x=0}^{2^n-1}(-1)^{x\cdot s \bmod 2}|x\rangle$$

를 좀 더 구체적인 상황에서 살펴보자.

$n=2$인 2비트의 경우, $x_0=00$, $x_1=01$, $x_2=10$, $x_3=11$이고 $s=s_1s_2$으로 표시하면, $\sum_{x=0}^{2^n-1}(-1)^{x\cdot s \bmod 2}|x\rangle$이다.

$$\sum_{x\in\{0,1\}^n}(-1)^{x\cdot s}|x\rangle$$
$$=(-1)^{x_0\cdot s \bmod 2}|0\rangle+(-1)^{x_1\cdot s \bmod 2}|1\rangle+(-1)^{x_2\cdot s \bmod 2}|2\rangle+(-1)^{x_3\cdot s \bmod 2}|3\rangle$$
$$=(-1)^{00\cdot s_1s_2 \bmod 2}|0\rangle+(-1)^{01\cdot s_1s_2 \bmod 2}|1\rangle+(-1)^{10\cdot s_1s_2 \bmod 2}|2\rangle+(-1)^{11\cdot s_1s_2 \bmod 2}|3\rangle$$
$$=(-1)^{0}|00\rangle+(-1)^{s_2 \bmod 2}|01\rangle+(-1)^{s_1 \bmod 2}|10\rangle+(-1)^{(s_1+s_2) \bmod 2}|11\rangle$$

이 식을 $|0\rangle+(-1)^{s_1 \bmod 2}|1\rangle)\otimes(|0\rangle+(-1)^{s_2}|1\rangle)$과 비교하면 같음을 알 수 있다!

$n=2$만이 아닌 일반적인 n비트에서 이 식을 계산해 보면 다음의 일반적인 표현을 얻게 된다.

$$\sum_{x\in\{0,1\}^n}(-1)^{s\cdot x}|x\rangle=(|0\rangle+(-1)^{s_1}|1\rangle)\otimes\left(|0\rangle+(-1)^{s_2}|1\rangle\right)\otimes\cdots\otimes(|0\rangle+(-1)^{s_n}|1\rangle)$$

s_1과 s_2는 0 또는 1이고 2로 나눈 나머지는 역시 1 이하이므로 mod 2를 없애도 같은 값이 나온다. 또한 $s_1+s_2=2 \bmod 2=0$이며 (-1)의 0승과 2승은 모두 같은 결과이므로 mod 2는 (-1)의 지수에서 없는 것과 동일한 효과를 낸다.

이 단계에서 얻어지는 상태벡터를 정리해서 써보면 다음과 같다.

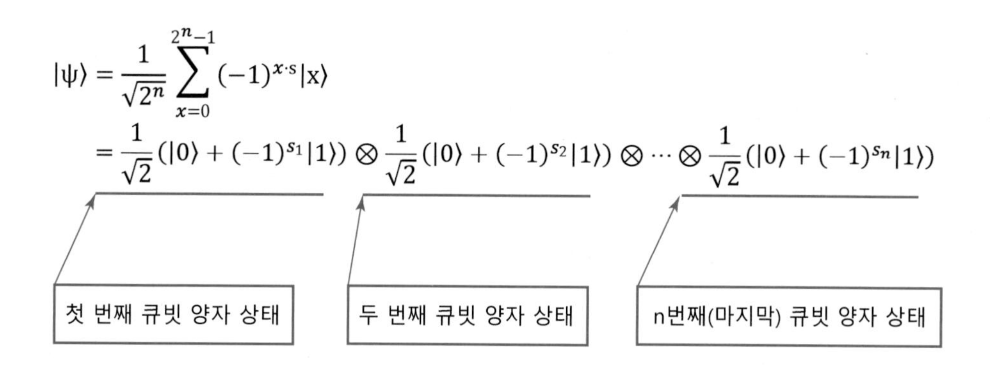

n개의 양자 상태벡터가 텐서곱으로 차례로 곱해져 있으며, 위의 그림에서처럼 각 큐빗에서의 양자 상태벡터는 $|0\rangle + (-1)^{sj}|1\rangle$의 모양을 하고 있다($s_j$, $j=0, 1, \cdots, n-1$). 그런데 $s_j(j=0, 1, \cdots, n-1)$가 가질 수 있는 값은 0 또는 1밖에 없다.

만약 $s_j=0$이면 j번째 큐빗의 양자 상태는 $\frac{1}{2}(|0\rangle+|1\rangle)$이 되는데 이 상태벡터는 어디서 많이 보던 것 아닌가? 그렇다. 바로 아다마르 기저 $|+\rangle$이다. 그리고 $s_j=1$이라면, j번째 큐빗의 양자 상태는 $\frac{1}{2}(|0\rangle-|1\rangle)$이고 이것은 아다마르 기저 중 다른 하나인 $|-\rangle$가 된다. 따라서 이 양자 상태에서 아다마르 게이트를 모든 큐빗에 걸면, s_j의 값을 쉽게 추출해 낼 수 있다.

④번 단계의 양자 상태

위에서 살펴본 대로 s_j값이 0이냐 1이냐에 따라 각 큐빗의 상태벡터는 $|+\rangle$ 혹은 $|-\rangle$ 둘 중 하나에 놓이게 된다. 이제 모든 큐빗에 아다마르 게이트를 작용시키면 아다마르 게이트의 다음 성질에 의해

$H|0\rangle=|+\rangle \leftrightarrow H|+\rangle=|0\rangle$, (아다마르 게이트는 그 역과 동일하다. 즉 $H=H^{-1}$)
$H|1\rangle=|-\rangle \leftrightarrow H|-\rangle=|1\rangle$

최종 양자 상태는 $|s_j\rangle$가 된다. 좀 더 자세히 풀어보면 다음과 같다.

$s_j=0$일 때,
j번째 큐빗의 양자 상태 $\frac{1}{2}(|0\rangle+|1\rangle)=|+\rangle$에 아다마르 게이트 H를 걸어,

$$H|+\rangle=|0\rangle=|s_j\rangle$$

$s_j=1$일 때도 마찬가지로 H 게이트 작용 후 최종 양자 상태가 $|s_j=1\rangle$임을 알 수 있다.

측정 후 최종 양자 상태

예로서 $n=2$(2비트) BV 알고리즘. 비밀 문자열 $s=11$이라고 가정해 보자.

①번 단계: 큐빗 두 개가 초기화되어 텐서곱을 이루고 있으므로 $|\psi\rangle = |00\rangle$

②번 단계: $|\psi\rangle = H|0\rangle \otimes H|0\rangle = \frac{1}{2}(|0\rangle + |1\rangle) \otimes \frac{1}{2}(|0\rangle + |1\rangle)$

$$= \frac{1}{2}(|00\rangle + |01\rangle + |10\rangle + |11\rangle)$$

③번 단계: $s=11$을 사용해 오라클 $O_f : |x\rangle \rightarrow (-1)^{f(x)}|x\rangle$을 걸면 다음과 같다.

$f(x) = x \cdot s \bmod 2$이므로,

(※ 00 · 11 mod 2 = (0 · 0 + 1 · 1) mod 2 = 1
11 · 11 mod 2 = (1 · 1 + 1 · 1) mod 2 = 0
등에 유의)

$$|\psi\rangle = \frac{1}{2}[|00\rangle - |01\rangle - |10\rangle + |11\rangle]$$

⑤번 단계: 두 개의 큐빗 모두에 아다마르 게이트를 작용시킨다. 위의 식

$$\sum_{x \in \{0,1\}^n} (-1)^{s \cdot x}|x\rangle = (|0\rangle + (-1)^{s_1}|1\rangle) \otimes (|0\rangle + (-1)^{s_2}|1\rangle) \otimes (|0\rangle + (-1)^{s_n}|1\rangle)$$

를 이용하면 계산이 간단해지지만, 큐빗의 숫자가 작으므로 이 지름길을 가지 않고 직접 다 계산해 보자.

$$|\psi\rangle = \frac{1}{2}[H|0\rangle \otimes H|0\rangle - H|0\rangle \otimes H|1\rangle - H|1\rangle \otimes H|0\rangle + H|1\rangle \otimes H|1\rangle)$$

$$= \frac{1}{2}[|+\rangle|+\rangle - |+\rangle|-\rangle) - |-\rangle|+\rangle + |-\rangle|-\rangle]$$

$$= \frac{1}{2}\Big[\frac{1}{2}(|0\rangle + |1\rangle)(|0\rangle + |1\rangle) - \frac{1}{2}(|0\rangle + |1\rangle)(|0\rangle - |1\rangle)$$

$$- \frac{1}{2}(|0\rangle + |1\rangle)(|0\rangle + |1\rangle) + \frac{1}{2}(|0\rangle + |1\rangle)(|0\rangle - |1\rangle)\Big]$$

$$= \frac{1}{4}[|00\rangle + |01\rangle + |10\rangle + |11\rangle - |00\rangle + |01\rangle - |10\rangle + |11\rangle - |00\rangle$$

$$- |01\rangle + |10\rangle + |11\rangle + |00\rangle - |01\rangle - |10\rangle + |11\rangle]$$

$$= \frac{1}{4}[4|11\rangle] = |11\rangle$$

최종 양자 단계: 이제 최종 양자 단계는 $|\psi\rangle = |11\rangle$이므로, 이를 측정하면 $s=11$을 100%의 확률로 알 수 있다.

요약

1. 입력 데이터의 크기에 따라 알고리즘 실행 시간이 달라지고, 일반적으로 지수형 복잡도를 가진 알고리즘의 실행 시간이 가장 많이 걸린다.

2. 양자 알고리즘에서 질문복잡도는 문제를 해결하기 이해 질문(query)을 얼마나 많이 하였는지를 평가하며, 몇몇 문제에서 양자 알고리즘은 고전적 알고리즘보다 질문복잡도에서 훨씬 우위를 보인다.

3. 양자 알고리즘은 큐빗의 중첩성과 얽힘을 이용한 양자 병렬성으로 인해 고전 알고리즘보다 연산 속도가 빠르다.

4. 도이치 알고리즘은 고전적인 알고리즘보다 양자 알고리즘이 지수함수적으로 빠르다는 것을 보인 첫 번째 양자 알고리즘이다.

5. 도이치 알고리즘은 함수 $f(x)$의 값이 상수인가 균형인가를 판별하는 것으로 고전적인 알고리즘이 두 번의 질문(query)이 필요한 반면 도이치 알고리즘을 사용하면 단 한 번의 질문으로 100%의 확률로 답을 알 수 있다.

6. 입력값이 n비트인 일반적인 경우의 도이치 알고리즘 문제는 도이치-조사 알고리즘이라고 불린다.

7. n비트의 입력값에 대해 $f(x)$가 상수인지 균형인지 판별하기 위해 고전적 알고리즘은 $2^{n-1}+1$번의 연산 단계가 필요하다. 그러나 같은 문제 해결을 위해 도이치-조사 알고리즘은 오직 한 번의 질문(query) 후 100% 확률로 답을 알 수 있다.

8. n비트의 숨겨진 문자열이 무엇인지 알아내는 문제가 번스타인-바지라니 알고리즘이다.

9. 같은 문제를 해결하기 위해 고전 알고리즘은 n번의 연산 단계가 필요하지만 번스타인-바지라니 양자 알고리즘은 한 번의 연산만 필요하다.

연습문제

1. 다음 식을 행렬 표현으로 증명해 보고 브라켓 표현에 의한 증명과 동일한 결과가 나옴을 확인하시오.

$$|0\rangle|0\rangle \xrightarrow{I\otimes X} |0\rangle|1\rangle$$

2. 다음 식을 행렬 표현으로 증명해 보고 브라켓 표현에 의한 증명과 동일한 결과가 나옴을 확인하시오.

$$|0\rangle|1\rangle \xrightarrow{H\otimes H} \frac{|0\rangle+|1\rangle}{\sqrt{2}} \otimes \frac{|0\rangle-|1\rangle}{\sqrt{2}}$$

3. 다음 식을 증명하시오.

$$\text{CNOT}: \left(\frac{|0\rangle+|1\rangle}{\sqrt{2}}\right)\left(\frac{|0\rangle-|1\rangle}{\sqrt{2}}\right) \rightarrow \left(\frac{|0\rangle-|1\rangle}{\sqrt{2}}\right)\left(\frac{|0\rangle-|1\rangle}{\sqrt{2}}\right)$$

4. $f(x)=0$인 상수의 경우 양자 회로를 IBM Quantum에서 작성해서 보이고 양자 회로의 수행 결과를 스크린숏으로 제시하고 그 결과를 논의해 보시오. 양자 회로는 QISKIT이나 팔레트(graphical tool) 어떤 것을 사용해도 무방하다.

5. $f(x)=1$인 상수의 경우 양자 회로를 IBM Quantum에서 작성해서 보이고 양자 회로의 수행 결과를 스크린숏으로 제시하고 그 결과를 논의해 보시오. 양자 회로는 QISKIT이나 팔레트(graphical tool) 어떤 것을 사용해도 무방하다.

6. $f(0)=0,\ f(1)=1$인 균형의 경우 양자 회로를 IBM Quantum에서 작성해서 보이고 양자 회로의 수행 결과를 스크린숏으로 제시하고 그 결과를 논의해 보시오. 양자 회로는 QISKIT이나 팔레트(graphical tool) 어떤 것을 사용해도 무방하다.

7. $f(0)=1,\ f(1)=0$인 균형의 경우 양자 회로를 IBM Quantum에서 작성해서 보이고 양자 회로의 수행 결과를 스크린숏으로 제시하고 그 결과를 논의해 보시오. 양자 회로는 QISKIT이나 팔레트(graphical tool) 중 어떤 것을 사용해도 무방하다.

8. 도이치 알고리즘을 수행하여 함수 f가 상수인지 균형인지 알아내기 위해 몇 번의 질문(query)이 필요했는가? 이를 고전적인 방법의 query와 비교하면 어떤 이점이 있는가?

9. **[자유롭지만 논리적인 상상 문제]** 도이치-조사 알고리즘을 보았을 때 양자 알고리즘은 기묘하게도 함숫값을 일일이 물어보지 않고 오라클이라고 하는 특별한 양자게이트를 통해서 정보를 순식간에 처리할 수 있음을 보였다. 그러나 우리가 보았듯이 양자 알고리즘 조사 알고리즘도 함수 f의 값을 결국은 집어넣어야 됐다. (아니면 그 함수 f의 값은 오라클 안에서 우리가 신경 쓰지 않아도 자동으로 처리된다고 생각할 수도 있다.)
   이 양자 알고리즘이 고전적인 알고리즘보다 실용적인 면에서 어떤 이득이 있을까? 이러한 도이치-조사 알고리즘을 사용할 수 있는 데이터 처리 분야에는 어떤 것이 있을까?

제6장

큐빗의 얽힘 상태의 응용

QUANTUM COMPUTING

이 장에서 학습할 내용

- 큐빗의 두 가지 특성인 중첩과 얽힘 중 얽힘에 해당되는 중요한 양자 상태인 벨 상태를 학습한다.
- 두 큐빗의 양자 상태가 벨 상태에서 최대로 얽혀 있음을 이해한다.
- 네 개의 벨 상태의 수학적 구조, 즉 두 개의 큐빗에서는 벨 상태가 오직 네 개만 존재함을 의미한다는 것을 이해한다.
- 벨 상태의 응용으로서 양자 통신인 초밀도 코딩, 양자 순간이동을 학습한다.
- 초밀도 코딩을 통해 양자 컴퓨팅의 독특한 특성과 가능성을 이해한다.
- 복제 불가능의 정리를 학습함으로써 큐빗과 고전적인 디지털 비트의 결정적인 차이를 이해한다.

6.1 큐빗의 얽힘과 벨 상태

얽힘의 정의

큐빗의 가장 중요한 특징 두 가지는 중첩(superposition)과 얽힘(entanglement)이다. 1장에서 살펴보았듯이, 얽힘은 두 개의 큐빗이 아무리 물리적으로 멀리 떨어져 있어도, 한 큐빗에 대한 측정이 다른 큐빗에 영향을 끼치는 현상이다. 이 현상은 마치 귀신이 두 개의 큐빗에 작용하는 것처럼 보여 아인슈타인을 비롯한 많은 저명한 물리학자들을 당혹하게 했었다.

우리는 1장에서 다음과 같은 2 큐빗의 양자 상태

$$|\beta_{00}\rangle = \frac{1}{\sqrt{2}}(|00\rangle + |11\rangle)$$

는 얽혀 있으며, 큐빗 A의 양자 상태를 측정하면 큐빗 B의 양자 상태가 100%의 확률로 결정된다는 사실을 보았다. 이 얽혀 있는 양자 상태가 곧 학습하게 될 벨 상태이며, EPR 패러독스를 제시한 아인슈타인(Einstein), 포돌스키(Podolsky), 로센(Rosen)의 이름을 따서 EPR 쌍(pair)이라고도 불린다.

위에서의 $|\beta_{00}\rangle$가 두 큐빗이 얽혀 있다는 것을 의미한다는 사실을 좀 더 수학적으로 이해해 보자. $|\beta_{00}\rangle$는 $|00\rangle$과 $|11\rangle$의 합으로 표현되어 있는데 왜 두 큐빗이 얽혀 있다고 할까? 이를 이해하기 위해 큐빗 A가 가질 수 있는 가장 일반적인 양자 상태와 역시 큐빗 B의 일반적인 상태의 텐서곱에서 시작해 보자. 즉, 두 개의 큐빗이 서로에 대해 영향을 받지 않고 마치 별개의 양자 '생활'을 누리는 상황을 브라켓 수식으로 표현해 보는 데서 논의를 시작하자.

큐빗 A의 가장 일반적인 양자 상태는 $\alpha_0|0\rangle_A + \alpha_1|1\rangle_A$로 쓸 수 있고, 마찬가지로 두 번째 큐빗 B의 일반적 양자 상태는 $\beta_0|0\rangle_B + \beta_1|1\rangle_B$가 되므로, A와 B가 이루는 전체 양자 상태는 두 큐빗 A와 B의 양자 상태의 곱으로 다음과 같이 표현된다.

$$[\alpha_0|0\rangle_A + \alpha_1|1\rangle_A] \otimes [\beta_0|0\rangle_B + \beta_1|1\rangle_B]$$

이 식을 살펴보면, 큐빗 A와 큐빗 B의 일반적인 중첩 양자 상태의 곱으로 되어 있다.

이 양자 상태는 큐빗 A와 B가 독립적으로 행동하며 얽혀 있지 않은 상태이다. 예를 들어, 큐빗 A를 측정하여 $|0\rangle$인 상태가 나왔다고 하자. 이 경우, 그러한 측정 결과가 나올 확률은 $|\alpha_0|^2$이며 측정 후에 전체 양자 상태는 다음 상태에 있게 된다.

$$|0\rangle_A \otimes [\beta_0|0\rangle_B + \beta_1|1\rangle_B]$$

큐빗 B는 아직 측정되지 않았으며, 큐빗 A의 측정 결과와 무관하게 일반적인 중첩 양자 상태 $\beta_0|0\rangle_B + \beta_1|1\rangle_B$에 있다. 큐빗 B는 큐빗 A의 측정에 전혀 영향을 받지 않았다.

다른 경우로서 만약 큐빗 A가 측정 후 $|\alpha_1|^2$의 확률로 $|1\rangle$의 상태로 붕괴되었다고 하자.

$$|1\rangle_A \otimes [\beta_0|0\rangle_B + \beta_1|1\rangle_B]$$

이 경우에도 큐빗 B의 양자 상태는 큐빗 A의 측정에 전혀 영향을 받지 않았음을 알 수 있다. 이를 좀 더 일반화하면 다음과 같이 얽힘을 정의할 수 있다.

> **수식적인 정의:** 두 큐빗이 얽혀 있다는 것은, 한 큐빗의 양자 상태와 두 번째 양자 상태의 단순한 텐서곱으로 표현할 수 없다는 것이다. 수식으로 쓰면 다음과 같다.
> 두 큐빗 A와 B의 전체 양자 상태를 다음과 같이 쓸 수 있도록
>
> $$[\alpha_0|0\rangle_A + \alpha_1|1\rangle_A] \otimes [\beta_0|0\rangle_B + \beta_1|1\rangle_B]$$
>
> 네 개의 복소수 α_0, α_1, β_0, β_1이 존재한다면 두 큐빗은 얽혀 있지 않다. 반대로 이러한 네 개의 복소수가 존재하지 않는다면 두 큐빗은 얽혀 있다.

이제 처음으로 돌아가서 벨 상태

$$|\beta_{00}\rangle = \frac{1}{\sqrt{2}}(|00\rangle + |11\rangle) \tag{1}$$

는 우리가 어떤 노력을 해도

$$[\alpha_0|0\rangle_A + \alpha_1|1\rangle_A] \otimes [\beta_0|0\rangle_B + \beta_1|1\rangle_B] \tag{2}$$

와 같이 두 양자 상태의 단순한 텐서곱으로 나타낼 수 없다. 이를 증명하는 방법은 만약 식 (1)이 (2)와 같이 표현된다고 가정하고, 즉 식 (1) = 식 (2)로 가정할 때, 네 개의 복소수 α_0, α_1, β_0, β_1이 존재하지 않는다는 사실을 확인하면 된다(연습문제 참조).

이러한 수식적 고찰에서 알 수 있는 것은, 두 큐빗이 얽혀서 벨 상태에 있다면, 큐빗 A와 B가 독립적으로 또는 자기 마음대로 아무 양자 상태나 선택할 수는 없다는 것이다.

벨 상태와 벨변환

벨 상태(Bell state)는 두 개의 큐빗으로 만들어지는 가장 최대로 얽혀 있는 네 개의 양자 상태이다. 우리가 이제까지 살펴본 다음의 얽혀 있는 양자 상태는 네 개의 벨 상태 중 하나이다.

$$|\beta_{00}\rangle = \frac{1}{\sqrt{2}}[|0\rangle_A \otimes |0\rangle_B + |1\rangle_A \otimes |1\rangle_B] = \frac{1}{\sqrt{2}}[|00\rangle + |11\rangle]$$

벨 상태는 양자 암호 통신 및 양자 알고리즘에서 아주 중요하게 사용되는 양자 상태이다.

앞으로 학습하게 될 양자 알고리즘, 양자 정보, 양자 통신 각 분야에서 벨 상태가 들어가지 않는 회로가 거의 없다고 해도 과언이 아니다. 두 개의 큐빗에서는 이제까지 주로 계산기저(표준기저) $|00\rangle$, $|01\rangle$, $|10\rangle$, $|11\rangle$에서 양자 상태를 다루어왔다. 벨 상태를 계산기저로 표현하면 다음과 같다. (큐빗이 두 개이므로 계산기저에서 네 개의 기저가 있었고, 마찬가지로 벨 상태도 같은 차원의 힐버트 공간에서의 기저이므로 네 개의 기저로 표현된다는 점에 주의하자.)

$$|\beta_{00}\rangle = \frac{1}{\sqrt{2}}|00\rangle + \frac{1}{\sqrt{2}}|11\rangle,\ |\beta_{01}\rangle = \frac{1}{\sqrt{2}}|01\rangle + \frac{1}{\sqrt{2}}|10\rangle$$

$$|\beta_{10}\rangle = \frac{1}{\sqrt{2}}|00\rangle - \frac{1}{\sqrt{2}}|11\rangle,\ |\beta_{11}\rangle = \frac{1}{\sqrt{2}}|01\rangle - \frac{1}{\sqrt{2}}|10\rangle$$

벨 상태를 정리해 보면 다음과 같다.

1. 벨 상태는 두 개의 큐빗으로 만들 수 있는 최대로 얽혀 있는 양자 상태를 말한다.
2. 벨 상태는 두 개의 큐빗의 힐버트 공간을 구성하는 기저 중 하나이다. 두 개의 큐빗이 $2^2=4$차원으로 이루어져 있으므로 벨 상태(고유벡터)도 모두 네 개가 필요하다.
3. $|\beta_{ij}\rangle$에서 첨자 ij는 해당 벨 상태를 만들기 위해 필요한, 또는 '얽으려고' 하는 '초기 상태'의 큐빗을 나타낸다.

벨 상태 네 개는 두 개 큐빗의 힐버트 공간을 구성하는 기저벡터이다.

우선 이 네 개의 기저가 서로 직교하는지 살펴보자.

$$\begin{aligned}\langle\beta_{00}|\beta_{01}\rangle &= \left(\frac{1}{2}\right)(\langle 00| + \langle 11|)(|01\rangle + |10\rangle) \\ &= \left(\frac{1}{2}\right)(\langle 00|01\rangle + \langle 00|10\rangle + \langle 11|01\rangle + \langle 11|10\rangle) \\ &= \left(\frac{1}{2}\right)[(\langle 0|\otimes\langle 0|)\cdot(|0\rangle\otimes|1\rangle) + (\langle 0|\otimes\langle 0|)\cdot(|1\rangle\otimes|0\rangle) \\ &\quad + (\langle 1|\otimes\langle 1|)\cdot(|0\rangle\otimes|1\rangle) + (\langle 1|\otimes\langle 1|)\cdot(|1\rangle\otimes|0\rangle)] \\ &= \left(\frac{1}{2}\right)[0+0+0+0] = 0\end{aligned}$$

마찬가지 방법으로 $\langle\beta_{00}|\beta_{10}\rangle = \langle\beta_{00}|\beta_{11}\rangle = \langle\beta_{01}|\beta_{10}\rangle = \langle\beta_{01}|\beta_{11}\rangle = \langle\beta_{10}|\beta_{11}\rangle = 0$임을 쉽게 보일 수 있다.

이제까지 상태벡터의 표시 방법을 브라켓에서 행렬로 바꾸어 위의 연산을 수행할 수 있는데 이는 연습문제로 풀어보기 바란다.

다음으로 이 기저들의 크기가 1인 것을 확인할 수 있는데 이는 다음으로 확인된다.

$$|\langle \beta_{00}|\beta_{00}\rangle|^2 = \left(\frac{1}{2}\right)(\langle 00| + \langle 11|)|(|00\rangle + |11\rangle)$$
$$= \left(\frac{1}{2}\right)(1+1+0+0) = 1$$

마찬가지로 $|\langle \beta_{01}|\beta_{01}\rangle|^2 = |\langle \beta_{10}|\beta_{10}\rangle|^2 = |\langle \beta_{11}|\beta_{11}\rangle|^2 = 1$ 이어서 네 개의 벨 상태가 정규기저의 고유벡터 조건을 만족시키고 있음을 알 수 있다.

계산기저에서 벨 기저(벨 상태)로의 변환: 벨변환

이제 알아볼 것은 "벨 상태벡터를 어떻게 얻을 수 있을까?"이다.

IBM Quantum 양자컴퓨터의 큐빗은 계산기저 $|0\rangle$에서 초기화되어 있는데 여기에서 벨 상태를 어떻게 얻을 수 있을까? 즉 $|0\rangle$에 있는 두 개의 큐빗을 어떻게 서로 얽히게 할 수 있을까?

이 문제는 H와 CNOT의 두 게이트를 사용하여 쉽게 해결할 수 있다.

아래 그림에서 일반적인 계산기저 $|i\rangle$, $|j\rangle$를 벨 상태 $|B_{ij}\rangle$로 변환하는 아주 중요한 양자회로를 보이고 있다. 이 회로를 벨변환이라고 부르며, 두 개의 큐빗을 얽히게 해서 벨 상태를 만드는 회로이다. 이를 다음과 같이 차근차근 확인해 보자.

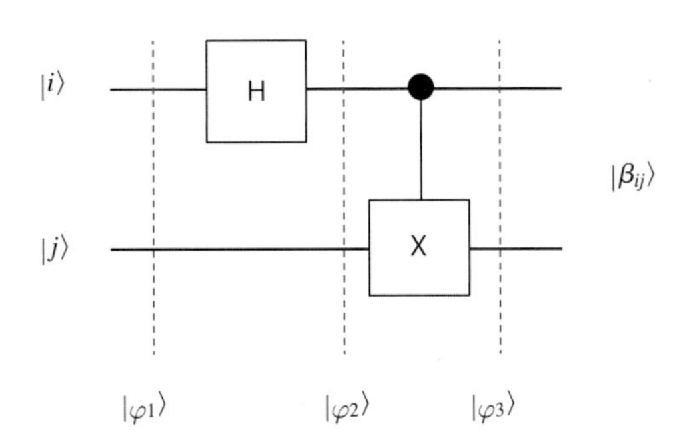

그림 6.1 | 표준기저 $|i\rangle|j\rangle$에서 벨 기저(벨 상태) $|\beta_{ij}\rangle$를 만들어내는 벨 회로

여기에서 H 게이트는 이전에 학습한 아다마르 게이트이고, CNOT 게이트는 controlled Not 게이트이다. CNOT 게이트에 대해서는 앞에서 자세히 학습했지만, 첫 번째 큐빗의 상태가 $|1\rangle$일 때에만 두 번째 큐빗의 상태를 반전시키는 것임을 기억하자.

아래 그림은 네 개의 벨 상태를 만드는 과정을 모두 표현하고 있다.

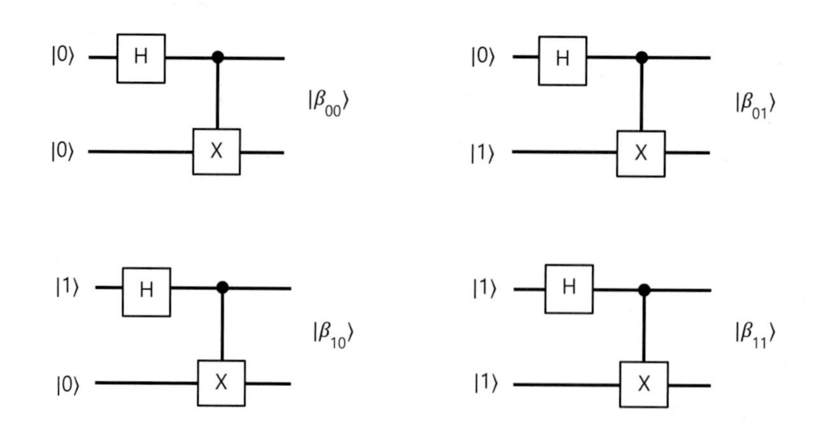

그림 6.2 | 네 개의 벨 상태를 얻는 양자 회로

그림 6.1의 회로에서 가장 먼저 $i=j=0$을 대입해 보자. 이는 그림 6.2의 첫 번째 양자 회로에 해당한다.

그림 6.1에서 $|\varphi_1\rangle$은 큐빗의 초기 상태의 양자 상태와 같으므로,

$$|\varphi_1\rangle = |0\rangle \otimes |0\rangle = |00\rangle$$

$|\varphi_2\rangle$의 양자 상태는 첫 번째 큐빗이 H 게이트를 통과하여 두 번째 큐빗과 함께 양자 상태를 이룬 상태이다. 즉,

$$|\varphi_2\rangle = [(H \otimes |0\rangle] \otimes |0\rangle = \frac{1}{\sqrt{2}}(|0\rangle + |1\rangle) \otimes |0\rangle$$

$$= \frac{1}{\sqrt{2}}(|0\rangle \otimes |0\rangle + |1\rangle \otimes |0\rangle)$$

이제 $|\varphi_3\rangle$를 구해 보자.

앞에서 학습한 바와 같이 ⊕는 CNOT(c-X) 게이트이다. CNOT 게이트는 두 개의 큐빗 중 한 개[컨트롤 비트(control bit)]의 상태에 따라 타깃 비트(target bit)의 상태를 반전(X 게이트)시키는 기능을 한다. 즉 컨트롤 비트가 0일 때는 아무 작용도 하지 않지만 컨트롤 비트가 1일 때 타깃 비트의 상태가 반전된다($|0\rangle \rightarrow |1\rangle$, $|1\rangle \rightarrow |0\rangle$). 이 CNOT 게이트를 $|\varphi_2\rangle$에 작용시켜 보자.

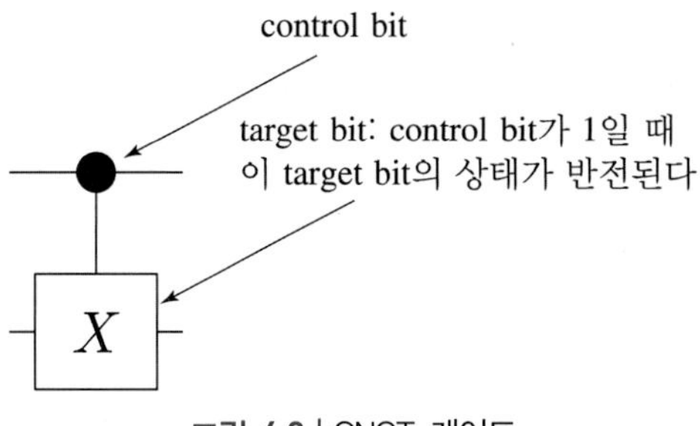

그림 6.3 | CNOT 게이트

$$|\varphi_3\rangle = \text{CNOT}\,|\varphi_2\rangle = \text{CNOT}\,\frac{1}{\sqrt{2}}(|0\rangle \otimes |0\rangle + |0\rangle \otimes |1\rangle)$$

$$= \frac{1}{\sqrt{2}} * [\text{CNOT}\,|0\rangle \otimes |0\rangle + \text{CNOT}\,|0\rangle \otimes |1\rangle]$$

이 단계에서 $\text{CNOT}\,|1\rangle \otimes |0\rangle$은 첫 번째 큐빗(컨트롤 비트)이 $|0\rangle$이므로 두 번째 큐빗에는 아무런 작용을 하지 않는다. 따라서 $\text{CNOT}\,|0\rangle \otimes |0\rangle = |0\rangle \otimes |0\rangle = |00\rangle$

두 번째 항인 $\text{CNOT}\,|1\rangle \otimes |0\rangle]$의 경우 첫 번째 큐빗이 $|1\rangle$이므로 두 번째 큐빗의 상태가 반대로 바뀌어서 $(|1\rangle \to |0\rangle)$, $\text{CNOT}\,|1\rangle \otimes |0\rangle = |1\rangle \otimes |1\rangle = |11\rangle$이 된다.

따라서

$$|\varphi_3\rangle = \frac{1}{\sqrt{2}} * (|00\rangle + |11\rangle)$$

이 결과는 위에서 본 $|\beta_{00}\rangle$의 정의와 정확히 일치한다. 즉 $|00\rangle$가 H와 CNOT 게이트에 의해 $|\varphi_3\rangle = |\beta_{00}\rangle$로 변환된 것을 볼 수 있다.

다음으로 $|01\rangle\,(i=0,\ j=1)$이 $|\beta_{01}\rangle$로 되는 것을 확인해 보자.

$$|\varphi_1\rangle = |0\rangle \otimes |1\rangle = |01\rangle$$

$$|\varphi_2\rangle = [(\text{H} \otimes |0\rangle] \otimes |1\rangle = \frac{1}{\sqrt{2}}(|0\rangle + |1\rangle) \otimes |1\rangle$$

$$= \frac{1}{\sqrt{2}}(|0\rangle \otimes |1\rangle + |1\rangle \otimes |1\rangle)$$

$$|\varphi_3\rangle = \text{CNOT}\,|\varphi_2\rangle = \text{CNOT}\,\frac{1}{\sqrt{2}}(|0\rangle \otimes |1\rangle + |1\rangle \otimes |1\rangle)$$

$$= \frac{1}{\sqrt{2}}[\text{CNOT}\,|0\rangle \otimes |1\rangle + \text{CNOT}\,|1\rangle \otimes |1\rangle]$$

$$= \frac{1}{\sqrt{2}}[|0\rangle \otimes |1\rangle + |1\rangle \otimes |0\rangle] = |\beta_{01}\rangle$$

남은 두 개의 양자 상태가 각각 $|\beta_{10}\rangle$와 $|\beta_{11}\rangle$로 변환되는 것도 쉽게 보일 수 있다(연습문제).

역벨변환

네 개의 벨 상태를 원래의 계산기저에서의 양자 상태로 되돌리려면 어떻게 해야 할까?

이때는 벨변환을 거꾸로 하면 된다! 계산기저 $|i\rangle, |j\rangle$에서 $|\beta_{ij}\rangle$를 얻기 위해 큐빗을 H, CNOT 게이트에 차례로 통과시켰다면, 그 반대 과정은 CNOT, H 게이트의 순서로 큐빗을 통과시키는 것이다. 이 과정을 역벨변환이라고 한다.

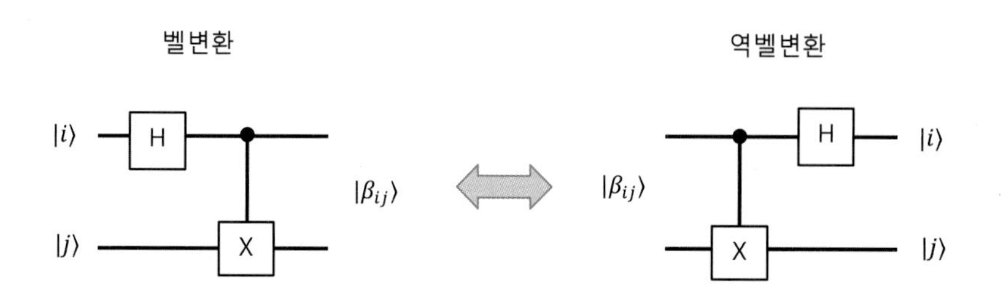

그림 6.4 | 벨변환과 역벨변환

예를 들어, $|\beta_{11}\rangle$을 역벨변환을 통과시키면 $|1\rangle|1\rangle$ 양자 상태가 도출된다. 이 과정도 네 개의 벨 상태 각각에 대해 쉽게 증명이 가능하다(연습문제).

행렬식에서 벨변환의 검증

이제까지의 브라켓 표현에서의 증명은 행렬 표현에서도 검증해 볼 수 있다. 아다마르 게이트와 CNOT 게이트의 계산기저에서의 행렬 표현에 주의한다.

$$|\varphi_2\rangle = (\mathrm{H}|0\rangle)\otimes|1\rangle = \left(\frac{1}{\sqrt{2}}\begin{bmatrix}1 & 1\\1 & -1\end{bmatrix}\begin{bmatrix}0\\1\end{bmatrix}\right)\otimes|1\rangle$$

$$= \left(\frac{1}{\sqrt{2}}\begin{bmatrix}1\\-1\end{bmatrix}\right)\otimes|1\rangle = \rangle = \left(\frac{1}{\sqrt{2}}\begin{bmatrix}1\\-1\end{bmatrix}\right)\otimes\begin{bmatrix}0\\1\end{bmatrix} = \frac{1}{\sqrt{2}}\begin{bmatrix}0\\1\\0\\-1\end{bmatrix}$$

$$|\varphi_3\rangle = \mathrm{CNOT}|\varphi_2\rangle = \frac{1}{\sqrt{2}}\begin{bmatrix}1&0&0&0\\0&1&0&0\\0&0&0&1\\0&0&1&0\end{bmatrix}\begin{bmatrix}0\\1\\0\\-1\end{bmatrix}$$

$$= \frac{1}{\sqrt{2}}\begin{bmatrix}0\\1\\-1\\0\end{bmatrix} = \frac{1}{\sqrt{2}}(|0\rangle\otimes|1\rangle + |1\rangle\otimes|0\rangle)$$

실습: 벨 상태 변환의 IBM Quantum 실습

수학적으로 증명한 위의 벨 상태 변환을 IBMQ로 실습해 보자. 초기 상태 $|00\rangle$를 벨 상태로 변환시킨 양자 회로와 실행 결과는 다음과 같다. 결과 그래프 중 첫 번째 것은 QASM 시뮬레이터이며, 두 번째 것은 호주 멜버른 소재 양자컴퓨터에서 실행한 것이다. 시뮬레이터에서 $|00\rangle$과 $|11\rangle$이 나올 확률이 각각 거의 이론적인 확률치와 같은 50%에 근접한 결과로 나오고 있고, 멜버른의 양자컴퓨터에서는 각 상태가 각각 48%, 39%로 나오고 있음을 알 수 있다. 앞에서 살펴본 벨 상태로의 이론적인 변환이 실제 양자컴퓨터에서도 그대로 실행되고 있는 것을 알 수 있다.

다른 세 개의 벨 상태($|\beta_{01}\rangle$, $|\beta_{10}\rangle$, $|\beta_{11}\rangle$)의 양자컴퓨터 실습은 연습문제로 풀어보기 바란다.

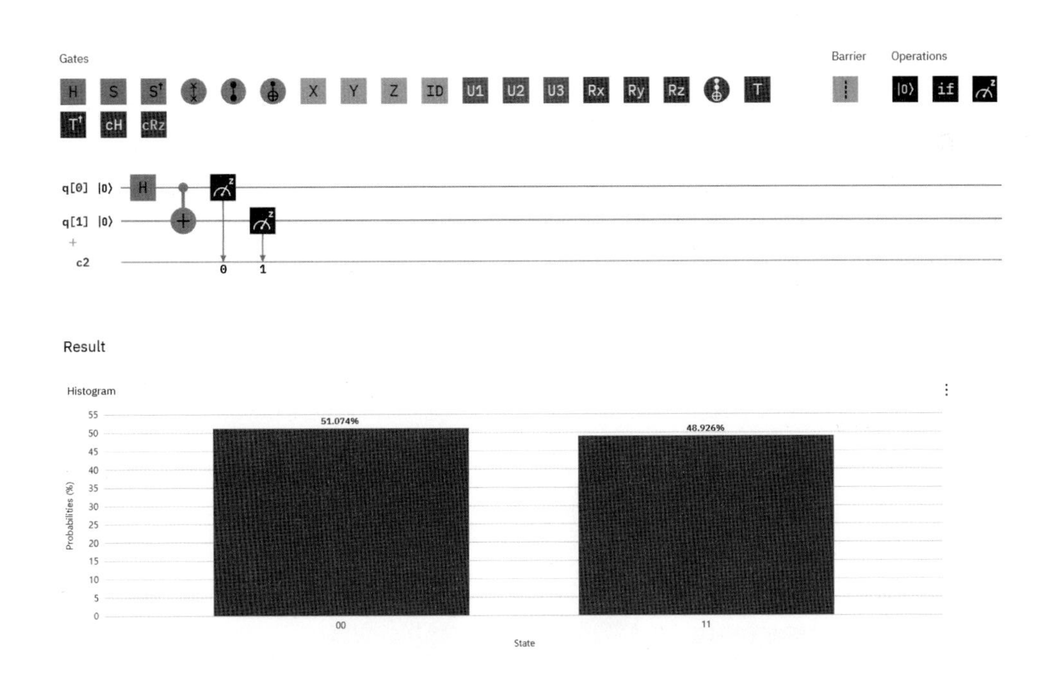

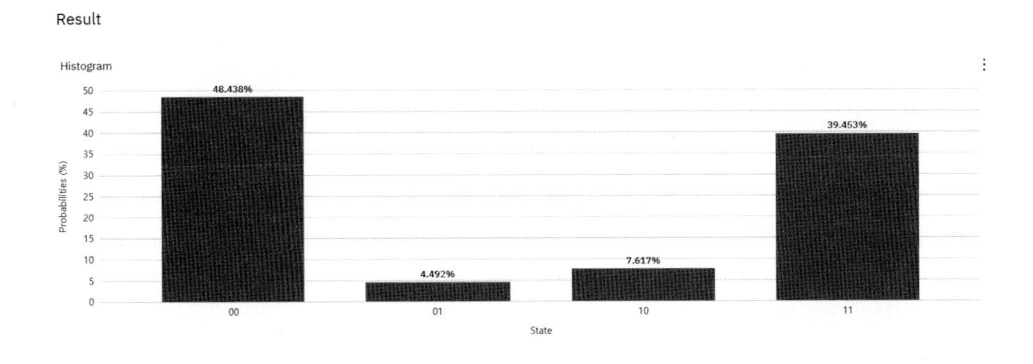

[쉬어 가기]

벨 상태로 다음과 같은 사고 실험을 해보자. 어떤 양자과학자가 양자컴퓨터의 양자게이트를 이용하면 죽은 사람도 살릴 수 있다고 주장한다. 이 과학자는 사람이 들어갈 수 있는 크기의 두 개의 양자게이트만 있으면, 두 사람이 모두 죽었을 때 최소한 한 사람은 살릴 수 있다고 주장한다. 이를 양자연산으로 검증해 보자.

(1) 두 사람을 a와 b라고 하자. 한 사람의 삶과 죽음의 상태를 각각 $|0\rangle$(삶)과 $|1\rangle$(죽음)로 나타낼 수 있다.

(2) 두 사람이 모두 죽어 있는 양자 상태는 $|1\rangle_a \otimes |1\rangle_b$로 표현된다.

(3) 이 상태를 H와 CNOT 두 개의 양자게이트를 사용하여 벨 상태로 전환시켜 본다. 이제까지 살펴본 것처럼 $|1\rangle(a)\otimes|1\rangle(b)$는 $|\beta_{11}\rangle = \frac{1}{\sqrt{2}}*(|0\rangle a\otimes|1\rangle b-|1\rangle a\otimes|0\rangle b)$으로 변환된다. $|1\rangle a\otimes|0\rangle b$는 a가 죽어 있고 b가 살아 있는 상태, $|0\rangle a\otimes|1\rangle b$는 a는 살아 있고 b가 죽어 있는 양자 상태를 표현한다. $|\beta_{11}\rangle$에서 이 두 상태가 각각 50% 확률로 존재할 수 있는 것을 알 수 있다.

IBM Quantum 실행을 해보면 다음과 같다.

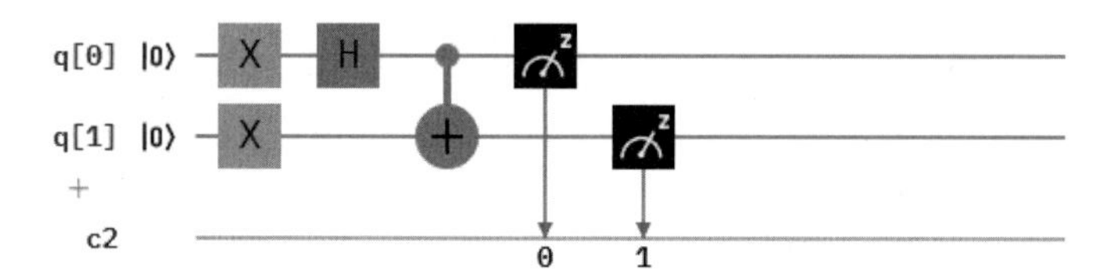

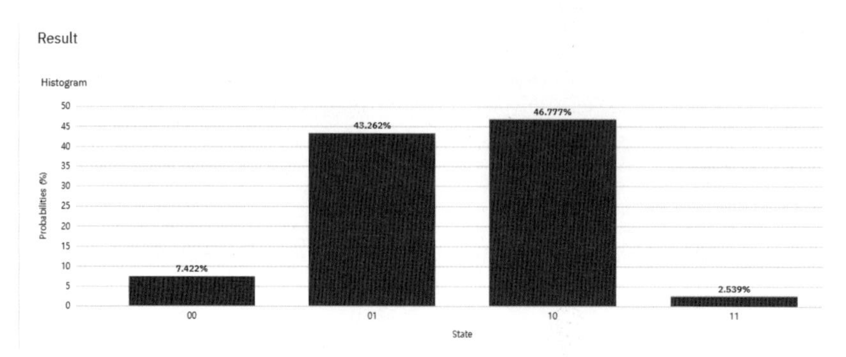

이론적인 계산과 부합되게 $|01\rangle$과 $|10\rangle$이 각각 50%에 가까운 확률로 나왔다. 이렇게 벨 상태에 있는 두 사람을 측정해 보면 $|01\rangle$이거나 $|10\rangle$이 반반의 확률로 둘 중 한 상태는 반드시 살아 있는 상태로 측정된다. $|0\rangle a\otimes|1\rangle b$는 a가 살고 b는 죽고, $|1\rangle a\otimes|0\rangle b$는 반대의 상황이다. 어떤 상태이든 둘 중 하나는 살게 된다!?

사람의 죽고 사는 상태를 큐빗의 0과 1 같은 단순한 양자 상태로 만들거나 표현할 수 있는지는 차치하고서라도 사람이 들어갈 만한 크기의 양자게이트 또는 양자컴퓨터를 만들 수 있을까? 물론 이 양자과학자의 주장은 아직은 공상과학소설에 불과하다. 그러나 하루가 멀다 하고 발전하는 양자컴퓨터의 기술로 언젠가 우리가 죽은 사람을 살릴 수 있을지도 모른다.

6.2 벨 상태의 응용: 초밀도 코딩

위에서 살펴본 벨 상태는 양자 컴퓨팅과 양자 정보의 다양한 영역에서 활용되고 있다. 여기에서는 양자 통신과 양자 정보의 기초인 초밀도 코딩(superdense coding)을 알아본다.

초밀도 코딩: 양자 통신 및 양자 정보의 기초

초밀도 코딩은 1992년 찰스 베넷(Charles H. Bennett)과 스티븐 와이즈너(Stephen Wiesner)가 고전적인 데이터 비트 혹은 정보를 양자 채널로 전송하는 방법을 고안한 것이다. 놀랍게도 이들이 제시한 방법을 사용하면 두 개의 비트를 전송하기 위해 한 개의 큐빗만 전송하면 된다. 양자 컴퓨팅을 사용하면 고전적인 방법과 비교할 때 한 큐빗에 두 배의 정보를 전달하는 셈이다. 정보의 압축이 일어나므로 초밀도 코딩이라는 이름이 붙었다.

초밀도 코딩은 이후에 살펴볼 양자 순간이동과 함께 간단하면서도 굉장히 놀라운 양자 통신 방법이다. 이 기법은 양자역학의 핵심을 담고 있으며 따라서 고전적인 통신 방법에는 동일한 것이 없다.

초밀도 코딩과 함께 앞으로의 양자 통신에서 두 사람이 정보를 주고받게 되는데 이 둘을 관습적으로 앨리스(Alice)와 밥(Bob)으로 부른다. 때로는 제3의 인물이 등장하며 보통 이 인물을 이브(Eve)로 지칭한다. 또한 정보가 전송되는 통로를 채널(channel)이라고 부른다. 고전적인 통신 채널은 디지털 비트를 송수신하고, 양자 채널에서 큐빗이 전송된다.

이제 앨리스는 두 개의 고전적인 디지털 비트 정보를 밥에게 보내려고 한다. 지금 있는 기술을 사용한다면 모두 네 가지 정보(00, 01, 10, 11)를 고전적인 채널로 보내야 할 것이다. 이 경우 앨리스가 보내야 하는 비트의 수는 (당연히) 두 개이다. 그러나 양자 컴퓨팅을 이용하면 한 개의 큐빗만 보내고도 두 개의 비트 정보를 밥에게 온전히 보낼 수 있다. 게다가 두 사람 간의 물리적 거리가 아무리 멀리 떨어져 있어도 통신이 완벽히 일어난다. 밥이 지구에 있고, 앨리스가 안드로메다 은하에 있어도 가능하다! 이제 이러한 놀라운 일이 어떻게 일어나는지 살펴보자.

초밀도 코딩 프로토콜

컴퓨터와 컴퓨터 사이 또는 컴퓨터와 단말기, 통신 장비 사이에서 데이터를 송수신할 때 서로 정해 놓은 규칙이 필요하다. 이러한 규칙을 통신 프로토콜(protocol) 또는 통신 규약이라고 한다. 양자 컴퓨팅에 의한 통신도 기존 통신체계와 같이 통신 상호 간에 프로토콜을 세워놓아야 한다. 앨리스와 밥이 이 프로토콜을 사전에 숙지하고 있어야 오류 없이 정보 전달이 가능하다.

위 그림을 보면 앨리스와 밥이 어떻게 초밀도 코딩 양자 통신을 진행할지 대화를 나누고 있다. 앨리스는 두 개의 비트가 나타내는 정보 중 하나를 밥에게 양자역학적인 방법을 이용하여 전송하고자 한다.

앨리스가 밥에게 보내려는 정보
두 개의 비트가 나타낼 수 있는 정보인 00, 01, 10, 11 중 하나

전송되는 비트의 양
- 고전적인 방법 사용 시: 두 개의 비트를 모두 전송
- 초밀도 코딩(양자역학적인 방법) 사용 시: 한 개의 큐빗만 전송

초밀도 코딩 - 준비 단계

초밀도 코딩을 위해서 큐빗을 준비해야 해.

준비를 위해 이브가 두 개의 큐빗을 얽히게 해서 벨 상태를 만들어 줄 거야.

안녕, 난 이브야. 너희들을 위해 두 개의 큐빗을 준비했어.

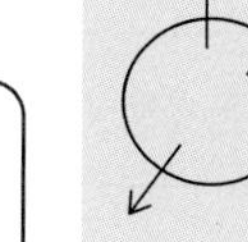

옆에 있는 두 개의 큐빗은 아직 얽혀 있지 않은 '신선한' 큐빗들이야.

먼저 두 큐빗을 모두 양자 상태 $|0\rangle$에 초기화시켰어.

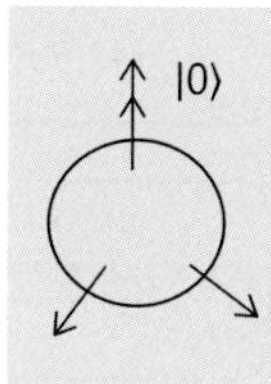

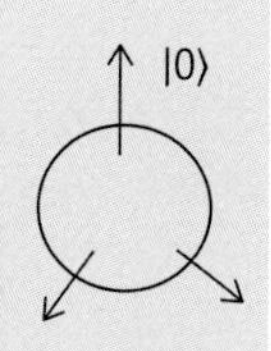

(|0⟩에 초기화되어 화살표가 북극을 가리킨다.)

$|0\rangle$에 모두 초기화된 큐빗들을 H 게이트, $CNOT$ 게이트에 차례로 통과시키면 벨 상태 $|\beta_{00}\rangle$를 얻을 수 있어.

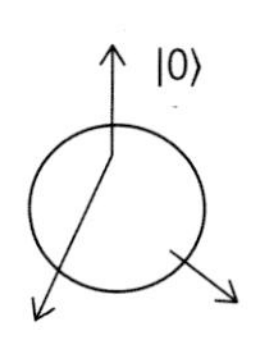

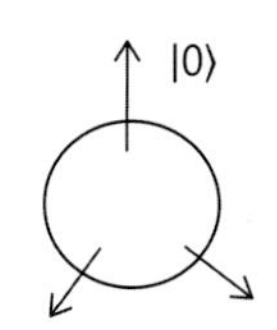

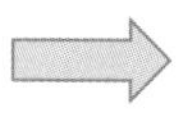

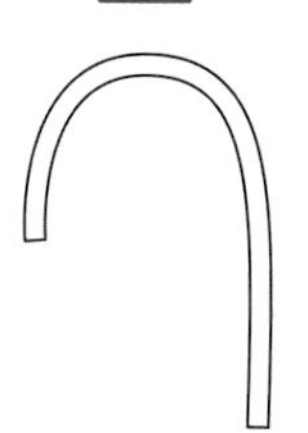

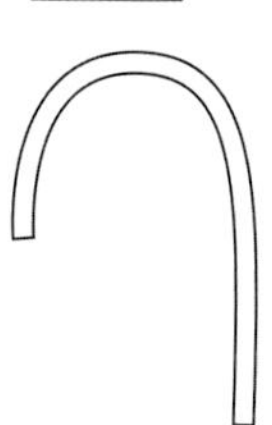

초밀도 코딩 준비 단계

앨리스와 밥 사이의 양자 통신을 위해 제3자인 이브가 두 개의 큐빗을 준비하여 $|0\rangle$, $|0\rangle$에 초기화시킨다. 이때 큐빗을 준비하는 사람이 꼭 제3자일 필요는 없다. 앨리스와 밥 중 한 사람이 만들어도 상관없다.

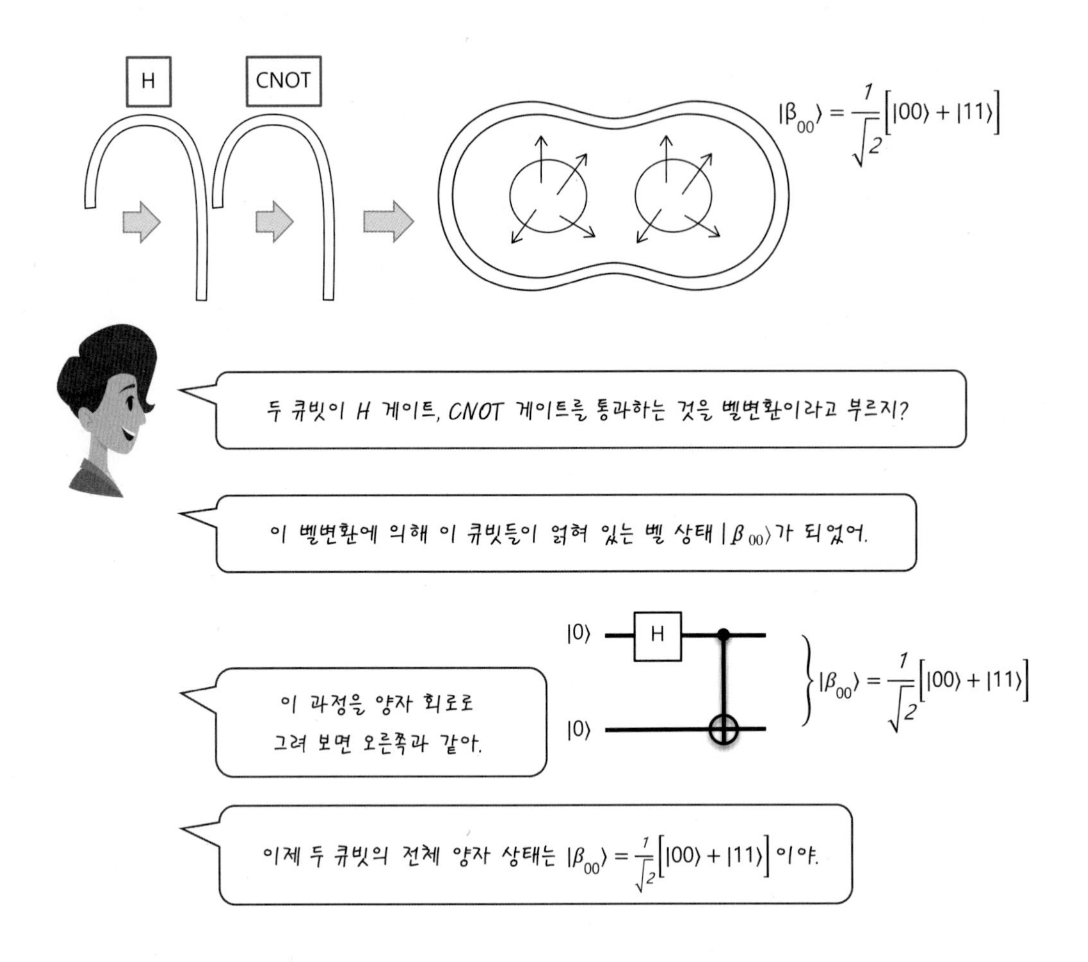

벨 상태 만들기

이브는 자신이 갖고 있는 두 큐빗 $|0\rangle$, $|0\rangle$를 벨변환을 통하여 벨 상태 $|\beta_{00}\rangle$를 만든다. 이 벨변환은 이전에 우리가 학습했던 그대로이다. H 게이트를 첫 번째 큐빗에 작용시키고, 그다음에 두 큐빗을 CNOT 게이트에 통과시킨다. 이 과정을 양자 회로로 작성하면 다음과 같다.

$|0\rangle$ — H — ●
$|0\rangle$ — ⊕

$$|\beta_{00}\rangle = \frac{1}{\sqrt{2}}\left[|00\rangle + |11\rangle\right]$$

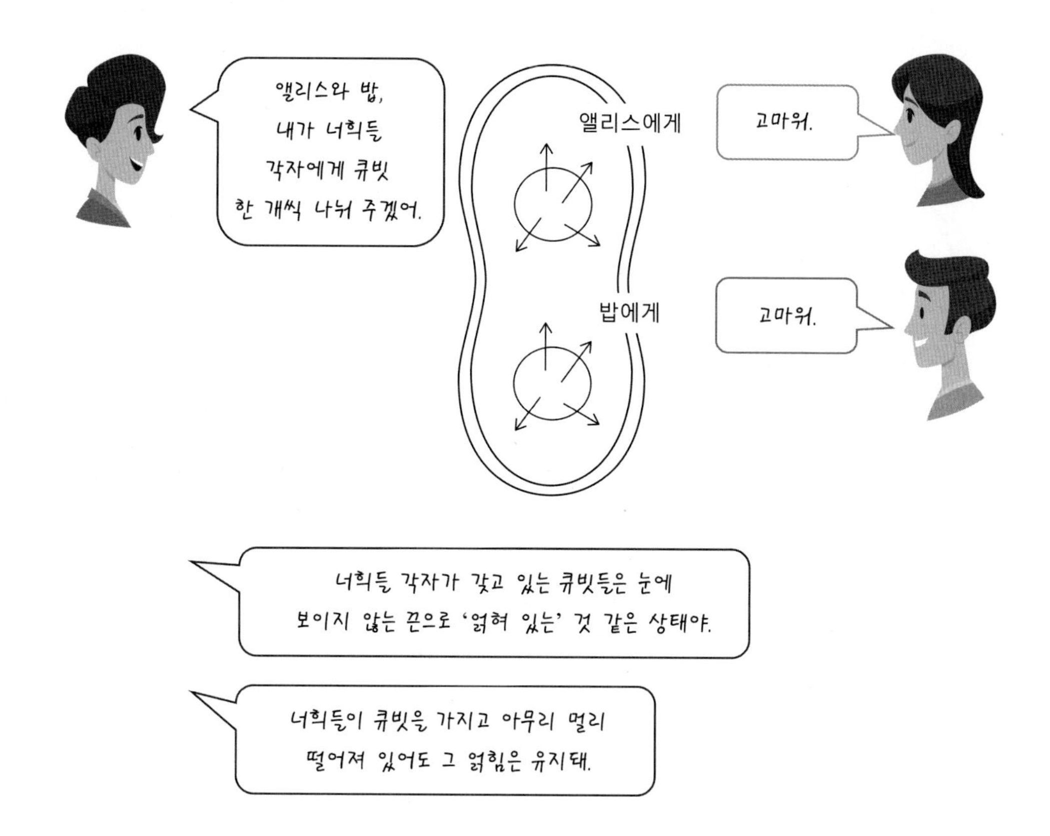

큐빗 공유 단계

이브는 이렇게 얻은 큐빗 중 한 개는 앨리스에게, 다른 하나는 밥에게 준다. 두 사람이 거리상으로 아무리 멀리 떨어져 있어도 이 큐빗의 엉켜 있는 상태는 유지된다는 점에 주의하자.

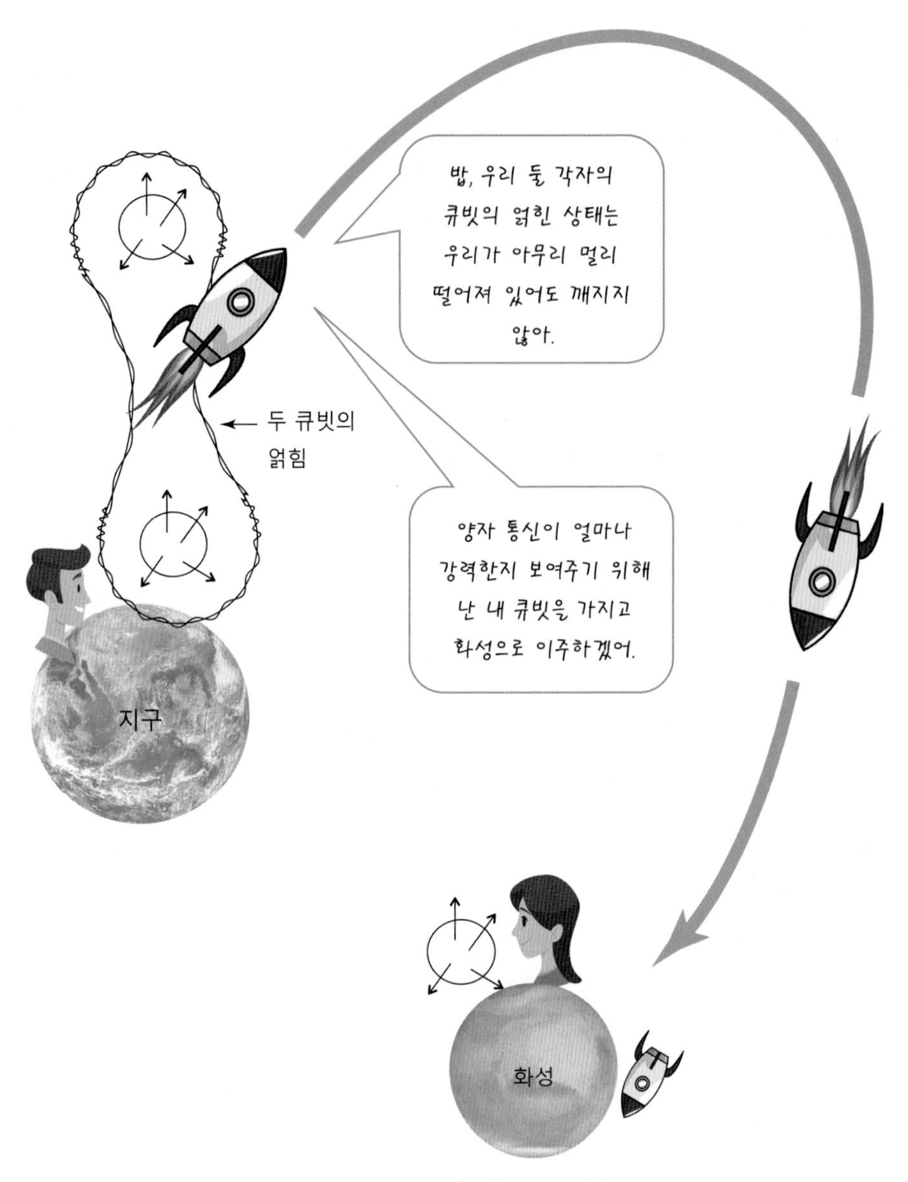

그림 6.5 | 큐빗 공유 단계

굳이 그럴 필요는 없지만 **초밀도 코딩의 강력함을 실감하기 위해**, 아니면 미래의 우주여행에서 양자 통신이 상용화되었다고 가정하여, 앨리스와 밥이 아주 멀리 떨어지는 경우를 상상해 보자. 앨리스는 자신의 큐빗을 우주선에 싣고 화성으로 여행을 떠난다. 밥은 이브가 준 큐빗과 함께 지구에 머물러 있다.

앨리스와 밥의 큐빗은 이처럼 멀리 떨어져 있지만 여전히 얽힌 상태에 있다. 따라서 이 두 개의 전체 양자 상태는 여전히 $|\beta_{00}\rangle = \frac{1}{\sqrt{2}}[|00\rangle + |11\rangle]$에 있음을 유의하자.

앨리스는 화성에 도착하여 그곳에 설치된 양자 컴퓨팅 설비를 사용하여 다음과 같은 일련의 프로토콜을 수행하여 밥에게 자신의 메시지를 보낸다.

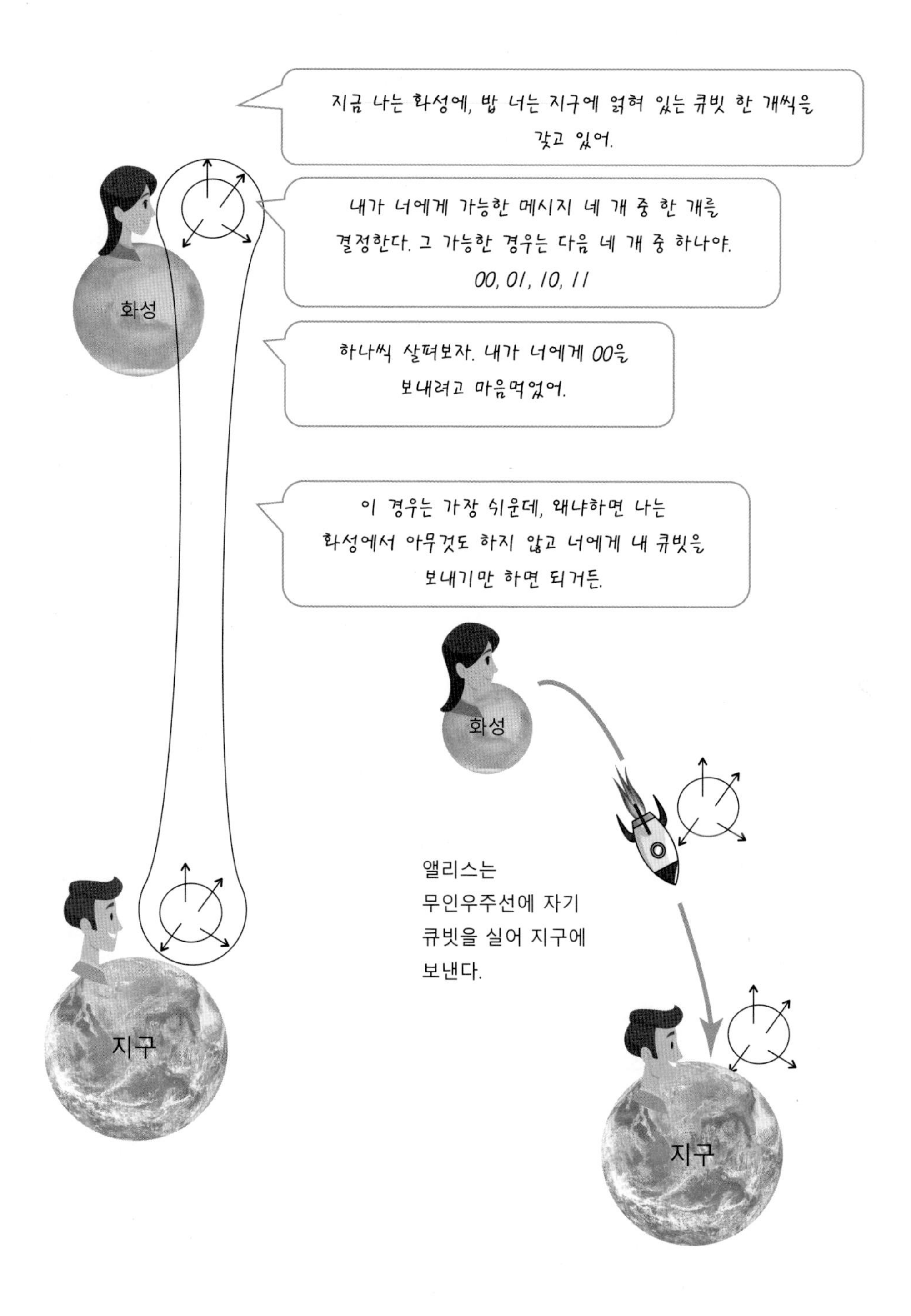

인코딩 단계

앨리스와 밥은 얽혀 있는 큐빗 한 개씩을 갖고 화성과 지구에 살고 있다. 앨리스가 밥에게 메시지를 보내려고 한다. 앨리스가 보내려는 메시지는 00, 01, 10, 11 중 하나이다. 앨리스가 보내려는 메시지의 종류에 따라 자신이 갖고 있는 큐빗에 해야 하는 게이트 작용이 달라진다. 이 단계를 인코딩(encoding) 단계라고 한다.

인코딩 단계에서 앨리스가 해야 하는 게이트 작용을 표로 정리하면 다음과 같다.

표 6.1 | 앨리스가 보내려는 네 가지 메시지와 그에 따른 앨리스의 인코딩 작업과 벨 양자 상태

메시지 두 개의 고전적인 비트	게이트 작용	벨 상태
00	Identity I	$\|\beta_{00}\rangle = \frac{1}{\sqrt{2}}(\|0_A\rangle \otimes \|0_B\rangle + \|1_A\rangle \otimes \|1_B\rangle)$
01	Pauli bit-flip X	$\|\beta_{01}\rangle = \frac{1}{\sqrt{2}}(\|1_A\rangle \otimes \|0_B\rangle + \|0_A\rangle \otimes \|1_B\rangle)$
10	Pauli phase-flip Z	$\|\beta_{10}\rangle = \frac{1}{\sqrt{2}}(\|0_A\rangle \otimes \|0_B\rangle - \|0_A\rangle \otimes \|0_B\rangle)$
11	Pauli-X followed by Pauli-Z	$\|\beta_{11}\rangle = \frac{1}{\sqrt{2}}(\|0_A\rangle \otimes \|1_B\rangle - \|1_A\rangle \otimes \|0_B\rangle)$

가장 쉬운 경우로서, 앨리스가 00을 밥에게 전송하려고 한다. 이때는 그녀가 자신의 큐빗에 아무 일도 하지 않는다. 앨리스가 자신의 큐빗에 아무런 게이트 작용을 하지 않았으므로, 게이트 연산의 관점에서 보면 단위(항등) 연산자 I를 자신의 큐빗에 가했다고 할 수 있다.

두 큐빗의 전체 양자 상태는 여전히 $|\beta_{00}\rangle = \frac{1}{\sqrt{2}}[|00\rangle + |11\rangle]$에 있다.

여기에서 네 가지 경우 중 메시지가 00인 경우만 살펴보았는데 나머지 세 가지 경우는 이후 차례로 알아보자.

전송 단계

인코딩 단계가 끝난 후 앨리스는 자신의 큐빗을 '물리적으로' 밥에게 보내야 한다. 가령 앨리스는 무인우주선에 큐빗을 태워 화성에서 지구로 전송할 수도 있다. 아니면 자기가 타고 왔던 우주선을 타고 큐빗과 함께 지구로 귀환할지도 모른다.

중요한 것은 인코딩 후 앨리스의 큐빗이 지구로 가서 밥의 큐빗과 함께해야 한다는 것이다.

이를테면 00의 메시지를 보내는 경우는 다음과 같다.

지구에 있는 밥은 얽혀 있는 두 개의 큐빗을 다 갖게 되었다. 두 큐빗의 전체 양자 상태는 여전히 $|\beta_{00}\rangle = \frac{1}{\sqrt{2}}[|00\rangle + |11\rangle]$이다.

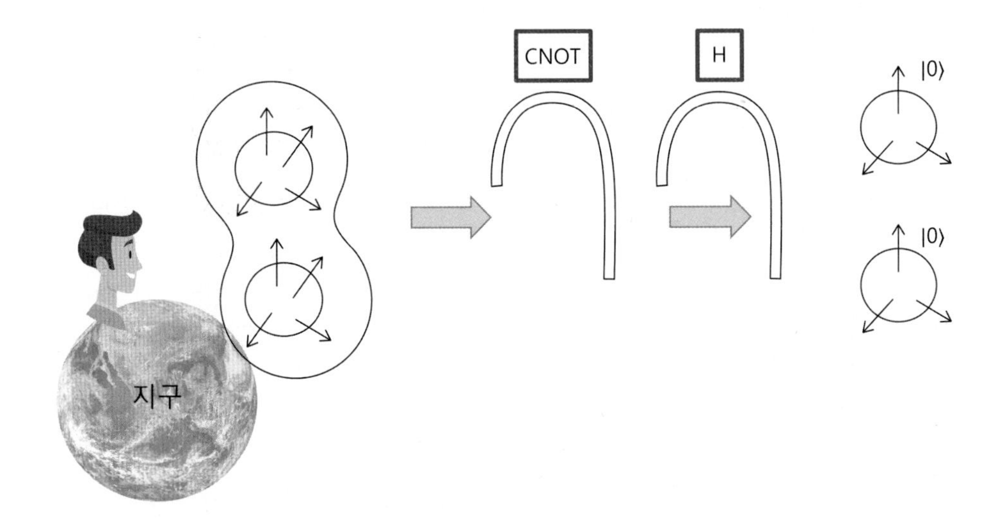

밥은 이 두 큐빗을 차례로 CNOT, H 게이트에 통과시킨다. 이 과정은 벨변환의 역과정인 역벨변환과 동일하다.

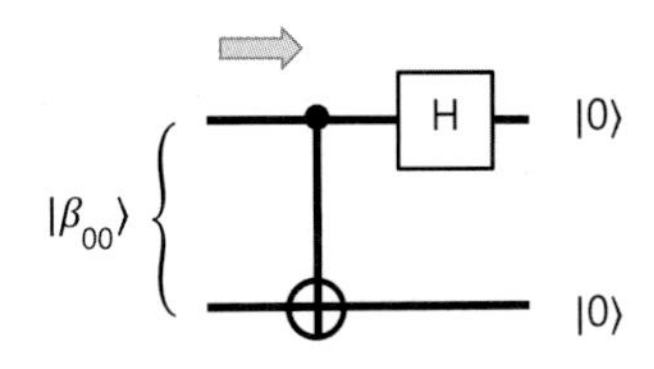

마지막으로 밥은 각 큐빗의 최종 상태를 측정하여 $|0\rangle \otimes |0\rangle$을 얻는다.

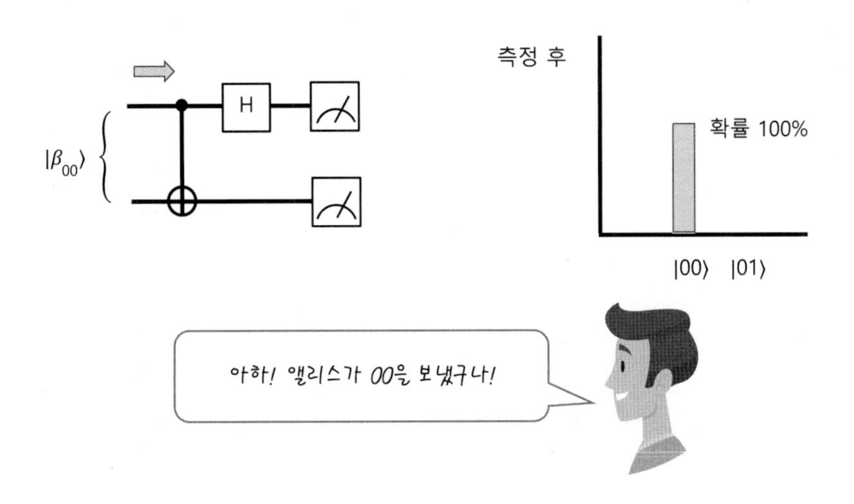

디코딩 단계

좀 더 다른 메시지를 보내는 과정을 자세히 알아보자. 이 디코딩 단계는 밥이 수행하는 초밀도 코딩의 마지막 단계이다.

지구로 온 앨리스의 큐빗과 함께 밥은 큐빗 두 개를 모두 소유하게 되었다. 마치 깨어진 거울 조각이 합쳐진 것처럼 두 개의 큐빗을 다 갖게 되어, 밥은 두 큐빗 모두에 양자게이트 연산을 수행할 수 있게 된다.

메시지의 종류에 상관없이 밥은 벨변환의 역변환을 두 개의 큐빗에 가한다. 이렇게 해서 밥은 앨리스의 메시지를 해독할 수 있게 된다. 이 과정을 디코딩(decoding) 단계라고 한다.

메시지가 00인 경우, 앨리스는 아무런 연산을 수행하지 않고 밥에게 큐빗을 보냈다. 따라서 두 큐빗의 양자 상태는 여전히 $|\beta_{00}\rangle = \frac{1}{\sqrt{2}}[|00\rangle + |11\rangle]$이다.

이 양자 상태를 벨의 역변환(CNOT 게이트, H 게이트 작용을 차례로 수행)시키면, 벨변환 이전의 양자 상태가 복구되어 $|\beta_{00}\rangle \to |0\rangle|0\rangle$가 됨을 앞에서 학습하였다.

밥은 두 개 큐빗의 최종 상태가 각각 $|0\rangle|0\rangle$인 것을 측정 후 알게 되고, 앨리스가 보내려던 메시지가 00임을 해독하게 된다.

표 6.2 | 앨리스가 보내려는 각각의 메시지에 필요한 인코딩 작업

메시지	앨리스의 인코딩 작업	인코딩 후 두 큐빗의 양자 상태
00	단위(항등) 연산자(게이트) I	$|\beta_{00}\rangle = \frac{1}{\sqrt{2}}(|0_A\rangle \otimes |0_B\rangle + |1_A\rangle \otimes |1_B\rangle)$
01	X 게이트	$|\beta_{01}\rangle = \frac{1}{\sqrt{2}}(|0_A\rangle \otimes |1\rangle + |1\rangle \otimes |0\rangle)$
10	Z 게이트	$|\beta_{10}\rangle = \frac{1}{\sqrt{2}}(|0_A\rangle \otimes |0_B\rangle - |1_A\rangle \otimes |1_B\rangle)$
11	Z·X(X 수행 후 Z)	$|\beta_{11}\rangle = \frac{1}{\sqrt{2}}(|0_A\rangle \otimes |1_B\rangle - |1_A\rangle \otimes |0_B\rangle)$

00이 아닌 다른 세 가지 메시지를 보내려고 할 때

앨리스가 00이 아닌 다른 메시지(01, 10, 11의 세 종류)를 보내려고 한다면 어떻게 해야 할까?

앨리스는 인코딩 단계에서 자기가 원하는 메시지의 종류에 따라 네 가지 게이트 작용을 자신의 큐빗에 가해야 한다. 이 상황은 표 6.2에 정리되어 있다.

메시지가 01인 경우

앨리스는 인코딩 작업에서 자신의 큐빗에 X 게이트를 가한다. 인코딩 전 전체 양자 상태는 $|\beta_{00}\rangle = \frac{1}{\sqrt{2}}[|00\rangle + |11\rangle]$이었으므로 여기에 첫 번째 큐빗에만 X 게이트를 작용시키면, 다음과 같이 쉽게 계산된다.

이 식의 계산에서 다음을 유의하자.

$$\begin{aligned} X_A|\beta_{00}\rangle &= X_A[|00\rangle + |11\rangle] = X_A[|0\rangle_A \otimes |0\rangle_B + |1\rangle_A \otimes |1\rangle_B] \\ &= X_A[|0\rangle_A] \otimes |0\rangle_B + X_A[|1\rangle_A] \otimes |1\rangle_B \\ &= |1\rangle_A \otimes |0\rangle_B + |0\rangle_A \otimes |1\rangle_B \end{aligned}$$

X_A: 'A'(앨리스)의 큐빗에만 작용

$|0\rangle_A \otimes |0\rangle_B$: A의 큐빗은 $|0\rangle$, B(밥)의 큐빗은 $|0\rangle$에 있다.

이 결과를 살펴보면, $|1\rangle_A \otimes |0\rangle_B + |0\rangle_A \otimes |1\rangle_B$이 $|\beta_{01}\rangle$과 같음을 알 수 있다!

자신의 큐빗에 인코딩을 마친 앨리스는 00 메시지를 보낼 때와 마찬가지로 큐빗을 지구로 보낸다(전송 단계).

밥은 00 메시지 당시 했었던 방식과 똑같이 두 개의 큐빗에 역벨변환을 수행한다(디코딩 단계).

$$|\beta_{01}\rangle \rightarrow (\text{역벨변환}) \rightarrow |0\rangle|1\rangle$$

위의 양자 상태를 측정함으로써 밥은 앨리스의 메시지가 01이었음을 해독할 수 있다.

이제 다른 메시지(10과 11)가 어떻게 밥에게 전송되고 해독되는지 그 원리는 이해되었을 것이다. 표 6.2에서 메시지 10과 11이 앨리스의 인코딩 후 각각 $|\beta_{10}\rangle$과 $|\beta_{11}\rangle$로 변환되는 것을 증명해 보기 바란다(연습문제 참조).

초밀도 코딩의 회로도

이제까지 학습한 초밀도 코딩을 회로도로 나타내면 다음과 같다.

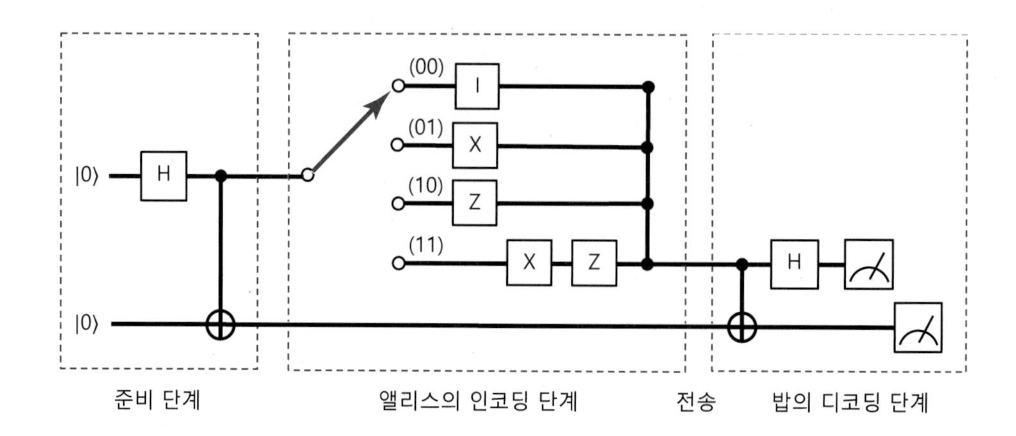

1. 앨리스와 밥 간의 양자 통신을 위해 제3자인 이브가 두 개의 양자 비트 $|0\rangle$, $|0\rangle$를 준비한다(준비 단계).
2. 이브가 이 두 큐빗을 다음의 H 게이트와 CNOT 게이트를 통과시키면 양자적으로 얽혀 있는 벨 상태 1/sqrt(2)*($|00\rangle + |11\rangle = |\Phi\rangle$)를 얻음을 앞에서 보았다.

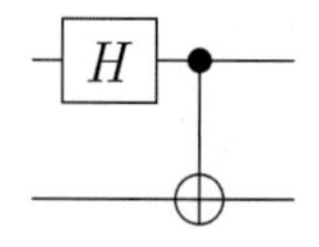

3. 이브는 이렇게 얻은 큐빗 중 한 개는 앨리스에게, 다른 하나는 밥에게 보낸다. 두 사람이 거리상으로 아무리 멀리 떨어져 있어도 이 큐빗의 엉켜 있는 상태는 유지된다는 점에 주의한다(공유 단계).
4. 인코딩 단계: 앨리스는 통신을 위해 $|\Phi\rangle$에 다음의 네 가지 작용 중 하나를 수행하면 자신이 원하는 네 가지 상태(고전적인 비트 상태)를 얻을 수 있다.
   여기에서 $|B_{ij}\rangle$는 네 개의 벨 상태를, $|0_A\rangle$는 앨리스가 갖고 있는 큐빗의 $|0\rangle$ 상태, $|0_B\rangle$는 밥이 갖고 있는 상태를 각각 나타낸다.
5. 전송 단계: 앨리스가 위의 네 가지 연산 중 하나를 수행하면 이제 그 큐빗을 밥에게 보낸다.
6. 디코딩 단계: 밥이 앨리스로부터 큐빗을 전송받으면 다음의 CNOT과 $H \otimes I$ 연산을 수행한다(역벨변환). ($H \otimes I$는 H 연산이 앨리스의 큐빗에게만 작용됨을 의미한다.)
7. 마지막으로 다음을 보임으로써 앨리스가 원하는 양자 전송을 수행하였음을 보일 수 있다.

실습: IBMQ로 구현한 초밀도 코딩

다음은 앨리스가 밥에게 01이라는 메시지를 보내기 위해 자신이 받은 큐빗에 X 게이트를 작용시킨 후 밥에게 보내는 회로이다. 양자 시뮬레이터로 실행하였을 때 100%의 확률로 원하는 메시지가 전송된 것을 알 수 있다. (멜버른 소재 양자컴퓨터 IBMQ는 86%의 전송 확률을 나타낸다.)

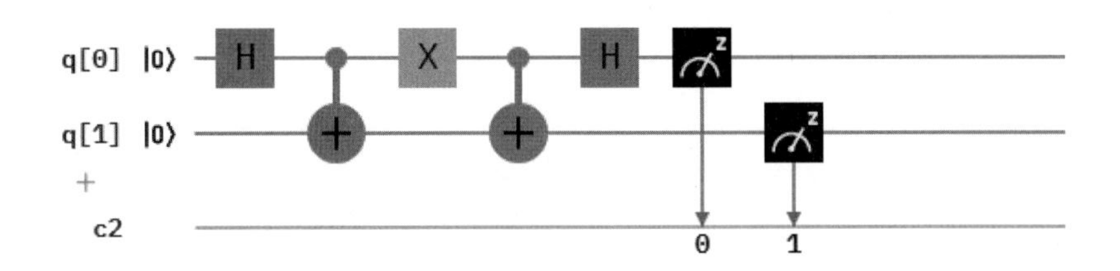

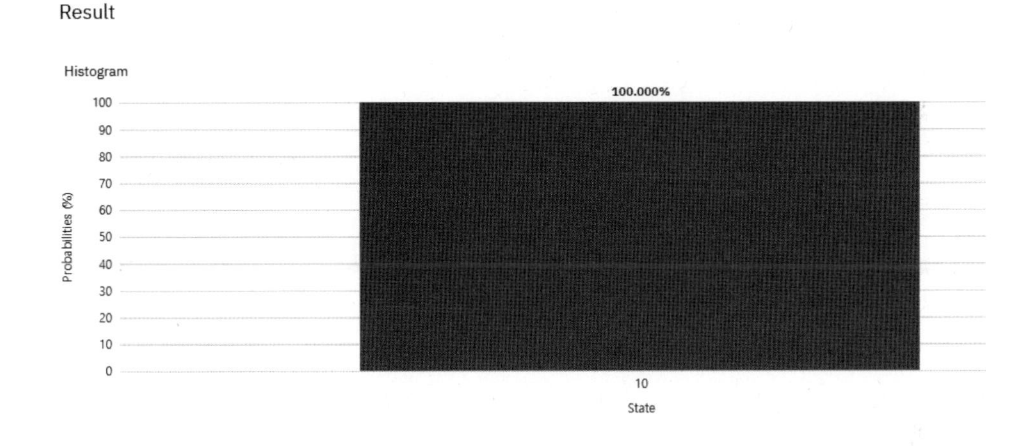

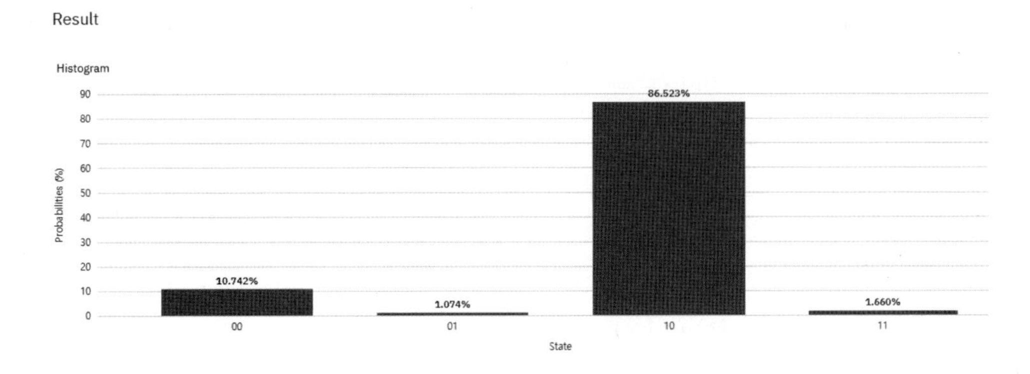

이 초밀도 코딩은 기존 통신에 비해 어떤 이점이 있을까? 양자 통신의 흥미로운 점은 두 개의 큐빗이 최초의 벨 상태로 준비되었을 때 엘리스와 밥에게 나뉘면 두 개 큐빗이 아무리 멀리 떨어져 있어도 마치 서로 통신하는 것처럼 한 개에 가해진 양자 작용이 즉각적으로 다른 하나에게 전해진다는 것이다. 엘리스가 메시지를 보내기 위해 밥에게 자신이 갖고 있는 큐빗을 보낼 때 어떤 해커가 그 큐빗을 가로챈다고 해보자. 위의 양자 회로에서 봤듯이 앨리스의 메시지를 해석하기 위해서 두 개의 큐빗이 모두 있어야지 디코딩이 가능하다. 따라서 해커가 큐빗 중에 하나만 갖고 있다면 전체 메시지를 전혀 알 수 없다. 만약 해커가 훔친 큐빗에 어떤 양자 작용을 가하게 되면 두 큐빗의 양자 상태를 붕괴시켜 밥이 알 수 있게 된다. 따라서 양자 통신의 보안성이 우수하다고 할 수 있다.

또한 기존 통신에 비해 효율성도 두 배(지수함수적으로) 좋다고 할 수 있다. 앨리스가 원하는 메시지를 보내주기 위해서 지금 통신기술로는 두 개의 비트를 보내야만 했다. 그러나 초밀도 코딩에서는 앨리스는 자신이 갖고 있는 큐빗 한 개만 보내면 되므로 전송되는 비트의 양이 적어도 통신이 가능하다.

6.3 양자 컴퓨팅의 복제 불가능의 정리

복제 불가능의 정리란

양자컴퓨터의 큐빗이 기존 컴퓨터에서 사용되는 비트와 다른 점 중 하나는, 측정되지 않은 한 개의 큐빗을 완전히 똑같이 복제할 수 없다는 것이다. 기존 컴퓨터의 데이터 비트는 완벽하게 복제가 가능하다고 우리는 믿고 있다. 그래서 새로운 하드디스크를 사면 이전 하드디스크의 데이터를 그대로 복제 또는 복사하여 쓴다. 그러나 이러한 복제 또는 복사가 양자컴퓨터의 큐빗에서는 원천적으로 불가능하다. 이 사실을 복제 불가능(No-cloning)의 정리라고 부른다.

1980년대 양자 컴퓨팅 학계에서는 양자역학을 이용하여 신호를 빛보다 빠른 속도로 전달할 수 있을까라는 문제에 관심을 갖게 되었다. 이 문제는 우리가 아는 물리학 법칙과 배치되는데, 아인슈타인의 상대성 이론에 의하면 우주의 어떤 것도 빛보다 빠를 수 없기 때문이다. 추가 연구를 통해 복제 불가능의 정리가 알려지게 되었고, 복제로 인해 빛보다 빠른 속도로 신호가 전달되는 것은 불가능하다는 것이 분명해졌다(Nielsen, p. 30).

그렇다면 양자컴퓨터로 데이터의 전송과 처리가 어떻게 가능할까? 큐빗 A를 큐빗 B에 복사하지 못한다면 양자컴퓨터가 망가졌을 때 새로운 제품을 사는 것도 의미 없고, 양자컴퓨터 간의 데이터 전송도 불가능한 것이 아닐까? 그렇다면 양자컴퓨터는 컴퓨터가 아니라 별로 쓸모없는 수십 mK 온도의 극악한 가격의 냉장고에 지나지 않을 것이다.

다행히도 복제 불가능의 정리에도 불구하고, 다음에 배우게 될 양자 순간이동(quantum teleportation)을 사용하면 큐빗 A의 양자 상태를 정확히 멀리 떨어져 있는 큐빗 B에 그대로 옮길 수 있다. 이는 순전히 큐빗의 얽힘 때문에 가능하다.

이 복제 불가능의 정리를 좀 더 엄격하게 다음과 같이 말할 수 있다.

복제 불가능의 정리
임의의 알려지지 않은 양자 상태 $|\psi\rangle = a|0\rangle + b|1\rangle$를 복제하여 $|\psi\rangle|\psi\rangle$를 만들어내는 유니타리 연산은 존재하지 않는다. (양자컴퓨터의 모든 게이트는 유니타리 연산자이므로 양자컴퓨터에서 양자 상태의 복제가 불가능하다는 뜻이 된다.)

양자 상태 $|\psi\rangle$를 복제하여 $|\psi\rangle|\psi\rangle$가 나오는 것을 왜 문제 삼는지 의아해할 것이다. 이를 쉽게 이해하기 위해 고전 컴퓨팅의 디지털 데이터를 복제하는 작업부터 시작해 보자.

디지털 비트 x를 복제하는 가장 쉬운 방법은 논리 게이트 XOR 게이트를 사용하는 것이다. XOR 게이트는 배타적 논리합 게이트라고 하며 두 개의 입력 중 하나만 참이면 그 결과가 참이 된다. 그림에서 보듯이 양자게이트의 CNOT 게이트와 같은 논리연산을 보이고 있으며 그 기호도 CNOT 게이트와 같이 ⊕를 사용한다.

표 6.3 | 디지털 데이터의 배타적 논리합 연산

입력		출력
x	y	$x \oplus y$
0	0	0
0	1	1
1	0	1
1	1	0

임의의 디지털 데이터 x를 복제하는 간단한 회로를 XOR 게이트를 사용하여 다음과 같이 구성할 수 있다[그림 (a)].

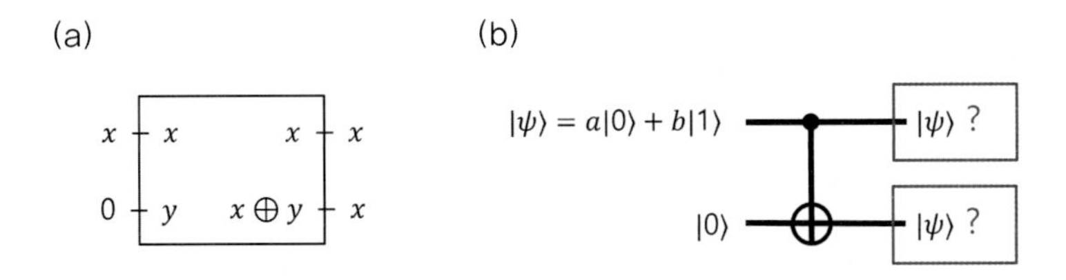

그림 (a)에서와 같이 디지털 데이터 입력 x와 또 다른 입력 0을 XOR 연산에 통과시켜 보자. 그러면 XOR 연산의 정의에 의해 $x=0$이면 출력 0, $x=1$일 때 출력 1이 나온다. 즉 출력은 입력 x값과 항상 동일하므로, 이 출력을 입력의 복제본으로 사용하면 된다.

XOR (CNOT) 게이트를 사용하면 디지털 비트를 복사할 수 있다(고전컴퓨터).

이제 양자 큐빗을 복사하기 위해 똑같이 CNOT 게이트를 사용해 보면 어떨까? 이러한 발상하에 큐빗 복사를 위한 CNOT 게이트 회로는 그림 (b)와 같이 구성하면 될 것이다.

그런데 이 회로를 점검해 보면 고전적 비트와 달리 잘 작동하지 않음을 쉽게 알 수 있다. 임의의 큐빗 양자 상태 $|\psi\rangle = a|0\rangle + b|1\rangle$과 디지털 비트 0에 해당하는 $|0\rangle$을 입력으로 넣었을 때, 만약 $|\psi\rangle$가 복제된다면 출력으로서 $|\psi\rangle$와 $|\psi\rangle$, 즉 전체 양자 상태는 $|\psi\rangle|\psi\rangle$가 나올 것이다.

한 큐빗의 양자 상태 $|\psi\rangle$도 CNOT 게이트로 복사가 가능하다면 출력되는 전체 양자 상태는 $|\psi\rangle|\psi\rangle$가 될 것이다.

즉, 입력 양자 상태의 복제가 이루어진다면 출력되는 전체 양자 상태는 다음 식과 같다.

$$|\psi\rangle|\psi\rangle = (a|0\rangle + b|1\rangle)(a|0\rangle + b|1\rangle) = a^2|00\rangle + ab|01\rangle + ba|10\rangle + b^2|11\rangle \quad (6.1)$$

그러나 실제 CNOT 게이트를 넣어서 계산을 해보면,

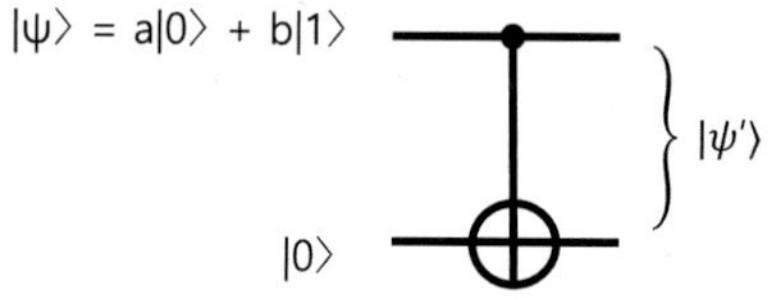

|ψ⟩ = a|0⟩ + b|1⟩

|0⟩

|ψ′⟩

출력 $$\begin{aligned}|\psi'\rangle &= \text{CNOT}\,|\psi\rangle|0\rangle \\ &= \text{CNOT}\,(a|0\rangle + b|1\rangle|0\rangle \\ &= a*\text{CNOT}\,|0\rangle|0\rangle + b*\text{CNOT}\,|1\rangle|0\rangle\end{aligned}$$

출력단에서의 전체 양자 상태는 (CNOT에 의해 전체 양자 상태가 변화함에 유의하자. 전체 양자 상태는 $|\psi\rangle|\psi'\rangle$가 아닌 단순히 $|\psi'\rangle$이다.)

$$|\psi'\rangle = a\,\text{CNOT}\,|00\rangle + b\,\text{CNOT}\,|10\rangle = a|00\rangle + b|11\rangle \quad (6.2)$$

식 (6.2)를 위의 식 (6.1)과 비교했을 때 두 식의 좌우변이 같으려면, 즉 **복제가 일어났다면** $a^2 = b^2 = 1$, $ab = ba = 0$이 되어야 한다. 복소수 a, b에서 이 조건을 모두 만족시키는 a, b는 존재하지 않는다.

따라서 CNOT 게이트에 의해 임의의 양자 상태 $|\psi\rangle = a|0\rangle + b|1\rangle$는 복제할 수 없다.

우리는 적어도 CNOT 게이트는 큐빗을 복제할 수 없음을 확인해 보았다. 그렇다면 다른 유니타리 게이트는 복제를 할 수 있지 않을까? 그렇다면 우리는 큐빗으로 현재의 컴퓨터처럼 쉽게 데이터의 복제와 전송을 할 수 있을 것이다. 불행히도(?) 큐빗을 복제할 수 있는 유니타리 게이트는 전혀 없다. 이 불행한 소식의 증명은 그다지 어렵지 않으므로 다음에서 차근차근 학습해 보기 바란다.

복제 불가능 정리의 일반적인 증명

우리가 증명하려는 것은 임의의 양자 상태와 $|\varphi\rangle$를 복제하는 유니타리 연산자 U가 존재하지 않는다는 것이다. 만약 이 유니타리 연산자 U가 존재한다고 가정하면 어떤 모순이 생기는지 살펴보자.

복제하려는 원본 양자 상태를 $|\psi\rangle$라고 할 때, 복제가 이루어지는 타깃 양자 상태는 $|e\rangle$라는 양자 상태에서 초기화되어 있다고 하자. 이때 $|e\rangle$는 정규직교화되어 있는 상태벡터이다. 쉽게 생각해서 $|\psi\rangle$는 복사하려는 원본 하드디스크, $|e\rangle$는 $|\psi\rangle$의 데이터가 옮겨지는 새 하드디스크이다.

복제가 가능하다는 가정에 의해 초기 양자 상태가 어떤 유니타리 게이트 U에 의해 다음과 같이 복제된다.

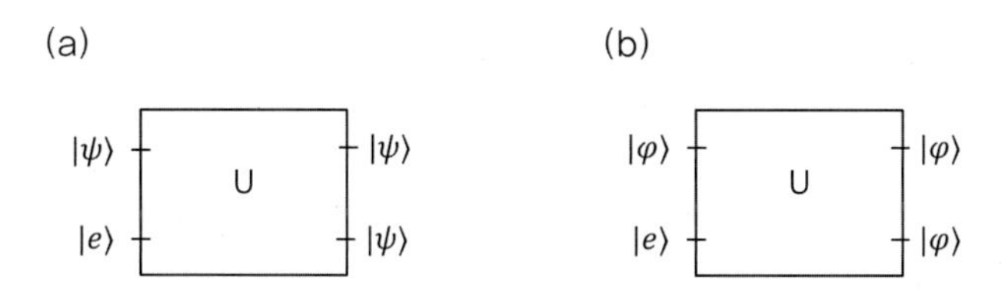

그림 6.6 | 양자 상태가 복제 가능하다는 전제하에 복제가 어떤 유니타리 게이트 U에 의해 복제되는 회로도. U에 의해 (a) $|\psi\rangle$와 (b) $|\varphi\rangle$가 복제 타깃 양자 상태 $|e\rangle$에 복제된다.

그림 6.6(a)에서는 복제 후 두 번째 큐빗의 양자 상태가 $|e\rangle$에서 복제된 $|\psi\rangle$로 변경된다.

$$U|\psi\rangle|e\rangle = |\psi\rangle|\psi\rangle \tag{6.3}$$

이 유니타리 연산자가 임의의 양자 상태를 복제하므로, 그림 (b)와 같이 다른 양자 상태 $|\phi\rangle$도 복제할 수 있어야 한다.

$$U|\phi\rangle|e\rangle = |\phi\rangle|\phi\rangle \tag{6.4}$$

우리가 두 개의 식을 얻었는데, 이 식이 과연 맞는지 확인하기 위해 두 식의 양변의 내적을 계산해 보자.

식 (6.4)에서 좌우변의 켤레를 취함:

$$\langle e|\langle \phi| U^{\dagger} = \langle \phi|\langle \phi|$$

이 식의 양변을 이제 식 (6.3)의 양변에 내적해 보자.

$$\langle e|\langle\phi|U^\dagger U|\psi\rangle|e\rangle = \langle\phi|\langle\phi|\psi\rangle|\psi\rangle$$

유니타리 연산자의 정의에 의해 $U^\dagger U = 1$이므로, 이 식은

$$\langle e|\langle\phi|\psi\rangle|e\rangle = \langle\phi|\langle\phi|\psi\rangle|\psi\rangle$$

$$\langle\phi|\psi\rangle\langle e|e\rangle = \langle\phi|\psi\rangle\langle\phi|\psi\rangle^* = |\langle\phi|\psi\rangle|^2$$

$|e\rangle$는 정규직교화된 상태벡터이므로 $\langle e|e\rangle = 1$
따라서

$$\langle\phi|\psi\rangle = |\langle\phi|\psi\rangle|^2$$

이 식은

$$\langle\phi|\psi\rangle = X,\ X = X^2$$

이 단순한 X에 대한 이차방정식의 해는 $X=1,\ 0$이다.

$X = \langle\phi|\psi\rangle = 1$이라면:
$|\varphi\rangle = |\psi\rangle$인 크기 1인 상태벡터이다.
$X = \langle\phi|\psi\rangle = 0$이라면:
$|\varphi\rangle = |\psi\rangle$의 내적은 0, 즉 두 벡터는 서로 직교한다.

여기에서 우리가 처음에 세운 가정들이 붕괴하기 시작한다.
복제가 가능한 임의의 두 상태벡터 $|\varphi\rangle$와 $|\psi\rangle$는 서로 같거나($X=1$인 경우), 서로 직교하는($X=0$인) 특수한 경우밖에 없다. **이것은 임의의 두 상태벡터라는 가정과 모순이다.**
따라서 임의의 양자 상태를 복제하는 유니타리 연산자는 존재하지 않는다. ■

6.4 양자 순간이동

순간이동?

복제 불가능의 정리에 따르면 양자컴퓨터로는 우리가 지금 컴퓨터로 쉽게 할 수 있는 복사와 붙이기('복붙')도 할 수 없다. 그렇다면 양자컴퓨터에서 한 큐빗에서 다른 큐빗으로 정보를 옮기는 것이 불가능할까?

다행히도 그렇지 않다. 복제 불가능의 정리를 증명한 과정을 다시 살펴보면, 임의의 측정되

지 않은 양자 상태를 복제하는 양자게이트가 없다는 뜻이지, 약간의 트릭을 이용하면 정보의 이동이 충분히 가능하다. **그 트릭은 '단순한' 양자 상태가 아닌 얽혀 있는 벨 상태를 이용하는 것이다.**

벨 상태를 이용하여 양자 정보를 이동시키는 기초적인 기술로서 양자 순간이동(quantum teleportation)이 있다. 양자 순간이동은 공상과학 소설이나 영화에서 많이 소개된 바 있다. 양자 순간이동의 영어 명칭을 직역하면 양자 전송(quantum teleportation)이라고 해야 할 것이다. teleportation은 전달 또는 전송의 의미밖에 없는데 어느 '순간' 순간이동이란 명칭으로 번역되기 시작했다.

그림 6.7 | 2008년 개봉된 할리우드 영화 〈점퍼〉에서 생각만 해도 순간이동하는 남자가 나온다. 이 영화는 스티븐 굴드의 동명 제목의 소설을 영화화한 것이다. (이미지출처: http://ko.wikipedia.org/wiki/점퍼_%28영화%29)

공상과학 소설이나 영화에서처럼 우리가 어떤 물체를, 우리의 몸을 순식간에 이동시킬 수 있으면 얼마나 좋을까? 서울과 부산을, 서울과 뉴욕을 눈 깜짝할 새에 여행할 수 있다면?

혹시 양자 컴퓨팅의 양자 상태 얽힘을 이용하면 가능하지 않을까?

그렇다. 아니, 정확히 말하면 어쩌면 그럴 수 있을지 모른다. 큐빗의 얽힘은 정말 무궁무진한 가능성을 갖고 있다. 앞에서 학습하였듯이 두 개의 독립적인 큐빗을 벨변환하여 서로 얽혀 있는 양자 상태를 구성할 수 있다. 이전의 벨 상태에서 학습하였듯이 한 번 얽힌 두 개의 큐빗은 마치 살아 있는 생물처럼 서로 상호작용을 한다. 한 개 큐빗의 양자 상태가 변화하면 얽혀 있는 다른 큐빗도 그에 따라 상태가 100%의 확률로 바뀌게 된다.

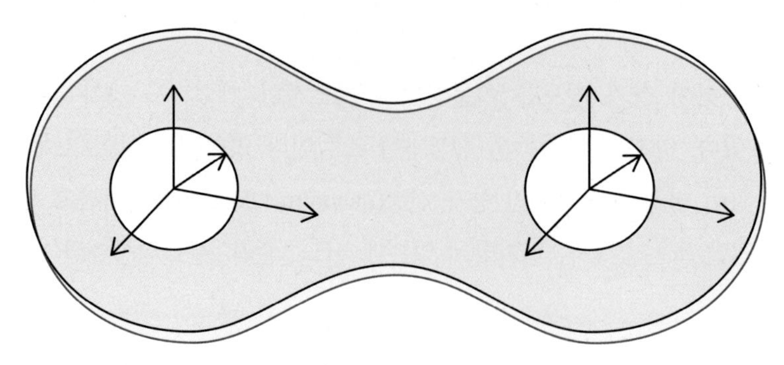

그림 6.8 | 얽혀 있는 두 개의 큐빗

양자 순간이동은 큐빗의 얽힘을 이용하여 한 큐빗의 양자 상태를 순간의 시간에 다른 큐빗으로 '복제'할 수 있는 방법이다. 큐빗 자체가 순간이동하는 것이 아니라 한 큐빗의 양자 정보가 전송된다. 영화와 달리 물질 또는 우리의 몸을 양자 순간이동시키는 것은 불가능에 가깝다. 또한 임의의 양자 상태를 이동시키는 것이 아니라, 두 개의 큐빗으로 양자 얽힘을 미리 준비해야 가능하다. 또한 양자 순간이동을 위해서 양자 컴퓨팅 이외에 고전적인 방법으로 일부 데이터를 전송해 주는 단계도 필요하다.

따라서 현재 기술 수준에서 영화처럼 우리의 몸을 순간이동시키는 것은 불가능하지만, 복제 불가능의 정리를 회피하여 양자 상태를 한 큐빗에서 다른 큐빗으로 전송하는 것이 가능하다. 다음에서 자세히 살펴보자.

양자 전송 프로토콜

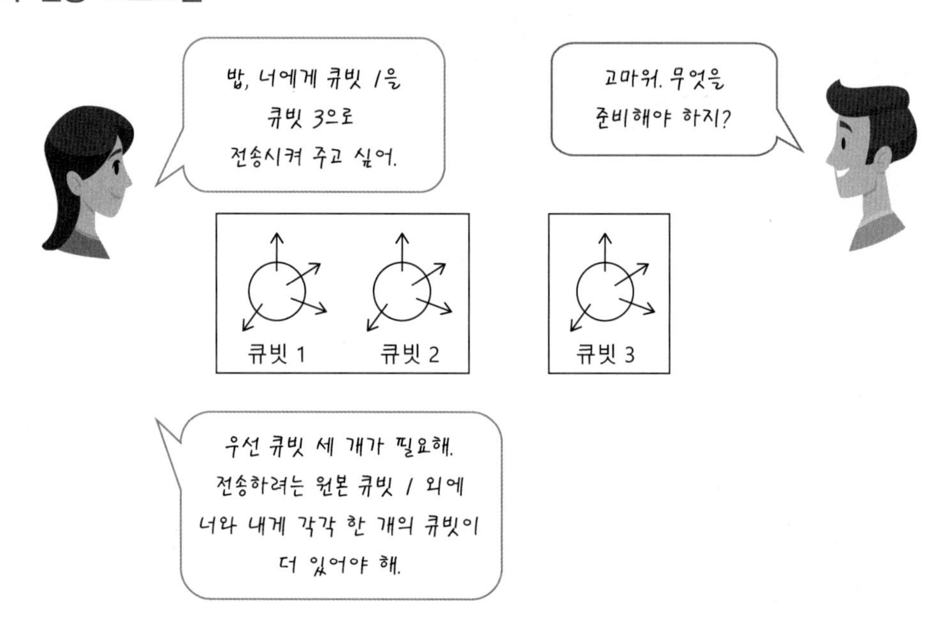

1. 준비 단계

앨리스가 밥에게 큐빗 1의 양자 상태를 전송하려고 한다. 양자 순간이동을 위해서 앨리스에게 두 개의 큐빗(큐빗 1, 큐빗 2)과 밥에게 한 개의 큐빗(큐빗 3)이 필요하다. 앨리스의 큐빗 1의 양자 상태를 밥의 큐빗 3에 전송하면 양자 전송 프로토콜(quantum teleportation protocol)이 완성된다.

> **양자 순간이동 프로토콜의 목표**
> 앨리스: 큐빗 1 → 밥: 큐빗 3

위의 그림을 양자 회로로 표현해 보면 다음과 같이 된다. 앨리스의 큐빗 1(Q_1)과 큐빗 2(Q_2), 그리고 밥의 큐빗 3(Q_3)가 준비되어 있다. 앨리스의 첫 번째 큐빗 Q_1의 양자 상태 $|\psi\rangle$가 전송하려고 하는 양자 상태이다.

앨리스 $Q_1|\psi\rangle$ —

앨리스 Q_2 —

밥 Q_3 —

그림 6.9 | 양자 순간이동 실험을 위한 앨리스와 밥의 세 개의 큐빗

앨리스는 두 개의 큐빗(Q_1, Q_2)을, 밥은 한 개의 큐빗(Q_3)을 갖고 있다. 앨리스의 첫 번째 큐빗 Q_1의 양자 상태 $|\psi\rangle$가 순간이동시킬 양자 상태이다. 큐빗 1 양자 상태 $|\psi\rangle$는 아직 측정되지 않은 상태로서 다음과 같이 표현된다.

$$|\psi\rangle = a|0\rangle + b|1\rangle$$

2. 큐빗 2와 큐빗 3의 벨 상태 만들기

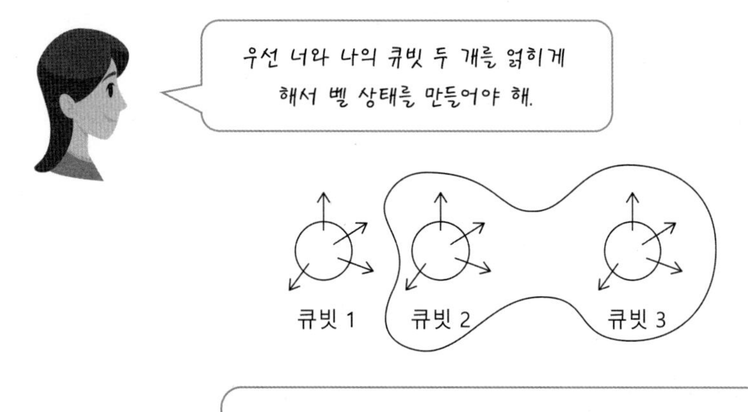

큐빗 1은 그대로 두고 나의 큐빗 2와 너의 큐빗 3번을 벨변환을 통해 벨 상태를 만들지. 이를 회로로 그리면 다음과 같아.

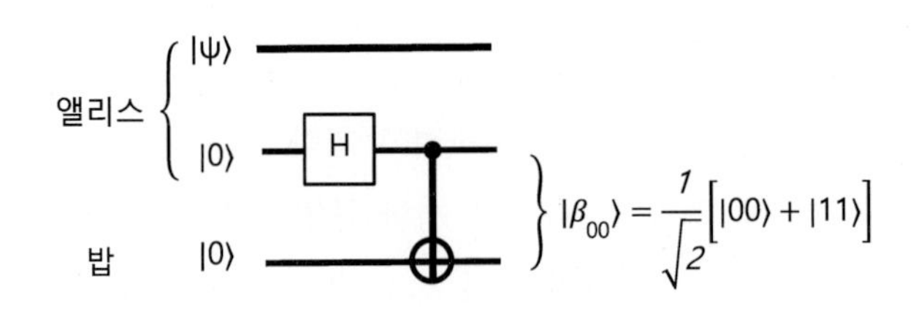

그렇구나. 벨 상태가 모두 네 개가 있는데, 모든 벨 상태가 다 필요해?

아니야. $|\beta_{00}\rangle$만 필요해. 따라서 $|Q_2\rangle = |0\rangle$, $|Q_3\rangle = |0\rangle$으로 초기화해서 벨변환(H 게이트, CNOT 게이트)을 해야겠지.

세 개의 큐빗 중 단 두 개만을 얽혀서 벨 상태를 만든다. 앨리스의 큐빗 1은 그대로 둔 채 큐빗 2와 밥의 큐빗 3만을 벨변환을 통해 $|\beta_{00}\rangle$를 만든다. 두 개의 큐빗 $|0\rangle$, $|0\rangle$에서 벨 상태 $|\beta_{00}\rangle$를 만드는 벨변환은 이미 학습하였고, 위 그림의 회로도에 나와 있다.

3. 벨 상태 형성 후 세 개의 큐빗이 이루는 전체 양자 상태

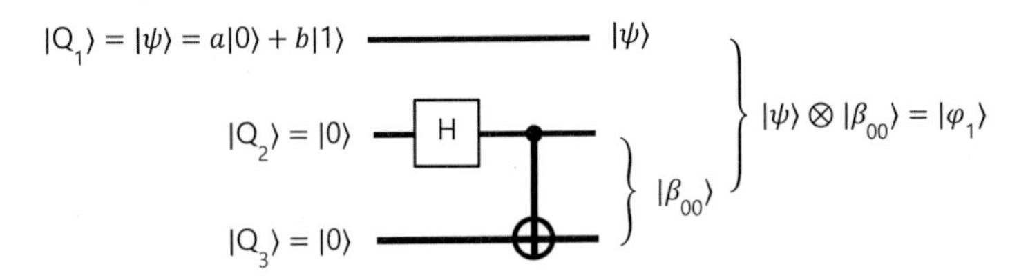

위의 단계를 다시 써보았어.

이 단계에서 세 개의 큐빗이 이루는 양자 상태는 $|Q_1\rangle = |\psi\rangle$와 두 큐빗이 이룬 벨 상태 $|\beta_{00}\rangle$의 텐서곱으로 나타내져.

이 전체 양자 상태를 $|\varphi_1\rangle$이라고 불러보자.

$$|\varphi_1\rangle = |\psi\rangle \otimes |\beta_{00}\rangle$$

이제부터 약간 복잡한 수식이 등장한다. 각 단계별로 양자 상태를 차근차근 계산해 보면 그리 어렵지는 않다.

두 개의 큐빗 Q_2과 Q_1가 벨 상태 $|\beta_{00}\rangle$를 이루면, 이 벨 상태와 큐빗 1(Q_1)의 양자 상태

는 새로운 양자 시스템을 형성하게 된다. 새로운 양자 시스템을 $|\varphi_1\rangle$이라고 부르고, 이것은 벨 상태와 Q_1의 양자 상태 $|\psi\rangle$의 텐서곱으로 표현된다.

$$|\varphi_1\rangle = |\psi\rangle \otimes |\beta_{00}\rangle = (a|0\rangle + b|1\rangle) \otimes \frac{1}{\sqrt{2}}(|00\rangle + |11\rangle)$$

이 양자 상태 $|\varphi_1\rangle$은 앨리스와 밥이 **공동으로** 소유하는 양자 상태이다.

즉, 앨리스는 세 개 중 두 개의 큐빗밖에 없지만 자신의 큐빗 두 개를 조작하여 이 전체 양자 상태를 변형시킬 수 있다. 밥도 한 개의 큐빗에 게이트 작용을 가하면, 이 전체 양자 상태를 변화시킨다. 두 사람은 각각 한 개의 큐빗을 통해 얽혀 있다.

4. 앨리스의 역벨변환

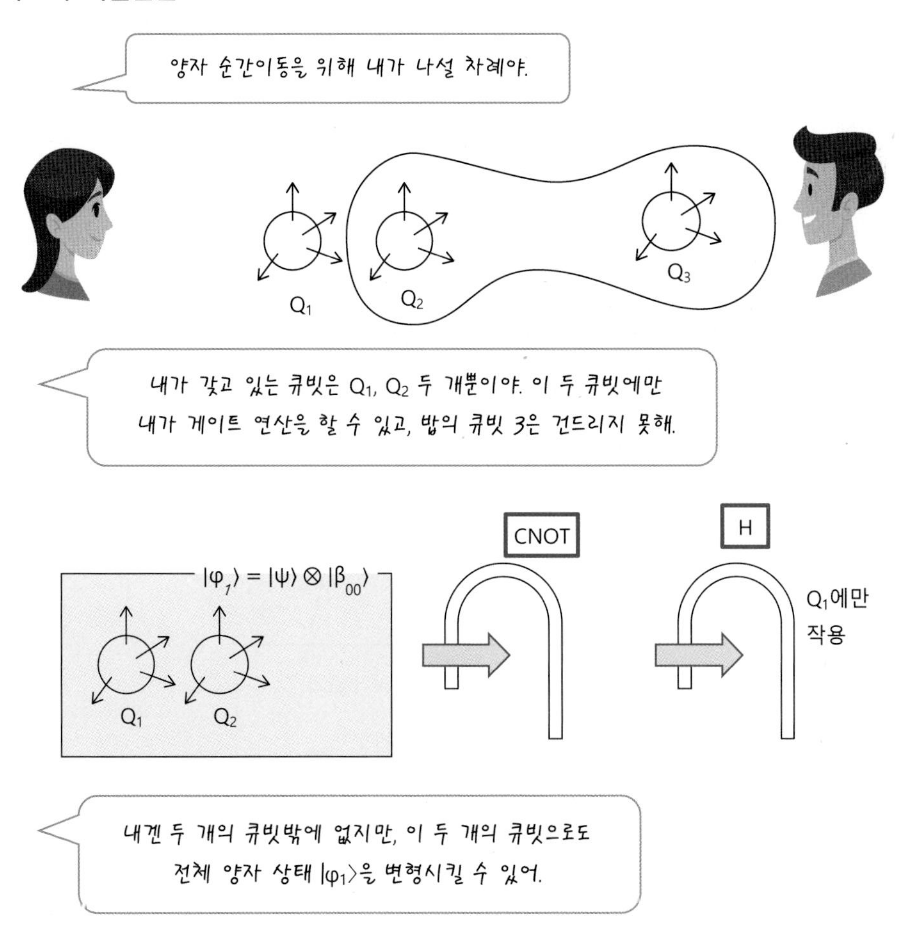

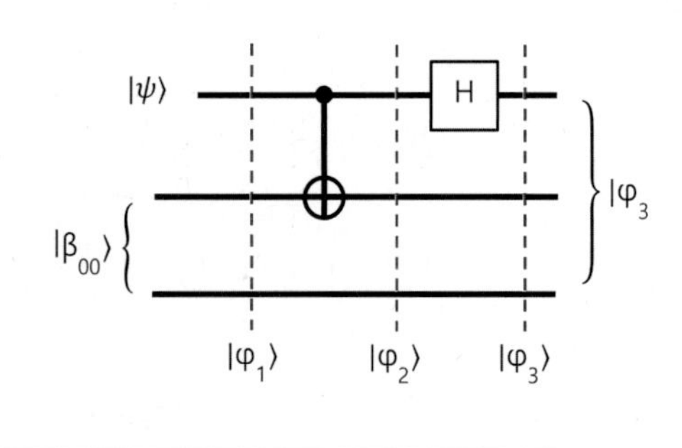

이 단계에서 앨리스는 양자 순간이동을 위해 본격적인 양자 조작을 자신이 갖고 있는 두 개의 큐빗에 가하게 된다. 이전에 전체 양자 상태 $|\varphi_1\rangle$은 앨리스와 밥이 공동으로 갖고 있는 것이라고 했다. 따라서 앨리스가 갖고 있는 두 개의 큐빗을 조작하여 전체 양자 상태를 바꿀 수 있다.

이제 앨리스는 자신의 두 개 큐빗에 두 개의 게이트(CNOT, H)를 차례로 통과시킨다.

이를 양자 상태벡터를 이용해 각 단계에서 계산해 보면 다음과 같다.

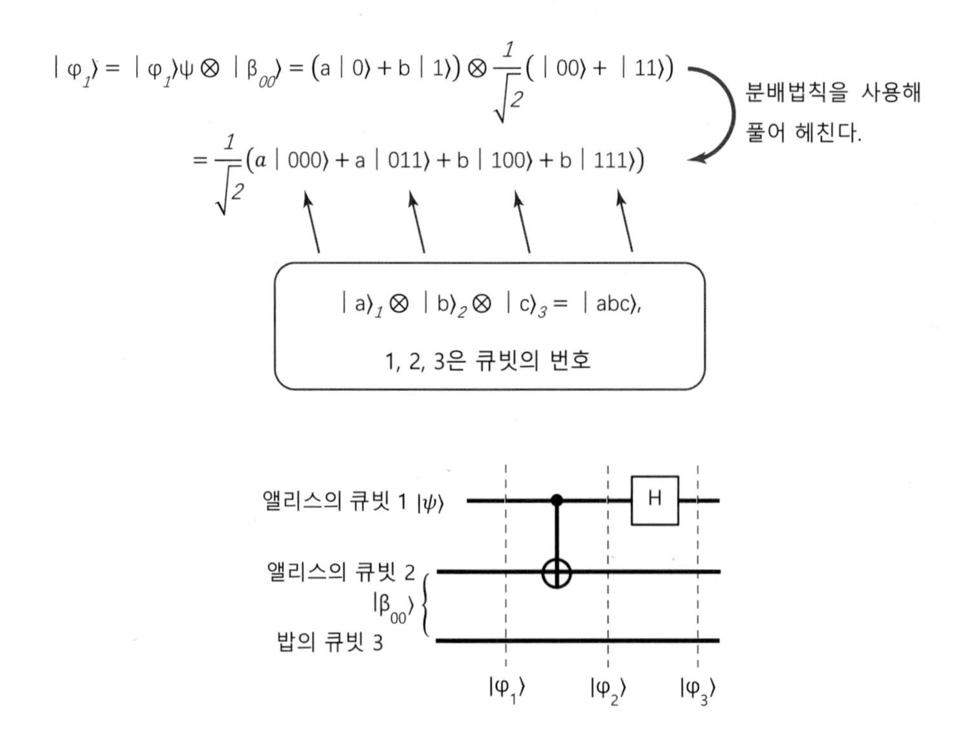

$$|\varphi_2\rangle = \text{CNOT} \otimes |\varphi_1\rangle$$

CNOT 게이트를 큐빗 1, 2에 가한다.

$$= \frac{1}{\sqrt{2}}\left[a \cdot \text{CNOT}\,|000\rangle + a \cdot \text{CNOT}\,|011\rangle + b \cdot \text{CNOT}\,|100\rangle + b \cdot \text{CNOT}\,|111\rangle\right]$$

$$= \frac{1}{\sqrt{2}}\left[a\,|000\rangle + a\,|011\rangle + b\,|110\rangle + b\,|101\rangle\right]$$

CNOT 게이트에 의해 큐빗 1이 |1⟩일 때 큐빗 2를 반전시킨다.

예: CNOT |101⟩ = |111⟩

큐빗 3은 영향이 없다.

앨리스의 큐빗 1과 큐빗 2에 CNOT 게이트를 통과시켜 $|\varphi_2\rangle$가 생성되었다. 이제 큐빗 1에만 H(아다마르) 게이트를 작용시켜 새로운 양자 상태 $|\varphi_3\rangle$를 다음과 같이 얻을 수 있다.

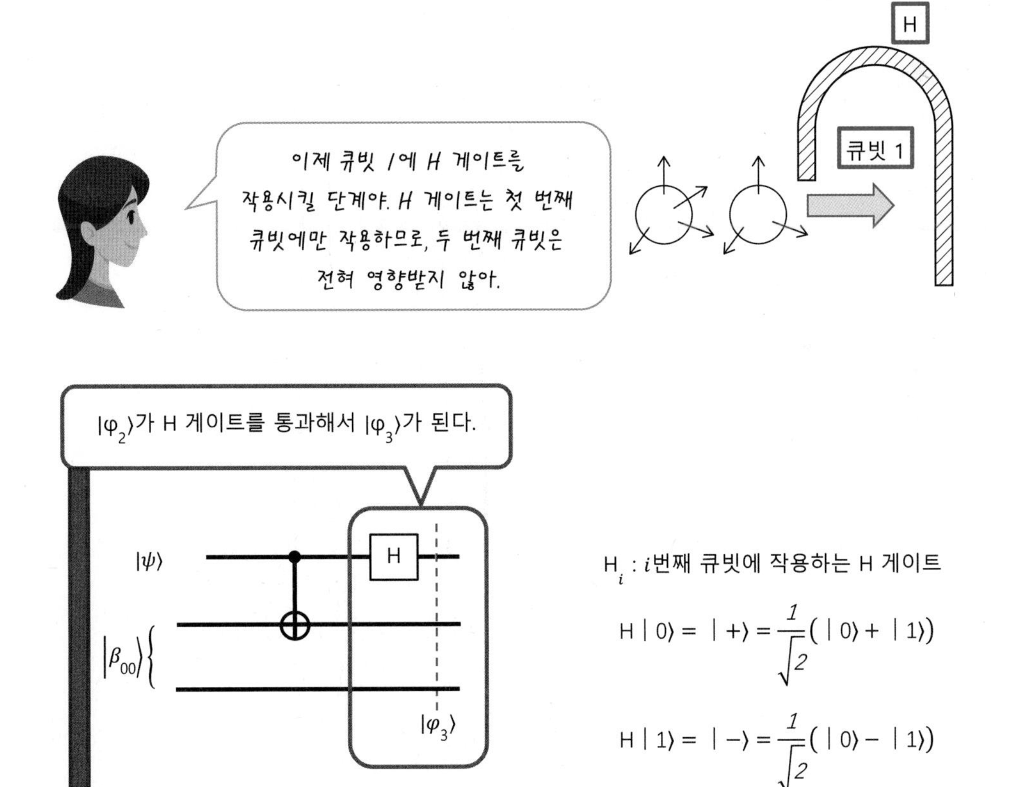

$$|\varphi_3\rangle = H_1 \otimes |\varphi_2\rangle = H_1 \otimes \frac{1}{\sqrt{2}}\left[\,|000\rangle + a\,|011\rangle + b\,|110\rangle + b\,|101\rangle\right]$$

$$= \frac{1}{\sqrt{2}}\Big[\underbrace{a \cdot H_1\,|000\rangle}_{①} + \underbrace{a \cdot H_1\,|011\rangle}_{②} + \underbrace{b \cdot H_1\,|110\rangle}_{③} + \underbrace{b \cdot H_1\,|101\rangle}_{④}\Big]$$

여기에서

① $H_1|000\rangle = |+00\rangle = \frac{1}{\sqrt{2}}(|0\rangle + |1\rangle) \otimes |00\rangle = \frac{1}{\sqrt{2}}(|000\rangle + |100\rangle)$

② $H_1|011\rangle = |+11\rangle = \frac{1}{\sqrt{2}}(|011\rangle + |111\rangle)$

③ $H_1|110\rangle = |-10\rangle = \frac{1}{\sqrt{2}}(|0\rangle + |1\rangle) \otimes |10\rangle = \frac{1}{\sqrt{2}}(|010\rangle + |110\rangle)$

④ $H_1|101\rangle = |-01\rangle = \frac{1}{\sqrt{2}}(|001\rangle + |101\rangle)$

위의 식에서 $|\varphi_3\rangle$에 네 개의 항 ①, ②, ③, ④를 대입하면 모두 8개의 항을 가진 다음 식을 얻게 된다.

$$|\phi_3\rangle = \frac{1}{2}[\underbrace{a|000\rangle}_{①} + \underbrace{a|100\rangle}_{③} + \underbrace{a|011\rangle}_{②} + \underbrace{a|111\rangle}_{④} + \underbrace{b|010\rangle}_{②'} - \underbrace{b|110\rangle}_{④'} + \underbrace{b|001\rangle}_{①'} - \underbrace{b|101\rangle}_{③'}]$$

이 단계에서 식을 정리하는 것이 좀 어렵다.

위의 식을 ①과 ①′, ②와 ②′, ③과 ③′, ④와 ④′을 짝 지으면 보다 의미 있는 항으로 묶을 수 있다.

①＋①′ $= a|000\rangle + b|001\rangle = a|00\rangle \otimes |0\rangle + b|00\rangle \otimes |1\rangle = |00\rangle(a|0\rangle + b|1\rangle)$

②＋②′ $= a|011\rangle + b|010\rangle = a|01\rangle \otimes |1\rangle + b|01\rangle \otimes |0\rangle = |01\rangle(a|1\rangle + b|0\rangle)$

③＋③′ $= a|100\rangle - b|101\rangle = |10\rangle(a|0\rangle + b|1\rangle)$

④＋④′ $= a|111\rangle - b|110\rangle = |11\rangle(a|1\rangle + b|0\rangle)$

즉,

$$|\phi_3\rangle = \frac{1}{2}[|00\rangle(a|0\rangle + b|1\rangle) + |01\rangle(a|1\rangle + b|0\rangle) + |10\rangle(a|0\rangle + b|1\rangle) + |11\rangle(a|1\rangle + b|0\rangle)]$$

5. 앨리스의 두 개 큐빗의 양자 상태 측정

$$|\phi_3\rangle = \frac{1}{2}[|00\rangle(a|0\rangle + b|1\rangle) + |01\rangle(a|1\rangle + b|0\rangle) + |10\rangle(a|0\rangle + b|1\rangle) + |11\rangle(a|1\rangle + b|0\rangle)]$$

내가 너에게 보낼 양자 정보의 중요한 정보들이 이 식에 나와 있어.

이 식은 굉장히 흥미로워.

$$|\varphi_3\rangle = \frac{1}{2}[\triangle + \square + \star + \bigcirc]$$

$$\triangle = |00\rangle \otimes (a|0\rangle + b|1\rangle)$$

큐빗 1 큐빗 2 큐빗 3

$|\varphi_3\rangle$는 △, □, ☆, ○로 표시한 것과 같이 네 개의 항으로 이뤄져 있어. 그런데 각 항은 큐빗 1, 2, 3의 양자 상태를 나타내.

예를 들면, △의 경우 큐빗 1, 2가 $|00\rangle$이고, 동시에 큐빗 3은 $(a|0\rangle+b|1\rangle)$로 결정돼 있어.

최종적으로 정리한 양자 상태 $|\phi_3\rangle$는 8개의 항으로 이루어져 있지만, 같은 큐빗 1, 큐빗 2의 양자 상태로 묶으면 네 개의 항으로 이루어져 있는 것처럼 보인다.

네 개의 각 항을 살펴보면, 큐빗 1, 2, 3의 양자 상태를 직접적으로 표현해 준다.

예를 들어 $|\phi_3\rangle$의 첫 항 $\triangle = |00\rangle \otimes (a|0\rangle + b|1\rangle)$은 큐빗 1, 큐빗 2 양자 상태가 $|00\rangle$, 큐빗 3의 양자 상태가 $a|0\rangle + b|1\rangle$임을 알 수 있다.

그리고 네 개 항의 큐빗 1, 큐빗 2의 양자 상태는 $|00\rangle$, $|01\rangle$, $|10\rangle$, $|11\rangle$로서 두 개 큐빗 ($2^2 = 4$차원) 힐버트 공간에서의 기저들이다.

따라서 **앨리스가 자신이 갖고 있는 큐빗 두 개를 측정해 보면, 네 개 항 중 하나로만** 1/4 (=25%)**의 확률로 반드시 붕괴될 것이다.**

$$|\phi_3\rangle = \frac{1}{2}[\triangle + \square + \star + \bigcirc] \xrightarrow{\text{(앨리스의 측정 후)}} |\phi_3\rangle = \triangle$$

$$\text{또는 } |\phi_3\rangle = \square \quad \text{또는 } |\phi_3\rangle = \star \quad \text{또는 } |\phi_3\rangle = \bigcirc$$

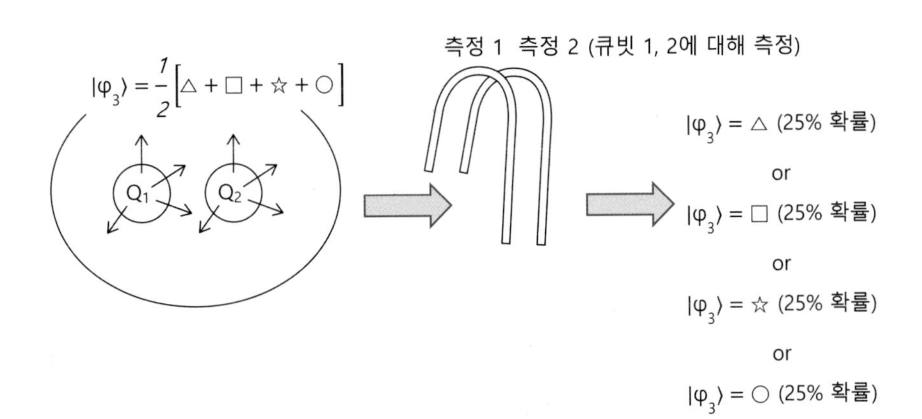

내가 갖고 있는 두 큐빗을 측정한 후 양자 상태는 네 가지 가능성밖에 없어.

만약 측정 후 $|\varphi_3\rangle = \triangle = |00\rangle \otimes (a|0\rangle + b|1\rangle)$이었다면?

큐빗 1 큐빗 2 큐빗 3

이건 내 큐빗 두 개가 $|00\rangle$이고 큐빗 3이 $a|0\rangle + b|1\rangle$이 되었다는 뜻이야.

이 말은 밥, 네가 갖고 있는 큐빗 3의 양자 상태가 $a|0\rangle + b|1\rangle$로서 존재한다는 뜻이야.

오호, 신기하네.
나는 아무것도 한 게 없고, 이제까지 게이트 작용은 앨리스 네가 큐빗 1, 2에만 한 거잖아?
그런데 왜 내 큐빗의 상태가 변했지?

그건 내 큐빗 2와 네 큐빗 3이 얽혀 있기 때문이야.
나는 네 큐빗을 보지도 못하지만 큐빗 2의 얽힘을 이용해서 네 큐빗 3의 양자 상태도 변화시킬 수 있어.

내가 큐빗 두 개를 측정하면 △만 나오는 건 아니야. 같은 확률로 □, ☆, ○가 나올 수 있어. 각각의 측정 결과에 따라, 밥 너의 양자 상태가 결정돼.

앨리스는 자신의 큐빗 두 개를 측정하면 $|00\rangle$, $|01\rangle$, $|10\rangle$, $|11\rangle$ 중 반드시 한 개를 25%의 확률로 얻게 된다. 이 네 개의 정보를 cd라고 표시해 보자.

cd의 각 경우에 대해서 밥이 갖고 있는 큐빗 3의 양자 상태를 표로 정리해 보면 다음과 같다.

측정 후 $\|\phi_3\rangle$	cd	큐빗 3의 양자 상태
△	00	$a\|0\rangle + b\|1\rangle$
□	01	$a\|1\rangle + b\|0\rangle$
☆	10	$a\|0\rangle - b\|1\rangle$
○	11	$a\|1\rangle - b\|0\rangle$

6. 앨리스가 밥에게 고전적인 방법으로 cd 값 정보 전송

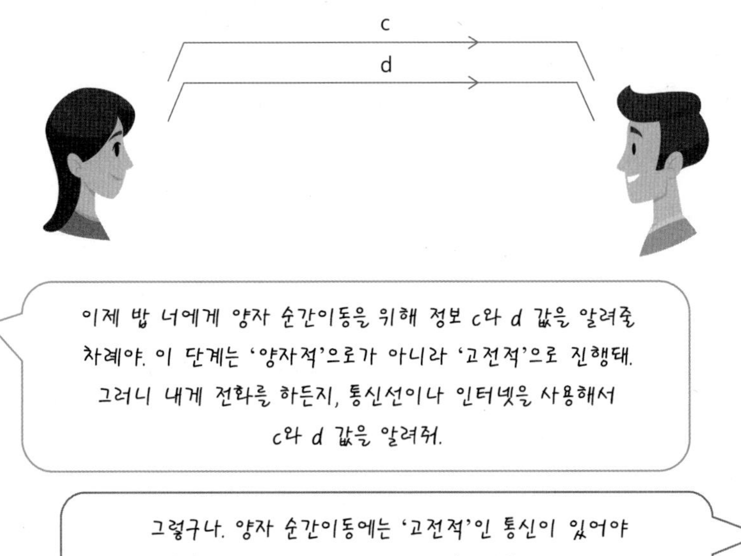

이 단계에서 앨리스는 고전적인 방법으로 밥에게 자기가 얻은 정보인 cd 값을 전송해 준다. '고전적인 방법'이란 말은 큐빗이나 양자역학적인 기술 없이 현재 우리가 사용하는 통신기술을 사용한다는 뜻이다. 현재 우리가 쓰는 인터넷을 통할 수도 있고, 핸드폰을 사용할 수도 있고, 현재 쓰고 있는 통신망을 사용하여 cd 값이 얼마인지 전달해 주면 된다. 이처럼 양자 순간이동은 양자 알고리즘과 고전적인 통신이 혼합돼 있다. (만약 고전적인 통신을 하지 않으면 양자 순간이동은 일어나지 않는다. 왜일까?)

고전적인 통신(현재의 핸드폰, 인터넷, 팩스 등의 통신수단)
앨리스 (cd) = (00) (01) (10) (11) 중 하나를 전송 → 밥

7. 양자 순간이동의 마지막 단계: 밥의 cd 값 수신과 게이트 작용

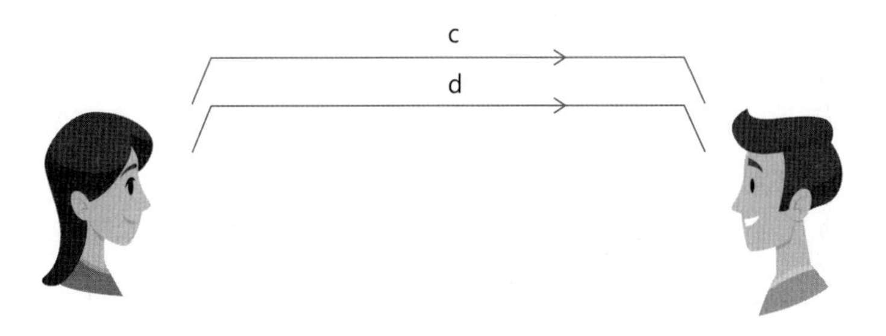

밥, c=0, d=0을 네게 전해 줄게.

오케이, 너와 나는 c와 d의 값에 따라 다음과 같이 미리 얘기를 해두었지.

c	d	큐빗 3의 양자 상태
0	0	$a\|0\rangle + b\|1\rangle$
0	1	$a\|1\rangle + b\|0\rangle$
1	0	$a\|0\rangle - b\|1\rangle$
1	1	$a\|1\rangle - b\|0\rangle$

c=d=0이니까 위의 표에 따르면 내 큐빗의 양자 상태가 $a|0\rangle+b|1\rangle$이네!

아, 이 $a|0\rangle+b|1\rangle$이 네가 갖고 있는 큐빗 1의 양자 상태 $|\psi\rangle$와 똑같구나. 이미 양자 순간이동이 일어났고, 나는 아무것도 안 해도 되는구나!

양자 순간이동의 마지막 단계이다. 이전 단계에서 앨리스는 자신의 큐빗 두 개를 측정하고 그 결과에 따라 cd 값을 판별한다. 앨리스가 측정하기 전에는 아직 cd 값이 얼마가 나올지 정확히 알 수는 없다. 단, cd의 네 가지 가능성에 대해서 똑같은 확률(25%)만큼 나온다는 것만 알 수 있다.

앨리스가 측정 결과 자신의 큐빗 두 개가 $|0\rangle|0\rangle$, 즉 $c=0$, $d=0$을 얻었다고 하자.

그러면 앨리스는 100%의 확실성으로 밥의 큐빗 3이 $a|0\rangle + b|1\rangle$임을 알 수 있다. 그런데 $a|0\rangle + b|1\rangle$는 전송하려고 하는 큐빗 1의 양자 상태 $|\psi\rangle$와 똑같은 상태이다.

앨리스는 고전적인 통신 방법으로 밥에게 $c=0$, $d=0$임을 알려준다. 밥은 이때 사전에 두 사람이 논의한 정보에 따라, 자신의 큐빗이 $|\psi\rangle$로 변형된 것을 알 수 있다.

$c=d=0$인 경우, 밥의 큐빗 3이 $|\psi\rangle$와 이미 똑같은 상태에 있으므로(순간이동되었음), 밥은 더 이상 해야 할 일이 없다. 자신의 큐빗에 아무런 게이트 작용을 하지 않아도 되므로, 밥은 단위 게이트 I를 한 것과 동일하다.

$c=d=0$인 경우는 앨리스가 얻을 수 있는 네 가지 경우의 수 중 하나에 불과하다. 만약 세 가지 다른 경우가 발생할 때는 어떻게 할까?

이 단계에서 앨리스는 자신이 얻은 c와 d 값을 고전적인 방식으로 그대로 밥에게 알려준다. 밥은 c, d 값에 따라 각 경우에 맞는 게이트를 자신의 큐빗에 적용한다. 이렇게 함으로써 최종적으로 밥은 앨리스의 큐빗 1의 양자 상태 $|\psi\rangle$를 자신의 큐빗 3에 이식할 수 있다.

c, d 값의 모든 경우에 대해 밥이 해야 하는 게이트 작용은 다음 표와 같다.

메시지 내용	M_1, M_2	밥이 하는 게이트 작용
0, 0	I	$\alpha_0\|0\rangle+\alpha_1\|1\rangle \rightarrow \alpha_0\|0\rangle+\alpha_1\|1\rangle=\|\psi\rangle$
0, 1	X	$\alpha_0\|1\rangle+\alpha_1\|0\rangle \rightarrow \alpha_0\|0\rangle+\alpha_1\|1\rangle=\|\psi\rangle$
1, 0	Z	$\alpha_0\|0\rangle-\alpha_1\|1\rangle \rightarrow \alpha_0\|0\rangle+\alpha_1\|1\rangle=\|\psi\rangle$
1, 1	Z·X	$\alpha_0\|1\rangle-\alpha_1\|0\rangle \rightarrow \alpha_0\|0\rangle+\alpha_1\|1\rangle=\|\psi\rangle$

(1) $cd=00$인 경우

위에서 살펴보았듯이 $cd=00$일 때 밥의 큐빗 3은 이미 $|\psi\rangle=a|0\rangle+b|1\rangle$에 도달해 있다. 밥은 큐빗 3에 아무런 작용도 하지 않거나, 이와 동일한 행동인 단위 게이트 I를 가하면 된다.

(2) $cd=01$인 경우

밥의 큐빗 3은 $a|1\rangle+b|0\rangle$ 상태에 있다. 이 양자 상태를 $|\psi\rangle=a|0\rangle+b|1\rangle$와 비교해 보면, 아직 $|\psi\rangle$에 도달해 있지 않다. 두 양자 상태를 비교해 보면 X 게이트를 가하면 $|\psi\rangle$에 도달함을 알 수 있다. 즉 $X(a|1\rangle+b|0\rangle)=a|0\rangle+b|1\rangle=|\psi\rangle$이다. 따라서 밥은 X 게이트를 큐빗 3에 가한다.

(3) $cd=10$인 경우

이 경우도 명백하다. $Z(a|0\rangle-b|1\rangle)=a|0\rangle+b|1\rangle=|\psi\rangle$이다. ($Z|0\rangle=|0\rangle$, $Z|1\rangle=-1|z\rangle$를 상기하자.)

(4) $cd=11$인 경우

밥은 한 번의 게이트 작용이 아니라 두 번을 수행해야 한다. 먼저 X를 가하고 다음에 Z를 가한다.

$$X(a|1\rangle-b|0\rangle)=a|0\rangle-b|1\rangle$$
$$Z(a|0\rangle-b|1\rangle)=a|0\rangle+b|1\rangle=|\psi\rangle$$

위의 네 가지 모든 경우에 대해 앨리스의 양자 상태가 완벽하게 밥의 큐빗에 전송된다.

양자 순간이동 양자 회로

이제까지의 학습을 통해 양자 순간이동이 어떤 방식으로 이루어지는지 전반적으로 이해할 수 있을 것이다. 이전에 초밀도 코딩에서 그랬던 것처럼 이 과정을 처음부터 끝까지 양자 회로로 그려보면 이해가 더 분명해진다.

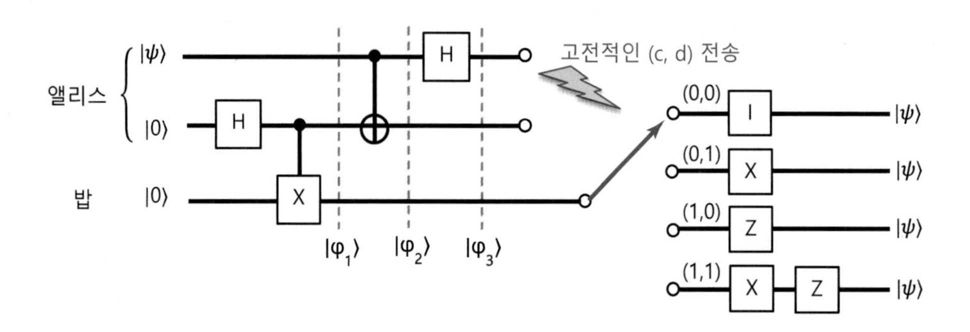

양자 순간이동의 전체 단계를 위 그림에 나타내었다. 밥이 수행하는 게이트 작용에서 그려진 스위치 기호는 앨리스가 전송하는 네 가지 경우 (00), (01), (10), (11) 각각에 대해 회로가 선택됨을 나타낸다. 네 가지의 어떤 경우에도 앨리스가 전송하려는 양자 상태 $|\psi\rangle$가 밥의 큐빗에 그대로 전송됨을 알 수 있다.

요약

1. 벨변환과 역벨변환: $|i\rangle|j\rangle$에서 벨 상태를 얻는 벨변환과 벨 상태에서 다시 $|i\rangle|j\rangle$를 얻는 역벨변환 양자 회로는 다음과 같다.

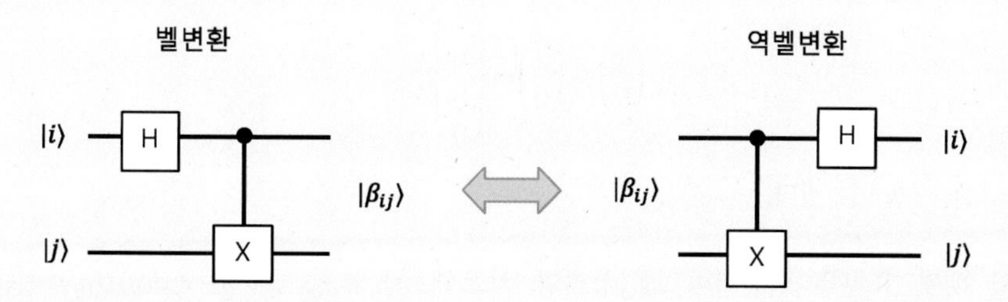

2. 양자 순간이동의 양자 회로는 다음과 같다.

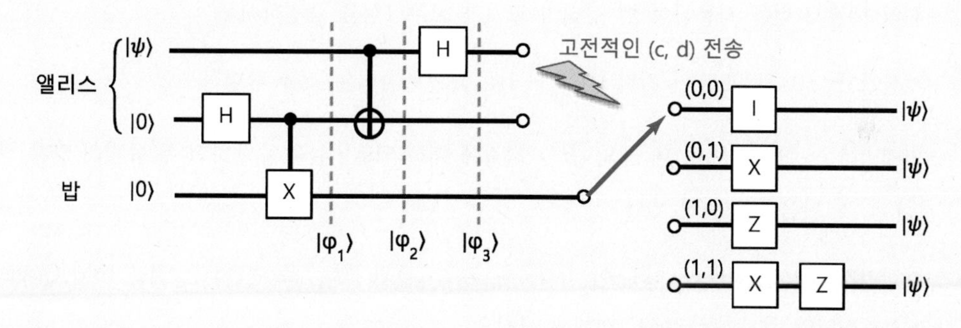

3. 복제 불가능의 정리에도 불구하고 벨 상태를 이용하여 한 큐빗의 양자 정보를 다른 큐빗에 전송할 수 있다.

연습문제

1. 벨 상태 네 개의 행렬적 표현을 구하시오. 이를테면 다음을 사용하면,

$$|00\rangle = |0\rangle \otimes |0\rangle$$
$$= \begin{pmatrix}1\\0\end{pmatrix} \otimes \begin{pmatrix}1\\0\end{pmatrix} = \begin{pmatrix}1\\0\\0\\0\end{pmatrix}$$

$|\beta_{00}\rangle$를 구할 수 있다.

2. 위의 행렬 표현을 이용하여 벨 상태의 직교성, 즉 $\langle\beta_{00}|\beta_{01}\rangle = \langle\beta_{00}|\beta_{10}\rangle = \langle\beta_{00}|\beta_{11}\rangle = \langle\beta_{01}|\beta_{10}\rangle = \langle\beta_{01}|\beta_{11}\rangle = \langle\beta_{10}|\beta_{11}\rangle$임을 증명하시오.

3. 위의 행렬 표현을 사용하여 벨 상태의 크기가 모두 1임을 증명하시오.

4. 계산기저 $|10\rangle$과 $|11\rangle$이 각각 $|\beta_{10}\rangle$과 $|\beta_{11}\rangle$로 변환되는 것을 증명하시오.

5. 역벨변환을 증명해 보자. 네 개의 $|\beta_{ij}\rangle$ 각각에 대해 역벨변환을 수행하면 두 큐빗의 양자 상태가 $|i\rangle|j\rangle$가 나옴을 보이면 된다.

6. 계산기저 $|01\rangle$, $|10\rangle$과 $|11\rangle$이 각각 $|\beta_{01}\rangle$, $|\beta_{10}\rangle$과 $|\beta_{11}\rangle$로 변환되는 것을 IBM Quantum의 시뮬레이터와 양자컴퓨터에서 실행해 보시오.

7. 표 6.2에서 앨리스가 메시지 10을 보내기 위해 해당 게이트를 사용하여 인코딩 작업을 수행한다. 인코딩 작업 후 전체 양자 상태가 $|\beta_{10}\rangle$이 됨을 보이시오.

8. 표 6.2에서 앨리스가 메시지 10을 보내기 위해 해당 게이트를 사용하여 인코딩 작업을 수행한다. 인코딩 작업 후 전체 양자 상태가 $|\beta_{11}\rangle$이 됨을 보이시오.

9. 벨 상태

$$\frac{1}{\sqrt{2}}(|0\rangle_A \otimes |0\rangle_B + |1\rangle_A \otimes |1\rangle_B) \quad (1)$$

는

$$[\alpha_0|0\rangle_A + \alpha_1|1\rangle_A] \otimes [\beta_0|0\rangle_B + \beta_1|1\rangle_B] \quad (2)$$

와 같이 두 양자 상태의 단순한 텐서곱으로 나타낼 수 없음을 보이시오. 이는 네 개의 복소수, α_0, α_1, β_0, β_1이 존재하지 않는다는 사실을 증명하여 쉽게 보일 수 있다. [힌트: 식 (1)과 식 (2)가 같다고 놓고 네 복소수가 존재하는지 조사해 본다.]

10. 초고밀도 코딩에 의해 앨리스가 01을 밥에게 보내려고 한다. 이를 실행하는 IBMQ 회로와 실행 결과를 제출하시오.

11. 초고밀도 코딩에 의해 앨리스가 10을 밥에게 보내려고 한다. 이를 실행하는 IBMQ 회로와 실행 결과를 제출하시오.

12. 초고밀도 코딩에 의해 앨리스가 11을 밥에게 보내려고 한다. 이를 실행하는 IBMQ 회로와 실행 결과를 제출하시오.

13. 양자 순간이동의 다음의 네 가지 경우에서, 큐빗 3의 양자 상태가 다음과 같이 나오는 상황을 설명해 보시오.

측정 후 $\|\phi_3\rangle$	cd	큐빗 3의 양자 상태
△	00	$a\|0\rangle+b\|1\rangle$
□	01	$a\|1\rangle+b\|0\rangle$
☆	10	$a\|0\rangle-b\|1\rangle$
○	11	$a\|1\rangle-b\|0\rangle$

14. 다음을 증명해 보시오.

$$|\phi_3\rangle = H_1 \otimes |\phi_2\rangle = \frac{1}{2}[|00\rangle(a|0\rangle+b|1\rangle)+|01\rangle(a|1\rangle+b|0\rangle)$$
$$+|10\rangle(a|0\rangle-b|1\rangle)+|11\rangle(a|1\rangle-b|0\rangle)]$$

15. 양자 순간이동에서 밥이 앨리스가 보낸 정보 cd 값에 따라 네 번의 게이트 작용을 해야 한다. 이 네 번의 게이트 작용이 일어날 가능성은 각각 몇 %인가?

16. 양자 순간이동에서 밥이 앨리스가 보낸 정보 cd 값에 따라 네 번의 게이트 작용을 한 것을 수식을 동원하여 설명해 보시오.

17. 양자 순간이동에서 원본과 복사본이 될 큐빗 외에 추가로 큐빗이 하나 더 필요했다. 그 이유는 무엇일까?

18. 양자 순간이동에서 큐빗의 얽힘이 어떤 역할을 하고 있는가?

19. 양자 순간이동을 위해 앨리스는 고전적인 방법으로 밥에게 정보를 알려줘야 한다. 이 과정을 없앨 수는 없을까? 이 고전적인 전송과정은 단순히 정보전달을 간편하게 하려는 것이 아니고 복제 불가능의 정리에 따라 불가피한 것이다. 왜 그럴까?

제7장

양자 데이터 검색 그로버 알고리즘

이 장에서 학습할 내용

- 정렬되지 않은 임의의 데이터베이스를 검색하는 양자 검색 알고리즘인 그로버 알고리즘을 학습한다.
- 양자 알고리즘을 사용하여 임의의 N개의 데이터 중에 원하는 한 개의 데이터를 고전적인 방법보다 빠르게 검색할 수 있다.
- 데이터베이스의 크기가 N일 때 고전적인 검색 알고리즘에 N번의 연산시간이, 그로버 알고리즘은 $\sqrt{N}$ 번의 연산시간이 필요하다.
- 그로버 알고리즘을 양자컴퓨터에 구현해 실습해 본다.

QUANTUM COMPUTING

7.1 양자 데이터 검색 알고리즘

전 세계 데이터양의 폭증

양자컴퓨터가 차세대 컴퓨팅 기술을 변혁할 것으로 기대를 모으는 이유 중의 하나는 많은 데이터를 더 빠르게 효율적으로 다룰 수 있다는 사실 때문이다. 통신기술과 인터넷의 발달로 전 세계가 사용하는 데이터의 양은 하루가 멀다 하고 급격하게 증가하고 있다. 한 조사에 따르면 2018년부터 2025년까지 전 세계에서 실시간으로 사용되는 데이터의 양은 10배씩 증가하고 있고, 2021년에는 51제타바이트(ZB)에 이른다고 한다.[1)]

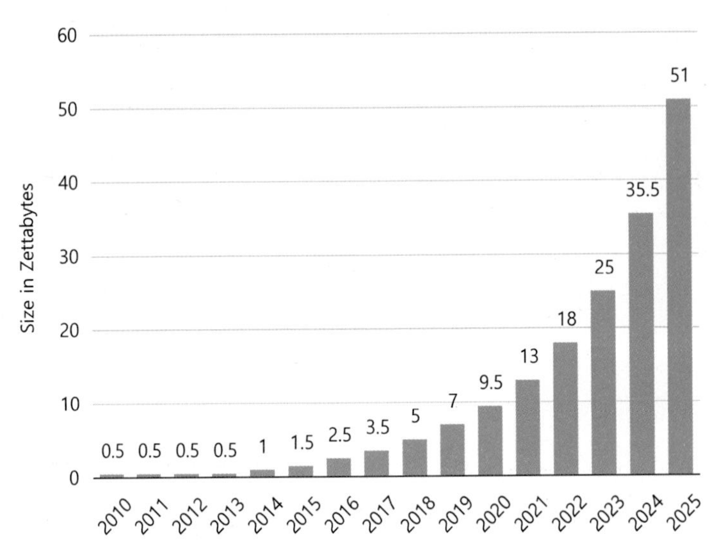

그림 7.1 | 2010년부터 2025년까지 전 세계에서 실시간 사용되는 데이터의 양. 막대그래프의 숫자는 제타바이트 단위의 데이터양을 나타낸다.

기존 검색 알고리즘 vs 양자 알고리즘

우리는 여러 검색 엔진 혹은 데이터 검색 알고리즘을 사용하여 원하는 데이터를 검색하며 살고 있다. 저장되어 있거나 실시간 이동하는 데이터의 양이 이처럼 크다면 데이터 검색 속도는 어떤 알고리즘을 사용하는지에 크게 영향을 받을 것이다. 데이터 검색 알고리즘은 컴퓨터과학에서 활발히 연구되어 좀 더 빠르고 효율적인 알고리즘이 연구되고 있는 상황이다. 그런데 그로버 알고리즘이라는 양자 알고리즘은 기존 알고리즘과 차원이 다른 양자 컴퓨팅의 개념을 이용하여 검색 속도를 놀라울 정도로 높일 수 있다.

---

1) https://www.statista.com/statistics/949144/worldwide-global-datasphere-real-time-data-annual-size/. 제타바이트는 10^{21}바이트를 의미한다.

좀 더 단순하면서도 구체적인 예를 들어보자.

한 이동전화 서비스 업체가 N명의 고객 명부에서 한 사람의 데이터를 찾는다고 하자. 이 고객 명부가 사전에 분류 혹은 정리가 되어 있지 않다면, 한 사람의 데이터를 찾는 가장 단순한 방법은 이 N개의 데이터를 일일이 다 열어보는 것이다. 또 다른 검색 예제로, 지도에 N개의 도시가 있어서 이 도시를 모두 경유하는 최단 거리를 찾고자 한다. 이 경우에도 고전적이면서도 가장 단순한 방법은 N개의 가능한 경로를 다 그려보는 것이다. 이처럼 고전적인 방법에서 N개의 데이터를 검색하기 위해 필요한 최대 데이터 조작 개수는 약 N번이다. 물론 문제에 따라서 조작 개수는 N일 수도, N/2일 수도, 2N일 수도 있으나, 수학적으로 이 값은 N의 1승에 비례하게 된다.

그러나 양자 알고리즘을 사용하면 이 데이터 조작의 개수가 '차원'이 달라진다. 아래에서 학습할 그로버 양자 검색 알고리즘을 사용하면, N개의 데이터베이스에서 한 개의 데이터를 찾기 위해 필요한 데이터 조작 횟수는 N의 1승이 아닌 N의 제곱근 $\sqrt{N}$에 비례한다.

무작위로 나열된 크기 N인 데이터베이스에서 한 개의 데이터를 찾는 데 필요한 데이터 조작 횟수	
고전 알고리즘	양자(그로버) 알고리즘
O(N)번	O($\sqrt{N}$)번

* 위 표에서 O(N)은 최댓값이 N에 비례함을 의미한다.

| 양자컴퓨터의 개척자들 | 로브 그로버(1961~)

인도계 미국인 컴퓨터과학자이다. 인도공과대(IIT)와 스탠퍼드대를 졸업하고 벨연구소에서 근무했다. 1994년 피터 쇼어가 소인수분해 알고리즘을 발표한 후인 1996년에 양자 데이터베이스 검색 알고리즘을 발표하면서 유명해졌다.

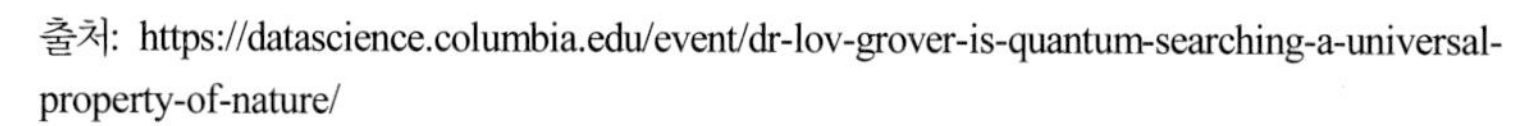
출처: https://datascience.columbia.edu/event/dr-lov-grover-is-quantum-searching-a-universal-property-of-nature/

양자 알고리즘(그로버 알고리즘)의 검색 속도

위에서 살펴본 바와 같이 양자 알고리즘의 검색 속도는 고전 알고리즘에 비해 데이터 크기를 기준으로 제곱 배만큼 빠르다.

데이터베이스의 크기가 N일 때 고전 알고리즘의 검색 시간은 N에 비례하고, 양자 알고리즘은 $\sqrt{N}$만큼 소요되므로, 데이터 크기에 따른 검색 시간을 그려보면 다음과 같다.

데이터 크기	고전 알고리즘에 의한 검색 시간	양자 알고리즘에 의한 검색 시간
$N=10$	10	$\sqrt{10}=3.16$
$N=100$	100	$\sqrt{100}=10$
$N=200$	200	$\sqrt{200}=14.1$
$N=500$	500	$\sqrt{500}=22.3$
$N=1,000$	1,000	$\sqrt{1,000}=31.6$
$N=10,000$	10,000	$\sqrt{10,000}=100$
$N=100,000$	100,000	$\sqrt{100,000}=316$
$N=10^8$	10^8	$\sqrt{10^8}=10^4$

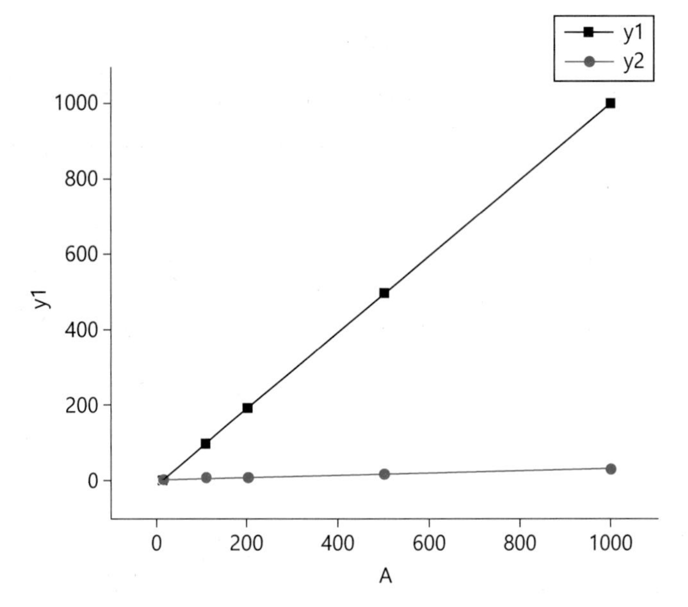

그림 7.2 | 데이터베이스 크기 N에 따른 고전 알고리즘과 양자 알고리즘의 검색 소요 시간. 그래프에서 검은색 점과 선은 크기 N의 데이터베이스 중 한 개의 데이터를 찾는 데 N에 비례하는 시간이 걸림을 보여준다. 반면에 양자 알고리즘에서는 같은 크기의 데이터베이스에서 같은 검색 작업을 수행할 때 $\sqrt{N}$만큼의 시간이 필요하다(색 동그라미).

위 그림에서 보듯이, 데이터의 크기가 커지면서 양자 알고리즘과 고전 알고리즘의 검색 속도는 놀라울 정도로 격차가 벌어진다!

그로버 알고리즘

이제 이렇게 놀라운 검색 속도를 보일 수 있는 그로버 알고리즘이 어떻게 수행되는지 알아보자.

그림 7.3 | 그로버 양자 검색 알고리즘에서의 데이터베이스. N개의 박스 중 오직 한 개에 무작위로 당첨이 존재한다. 당첨을 찾기 위해서는 무작위로 박스를 하나하나 열어봐야 한다.

그로버 알고리즘이 해결하려는 문제를 쉽게 이해하기 위해 데이터베이스의 크기가 $N=$ 1,000이라고 하자. 이런 상황은 이를테면 1,000개의 상자가 있는 것과 같다. 1,000개의 상자 중 오직 하나만 당첨일 때 검색에 의해 당첨인 상자를 찾고자 한다. 그로버 알고리즘의 기본 가정으로서 다음과 같은 상황만 고려하게 된다.

1) 당첨은 항상 존재한다(꽝은 없다).
2) 당첨은 항상 하나이다.

- 각 상자의 번호를 x라고 하자. 그러면 $x=0$에서 $x=999$까지 총 1,000개의 x가 존재한다.
- 각 x에 대해서 함숫값 $f(x)$를 대응시킨다. 이때 당첨이 되면 $f(x)=1$이고, 당첨이 안 되면 $f(x)=0$이 된다.

결국 이 문제는 아래와 같이 $x=\{0,\ 1,\ 2,\ \cdots,\ 999\} \to \{0,\ 1\}$인 함수의 문제로 귀결된다.

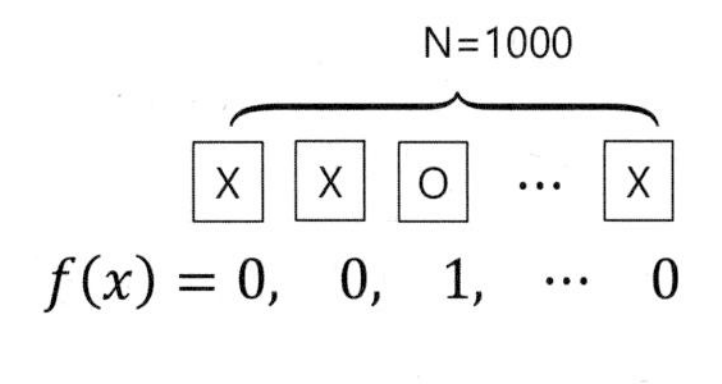

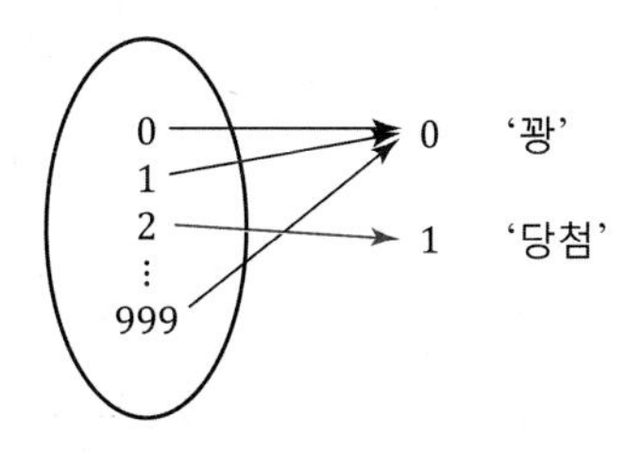

그림 7.4 | (위) $N=1,000$개의 상자 중에 세 번째 상자에 당첨이 있는 데이터베이스. (아래) 이 상황을 0~999번의 x 값에 당첨($y=1$), 꽝($y=0$)의 함숫값을 대응시키는 함수로 바꿀 수 있다.

양자 데이터 검색 문제

조건: 입력 x는 n비트 데이터로서 미지의 함수 $f(x)$에 의해 함숫값 0 또는 1을 갖는다.
문제: $f(x)=1$을 만족시키는 입력 x를 찾는다.

이 문제를 해결하기 위해 그로버 알고리즘은 다음의 절차를 따라 수행된다.

그로버 양자 검색 알고리즘

1. N개의 데이터베이스를 검색하기 위해 $N=2^n$의 개수만큼 큐빗 n개를 준비한다.
2. 큐빗 n개를 모두 $|0\rangle$으로 초기화하여 $|00\cdots 0\rangle$을 만든다.
3. n개 큐빗에 아다마르 게이트 H를 모두 걸어 중첩된 양자 상태 $|\psi\rangle = \frac{1}{\sqrt{N}} * (|0\rangle + |1\rangle + \cdots + |N-1\rangle)$을 만든다.
4. 그로버 반복(Grover iterate) G를 총 $\frac{\pi}{4} \times \sqrt{N}$번 수행한다. 그로버 반복은 다음과 같다.
   - 위의 양자 상태 $|\psi\rangle$에 오라클 U_ω를 수행한다.
   $$U_\omega|x\rangle = (-1)^{f(x)}|x\rangle$$
   - $U_\psi^\perp$ 연산자를 가한다. $U_\psi^\perp$ 연산자는 다음 세 개의 서브 루틴으로 이루어져 있다.
     - n개의 아다마르 게이트 H를 모든 큐빗에 하나씩 건다.
     - 조건부 위상 교체(conditional phase shift) $U_0^\perp$를 수행한다. 조건부 위상 교체에 의해 $|0\rangle = |000\cdots 0\rangle$만 제외하고 다른 상태벡터들은 위상이 (–1)로 바뀐다.
     $$U_0^\perp : \begin{cases} |x\rangle \to -|x\rangle, \ x \neq 0 \\ |0\rangle \to |0\rangle \end{cases}$$
     - 다시 모든 큐빗에 아다마르 게이트 H를 건다.
5. 최종 양자 상태를 측정한다.

이 양자 검색 알고리즘을 양자 회로로 도식화해 보면 다음 그림과 같다.

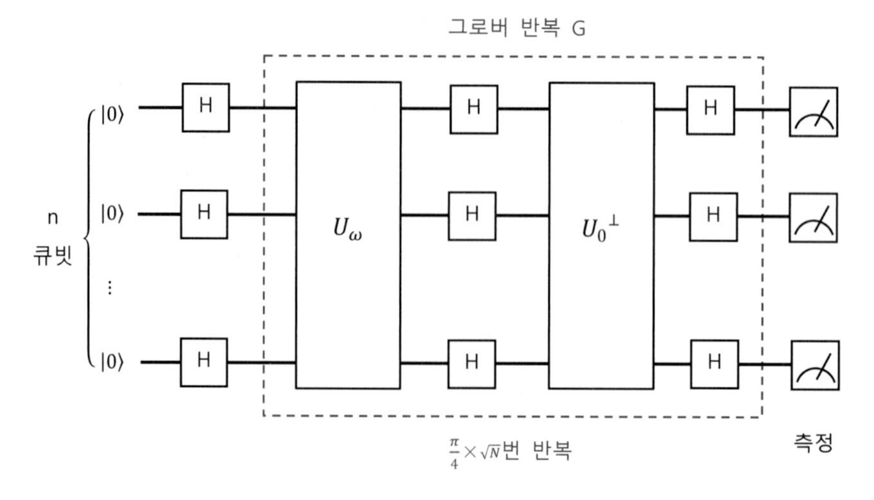

그림 7.5 | N개의 데이터베이스를 검색하는 그로버 알고리즘의 전체 양자 회로도

회로도가 상당히 복잡해 보이지만 알고리즘의 핵심은 간단 명료하다. 차근차근 단계별로 이해해 보자.

1. 준비 단계

크기 N의 데이터베이스를 검색하기 위해 각 데이터를 담아둘 큐빗이 필요하다. 크기 N의 데이터베이스를 N개의 상자로 상상해 보자. 그중 한 개에 당첨 혹은 정답이 있다.

N개의 상자를 양자화하려면 몇 개의 큐빗이 필요할까?

$$N\text{개의 상자} \longrightarrow N\text{개의 큐빗 ????}$$

이렇게 문득 생각이 들지 모르지만 그렇지 않다. 큐빗 한 개에는 두 개의 고유상태($|0\rangle$과 $|1\rangle$)가 존재하고, 그 고유상태가 중첩된 무수히 많은 상태가 존재하므로, 큐빗 한 개가 저장할 수 있는 데이터는 아주 많다. (이것이 양자컴퓨터의 묘미라고 할 수 있다.)

한 개의 큐빗이 표현할 수 있는 양자 상태에서 고유상태의 숫자가 적어도 두 개이므로, n개의 큐빗의 고유상태인 2^n 각각이 N개의 상자에 대응하도록 하면 될 것이다.

즉,

$$N\text{개의 상자} \longrightarrow N\text{개의 큐빗의 고유상태에 저장},\ N = 2^n$$

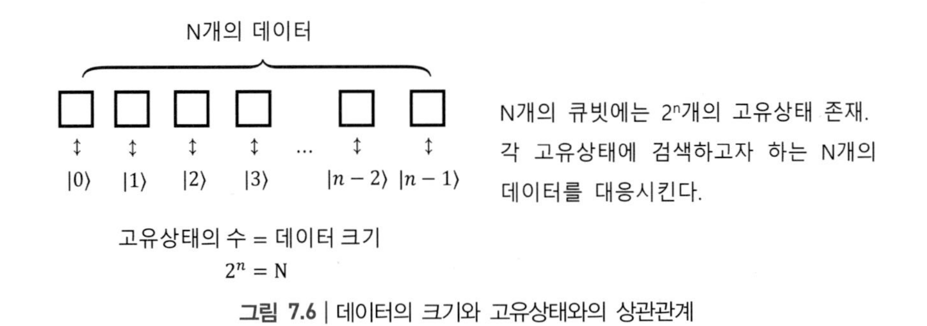

그림 7.6 | 데이터의 크기와 고유상태와의 상관관계

| 예제 |

데이터베이스 크기가 네 개라면 $\log_2 4 = 2$개의 큐빗, 128개 크기의 데이터베이스에는 7개의 큐빗이 필요하다. 약 100만 개의 상자에 담긴 데이터를 저장하기 위해 20개의 큐빗을 사용할 수 있다.

데이터베이스의 크기(상자의 개수), N	필요한 큐빗 수, n
4	2
8	3
16	4
⋮	⋮
128	7
256	8
⋮	⋮
1024	10
⋮	⋮
1,048,576	20
⋮	⋮
1,073,741,824	30

2. 큐빗의 초기화 단계

이제 데이터를 저장하고 표현할 큐빗이 마련되었으니, 각 데이터를 큐빗의 고유상태벡터로 치환한다. 각 데이터의 주소 혹은 번호를 x라고 하면 이를 양자역학의 고유상태벡터 $|x\rangle$로 치환한다. 그리고 모든 고유상태벡터 $|x\rangle$를 $|00000\cdots 0\rangle$으로 초기화한다.

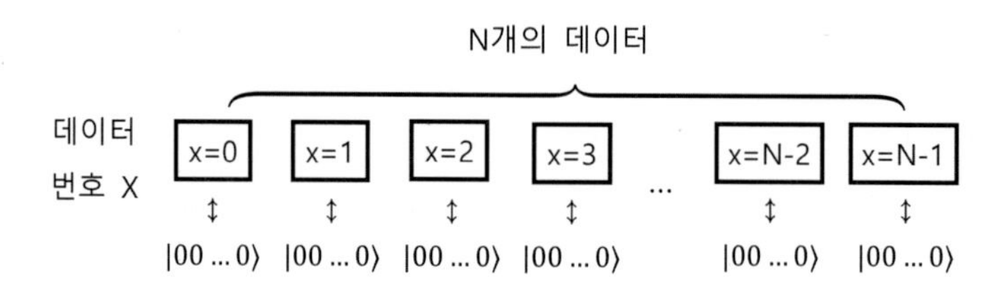

그림 7.7 | N개의 데이터에 해당하는 큐빗 고유상태벡터를 모두 000⋯0으로 초기화한다.

주의: 고유상태벡터의 표현법에 주의한다. N개의 데이터에 상응하는 큐빗의 개수는 n개이고, $N=2^n$개의 고유벡터를 표시하는 방법은 두 가지가 있다. 여기에서 $|0\rangle$은 첫 번째 상태벡터를 간략하게 표시한 것으로서, 길게 쓰면 $|0\rangle = |0000\cdots 0\rangle$이다.

N	n	상태벡터 표기법	초기화되었을 때
4	2	$\|00\rangle$, $\|01\rangle$, $\|10\rangle$, $\|11\rangle$ ‖ ‖ ‖ ‖ $\|0\rangle$ $\|1\rangle$ $\|2\rangle$ $\|2\rangle$	$\|00\rangle$
8	3	$\|000\rangle$, $\|000\rangle$, $\|000\rangle$, $\|000\rangle$, ‖ ‖ ‖ ‖ $\|0\rangle$ $\|1\rangle$ $\|2\rangle$ $\|3\rangle$ $\|000\rangle$, $\|000\rangle$, $\|000\rangle$, $\|000\rangle$, ‖ ‖ ‖ ‖ $\|4\rangle$ $\|5\rangle$ $\|6\rangle$ $\|7\rangle$	$\|000\rangle$

3. 중첩 양자 상태 형성

많은 양자 알고리즘에서 그랬듯이 큐빗의 장점을 최대로 활용하는 방법은 중첩과 얽힘을 이용하는 것이다. 이 단계에서 고유상태 $|x\rangle$를 중첩시켜 양자 상태 $|\psi\rangle$를 만든다.

$$|\psi\rangle = \frac{1}{\sqrt{N}} * (|0\rangle + |1\rangle + \cdots + |N-1\rangle)$$

이런 중첩 상태를 만들기 위해 모든 큐빗에 아다마르 게이트 H를 건다는 것은 이미 학습하였다.

$$\left.\begin{array}{l} |0\rangle - H - \\ |0\rangle - H - \\ |0\rangle - H - \\ \quad\vdots \\ |0\rangle - H - \end{array}\right\} = |\psi\rangle = \frac{1}{\sqrt{N}}(|0\rangle + |1\rangle + \cdots |N-1\rangle)$$

$$= \frac{1}{\sqrt{N}} \sum_{x=0}^{N-1} |x\rangle$$

여기서 $|x\rangle$는 기저이므로 orthonormal, 즉 $|x\rangle$는 크기가 1이고 서로 직교함을 잊지 말자.

4. 그로버 반복 G의 $\frac{\pi}{4} \times \sqrt{N}$번 수행

오라클 걸기: $|\psi\rangle$를 |당첨⟩과 |꽝⟩의 합으로 다시 쓰기

이 단계부터 그로버 알고리즘의 핵심인 그로버 반복(Grover iterate)이 수행된다. 그로버 반복에서 가장 아름다운(?) 아이디어는 "이 $|\psi\rangle$를 오답인 고유벡터 $|x\rangle$들과 정답인 고유벡터의 합으로 나눠서 분리한다"는 것이다.

위의 3번 단계에서

$$|\psi\rangle = \frac{1}{\sqrt{N}} \sum_{x=0}^{N-1} |x\rangle$$

로 나타내졌다. 이 $|\psi\rangle$를 구성하는 모두 N개의 고유상태 $|x\rangle$ 중에서 당첨은 어떤 것인지 알 수 없지만, 기본 가정에 의해 정답(당첨)이 하나가 있음을 알고 있다.

이 사실을 이용하여 $|\psi\rangle$를 당첨에 해당하는 고유상태($|당첨\rangle$이라고 표시하자)와 당첨이 아닌(즉 꽝인) 고유상태의 합($|꽝\rangle$)으로 나타낼 수 있다. 당첨은 오직 한 개였으므로 '꽝'인 고유상태는 모두 $N-1$개 존재한다.

$$\begin{aligned} |\psi\rangle &= |당첨\rangle + |꽝\rangle \\ &= |당첨\rangle + \sum_{x \in 꽝} |x\rangle \end{aligned}$$

고유상태 1개　　고유상태 $N-1$개

총 고유상태 N개

$|\psi\rangle = |당첨\rangle + |꽝\rangle$으로 표현한 것을 나중에 계산을 편리하게 하기 위해 다음과 같이 새로운 양자 상태벡터를 도입해 보자. (물리학과 수학에서는 계산의 편의성과 효율성을 위해 변수를 새로운 문자로 다시 표현하는 경우가 많다.)

$$\begin{aligned} |당첨\rangle &= \frac{1}{\sqrt{N}} |\psi_{good}\rangle \\ |꽝\rangle &= \sum_{x \in 꽝} |x\rangle \\ &= \sqrt{\frac{N-1}{N}} |\psi_{bad}\rangle \end{aligned}$$

이름에서 쉽게 눈치챌 수 있지만 $|\psi_{good}\rangle$은 '좋은' 상태, 즉 당첨된 고유상태벡터를 의미하며 $|당첨\rangle$과는 단지 그 크기만 정규화한, 물리적으로는 동일한 고유상태이다($|\langle\psi_{good}|\psi_{\text{good}}\rangle|^2 = 1$).

$|꽝\rangle$과 $|\psi_{bad}\rangle$도 마찬가지의 관계에 있다.

위의 식을 $|\psi_{good}\rangle$과 $|\psi_{bad}\rangle$의 입장에서 정리해 보면 다음과 같다.

$$|\psi_{good}\rangle = \sqrt{N}|\text{당첨}\rangle$$

$$|\psi_{bad}\rangle = \sqrt{\frac{N}{N-1}}|\text{꽝}\rangle$$

$$|\psi\rangle = |\text{당첨}\rangle + |\text{꽝}\rangle$$

$$= \sqrt{\frac{1}{N}}|\psi_{good}\rangle + \sqrt{\frac{N-1}{N}}|\psi_{bad}\rangle$$

| 예제 |

$N=4$, 즉 2 큐빗의 경우, $|\text{당첨}\rangle = \frac{1}{2}|2\rangle$라고 해보자.

$$|\psi\rangle = \frac{1}{2}(|0\rangle + |1\rangle + |2\rangle + |3\rangle)$$

$$|\text{당첨}\rangle = \frac{1}{2}|2\rangle,\ |\text{꽝}\rangle = \frac{1}{2}(|0\rangle + |1\rangle + |3\rangle),\ |\psi\rangle = |\text{당첨}\rangle + |\text{꽝}\rangle,$$

위의 식을 사용하여

$$|\psi_{good}\rangle = 2|\text{당첨}\rangle = |2\rangle$$

$$|\psi_{bad}\rangle = \sqrt{\frac{4}{3}}|\text{꽝}\rangle = \frac{1}{\sqrt{3}}(|0\rangle + |1\rangle + |3\rangle) = \frac{\sqrt{3}}{3}(|0\rangle + |1\rangle + |3\rangle)$$

$$\therefore |\psi\rangle = \frac{1}{2}|\psi_{good}\rangle + \frac{\sqrt{3}}{2}|\psi_{bad}\rangle$$

그로버 반복 연산자 G 오라클 U_ω 걸기

이제 그로버 반복 연산자 G를 우리의 양자 상태벡터에 거는 단계에 드디어 도착했다. 그로버 반복 연산자 G는 두 단계의 연산자(게이트)로 이루어져 있다.

$$G = U_\psi^\perp U_\omega$$

즉, 양자 상태벡터에 오라클 U_ω를 먼저 걸고, '평균선 기준으로 반전' 연산자인 $U_\psi^\perp$를 마지막으로 작용시킨다. 또한 $G = U_\psi^\perp U_\omega$는 더 세밀하게 분해해 보면

$$G = U_\psi^\perp U_\omega = HU_0^\perp H$$

의 세 개의 연산자가 연달아 작용하는 복합 연산자이다.

아래 그림에 그로버 반복 연산자 $G^\perp$의 전체적인 구조를 다시 나타내었다.

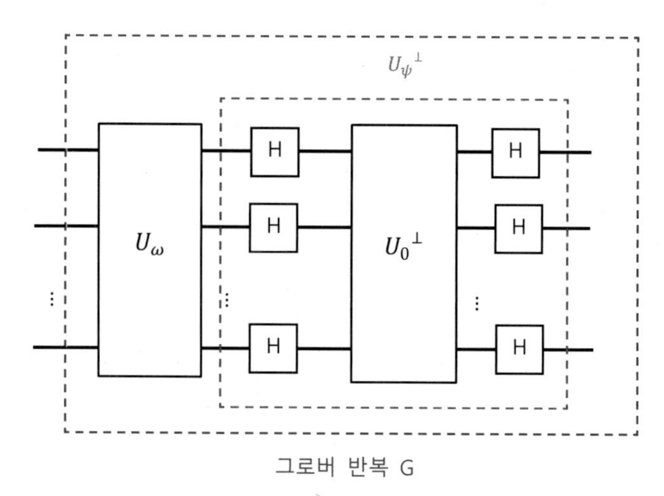

그림 7.8 | 그로버 알고리즘을 구현하는 그로버 반복 양자 회로

이 그로버 반복 연산자 G를 직관적으로 이해하기 위해서는 기본적인 벡터 수학에 대한 지식이 필요하며, 기하학적 의미를 함께 파악하는 작업도 필요하다.

먼저

$$
\begin{aligned}
|\psi\rangle &= |\text{당첨}\rangle + |\text{꽝}\rangle \\
&= \sqrt{\frac{1}{N}}|\psi_{good}\rangle + \sqrt{\frac{N-1}{N}}|\psi_{bad}\rangle
\end{aligned}
$$

를 살펴보면 $|\psi_{good}\rangle$과 $|\psi_{bad}\rangle$는 당연히 벡터로서 다음 두 가지 성질을 갖고 있다.

(1) 두 벡터의 크기는 모두 1이다.

(2) 두 벡터는 서로 직교한다. 즉, $\langle\psi_{bad}|\psi_{good}\rangle = \langle\psi_{good}|\psi_{bad}\rangle = 0$이다.

(이 사실은 $|\psi_{good}\rangle$과 $|\psi_{bad}\rangle$이 고유상태벡터 $|x\rangle$로 이루어져 있고 상이한 $|x\rangle$는 서로 직교함을 상기하면 쉽게 이해된다.)

이러한 성질로 인해 $|\psi_{bad}\rangle$과 $|\psi_{good}\rangle$은 서로 직교하는 좌표축 X와 Y축에 해당하는 (단위)벡터와 같다.

또한 $|\psi_{good}\rangle$과 $|\psi_{bad}\rangle$의 앞에 붙어 있는 숫자 $\sqrt{\frac{1}{N}}$과 $\sqrt{\frac{N-1}{N}}$은 제곱해서 더하면 1이 되고 그 크기가 모두 1보다 작으므로

$$
\sqrt{\frac{1}{N}} = \sin\theta \qquad\qquad \sqrt{\frac{N-1}{N}} = \cos\theta
$$

와 같이 사인 및 코사인 함수로 표현된다. (위의 식에서 $\sin^2\theta + \cos^2\theta$를 계산해 보자.)

이 사실을 종합하면 벡터 $|\psi\rangle$는 두 벡터 $\sin\theta|\psi_{good}\rangle$과 $\cos\theta|\psi_{bad}\rangle$의 합이며, 크기가 1인 원 위에 위치하는 벡터임을 알 수 있다. 이 사실을 다음과 같이 멋지게 그릴 수 있다.

$$
\begin{aligned}
|\psi\rangle &= \sqrt{\frac{1}{N}}\,|\psi_{good}\rangle + \sqrt{\frac{N}{N-1}}\,|\psi_{bad}\rangle \\
&= \sin\theta\,|\psi_{good}\rangle + \cos\theta\,|\psi_{bad}\rangle
\end{aligned}
$$

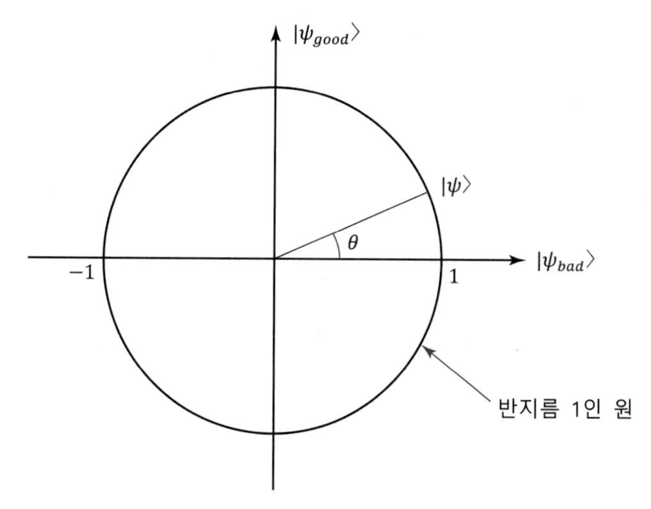

그림 7.9 | 벡터 $|\psi\rangle$가 위치하는 2차원 평면상의 반지름 1인 원

오라클 U_ω 걸기

이제 그로버 알고리즘의 오라클을 $|\psi\rangle$에 적용시켜 보자. 이 오라클은 U_ω라고 표시했고 다음의 작용을 한다.

$$U_\omega|x\rangle = (-1)^{f(x)}|x\rangle$$

$f(x)$는 x가 당첨이냐 꽝이냐에 따라 값을 달리하는 함수로서, 만약 x가 꽝에 해당되면 $f(x)=0$을 갖는다. 따라서 U_ω에 의해서 $U_\omega|x\rangle = (-1)^0|x\rangle = |x\rangle$.

만약 x가 당첨이면 $f(x)=1$을 갖고, U_ω에 의해서 $U_\omega|x\rangle = (-1)^1|x\rangle = -|x\rangle$.

즉 그로버 **오라클이 하는 것은 당첨인 고유벡터에 (-1)을 붙여주고 꽝인 고유벡터에는 아무 작용도 하지 않는 것이다.**

U_ω의 이러한 성질에 의해

$$U_\omega|\text{당첨}\rangle = -|\text{당첨}\rangle,\ U_\omega|\text{꽝}\rangle = |\text{꽝}\rangle$$

$|\text{당첨}\rangle$과 $|\psi_{good}\rangle$($|\text{꽝}\rangle$ 및 $|\psi_{bad}\rangle$)는 단지 계수의 차이만 있을 뿐 본질적으로 같은 상태벡터이므로

$$
\begin{aligned}
U_\omega|\psi_{good}\rangle &= -|\psi_{good}\rangle \\
U_\omega|\psi_{bad}\rangle &= -|\psi_{bad}\rangle
\end{aligned}
$$

이를 이해하였으면 첫 번째 오라클에 의해 양자 상태벡터 $|\psi\rangle$가 다음과 같이 변화함이 쉽

게 보일 것이다.

$$\begin{aligned} U_\omega|\psi\rangle &= U_\omega(\sin\theta|\psi_{good}\rangle + \cos\theta|\psi_{bad}\rangle) \\ &= \sin\theta\, U_\omega|\psi_{good}\rangle + \cos\theta\ U_\omega|\psi_{bad}\rangle \\ &= -\sin\theta|\psi_{good}\rangle + \cos\theta|\psi_{bad}\rangle \end{aligned}$$

U_ω에 의해서 단지 $|\psi_{good}\rangle$에 (−) 기호가 붙었는데, 이 변화를 단위 원에서 그려보면 아주 흥미로운 현상을 발견한다.

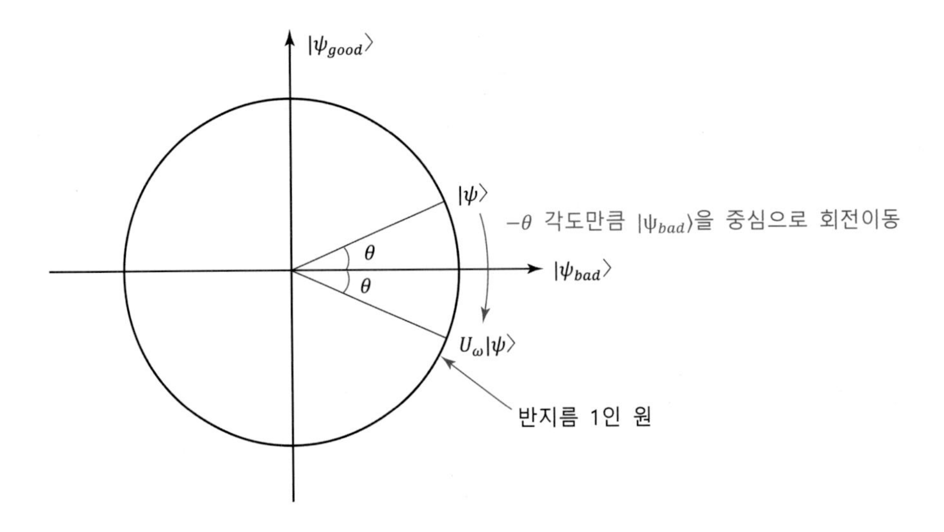

$U_\omega|\psi\rangle$는 지름 1인 단위 원상에서 $|\psi\rangle$를 x축으로 $-\theta$ 각도만큼 회전이동시킨 것과 같다.[2]

---

2) 이 상황이 잘 이해되지 않는다면 다음 두 가지 방법으로 생각해 보자.
(1) 벡터의 합으로 이해

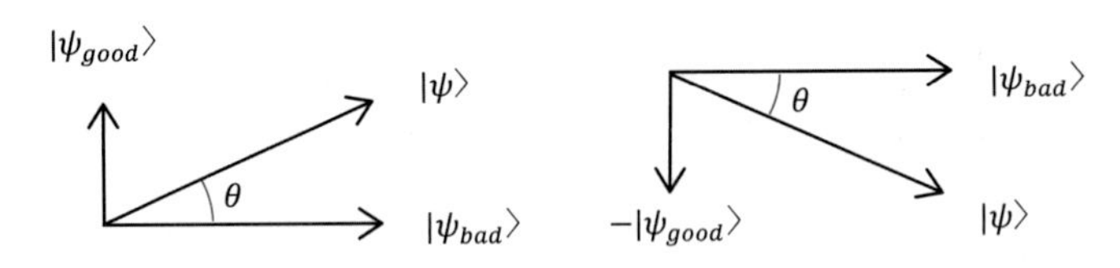

(2) $\theta \rightarrow -\theta$ 각도로 이해

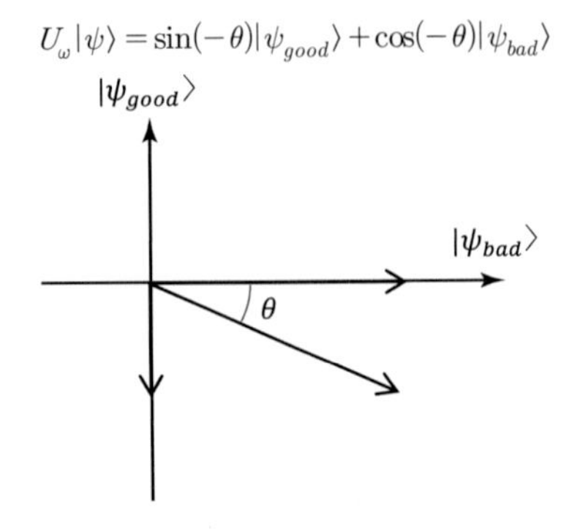

U_ω의 작용에 대해 정리해 보면 다음과 같다.

> **U_ω의 작용**
> (1) 당첨인 고유벡터에 (–1)을 붙여준다.
> (2) 상태벡터 $|\psi\rangle$는 $|\psi_{bad}\rangle$을 중심으로 회전한다.

$U_\psi^\perp U_\omega = HU_0^\perp H$ 걸기

U_ω를 작용시킨 다음 양자 상태벡터에 가해지는 유니타리 연산자는 $U_\psi^\perp$이다.

$U_\psi^\perp$를 직관적으로 이해하면, $|\psi\rangle$를 기준으로 벡터를 반사이동(reflection)시키는 것이다. (어떤 벡터를 기준으로 반사이동된 벡터는 모두 $|\psi\rangle$에 수직이 된다. $U_\psi^\perp$에서 ⊥가 붙은 이유는 이 사실을 표현하기 위해서이다.)

다음 절에서 진폭 증폭에서 $U_\psi^\perp$는 '평균선을 기준으로 반전'이라는 의미를 갖고 있다. 또한 $U_\psi^\perp = HU_0^\perp H$로 분해되어 실제 양자게이트로 구현할 수 있게 된다. 이러한 사항은 조금 후에 자세히 살펴보고, 현재는 다음과 같이 정리하고 앞으로 나아가보자.

> **$U_\psi^\perp$ 의 작용**
> $U_\psi^\perp$ 연산자에 의해 임의의 양자 상태벡터는 $|\psi\rangle$를 기준으로 반사(회전)이동한다.

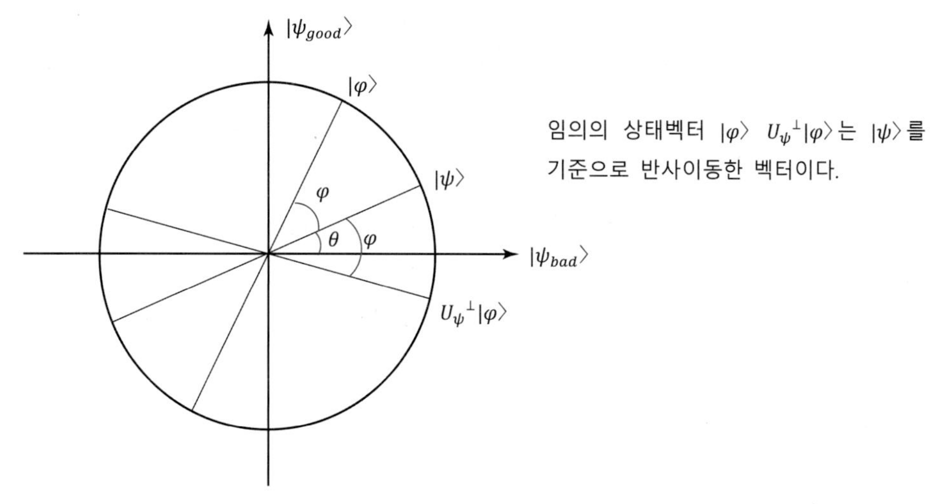

그림 7.10 | 임의의 상태벡터 $|\varphi\rangle$에 $U_\psi^\perp$를 가하면 $|\psi\rangle$를 기준으로 반사이동한다.

그로버 반복 단계에서 $U_\psi^\perp$를 가해야 하는 상태벡터는 $|\psi\rangle$에 U_ω를 작용시킨 $U_\omega|\psi\rangle$이다.

U_ω 연산자의 의미에 주의하며, $|\psi\rangle$ 에 U_ω와 $U_\psi^\perp$ 를 차례로 가했을 때 $|\psi\rangle$ 의 변화를 그려보면 다음과 같다.

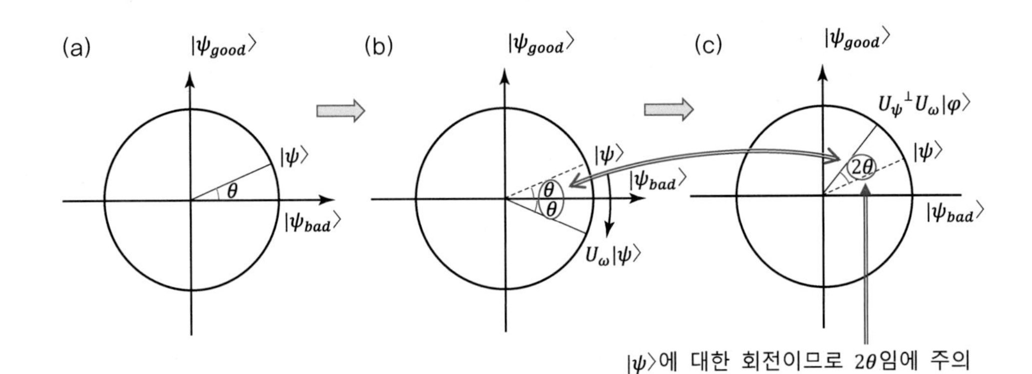

그림 7.11 | $|\psi\rangle \rightarrow U_\omega|\psi\rangle \rightarrow U_\psi^\perp U_\omega|\psi\rangle$에 따른 $|\psi\rangle$의 변화

이 그림에서 그로버 알고리즘을 수행하기 직전의 양자 상태벡터는 그림 (a)에 나와 있다. 상태벡터 $|\psi\rangle$는 $|\psi_{good}\rangle$와 $|\psi_{bad}\rangle$로 정해지는 좌표축의 1사분면의 어느 위치에 존재하고 있다. U_ω에 의해서 $|\psi\rangle$는 x축($|\psi_{bad}\rangle$)을 중심축으로 회전이동되어 4사분면에 위치하게 된다(그림 (b)). 그로버 반복의 마지막 단계(그림 (c))에서 그로버 알고리즘의 핵심이 드러난다. 4사분면에 옮겨진 상태벡터($U_\omega|\psi\rangle$)에 $U_\psi^\perp$를 가해 보자. $U_\psi^\perp$는 위에서 알아본 바와 같이 다음의 기하학적인 작용을 한다.

$$U_\psi^\perp U_\omega|\psi\rangle \rightarrow U_\omega|\psi\rangle\text{를 } |\psi\rangle\text{를 기준으로 회전이동}$$

결과적인 $U_\psi^\perp U_\omega|\psi\rangle$는 그림 (c)에서 보듯이 다시 1사분면 안으로 들어오고 $|\psi\rangle$보다 y축($|\psi_{good}\rangle$)에 더 가까운 자리에 놓인다.

즉, 그로버 반복을 1회 수행함으로써 $|\psi\rangle$는 처음 위치(그림 (a))에서 y축($|\psi_{good}\rangle$)에 더 가까운 위치로 옮겨지게 되는 것이다(그림 (c)).

그런데 y축($|\psi_{good}\rangle$)의 의미는 바로 '당첨'에 해당하는 고유상태벡터이다. 따라서 그로버 반복 1회 수행의 결과 우리의 양자 상태벡터 $|\psi\rangle$는 조금이라도 '당첨'에 가까워지게 된다.

> **그로버 반복의 효과**
> 그로버 반복 G를 1회 수행하였을 때 양자 상태벡터는 당첨(정답)[y축($|\psi_{good}\rangle$)]에 더 가까운 양자 상태에 놓인다.

이제 그로버 반복을 1회가 아닌 여러 번 실행하면 어떤 일이 생길까?

그로버 반복 G를 반복 수행하였을 때 상태벡터의 변화를 다음 그림에 나타냈다. 시초가 되

는 양자 상태벡터 $|\psi_0\rangle$에 그로버 반복을 1회 수행한 후(그림 (b)), 이때의 양자 상태벡터 $|\psi_1\rangle$를 시작 벡터로 다음 차수의 그로버 반복을 가해 보면 그림 (d)의 양자 상태벡터 $|\psi_2\rangle$를 얻게 된다. $|\psi_0\rangle$와 $|\psi_1\rangle$, $|\psi_2\rangle$를 비교해 보면 그로버 반복이 수행됨에 따라 점점 '당첨'[y축 ($|\psi_{good}\rangle$)]에 접근함을 알 수 있다.

이 사실에서 알 수 있는 것은, 그림 (e)에서 표현된 것처럼, 그로버 반복을 N회만큼 반복할

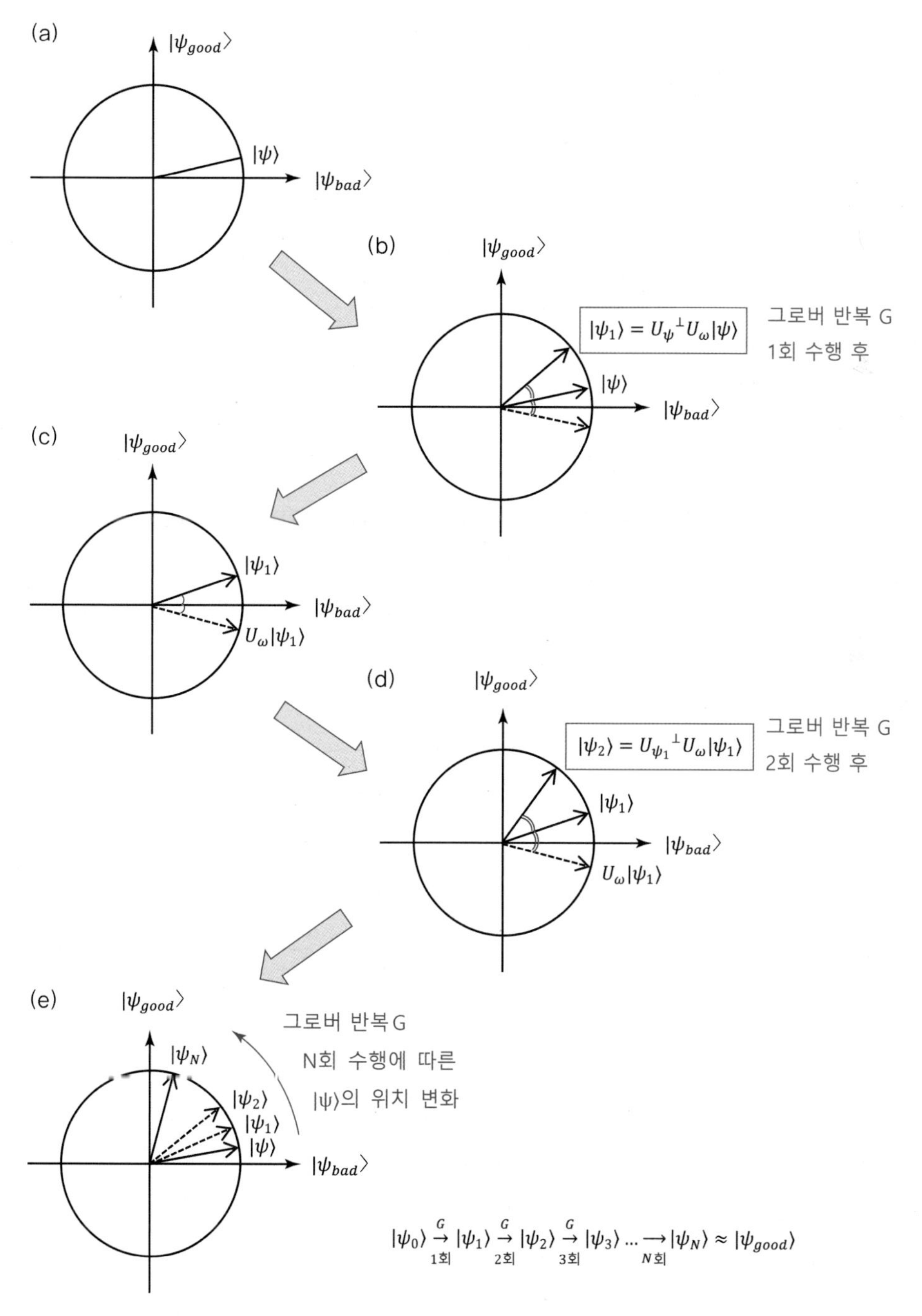

그림 7.12 | 그로버 반복을 N회 수행하면 양자 상태벡터 $|\psi\rangle$는 점점 당첨인 양자 상태 $|\psi_{good}\rangle$에 접근하게 된다.

수록 양자 상태벡터는 당첨에 계속 접근하게 된다는 것이다. 그로버 반복을 수행한 후 이 양자 시스템을 측정하면, 그때의 양자 상태벡터($|\psi_N\rangle$)는 당첨과 완전 똑같지는 않더라도 여기에 아주 근접한 것이 된다.

$$|\psi_N\rangle \approx |\psi_{good}\rangle$$

5. 최종 양자 상태의 측정

이제 그로버 알고리즘은 최종 양자 상태를 측정함으로써 끝난다. 바로 직전 단계에서 우리의 양자 상태는 이미 당첨 양자 상태와 거의 유사한 상태에 도달해 있다. 따라서 이 상태를 측정하면 '당첨'에 거의 일치하는 양자 상태가 무엇인지 바로 알 수 있다.

[심화학습]

이전에 그로버 알고리즘을 정의할 때, 그로버 반복 G는 다음과 같이 수행되었다.

- 오라클 U_ω를 수행한다.

$$U_\omega|x\rangle \rightarrow (-1)^{f(x)}|x\rangle$$

- $U_\psi^\perp$ 연산자를 가한다. $U_\psi^\perp$ 연산자는 다음 세 개의 루틴으로 이루어져 있다.
  - n개의 아다마르 게이트 H를 모든 큐빗에 하나씩 건다.
  - 조건부 위상 변경 $U_\psi^\perp$를 수행한다. 조건부 위상 변경에 의해 $|0\rangle = |000\cdots0\rangle$만 제외하고 다른 상태벡터들은 위상이 (−1)로 바뀐다.

$$U_\psi^\perp : \begin{cases} |x\rangle \rightarrow -|x\rangle, \ x \neq 0 \\ |0\rangle \rightarrow |0\rangle \end{cases}$$

  - 다시 모든 큐빗에 아다마르 게이트 H를 건다.

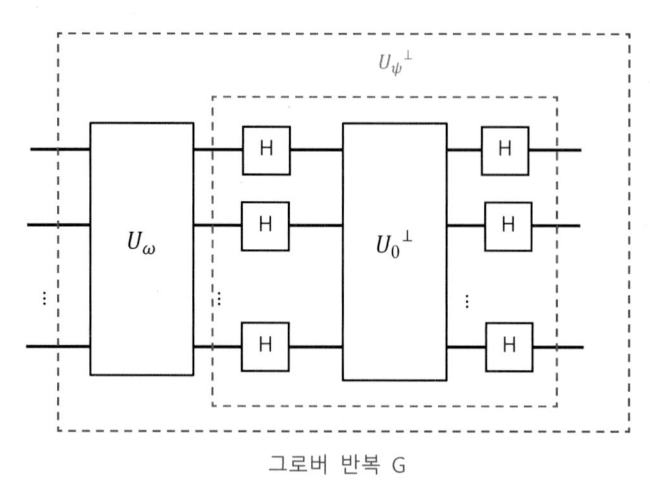

그로버 반복 G

이를 종합하면 그로버 반복 $G = U_\psi^\perp U_\omega$이고 $U_\psi^\perp = HU_0^\perp H$로 분해됨을 알 수 있다. 이제까지의 학습에서는 " $U_\psi^\perp$ 연산자가 '$|\psi\rangle$에 대칭(회전)이동'을 한다"라는 사실만 이용하면 그로버 알고리즘의 흐름을 이해하는 데 어려움이 없었다.
그러나 곧 학습할 진폭 증폭(amplitude amplification)의 이해와 실제 양자 회로의 구성을 위해 $U_\psi^\perp = HU_0^\perp H$임을 확인해 보아야 한다.

조건부 위상 변경 $U_0^\perp$ 연산자

$U_\psi^\perp = HU_0^\perp H$에서 $U_0^\perp$는 조건부 위상 변경(conditional phase shift) 연산자라고 불린다. 이 연산자가 하는 일은 n비트의 고유벡터 중 $|0\rangle = |00000 \ldots 0\rangle$만 빼고('조건부') 나머지 벡터에만 (-1) 부호를 붙이는 것이다.

조건부 위상 변경 연산자

$$|0\rangle \overset{U_0^\perp}{\mapsto} |0\rangle$$

$$|x\rangle \overset{U_0^\perp}{\mapsto} -|x\rangle, x \neq 0$$

예) 2비트

$$|00\rangle \overset{U_0^\perp}{\mapsto} |00\rangle$$

$$|01\rangle \mapsto -|01\rangle$$

$$|10\rangle \mapsto -|10\rangle$$

$$|11\rangle \mapsto -|11\rangle$$

$U_0^\perp$의 의미를 기하학적으로 이해하기 위해, 임의의 상태벡터 $|\psi\rangle$를 고유벡터 $|0\rangle$, $|1\rangle$, $\cdots$, $|N-1\rangle$로 표시하고 이에 $U_0^\perp$를 가해 보자.

$$|\psi\rangle = \alpha_0|0\rangle + \alpha_1|1\rangle + \cdots + \alpha_{N-1}|N-1\rangle$$

$$|\psi\rangle = \alpha_0|0\rangle + \boxed{\sum_{k=1}^{N-1} \alpha_k|k\rangle}$$

$|0\rangle$에 수직인 벡터

$$U_0{}^\perp|\psi\rangle = \alpha_0|0\rangle - \sum_{k=1}^{N-1} \alpha_k|k\rangle$$

위의 그림과 같이 $|\psi\rangle = (|0\rangle$와 같은 방향의 고유벡터$) + (|0\rangle$이 아닌 고유벡터의 합)이고, ($|0\rangle$이 아닌 고유벡터의 합)은 $|0\rangle$에 수직이므로, $U_0^\perp$에 의해 $|0\rangle$이 아닌 고유벡터의 부호(즉 위상)가 (-1)로 반전된다.

$U_0^\perp$: $|0\rangle$에 수직($^\perp$는 "수직"의 의미)인 벡터들의 위상을 변경

이 현상을 벡터의 기하학적 의미로 이해해 보면 모든 것이 더 분명해진다.

양자 상태벡터 $|\psi\rangle$를 $|0\rangle$ 벡터 성분과 그 이외에 고유벡터 성분의 합으로 표시하면, $|0\rangle$ 벡터 성분과 그렇지 않은 벡터들은 서로 직교하므로, 아래 그림과 같이 마치 2차원 평면상의 벡터의 합으로 나타내진다. $U_0^{\perp}$에 의해 $|\psi\rangle$의 $|0\rangle$에 수직인 성분만 부호가 반전되어 $U_0^{\perp}|\psi\rangle$는 $|\psi\rangle$를 $|0\rangle$를 중심축으로 회전이동시켜 얻을 수 있다.

$U_0{}^{\perp}$의 기하학적 의미

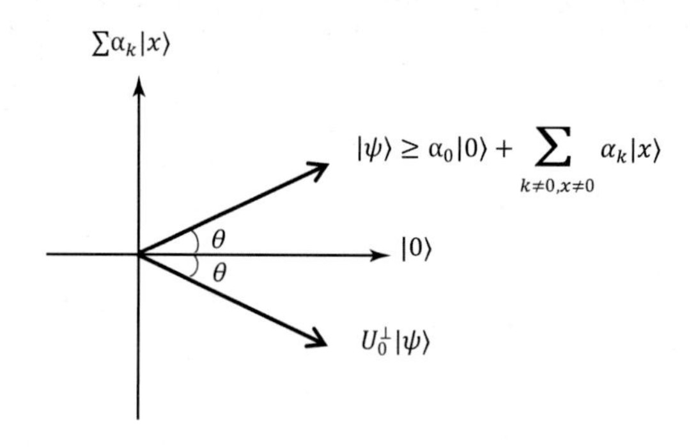

$U_0{}^{\perp}$에 의해 $|\psi\rangle$는 $|0\rangle$을 중심축으로 반사(회전)이동한다.

그림 7.13 | $U_0^{\perp}$ 연산자의 기하학적인 의미

$U_{\psi}^{\perp} = HU_0^{\perp}H$를 증명하기 위해, 큐빗이 한 개($n=1$)인 제일 쉬운 경우를 생각해 보자.

$U_0^{\perp}$는 정의에 의해 다음과 같다.

$$U_0^{\perp}|0\rangle = |0\rangle, \ U_0^{\perp}|1\rangle = -|1\rangle$$

이러한 $U_0^{\perp}$의 성질은 $U_0^{\perp} = 2|0\rangle\langle 0| - 1$이라고 쓰면 한 줄로 표현할 수 있다. $U_0^{\perp} = 2|0\rangle\langle 0| - 1$에 $|0\rangle$와 $|1\rangle$을 작용시켜 보면 위의 $U_0^{\perp}$의 정의가 맞다는 사실을 금방 확인할 수 있다.

$HU_0^{\perp}H$를 $D = HU_0^{\perp}H$로 표시하고, D는 그로버 확산 연산자(Grover diffusion operator)라고 부른다.

$U_0^{\perp} = 2|0\rangle\langle 0| - 1$을 D에 넣어서 계산해 보면,

$$D = HU_0^{\perp}H = H(2|0\rangle\langle 0| - 1)H = H(2|0\rangle\langle 0|H - H) = 2H|0\rangle\langle 0|H - HH$$

$$= 2|+\rangle\langle +| - 1 \ (H^2 = 1, \ H|0\rangle = |+\rangle \text{를 활용})$$

즉, $D = 2|+\rangle\langle +| - 1$로 다시 쓸 수 있다.

이제 임의의 양자 상태벡터 $|\psi\rangle$를 $|+\rangle$와 이에 수직인 성분 $|+^{\perp}\rangle$로 다음과 같이 분해해 보자.

$$|\psi\rangle = \alpha_0|+\rangle + \alpha_1|+^{\perp}\rangle$$

여기에 $D=2|+\rangle\langle+|-1$을 적용해 보면

$$D|\psi\rangle = (2|+\rangle\langle+|-1)|\psi\rangle = (2|+\rangle\langle+|-1)(\alpha_0|+\rangle + \alpha_1|+^{\perp}\rangle) = \alpha_0|+\rangle - \alpha_1|+^{\perp}\rangle$$

즉, D에 의해 $|+^{\perp}\rangle$의 위상이 (-1)로 반전되며, 이는 $|+\rangle$ 벡터를 중심으로 반사(회전) 이동시키는 것과 같다.

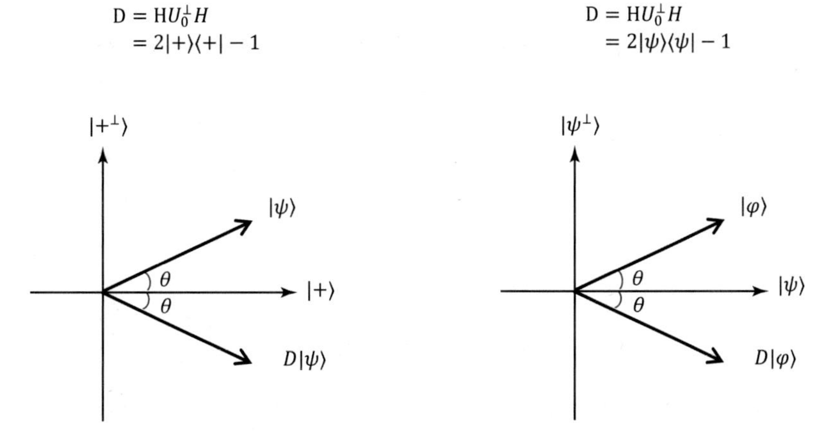

그림 7.14 | D 연산자(그로버 확산 연산자)$=2|\psi\rangle\langle\psi|-1$에 의해 임의의 양자 상태벡터는 $|\psi\rangle$를 중심으로 반사(회전) 이동한다.

이제까지 학습한 것을 정리하면 다음과 같다.

$$D = U_{\psi}^{\perp} = HU_0^{\perp}H = 2|\psi\rangle\langle\psi| - 1$$

그리고 D 연산자에 의해 양자 상태벡터는 $|\psi\rangle$를 중심으로 반사(회전)이동한다.

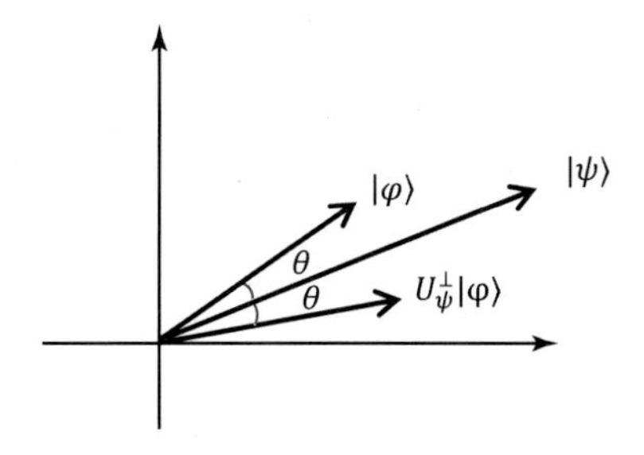

$U_{\psi}^{\perp}$에 의해 $|\varphi\rangle$는 $|\psi\rangle$를 중심축으로 반사(회전)이동한다.

그로버 알고리즘의 진폭 증폭 현상

이제까지의 기하학적인 고찰을 이용한 학습에서 그로버 반복을 거듭할수록 양자 상태가 당첨(정답)에 점점 가까워지는 원리를 이해할 수 있었을 것이다.

벡터 도형에 의한 이해와 더불어 그로버 알고리즘의 묘미를 맛볼 수 있는 또 다른 증명 방법이 있는데 이것은 진폭 증폭(amplitude amplification)이란 현상이다.

진폭 증폭은 그로버 반복에 의해 양자 상태벡터 중 오직 하나만 있는 정답 고유상태벡터의 진폭은 점점 커지고 다른 상태벡터(즉 오답)의 진폭은 점점 작아지는 현상을 말한다. 그로버 알고리즘이 끝난 후에는 두 상태(정답과 오답)의 진폭 차가 두드러지게 나서 그 진폭을 측정함으로써 정답이 무엇인지 단번에 알 수 있게 된다.

앞에서 우리는 양자 상태벡터 $|\psi\rangle$를 당첨과 꽝의 두 상태로 나누었다.

$$|\psi\rangle = |\text{당첨}\rangle + |\text{꽝}\rangle = \sqrt{\frac{1}{N}}|\psi_{good}\rangle + \sqrt{\frac{N-1}{N}}|\psi_{bad}\rangle \tag{7.1}$$

이를 마치 2차원 평면에서의 벡터 합으로 표현해 보았는데, 이 벡터 도형을 이용해 그로버 반복 알고리즘을 통해 어떻게 당첨 상태에 도달해 가는지를 이해했다.

진폭 증폭 현상은 2차원 벡터로 표현된 상태벡터의 x, y축 성분별 길이를 살펴보면 쉽게 이해할 수 있다.

아래 그림에서 $|\psi_{good}\rangle$과 $|\psi_{bad}\rangle$의 합으로 표현한 $|\psi\rangle$를 2차원 평면상에 그려보았다. 이전의 그림과 다른 점은 x축($|\psi_{bad}\rangle$축) 및 y축($|\psi_{good}\rangle$축) 성분의 길이를 표시한 것이다.

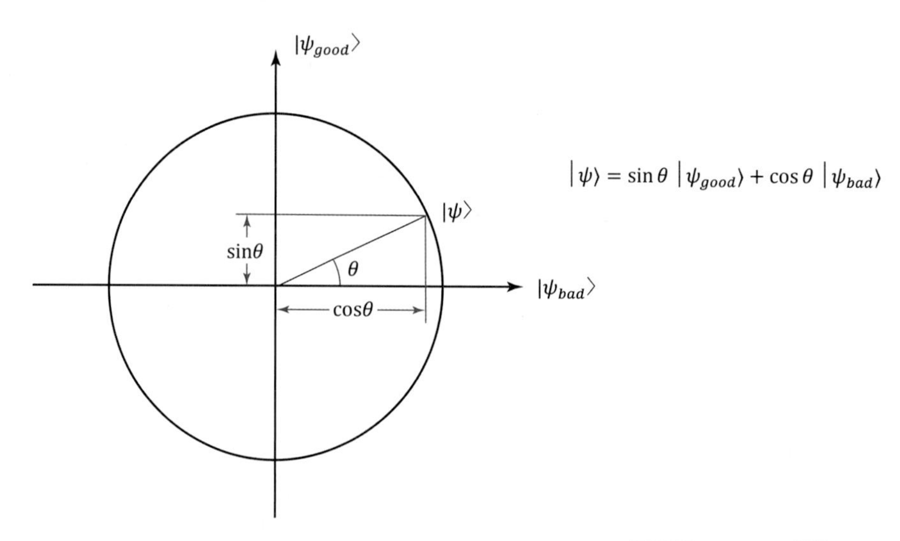

그림 7.15 | $|\psi\rangle$ 길이의 x축 및 y축 성분은 각각 $\cos\theta$, $\sin\theta$이며, $\cos(\theta)=\sqrt{\frac{N-1}{N}}$, $\sin(\theta)=\sqrt{\frac{1}{N}}$과 같이 N의 함수로 표현될 수 있다.

여기에 그려진 원의 지름이 1이고, 삼각함수의 정의에 의해 다음을 쉽게 알 수 있고

$|\psi\rangle$ 벡터의 x축($|\psi_{bad}\rangle$축) 성분의 길이: $\cos(\theta)$

$|\psi\rangle$ 벡터의 y축($|\psi_{good}\rangle$축) 성분의 길이: $\sin(\theta)$

위의 식 (7.1)과 결합하면 다음과 같다.

$|\psi\rangle$ 벡터의 x축($|\psi_{bad}\rangle$축) 성분의 길이: $\cos(\theta) = \sqrt{\frac{N-1}{N}}$, $|\psi_{bad}\rangle$의 진폭은 $\cos^2(\theta)$

$|\psi\rangle$ 벡터의 y축($|\psi_{good}\rangle$축) 성분의 길이: $\sin(\theta) = \sqrt{\frac{1}{N}}$, $|\psi_{bad}\rangle$의 진폭은 $\sin^2(\theta)$

그림 7.12에서 학습한 그로버 반복이 계속됨에 따라 양자 상태벡터가 어떻게 정답에 접근해 가는지를, 고유벡터($|\psi_{bad}\rangle$과 $|\psi_{good}\rangle$)의 진폭의 관점에서 살펴보자.

그로버 반복 G가 횟수를 거듭할수록 양자 상태벡터는 $|\psi_0\rangle \rightarrow |\psi_1\rangle \rightarrow |\psi_2\rangle \rightarrow |\psi_3\rangle$와 같이 반시계방향으로 $|\psi_{good}\rangle$(당첨) 상태에 근접해 간다. 각각의 양자 상태에서 $|\psi_{good}\rangle$의 진폭은 y축에서 벡터 길이의 제곱에 해당하며, 그로버 반복이 거듭될수록 그 길이가 점점 길어짐을 알 수 있다.

$$\sin\theta_0^2 < \sin\theta_1^2 < \sin\theta_2^2 < \sin\theta_3^2$$

이와 동시에 $|\psi_{bad}\rangle$의 진폭은 어떻게 변화해 갈까?

각 양자 상태에서 $|\psi_{bad}\rangle$ 성분의 진폭은 x축에서 벡터 길이의 제곱만큼 된다. 그로버 반복에 따라 벡터들이 반시계방향으로 회전하면서 x축에서 그림자의 길이는 점점 짧아진다.

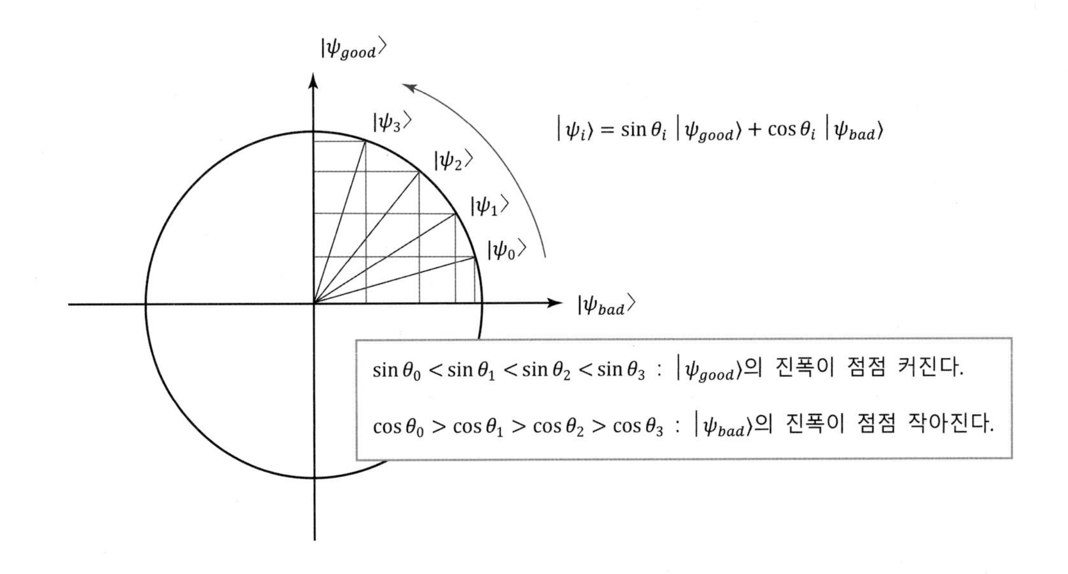

$$\cos\theta_0^2 < \cos\theta_1^2 < \cos\theta_2^2 < \cos\theta_3^2$$

양자 상태의 진폭은 그 상태가 측정될 확률이므로, 그로버 반복에 의해 당첨이 나올 확률은 점점 커지고 동시에 꽝이 측정될 확률은 줄어들게 된다.

그로버 반복이 계속되면서 $|\psi_{bad}\rangle$ (꽝)의 진폭은 점점 작아지고, $|\psi_{good}\rangle$ 의 진폭이 점점 커져서 1에 근접한다.

7.2 그로버 알고리즘의 기하학적 이해와 진폭 증폭 현상

위에서 진폭 증폭 현상의 핵심을 이해했을 것이다. 그 전에 학습한 그로버 알고리즘의 기하학적 이해와 진폭 증폭 현상을 함께 묶어서 학습해 본다. 두 방법(기하학적 이해와 진폭 증폭 현상에 의한 이해)을 결합하면 그로버 알고리즘의 정수를 완벽하게 이해할 수 있을 뿐 아니라, 다른 양자 컴퓨팅 알고리즘을 학습하는 데도 큰 도움이 된다.

$$|\psi\rangle = \sqrt{\frac{1}{N}}\,[|0\rangle + |1\rangle + \cdots + |N-1\rangle] = \sqrt{\frac{1}{N}}|\psi_{good}\rangle + \sqrt{\frac{N-1}{N}}|\psi_{bad}\rangle$$

$|\psi\rangle$를 각 성분 고유벡터의 다음과 같은 그래프로 그려볼 수 있다.

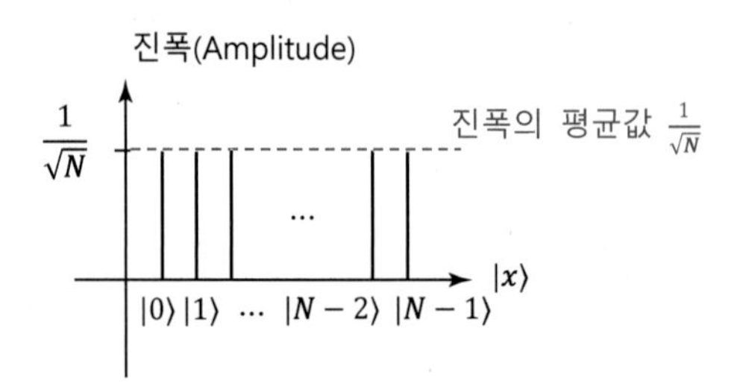

$|0\rangle, |1\rangle, \cdots, |N-1\rangle$의 고유벡터 중에 당첨인 것이 $|\psi_{good}\rangle$이며 이를 $|\omega\rangle$라고 써보자. $|\psi_{good}\rangle = |\omega\rangle$, 이때 오라클 U_ω에 의해 $U_\omega|\omega\rangle = -|\omega\rangle$이다.

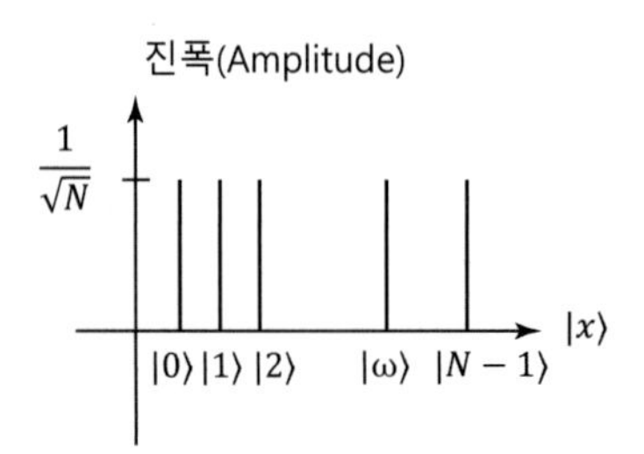

이제 그로버 반복 G 연산자를 차례로 $|\psi\rangle$에 걸어보자.

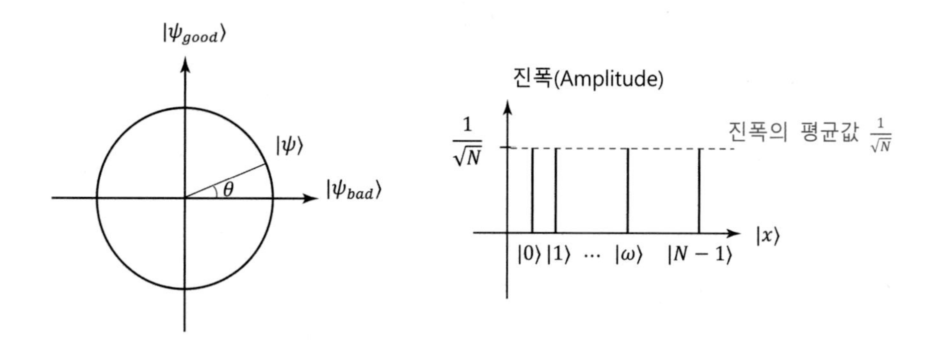

이제 오라클 U_ω를 작용시켜 보면, $U_\omega|w\rangle = -|w\rangle$이므로 $|w\rangle$ 고유벡터의 부호를 $(-)$로 바꾸고 다른 고유벡터 성분은 아무런 변화가 없다. 아래 그림에서 왼쪽 단위 원상에서 일어나는 현상을 각 성분 고유벡터의 진폭의 관점에서 그려보았다. U_ω 오라클에 의해 정답인 $|w\rangle$만이 부호가 바뀌어 아래쪽 방향을 가리키게 된다. 여기에서 진폭의 평균값을 잘 살펴보는 게 중요하다. U_ω를 가하기 전 진폭의 평균값은 $\sqrt{\frac{1}{N}}$이었으나, U_ω에 의해 N개의 고유벡터 중 한 개($|w\rangle$)의 부호가 반대로 되었으므로, 진폭의 평균값은 $\sqrt{\frac{1}{N}}$보다 조금 작아진다.

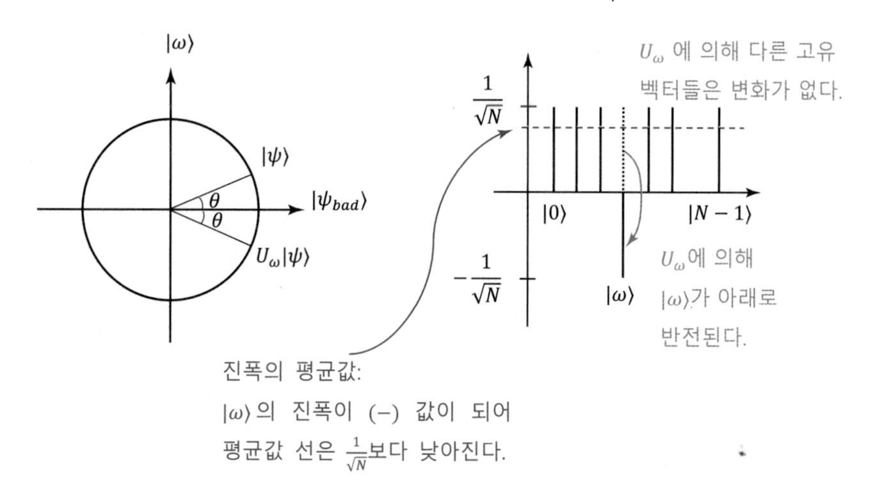

$U_\psi^\perp$에 의한 진폭 증폭을 좀 더 직관적으로 이해하기 위해 다음의 새로운 기저를 도입하는 게 유용하다.

이제까지 다음과 같았고

$$\sin\theta = \sqrt{\frac{1}{N}},\ \cos\theta = \sqrt{\frac{N-1}{N}}$$

$$|\psi\rangle = \sqrt{\frac{1}{N}}|\omega\rangle + \sqrt{\frac{N-1}{N}}|\psi_{bad}\rangle = \sin\theta|\omega\rangle + \cos\theta|\psi_{bad}\rangle$$

$|\psi\rangle$는 $|\omega\rangle$와 $|\psi_{bad}\rangle$의 두 기저(좌표축)로 정의되었다.

새로운 기저(좌표축) $|\psi\rangle$와 $|\overline{\psi}\rangle$를 다음과 같이 도입한다.

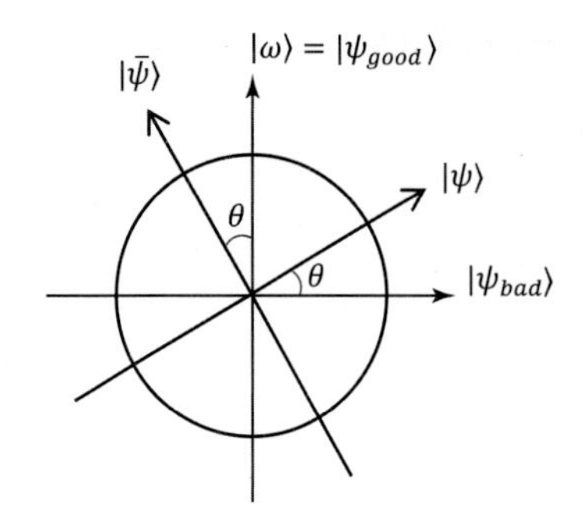

$$\begin{pmatrix}|\psi\rangle\\|\bar{\psi}\rangle\end{pmatrix} = \begin{pmatrix}sin\theta & cos\theta\\cos\theta & -sin\theta\end{pmatrix}\begin{pmatrix}|\omega\rangle\\|\psi_{bad}\rangle\end{pmatrix}$$

(왼쪽 그림에서처럼 $|\psi\rangle$, $|\bar{\psi}\rangle$는 $|\omega\rangle$와 $|\psi_{bad}\rangle$ 좌표축 시스템을 $-\theta$만큼 회전시킨 것이다.)

($\overline{\psi}$는 '프사이 바'라고 읽는다.)

위의 행렬식을 풀어 써보면 다음과 같고

$$|\psi\rangle = \sin\theta|\omega\rangle + \cos\theta|\psi_{bad}\rangle$$

$$|\overline{\psi}\rangle = \cos\theta|\omega\rangle - \sin\theta|\psi_{bad}\rangle$$

$|\omega\rangle$와 $|\psi_{bad}\rangle$ 관점에서 다시 써보면 다음과 같다.

$$|\omega\rangle = \sin\theta|\psi\rangle + \cos\theta|\overline{\psi}\rangle$$

$$|\psi_{bad}\rangle = \cos\theta|\omega\rangle - \sin\theta|\overline{\psi}\rangle$$

이제 U_ω에 의해

$$U_\omega|\psi\rangle = -\sin\theta|\omega\rangle + \cos\theta|\psi_{bad}\rangle \ (U_\omega\text{에 의해 } |\omega\rangle \rightarrow -|\omega\rangle)$$

여기에 $|\omega\rangle$와 $|\psi_{bad}\rangle$을 위에서 구한 $|\psi\rangle$와 $|\overline{\psi}\rangle$의 식으로 정리하면

$$U_\omega|\psi\rangle = \cos(2\theta)|\psi\rangle - \sin(2\theta)|\overline{\psi}\rangle$$

이제 그로버 반복 G의 완성을 위해 $U_\psi^\perp$를 $U_\omega|\psi\rangle$에 가해 보자.

$U_\psi^\perp$는 기준이 되는 벡터($|\psi\rangle$)를 중심축으로 벡터를 회전(반사)이동시키는 것을 상기하면 다음 그림이 쉽게 이해가 될 것이다.

아래 그림에서 ①번에 위치한 $U_\omega|\psi\rangle$를 기준축인 $|\psi\rangle$를 중심으로 회전(반사)이동시키면 ②번에 위치한다.

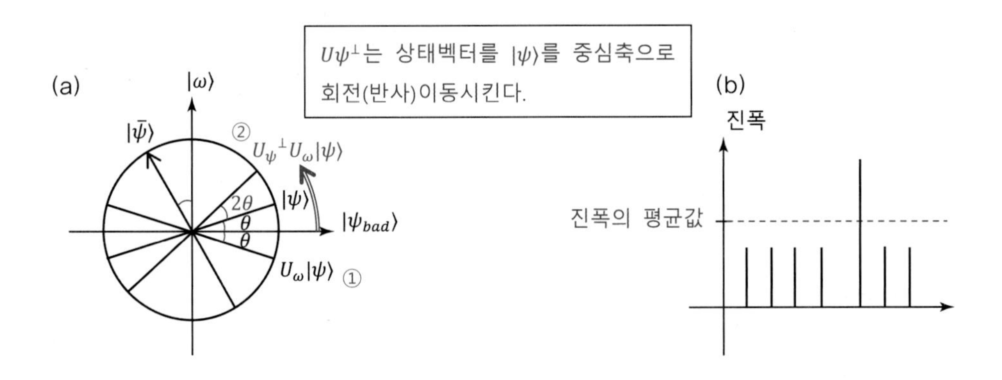

②번에 위치한 $U_\psi^\perp U_\omega|\psi\rangle$를 $|\psi\rangle$, $|\overline{\psi}\rangle$ 좌표축에서 표시해 보면(그림 (a))

$$U_\psi^\perp U_\omega|\psi\rangle = \cos(2\theta)|\psi\rangle + \sin(2\theta)|\overline{\psi}\rangle$$

($|\psi\rangle$를 x축으로 볼 때 그 사잇각이 그림에서처럼 2θ이다.)

$$= \sin(3\theta)|\omega\rangle + \cos(3\theta)|\psi_{bad}\rangle$$

위의 그림 (b)에서 보면 $U_\psi^\perp$에 의해 $(-)$ 위치에 있던 정답 벡터 $|\omega\rangle$가 다시 양의 진폭으로 올라오며 그 크기는 $\sin 3\theta$이고 나머지 오답 벡터의 진폭은 $\cos 3\theta$로 초기의 $\cos\theta$보다 훨씬 작아진 것을 알 수 있다. 즉 $U_\psi^\perp$ 연산에 의해 **정답은 진폭이 더 커지고 오답은 훨씬 더 크기가 작아진다**. 초기치보다 거의 세 배 가까이 커진 정답 $|w\rangle$ 벡터의 진폭 때문에 전체 성분 벡터들의 평균 진폭(그림 (b)의 점선)은 오답 벡터들보다 위에 놓인다.

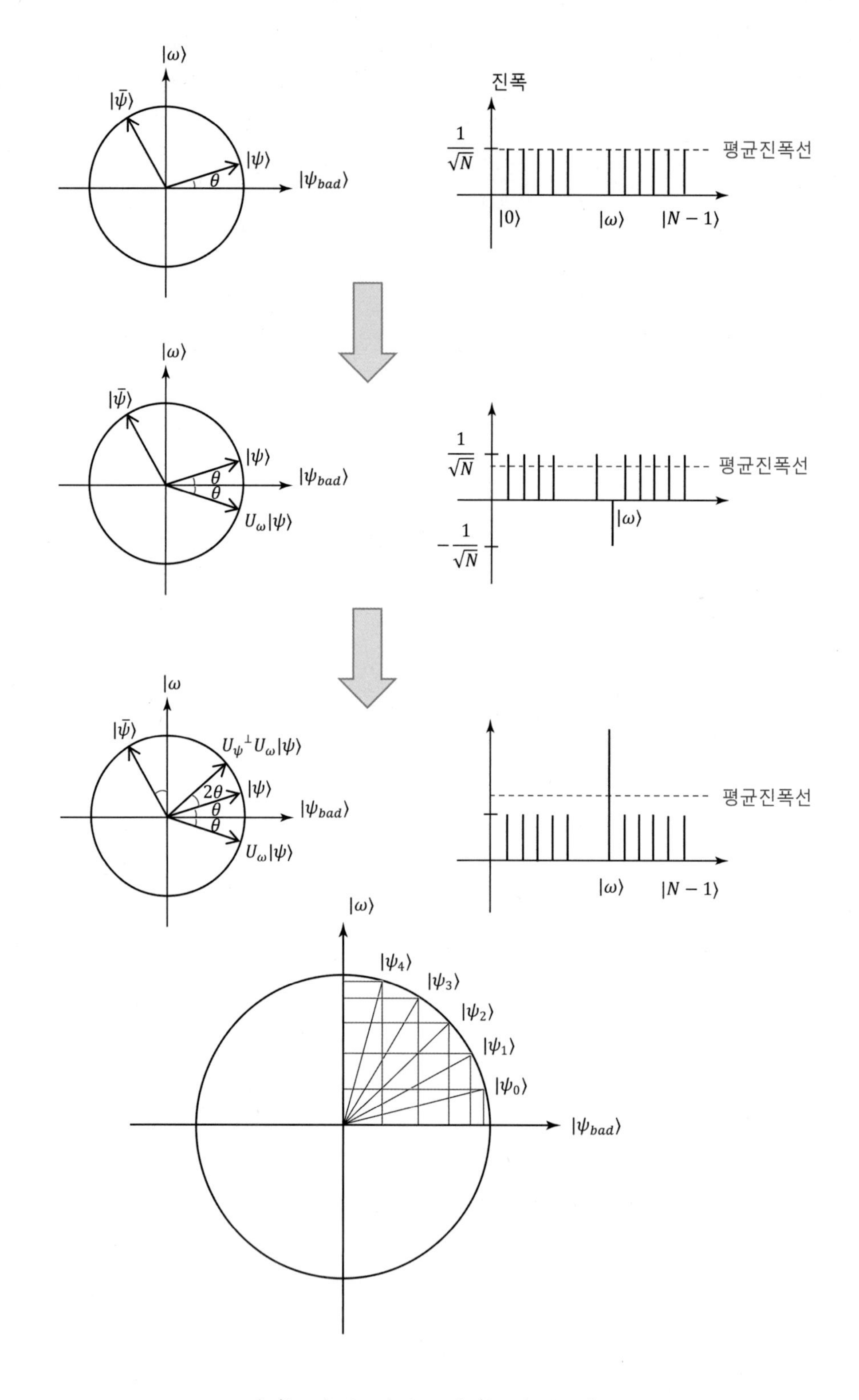

$$|s'\rangle + |w\rangle = |s\rangle \rightarrow |s'\rangle - |w\rangle = |s\rangle$$

이 새로운 $|s\rangle$를 살펴보면 이전에 $|w\rangle$가 $-|w\rangle$로 되었으므로 다음과 같이 $|s'\rangle$축에 대해서 반사시키는 것과 같다.

$$|s'\rangle + |w\rangle = |s\rangle$$

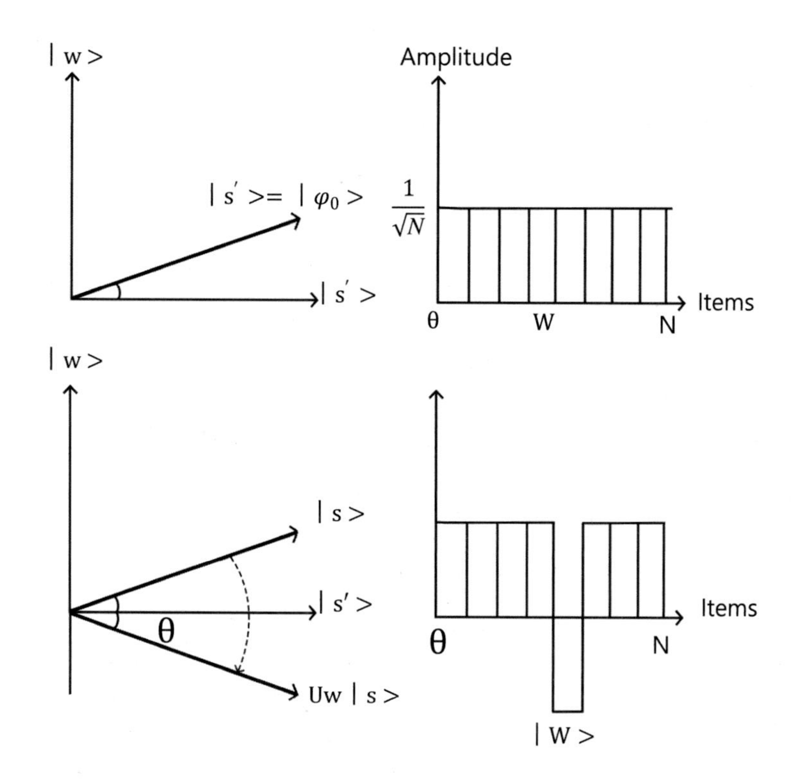

박스 또는 카드가 네 개 있는 경우를 생각해 보자. 그러면 그로버 알고리즘을 돌리기 위한 양자 상태(기저벡터)의 수는 총 네 개가 필요하다. 네 개의 기저벡터를 만드는 데 필요한 큐빗의 수는 두 개이므로, 두 개의 큐빗만 갖고 있으면 충분하다.

보통 그로버 알고리즘은 정답을 높은 확률로 보여주지만, 큐빗이 두 개인 경우는 특이하게도 100%의 확률로 정답을 보여준다.

7.3 그로버 알고리즘 IBMQ 실습

2 큐빗 그로버 알고리즘

이제까지 학습한 그로버 알고리즘을 양자컴퓨터 IBMQ에서 실습해 보자.

가장 간단한 $N=4=2^2$, 즉 큐빗이 두 개인 그로버 알고리즘의 양자 회로는 다음과 같다.

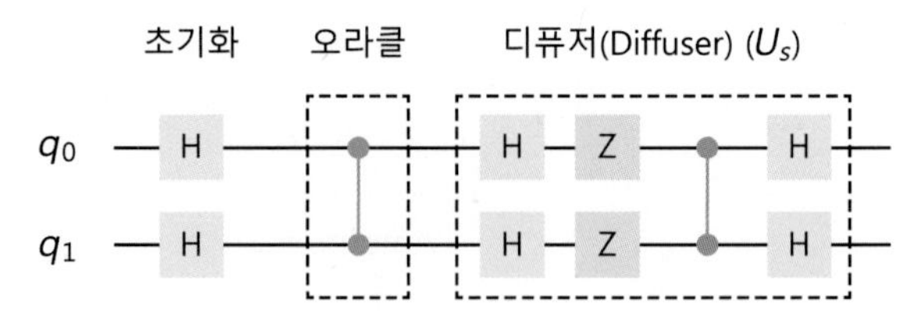

그림 7.16 | 2 큐빗 그로버 알고리즘(IBM QISKIT에서 전재함)

이제까지의 이론적인 학습에서 실제 회로를 구성하는 데 빠진 부분은 그로버 반복을 어떻게 구현할 것인가이다. 수학적인 연산으로 배운 그로버 반복을 어떤 게이트로 만들 것인가?

큐빗의 준비 단계

$N=4$이므로 네 개의 고유상태 $|00\rangle$, $|01\rangle$, $|10\rangle$, $|11\rangle$을 준비한다. 이는 두 개의 큐빗을 준비함으로써 이루어진다.

중첩된 양자 상태 $|\psi\rangle$ 준비

네 개의 고유상태의 중첩된 양자 상태를 만든다. 이는 두 큐빗 모두에 H 게이트를 걸면 완수된다.

초기화

q_0 — H —

q_1 — H —

이 단계를 통과하면 $|\psi\rangle=\left(\frac{1}{2}\right)(|00\rangle+|01\rangle+|10\rangle+|11\rangle)$가 생성된다.

오라클 U_ω

오라클을 형성하기 위해서는 당첨(정답)을 특정한 것으로 가정해야 양자 회로를 돌릴 수 있다.

당첨 $|w\rangle=|11\rangle$이라고 해보자.

앞에서 살펴본 대로 오라클 U_ω이 하는 일은 당첨인 양자 상태만의 위상을 -1로 바꿔주는 것이다.

$$U_\omega|x\rangle=(-1)^{f(x)}|x\rangle$$

이를 이용해 U_ω를 $|\psi\rangle$에 걸어보면

$$U_\omega|8\rangle=U_\omega\frac{1}{2}(|00\rangle+|01\rangle+|10\rangle+|11\rangle)=\frac{1}{2}(|00\rangle+|01\rangle+|10\rangle-|11\rangle)$$

여기에서 네 개의 고유상태 중 마지막 $|11\rangle$만 부호가 +에서 −로 반전되었음을 알 수 있다. 네 개의 고유상태가 4차원 힐버트 공간의 기저를 구성하므로, U_ω를 행렬로 다음과 같이 쉽게 나타낼 수 있다.

$$U_\omega = \begin{bmatrix} 1 & 0 & 0 & 0 \\ 0 & 1 & 0 & 0 \\ 0 & 0 & 1 & 0 \\ 0 & 0 & 0 & -1 \end{bmatrix}$$

(맨 마지막 원소에만 -1이 붙는다.)

이제까지 학습한 게이트 중에 이 U_ω의 행렬 표현과 똑같은 게이트가 있는데, 바로 CZ(controlled Z) 게이트이다. 이를 회로로 그려보면 다음과 같다.

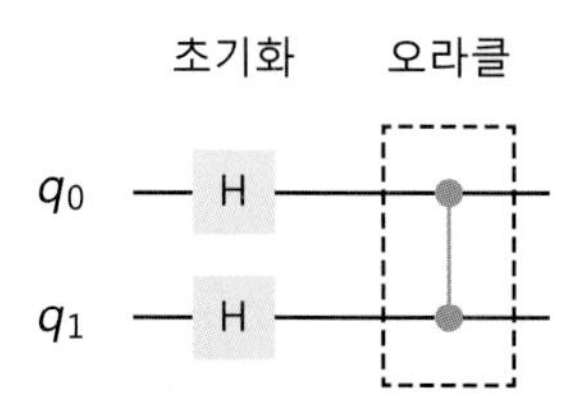

n개의 아다마르 게이트 H를 모든 큐빗에 하나씩 건다.

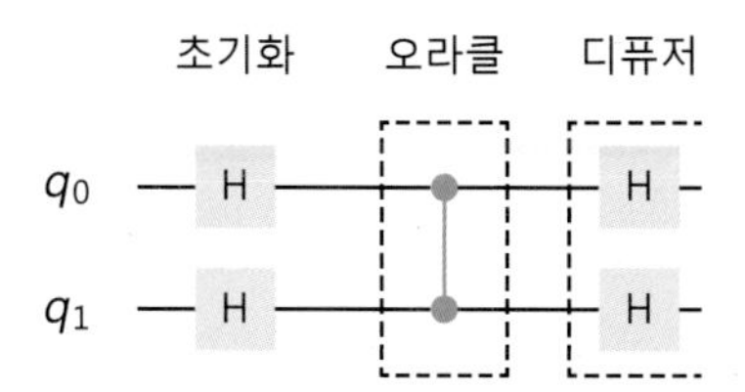

조건부 위상 변경 $U_0^\perp$

조건부 위상 변경(conditional phase shift) $U_0^\perp$는 $|00\rangle(=|0\rangle)$ 상태 이외의 모든 고유상태에 (-1)을 붙이는 작업을 한다. 이를 이용하면 다음을 얻는다.

$$U_0^\perp|\psi\rangle = U_0^\perp \ \frac{1}{2}(|00\rangle + |01\rangle + |10\rangle + |11\rangle) = \frac{1}{2}(|00\rangle - |01\rangle - |10\rangle - |11\rangle)$$

이 작업을 수행하는 $U_0^\perp$는 다음과 같이 두 개의 z 게이트와 controlled Z 게이트 한 개로 만들 수 있다.

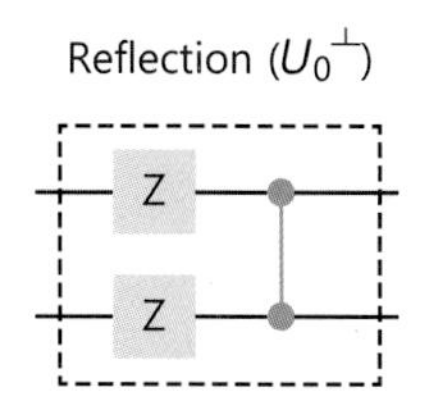

왜 이 조건부 위상 변경 $U_0^{\perp}$가 위의 게이트로 표현되는지 그 증명은 심화학습에서 학습해 보자.

[심화학습]

이에 대한 증명:
다음이

$$U_0^{\perp}|\psi\rangle = U_0^{\perp}\frac{1}{2}(|00\rangle + |01\rangle + |10\rangle + |11\rangle) \tag{7.2}$$
$$= \frac{1}{2}(|00\rangle - |01\rangle - |10\rangle - |11\rangle)$$

아래에 의해 수행됨을 보인다.

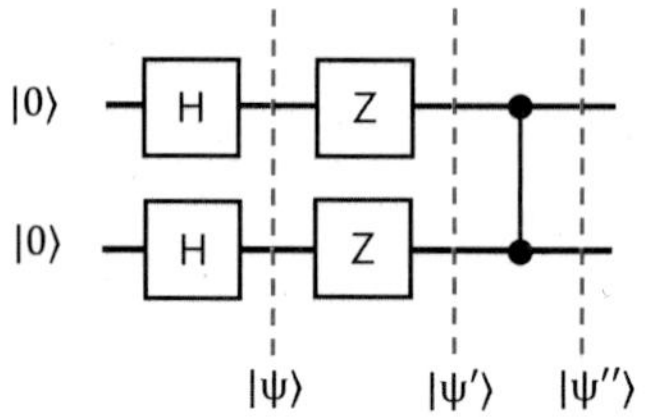

$$|\psi\rangle = (H|0\rangle)\otimes(H|0\rangle) = \frac{1}{\sqrt{2}}(|0\rangle + |1\rangle)\otimes\frac{1}{\sqrt{2}}(|0\rangle + |1\rangle)$$
$$= \frac{1}{2}(|00\rangle + |01\rangle + |10\rangle + |11\rangle)$$
$$|\psi'\rangle = (ZH|0\rangle)^{\otimes 2} = Z\frac{1}{\sqrt{2}}(|0\rangle + |1\rangle)\otimes\frac{1}{\sqrt{2}}(|0\rangle + |1\rangle)$$
$$= \frac{1}{\sqrt{2}}(|0\rangle - |1\rangle)\otimes\frac{1}{\sqrt{2}}(|0\rangle - |1\rangle) = \frac{1}{2}(|00\rangle - |01\rangle - |10\rangle + |11\rangle)$$
$$|\psi''\rangle = CZ|\psi'\rangle = \frac{1}{2}CZ(|00\rangle - |01\rangle - |10\rangle + |11\rangle)$$

CZ의 작용은 위에서 살펴보았듯이 $|11\rangle$의 부호를 (-1)로 바꾸는 것이다. 즉

$$|\psi'\rangle = \frac{1}{2}(|00\rangle - |01\rangle - |10\rangle - |11\rangle) \tag{7.3}$$

이 식은 위의 식 (7.2)와 동일하다.

이제 최종적으로 아다마르 게이트를 각 큐빗에 걸어서 Diffuser를 다음과 같이 완성할 수 있다.

디퓨저(Diffuser) (U_s)

H Z H

H Z H

2 큐빗 그로버 알고리즘 회로

이상을 종합하여 2 큐빗에서의 그로버 알고리즘 전체 양자 회로는 다음과 같다.

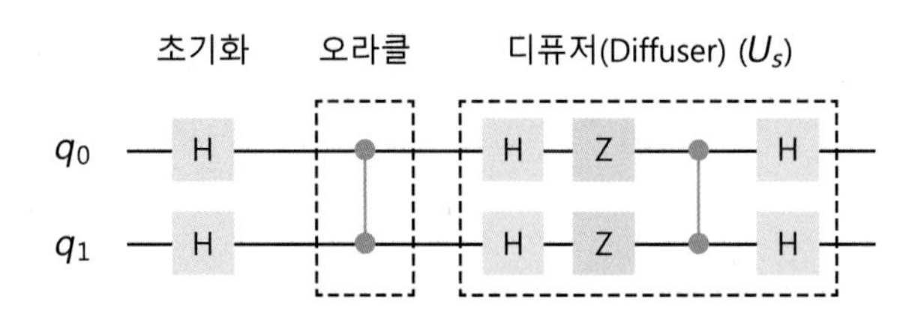

2 큐빗에서의 그로버 알고리즘 실제 양자컴퓨터 실습

이제까지 학습한 그로버 알고리즘을 실제 양자컴퓨터에서 실습해 보자. 이하는 IBM의 Qiskit 에서 전재한 것이다(https://qiskit.org/textbook/ch-algorithms/grover.html).

```
# 초기화. 기본적인 파이썬 모듈을 불러온다.
import matplotlib.pyplot as plt
import numpy as np

# Qiskit 불러오기
from qiskit import IBMQ, Aer, assemble, transpile
from qiskit import QuantumCircuit, ClassicalRegister, QuantumRegister
from qiskit.providers.ibmq import least_busy

# 2개 큐빗의 양자 상태 준비하기
n = 2
grover_circuit = QuantumCircuit(n)

# 위의 양자 회로에서 각 큐빗에 H 게이트를 거는 함수를 만든다. 이 경우 임의 개수의 큐빗에서도
사용할 수 있는 좀 더 일반적인 함수를 준비해 둔다.

def initialize_s(qc, qubits):
```

```
        for q in qubits:
            qc.h(q)
        return qc

# 그로버 양자 회로를 초기화해 보자. 이를 그림으로 그려볼 수 있다.
grover_circuit = initialize_s(grover_circuit, [0,1])
grover_circuit.draw()

# grover_circuit.draw()의 실행 결과
```

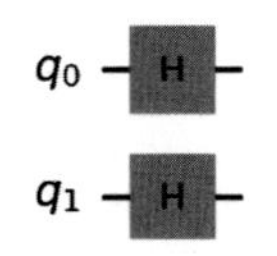

```
# 이제 오라클 함수를 걸 때이다. 앞에서 살펴본 바와 같이 2 큐빗에서의 오라클은 cZ 게이트이다.
grover_circuit.cz(0,1) # 오라클
grover_circuit.draw()
```

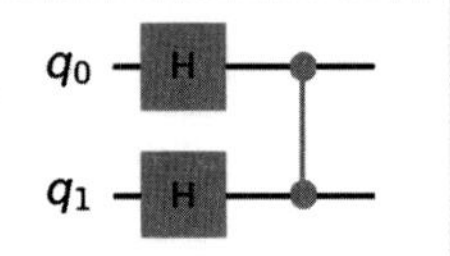

```
# 그다음 단계는 Diffuser (Us)이다. 앞에서 학습한 바와 같이 Diffuser는 H, Z, cZ, H를 차례로
작용시키면 된다.
# Diffusion operator (U_s)
grover_circuit.h([0,1])
grover_circuit.z([0,1])
grover_circuit.cz(0,1)
grover_circuit.h([0,1])
grover_circuit.draw()
```

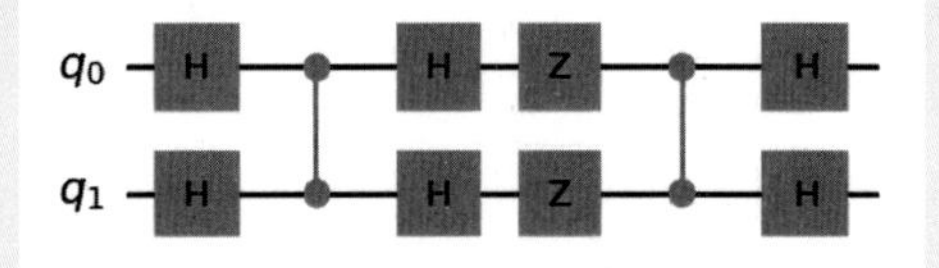

```
#이제 위의 양자 회로를 실제 양자컴퓨터에서 돌려보자. 자신의 IBM Quantum 계정을 불러서 현재 가장
대기자가 적은 디바이스를 찾는다.
provider = IBMQ.load_account()
provider = IBMQ.get_provider("ibm-q")
device = least_busy(provider.backends(filters=lambda x: int(x.configuration().n_qubits) >=
```

```
3 and
                    not          x.configuration().simulator          and
x.status().operational==True))
print("Running on current least busy device: ", device)

#현재 가장 한가한 디바이스는 IBMQ_manila이다.
```

```
Running on current least busy device:  ibmq_manila
```

```
# 가장 한가한 디바이스에서 양자 실험을 수행한다. 아래 블록을 실행하면 지금 대기열에서 몇 번째에
들어가 있는지 알려준다.

from qiskit.tools.monitor import job_monitor
transpiled_grover_circuit = transpile(grover_circuit, device, optimization_level=3)
job = device.run(transpiled_grover_circuit)
job_monitor(job, interval=2)
```

```
Job Status: job is queued (12)
```

```
# Get the results from the computation
results = job.result()
answer = results.get_counts(grover_circuit)
plot_histogram(answer)
```

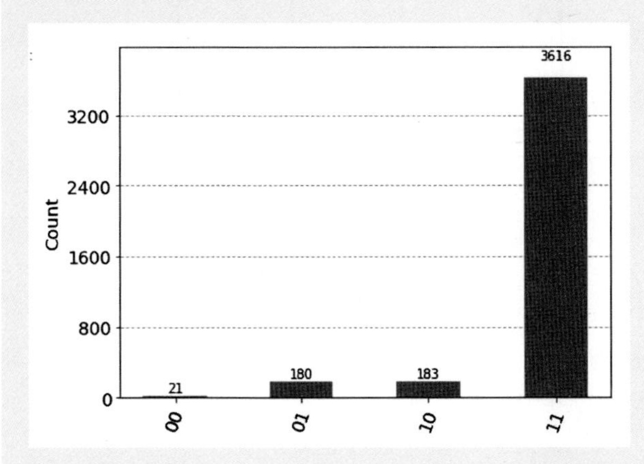

우리의 예상과 같이 압도적인 확률로 |11>이 정답임을 보여준다.

요약

1. 정렬되지 않은 데이터베이스(크기 N)에서 한 개의 정답을 찾는 알고리즘이 양자 그로버 알고리즘이다.

2. 무작위로 나열된 크기 N인 데이터베이스에서 한 개의 정답 데이터를 찾는 데 고전 알고리즘은 N번 정도의 검색이 필요하다. 이와 비교해서, 양자 그로버 알고리즘은 $\sqrt{N}$ 번만큼의 검색 시간이면 찾을 수 있다.

3. 그로버 알고리즘 수행 단계: N개의 데이터베이스에서 한 개의 정답을 찾기 위해 $N = 2^n$만큼의 큐빗이 필요하다.

4. 그로버 알고리즘 수행 단계는 n개 큐빗 준비, 초기화, 중첩 양자 상태, 그로버 반복 수행, 최종 양자 상태의 측정으로 순차적으로 이루어진다.

5. 그로버 알고리즘의 양자 회로도는 다음과 같다.

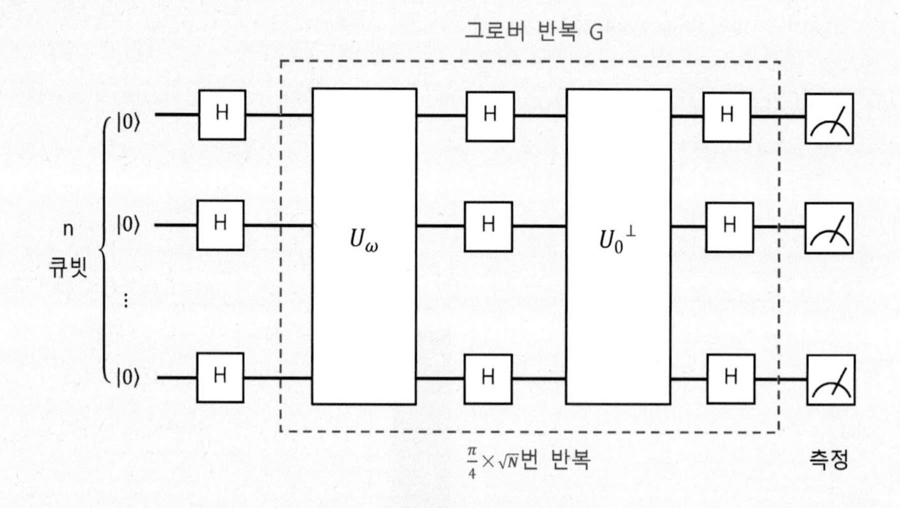

6. 그로버 알고리즘의 핵심은 양자 알고리즘을 수행하면서 정답에 해당하는 양자 상태의 진폭은 커지고, 오답 양자 상태는 진폭은 작아진다는 데 있다. 그로버 반복을 일정 단계 반복하면 전체 양자 상태는 정답에 아주 가까운 상태가 된다. 이 양자 상태를 측정하면 정답에 해당하는 양자 상태가 무엇인지 높은 확률로 알 수 있다.

연습문제

1. 데이터 크기가 N인 데이터베이스에 있는 당첨 한 개를 찾기 위해서 고전적인 방법으로는 대략 $O(N)$번의 데이터 검색 작업을 해야 한다. 이에 비해 그로버 알고리즘은 대략 몇 번의 검색 횟수가 필요한가?

① $O(N)$ ② $O(N^2)$ ③ $O(N^3)$ ④ $O(\sqrt{N})$ ⑤ $O\left(N\left(\frac{1}{2}\right)\right)$

2. N개의 상자에서 당첨이 오직 한 개 존재한다. 각각의 상자를 상태벡터 $|x\rangle$, $x=0, 1, 2, \cdots, N-1$에 대응시키자. 이때 N개의 상자를 위해 필요한 큐빗의 숫자 n과 N 사이에는 어떤 관계가 있는가?

① $n=2^N$

② $n=2^{(N-1)}$

③ $n=2(N+1)$

④ $N=n$

⑤ $N=2^n$

⑥ $N=2^{(n-1)}$

※ 크기가 6인 데이터베이스를 생각해 보자. 그로버 알고리즘을 사용하기 위해 6개의 데이터를 상태벡터 $|x\rangle$, $x=0, 1, 2, \cdots, 5$에 대응시킨다. 6개의 $|x\rangle$를 중첩시켜 양자 상태벡터 $|s\rangle$를 만들 수 있다. 정답(당첨)은 세 번째 상자에 있다고 가정해 보자. 그러면 정답의 상태벡터는 $|2\rangle$가 된다.

3. 이때 $|s\rangle$를 상태벡터 $|x\rangle$의 합으로 표시해 보시오.

4. 이 $|s\rangle$를 정답(당첨)인 상태벡터 $|w\rangle$와 당첨을 제외한 오답의 상태벡터 $|s'\rangle$로 표시할 수 있다. 정답 상태벡터 $|w\rangle$는 다음 중 어떤 것인가?

① $\frac{1}{\sqrt{6}}|0\rangle$

② $\frac{1}{\sqrt{6}}|1\rangle$

③ $\frac{1}{\sqrt{6}}|2\rangle$

④ $\frac{1}{\sqrt{6}}(|0\rangle+|1\rangle+|2\rangle)$

⑤ $\frac{1}{\sqrt{6}}(|0\rangle+|1\rangle+|3\rangle+|4\rangle+|5\rangle)$

⑥ $\frac{1}{\sqrt{6}}(|0\rangle+|1\rangle+|2\rangle+|3\rangle+|4\rangle+|5\rangle)$

5. 오답의 상태벡터 $|s'\rangle$는 다음 중 어떤 것인가?

① $\frac{1}{\sqrt{6}}*|0\rangle$

② $\frac{1}{\sqrt{6}}*|1\rangle$

③ $\frac{1}{\sqrt{6}}*|2\rangle$

④ $\frac{1}{\sqrt{6}}*(|0\rangle+|1\rangle+|2\rangle)$

⑤ $\frac{1}{\sqrt{6}}*(|0\rangle+|1\rangle+|3\rangle+|4\rangle+|5\rangle)$

⑥ $\frac{1}{\sqrt{6}}*(|0\rangle+|1\rangle+|2\rangle+|3\rangle+|4\rangle+|5\rangle)$

6. $|w\rangle$와 $|s'\rangle$에 대한 다음 설명 중 맞는 것은?

① $|w\rangle$와 $|s\rangle$는 직교한다.

② $|s\rangle$와 $|s'\rangle$는 직교한다.

③ $|w\rangle$와 $|s'\rangle$는 직교한다.

④ $|s\rangle$는 자기 자신과 직교한다.

7. $|s\rangle$를 각 성분 상태벡터의 진폭의 그래프로 표현해 보려고 한다. 다음 중 맞게 그린 것은?

①
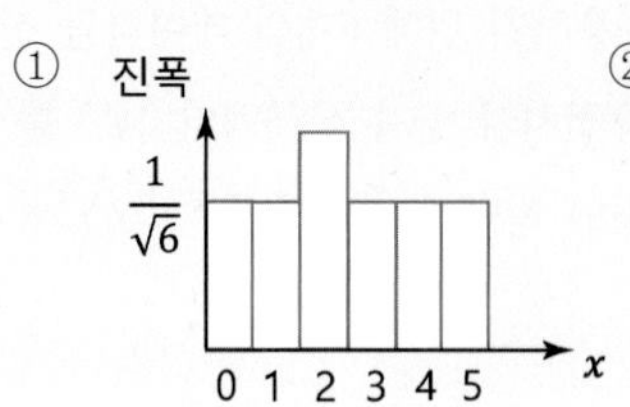

②
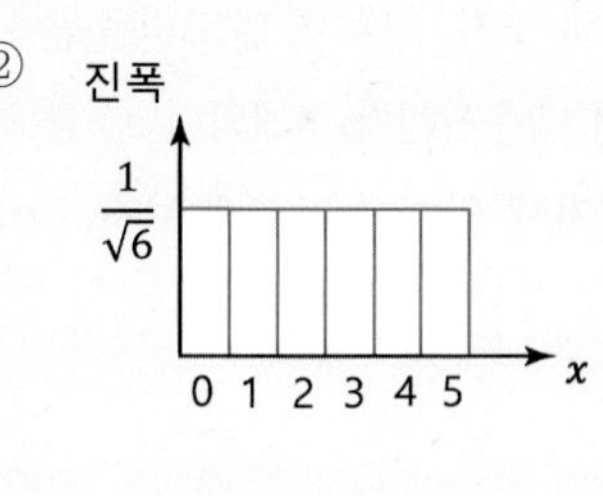

③
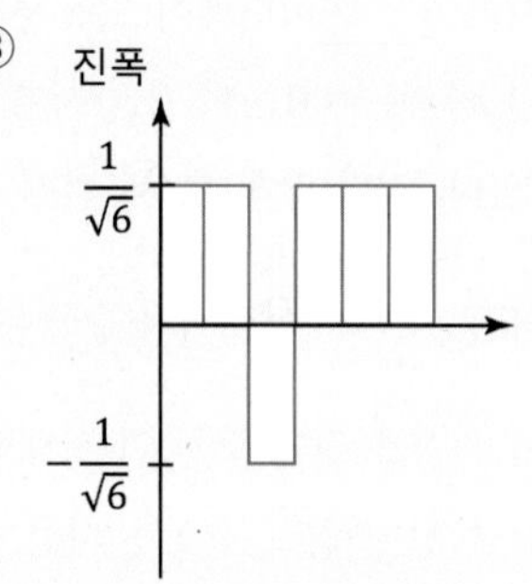

8. $|s\rangle=|w\rangle+|s'\rangle$이므로 이 벡터의 합을 그려보면 다음 중 어떤 것이 되는가?

①
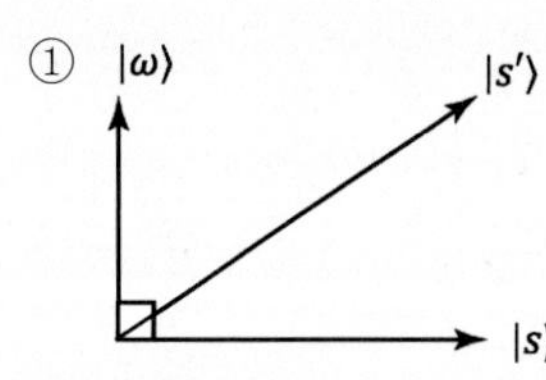

②
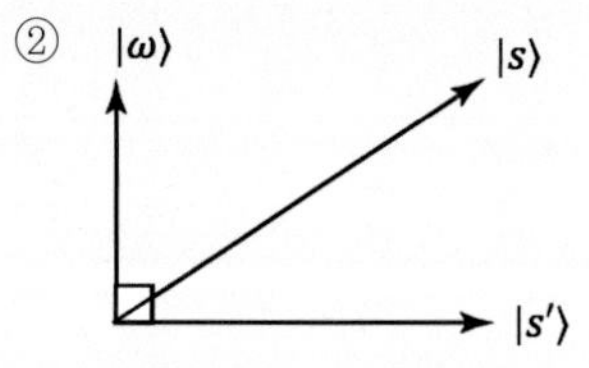

③
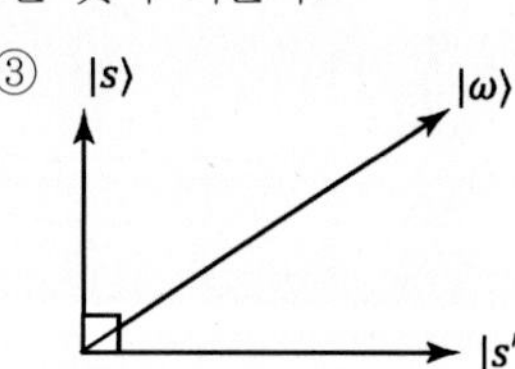

※ 이제 $|s\rangle$에 오라클 U_ω를 다음과 같이 가한다.

$$U_\omega|x\rangle=(-1)^{f(x)}|x\rangle,$$
$$f(x)=0 \text{ if } x \text{ is not a solution}$$

$$f(x) = 1 \text{ if } x \text{ is solution}$$

9. $U_\omega |s\rangle = |s''\rangle$(′ 이 두 개)라고 하자. $|s\rangle$와 $|s'\rangle$ 사이의 각도를 $\theta/2$라고 하자. $|w\rangle$, $|s\rangle$, $|s'\rangle$, $|s''\rangle$를 벡터 도형으로 한 그림에 표현해 보시오.

10. $|s''\rangle = U_\omega |s\rangle$의 각 성분별 진폭 그래프를 그려보시오.

11. 이제 반사작용 $U_s = 2|s\rangle\langle s| - 1$을 $|s'''\rangle$에 가한다.

$$|s'''\rangle = U_s = 2|s\rangle\langle s| - 1$$

이때 $|s'''\rangle$은 $|s''\rangle$을 $|s\rangle$를 축으로 회전이동시키는 것과 같음을 보이시오.

12. $|w\rangle$, $|s\rangle$, $|s'\rangle$, $|s''\rangle$, $|s'''\rangle$를 벡터 도형으로 한 그림에 표현해 보시오.

13. U_s의 작용에 의해 $|s'''\rangle$의 진폭을 상태벡터별로 그려보시오.

14. 2 큐빗 예제에서 아래와 같을 때

$$U_\omega|8\rangle = U_\omega \frac{1}{2}(|00\rangle + |01\rangle + |10\rangle + |11\rangle) = \frac{1}{2}(|00\rangle + |01\rangle + |10\rangle - |11\rangle)$$

다음과 같이 됨을 증명해 보자.

$$U_\omega = \begin{bmatrix} 1 & 0 & 0 & 0 \\ 0 & 1 & 0 & 0 \\ 0 & 0 & 1 & 0 \\ 0 & 0 & 0 & -1 \end{bmatrix}$$

이 U_ω에 $|00\rangle$, $|01\rangle$, $|10\rangle$, $|11\rangle$을 각각 걸어서 다음을 확인하시오.

$$U_\omega|00\rangle = |00\rangle$$
$$U_\omega|01\rangle = |01\rangle$$
$$U_\omega|10\rangle = |10\rangle$$
$$U_\omega|11\rangle = -|11\rangle$$

15. $|\psi_{good}\rangle$과 $|\psi_{bad}\rangle$의 다음 두 가지 성질을 증명하시오.

(1) 두 벡터의 크기는 모두 1이다.

(2) 두 벡터는 서로 직교한다. 즉, $\langle\psi_{bad}|\psi_{good}\rangle = \langle\psi_{good}|\psi_{bad}\rangle = 0$이다.

제8장

양자 푸리에 변환과 양자위상추정

QUANTUM COMPUTING

이 장에서 학습할 내용

- 고전적인 수학에서 사용되는 푸리에 변환의 양자 버전인 양자 푸리에 변환을 이해한다.
- 양자 푸리에 변환에 의해 상태벡터 위상값의 숨겨져 있는 위상의 주기성을 파악할 수 있음을 이해한다.
- 1 큐빗과 2 큐빗에서 계산기저의 양자 푸리에 변환을 계산해 본다.
- 푸리에 변환의 역변환인 양자위상추정을 이해한다.

8.1 양자 푸리에 변환의 중요성

이번 장에서 학습할 양자 푸리에 변환(quantum Fourier transformation)은 고전적인 푸리에 변환의 양자 버전이라고 생각하면 된다. 푸리에 변환(Fourier transformation)은 수학, 물리 및 공학에서 광범위하게 사용되는 수학적 기법으로서, 이공계 전공자라면 반드시 한 번은 학습할 기회가 있었을 것이다. 수학과 물리학 등의 기초 자연과학뿐 아니라 각종 응용 학문, 특히 신호처리 및 통신 분야에서도 가장 중요한 수학적 도구 중 하나로 사용되고 있다.

한마디로 말해, 양자 푸리에 변환은 양자컴퓨터에서 구동되는 푸리에 변환이다. 왜 양자 푸리에 변환이 필요할까? 앞에서 학습했듯이, 양자 알고리즘은 고전적 알고리즘보다 연산 속도를 크게 향상시킨다. 그러나 양자 푸리에 변환은 이러한 양자 알고리즘과는 달리 고전적인 데이터를 푸리에 변환시킬 때 속도가 더 빨라지지는 않는다. 양자 푸리에 변환의 중요성은 이번 장에서 학습할 양자위상추정(quantum phase estimation)에 응용되고, 다음 장의 학습 내용인 쇼어 소인수분해 알고리즘의 기본 바탕이 된다는 데 있다.

푸리에 변환

먼저 푸리에 변환의 기본적인 사실을 알아보자.

푸리에 변환은 공간좌표 x의 함수 $f(x)$를 진동수(또는 파수 k)의 주기함수 $F(k)$의 합으로 표현하는 수학적 변환이다.

이 변환을 수학적으로 표현하면, x의 함수 $f(x)$는 다음과 같이 함수 $F(k)$의 적분 형태로 표현된다.

$$f(x)=\int_{-\infty}^{\infty} F(k)e^{2\pi ikx}dk \tag{8.1}$$

푸리에 변환을 사용하면, 이 적분 식 안에 들어 있는 $F(k)$를 역으로 다음과 같이 함수 $f(x)$의 적분되는 식으로 나타낼 수 있다. 이때 파수(wavenumber) k는 $k=\frac{2\pi}{\lambda}=\frac{2\nu}{c}$의 관계를 갖는다.

$$F(k)=\int_{-\infty}^{\infty} f(x)(k)e^{-2\pi ikx}dx \tag{8.2}$$

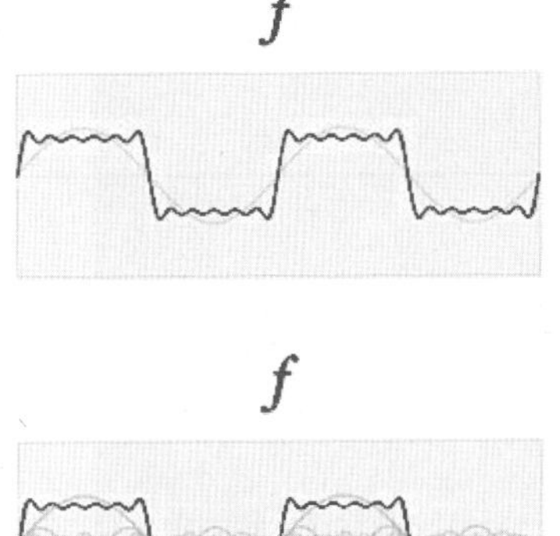

원본함수 f는 색으로 표시된 선과 같이 진폭을 가지는 파동이다.

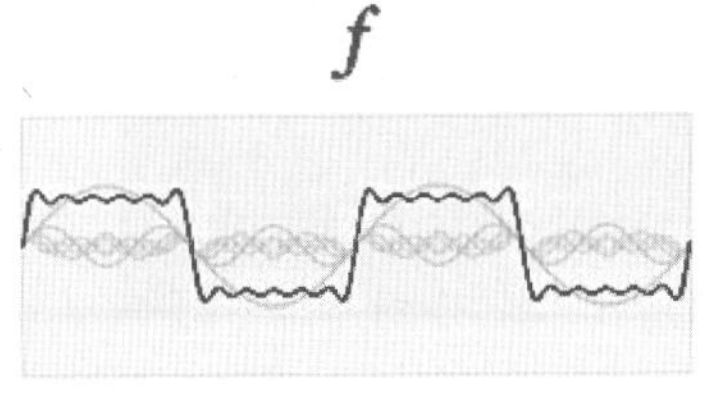

이 함수 f를 주기함수(sin과 cos)의 합으로 표시할 수 있다. 주기함수는 먹색 선으로 표시했고 함수적으로는 $a_n \cos(nx) + b_n \sin(nx)$로 표현된다.

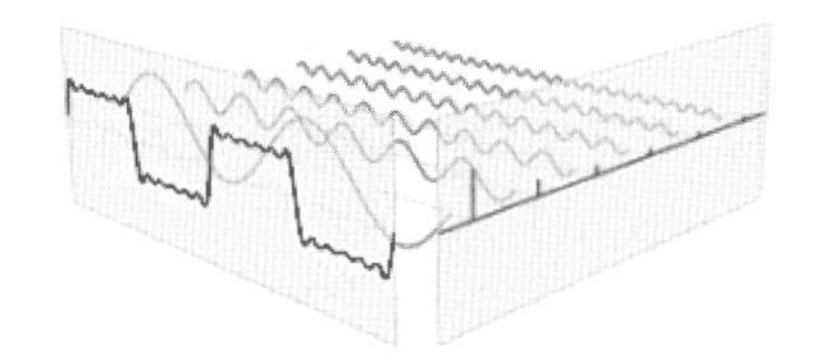

원본함수 f를 주파수(진동수)를 x축으로 한 여러 개의 주기함수의 합으로 분해한 모습. 원본함수 f는 색깔 있는 선, 주기함수는 먹색 선으로 표시했다.

그림 8.1 | 고전적인 푸리에 변환 (출처: https://en.wikipedia.org/wiki/Fourier_transform에서 전재함)

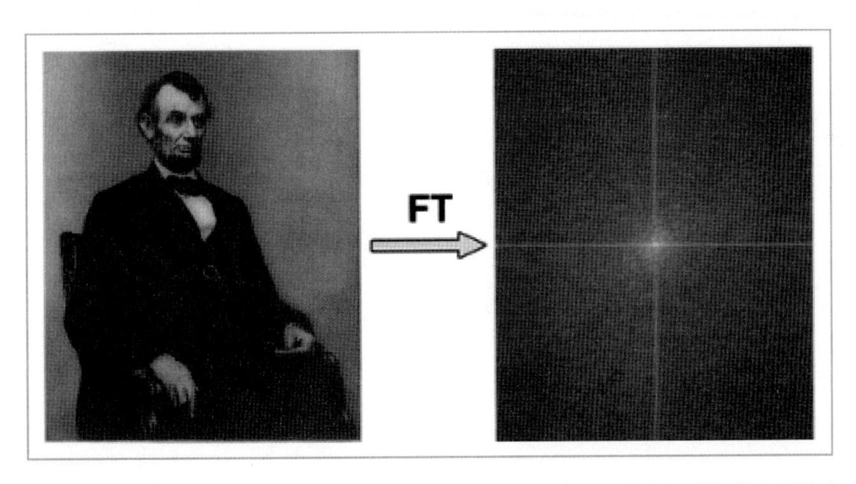

그림 8.2 | 미국 전 대통령 링컨 사진을 푸리에 변환한 이미지. 푸리에 변환에 의해 복잡한 원본 신호가 주파수 영역에서 단순한 신호로 변환돼, 푸리에 변환은 신호처리, 통신, 영상처리에서 필수불가결한 수학적 도구로 사용된다. 원본 이미지의 한 점과 푸리에 변환 이미지의 한 점은 일대일 대응이 아니다. 푸리에 변환 이미지의 한 점은 그 주파수에 해당되는 원본 이미지상의 모든 점의 효과가 합산된 것이다. (Gallagher, 2008)

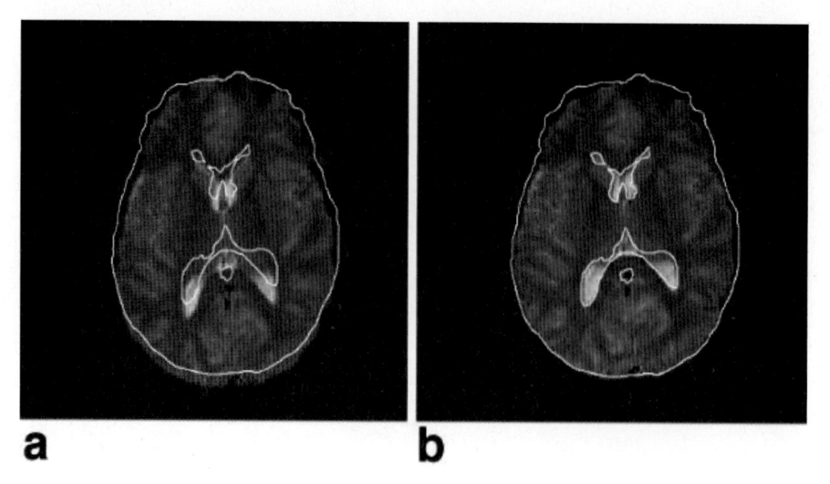

그림 8.3 | 사람 뇌의 자기공명영상(MRI) 사진. 이미지의 변형이 적은 원본 이미지에 가까운 사진이다. 그림 a는 표준적인 푸리에 변환에 의해 변형된 이미지를, b는 다른 방식의 푸리에 변환에 의한 이미지를 보여준다. (Parot, 2011)

푸리에 변환을 좀 더 직관적으로 이해하려면 함수 $f(x)$와 $F(k)$가 각각의 좌표(x와 k)에서 푸리에 변환에 의해 변환되는 쌍둥이 같은 존재라고 생각하면 좋다.

$$f(x) \xleftrightarrow{\text{푸리에 변환}} F(k)$$

$$f(x) = \int_{-\infty}^{\infty} F(k) e^{2\pi ikx} dk$$

$$F(k) = \int_{-\infty}^{\infty} f(x) e^{-2\pi ikx} dx$$

그림 8.4 | x 좌표계에서의 함수 $f(x)$와 k 좌표계에서의 함수 $F(k)$는 푸리에 변환에 의해 연결되어 있다.

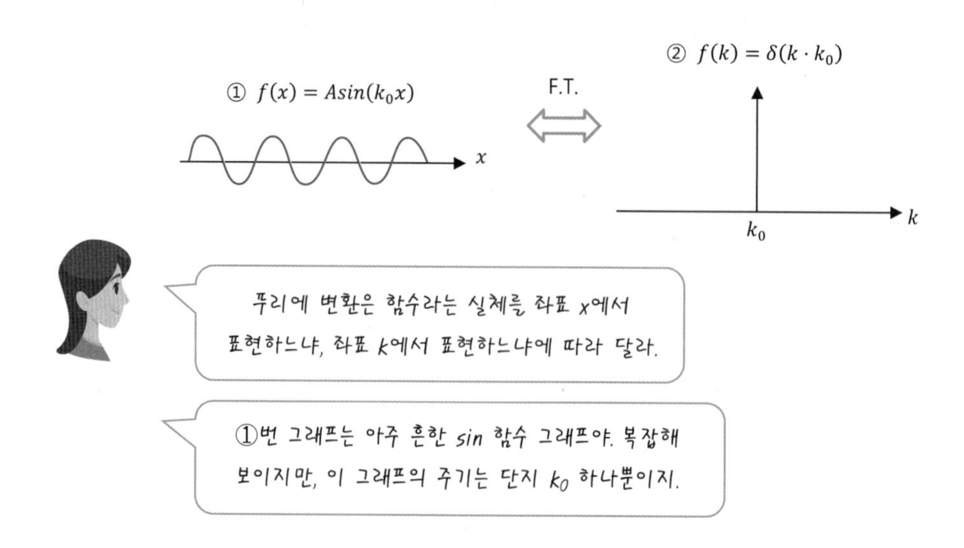

그래서 푸리에 변환에 의해 다수 k 차원에서 이 함수를 표현해 보면 ②번과 같이 막대기가 하나뿐인 아주 단순한 모양이 나와.

푸리에 변환을 하면 복잡하고 패턴을 찾기 어려운 현상을 쉽게 이해할 수 있어서 수학, 물리학, 각종 공학의 기초 도구로 쓰여.

이러한 고전적인 푸리에 변환의 개념을 양자 컴퓨팅에 적용하면 다음 그림과 같다.

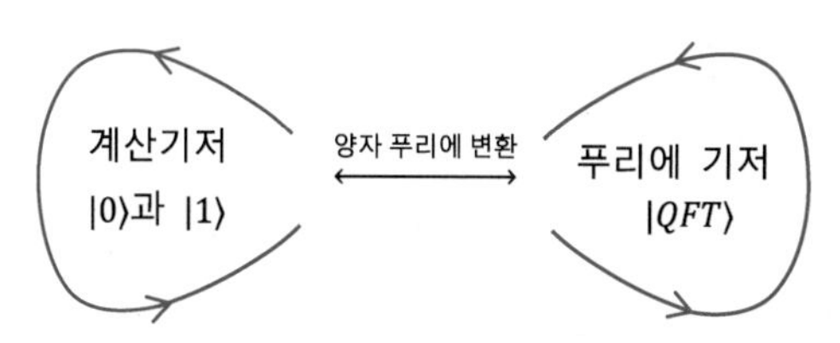

그림 8.5 | 양자 푸리에 변환에 의해 계산기저는 푸리에 기저라는 새로운 기저 시스템으로 변환되고, 푸리에 기저가 다시 계산기저로 변환될 수 있다.

고전적인 수학에서 x좌표에서의 함수가 푸리에 변환에 의해 k좌표의 함수로 변환되듯이, 계산기저에서 구축된 우리의 큐빗의 양자 상태가 |양자 푸리에 기저⟩라고 하는 새로운 기저로 변환된다.

식 (8.1)을 잘 살펴보면, 함수 $f(x)$는 파수 k에서의 함수 $F(k)$를 적분하여 얻어짐을 알 수 있다. 적분은 이산적인 숫자들의 합(Σ 기호로 나타낸다)을 연속적으로 표현한 것이다. 이제까지 알아본 것처럼 양자 컴퓨팅의 큐빗은 보통 $|0\rangle$, $|1\rangle$의 띄엄띄엄한 양자 상태를 갖고 있다. 따라서 양자 푸리에 변환을 도입하려면 이산적인 합으로 표시된 푸리에 변환을 이해하면 더 도움이 될 것이다.

이와 같은 논리에 바탕을 두고 이산적인 큐빗 양자 상태와 연관을 짓기 위해, 고전적인 푸리에 변환을 적분 형태가 아닌 이산적인 형태로 정의하면 다음과 같다.

고전적 이산 푸리에 변환

이산(discrete) 푸리에 변환에 의해 N개의 복소수 숫자 x_0, x_1, x_2, $\cdots$, x_{N-1}은 다음과 같은 복소수 숫자 y_0, y_1, y_2, $\cdots$, y_{N-1}으로 변환된다.

$$y_n = \sum_{k=0}^{N-1} e^{\frac{-2\pi i}{N}kn} x_k \tag{8.3}$$

주의! exp 함수 안의 kn은 k_n이 아니라 $k \cdot n$임에 주의한다.

이 이산 푸리에 변환식은 적분 대신에 합(Σ) 기호로 표현되어 있을 뿐, 우리가 처음에 정의한 식 (8.1)과 같은 개념을 담고 있다.

| 예제 |

네 개의 복소수를 성분으로 하는 벡터가 다음과 같이 주어져 있을 때 푸리에 변환된 벡터를 구해 본다.

$$\vec{x} = (x_0,\ x_1,\ x_2,\ x_3) = \left(0,\ \sqrt{\frac{2}{3}},\ 0,\ \frac{i}{\sqrt{3}}\right)$$

푸리에 변환식에 의해 $n=0$ 성분(y_0)부터 구해 보면,

$$y_0 = \sum_{k=0}^{k=3} \exp\left(\frac{-2\pi i}{4} k*0\right)x_0 = x_0 + \exp\left(\frac{-2\pi i}{4} 1*0\right)x_1 + \exp\left(\frac{-2\pi i}{4} 2*0\right)x_2$$
$$+\exp\left(\frac{-2\pi i}{4} 3*0\right)x_3 = x_0 + x_1 + x_2 + x_3 = \sqrt{\frac{2}{3}} + \sqrt{\frac{1}{3}}\, i$$

마찬가지 방법으로 y_1을 구해 보면 다음과 같다.

$$y_1 = \sum_{k=0}^{k=3} \exp\left(\frac{-2\pi i}{4} k*1\right)x_0 = \exp\left(\frac{-2\pi i}{4} 0*1\right)x_0 + \exp\left(\frac{-2\pi i}{4} 1*1\right)x_1$$
$$+\exp\left(\frac{-2\pi i}{4} 2*1\right)x_2 + \exp\left(\frac{-2\pi i}{4} 3*1\right)x_3 = x_0 + \exp\left(\frac{-\pi i}{2}\right)x_1$$
$$+\exp\left(\frac{-\pi i}{2} *2\right)x_2 + \exp\left(\frac{-\pi i}{2} *3\right)x_3 = x_0 - i\,x_1 - x_2 - i\,x_3 = \sqrt{\frac{2}{3}}\, i + \sqrt{\frac{1}{3}}$$

$\vec{y}$의 나머지 성분은 연습문제 1번에서 계산해 보기 바란다.

양자 푸리에 변환

위에서 살펴본 고전적인 이산 푸리에 변환을 기본 개념으로 하여 양자 푸리에 변환을 유사하게 정의해 보자.

고전적인 푸리에 변환은 어떤 함수 $f(x)$를 k좌표계에서의 함수 $F(k)$로 변환하는 작업을 수행한다. 우리는 위에서 잠깐 계산기저가 양자 푸리에 변환에 의해 푸리에 기저라고 하는 새로운 기저로 변환됨을 살펴보았다. 양자 시스템에서 가장 기본적인 양자 상태가 계산기저($|0\rangle$과 $|1\rangle$, $|00\rangle \cdots |11\rangle$ 등)이므로 계산기저가 양자 푸리에 변환에 의해 어떻게 변환되는지 정의하면, 큐빗의 모든 양자 상태의 양자 푸리에 변환은 자동적으로 정의될 것이다. (모든 양자 상태는 계산기저의 선형 결합으로 나타내지기 때문이다.)

앞에서 살펴본 고전적 이산 푸리에 변환을 바탕으로, 양자 푸리에 변환을 계산기저

$|j\rangle (j=0, \cdots, N-1)$의 다음과 같은 변환으로 정의한다.

$$|j\rangle \rightarrow \sqrt{\frac{1}{N}} \sum_{k=0}^{N-1} e^{\frac{2\pi ijk}{N}} |k\rangle \tag{8.4}$$

양자컴퓨터의 모든 연산은 연산자와 그에 상응하는 게이트에 의해 수행되므로, 양자 푸리에 변환을 수행하는 연산자를 U_f로 정의하면 위의 식은 다음과 같이 쓸 수 있다.

$$U_f|j\rangle = \sqrt{\frac{1}{N}} \sum_{k=0}^{N-1} e^{\frac{2\pi ijk}{N}} |k\rangle \tag{8.5}$$

이 변환식은 고전적인 이산 푸리에 변환과 아주 유사한 모양을 하고 있다. 이 변환식에 의해 임의의 계산기저 $|0\rangle$, $\cdots$ $|N-1\rangle$가 푸리에 변환된다면, 큐빗의 일반적인 양자 상태 $|\Psi\rangle$는 어떻게 푸리에 변환될까?

계산기저의 선형결합으로 표시된 임의의 큐빗 양자 상태가 다음과 같다면

$$|\psi\rangle = \sum_{j=0}^{N-1} x_j | j\rangle$$

이 $|\psi\rangle$의 양자 푸리에 변환은 다음과 같을 것이다.

$$U_F|\psi\rangle = U_F \sum_{j=0}^{N-1} x_j |j\rangle = \sum_{j=0}^{N-1} x_j U_F |j\rangle$$

이 식을 $\sum_{k=0}^{N-1} y_k|k\rangle$라고 놓으면, 즉

$$U_F \sum_{j=0}^{N-1} x_j|j\rangle = \sum_{k=0}^{N-1} y_k|k\rangle$$

양자 푸리에 변환에 의해 다음과 같은 변환이 일어난다.

$$\sum_{j=0}^{N-1} x_j|j\rangle \rightarrow \sum_{k=0}^{N-1} y_k|k\rangle$$

이상에서 식 (8.5)의 계산기저에서의 양자 푸리에 변환 공식을 적용하면 다음을 얻는다.

$$y_k = \sqrt{\frac{1}{N}} \sum_{j=0}^{N-1} x_j e^{\frac{2\pi ijk}{N}} (n \text{ 큐빗 양자 푸리에 변환}) \tag{8.6}$$

양자 푸리에 변환

계산기저 $|j\rangle(j=0, \cdots, N-1)$와 계산기저에서 정의된 임의의 양자 상태 $|\psi\rangle=\sum_{j=0}^{N-1}x_j|j\rangle$의 양자 푸리에 변환 U_F는 다음과 같이 정의된다.

$$U_F|j\rangle=\sqrt{\frac{1}{N}}\sum_{k=0}^{N-1}e^{\frac{2\pi ijk}{N}}|k\rangle \tag{8.5}$$

$$U_F|\Psi\rangle=U_F\sum_{j=0}^{N-1}x_j|j\rangle=\sum_{k=0}^{N-1}y_k|k\rangle,\ y_k=\sqrt{\frac{1}{N}}\sum_{j=0}^{N-1}x_j e^{\frac{2\pi ijk}{N}} \tag{8.6}$$

(U_F는 종종 QFT_N으로 나타내기도 한다. 즉 $U_F=QFT_N$)

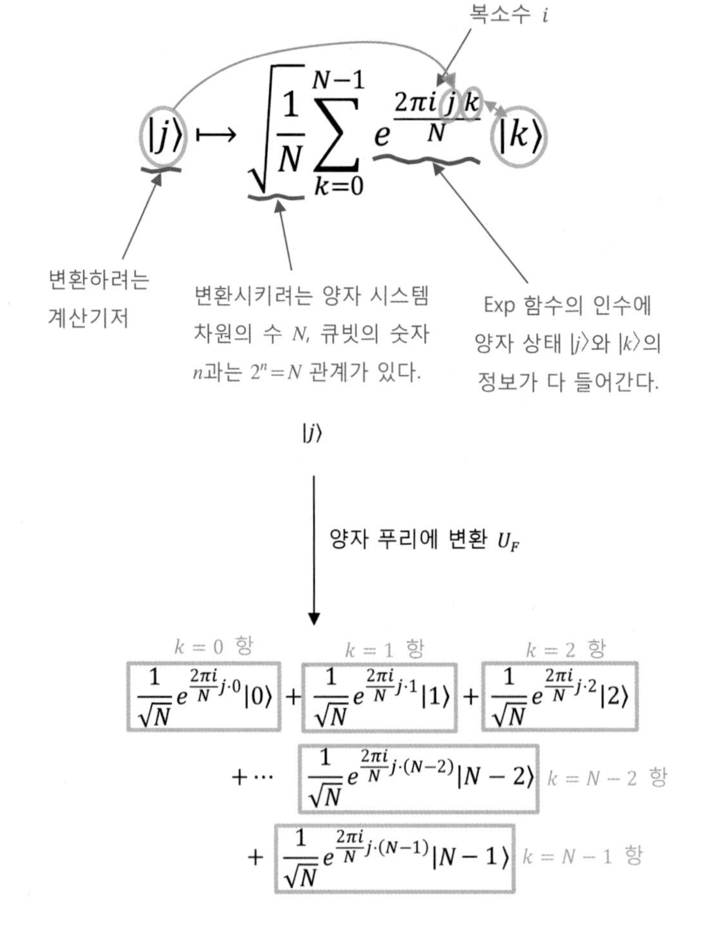

그림 8.6 | 양자 푸리에 변환 공식의 이해

우리는 양자컴퓨터에 사용되는 게이트는 모두 유니타리 연산자여야 함을 알고 있다. 위와 같이 정의한 양자 푸리에 변환이 양자 컴퓨팅에 이용되려면 이것이 유니타리 연산임을 확인해 봐야 할 것이다. 그렇지 않으면 양자 푸리에 변환이 아무리 고전적인 푸리에 변환의 개념에 바탕을 둔 것이라고 해도 실용적인 의미가 전혀 없게 될 것이다. 다행히도 양자 푸리에 변환은 유니타리 연산이며 이 사실은 비교적 쉽게 증명할 수 있다.

또한 다음 장에서 학습할 양자위상추정식과 비교해 보면, 양자 푸리에 변환은 양자위상추정을 역으로 수행한 것과 같다.

양자 푸리에 변환과 양자위상추정은 서로 역과정이다.

[심화학습] "양자 푸리에 변환은 유니타리 연산이다."의 증명

양자 푸리에 변환 U_F는 정의에 의해 다음과 같이 쓸 수 있다.

$$U_F = \sum_{j'}\sum_{k'}\frac{1}{\sqrt{N}}\exp\left[\frac{2\pi i j'k'}{N}\right]|k'\rangle\langle j'|$$

이하에서 이 U_F를 편의상 U라고 쓰자. U가 유니타리임을 보이려면 $UU^\dagger = U^\dagger U = 1$임을 보이면 된다.

$$U^+ = \sum_j\sum_k\frac{1}{\sqrt{N}}\exp\left[\frac{2\pi ijk}{N}\right]|k\rangle\langle j|$$

위와 같으므로 다음과 같다.

$$UU^+ = \frac{1}{\sqrt{N}}\frac{1}{\sqrt{N}}\sum_j\sum_k\sum_{j'}\sum_{k'}\exp\left[\frac{1}{N}2\pi i(j'k' - jk)\right]|j\rangle\langle k|k'\rangle\langle j'|$$

아래를 이용하면

$$\langle k|k'\rangle = \delta kk'$$

$$\frac{1}{N}\sum_k\exp\left[\frac{2\pi ik(j-j')}{N}\right] = \delta_{jj'}$$

다음과 같이 된다.

$$UU^\dagger = \sum_j|j\rangle\langle j| = 1$$

따라서 양자 푸리에 변환 U_F는 유니타리 연산자이다. ■

양자 푸리에 변환의 직관적인 이해

양자 푸리에 변환을 직관적으로 이해하려면 구체적인 양자 상태의 변환을 살펴보면 좋다. 아래에 식 (8.4)를 다시 써본다.

$$|j\rangle \to \sqrt{\frac{1}{N}} \sum_{k=0}^{N-1} e^{\frac{2\pi ijk}{N}} |k\rangle \tag{8.4}$$

이 식을 사용하여 $N=4$, 즉 두 개의 큐빗으로 만들어지는 양자 상태를 푸리에 변환시켜 보자.

양자 시스템의 차원수 N과 큐빗의 개수 n과는 다음과 같은 관계가 있으므로

$$2^n = N$$

차원 수 $N=4$의 큐빗의 개수는 2이다. 양자 시스템의 차원 수는 변환시키려는 기저벡터의 수를 의미하므로, 양자 푸리에 변환 전의 벡터 $\vec{x}$의 성분의 개수와 같다.

따라서 $N=4$일 때 기저벡터는 모두 네 개가 필요하여, 이는 $|00\rangle = |0\rangle$, $|01\rangle = |1\rangle$, $|10\rangle = |2\rangle$, $|11\rangle = |3\rangle$이다. 이 중 첫 번째 기저 $|00\rangle = |0\rangle$은

$$|j\rangle \to \sqrt{\frac{1}{N}} \sum_{k=0}^{N-1} e^{\frac{2\pi ijk}{N}} |k\rangle \tag{8.4}$$

를 이용하여 다음과 같이 된다.

$$|j\rangle = |0\rangle \mapsto \frac{1}{\sqrt{4}} \sum_{k=0}^{k=3} e^{\frac{2\pi ijk}{4}} |k\rangle = \frac{1}{2}[|0\rangle + |1\rangle + |2\rangle + |3\rangle]$$

즉 $|00\rangle = |0\rangle$의 기저상태가 네 개의 기저의 중첩으로 스펙트럼이 나뉘어서 표현된다. 또한 양자 푸리에 변환은 역변환이 가능하므로, 변환된 양자 상태를 다시 역변환하면 오른쪽과 같이 한 개의 양자 상태로만 존재하게 된다.

이는 고전적 푸리에 변환이 x좌표계에서 k좌표계로 변환함에 따라 파동의 모양이 달라지는 것과 같은 개념이다.

양자 푸리에 변환에 의해 다음과 같이 변환됨을 확인할 수 있고

$$|10\rangle = |2\rangle \to \frac{1}{2}[|0\rangle - |1\rangle + |2\rangle - |3\rangle]$$

그림 8.7과 같이 양과 음의 진폭을 가지고 번갈아 가며 상태벡터가 나타난다.

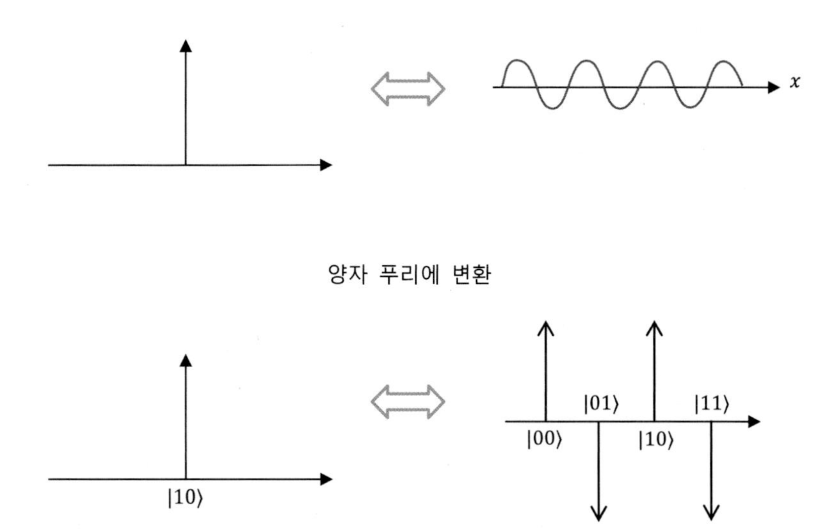

그림 8.7 | 고전적 푸리에 변환과 양자 푸리에 변환의 비교. (고전적 변환) 주파수 또는 파수(k) 좌표계에서 막대 모양의 파동을 시간 또는 위치(x) 좌표계로 푸리에 변환하면 사인파가 나타난다. (양자 푸리에 변환) 기저 $|10\rangle$을 양자 푸리에 변환하면 네 개의 기저가 번갈아 나오는 파동으로 분해되어 보인다.

이러한 양자 푸리에 변환이 유용한 응용은 무엇이 있을까?

위의 그림에서 $|10\rangle$의 푸리에 변환된 상태벡터는 각 기저의 위상값이 +1과 −1을 반복하며 나타내고 있다. 즉 상태벡터의 위상값이 어떤 주기를 갖는 주기함수인 것이다. 양자 푸리에 변환은 어떤 함수에 숨어 있는 위상의 주기성을 명확하게 보여주는 데 아주 유용하다. 이러한 양자 푸리에 변환의 상태벡터 위상의 주기성 검출은 다음 장의 쇼어 양자 소인수분해 알고리즘에 사용된다.

양자 푸리에 변환은 양자 상태벡터의 위상의 숨은 주기성을 검출하는 데 유용하다.

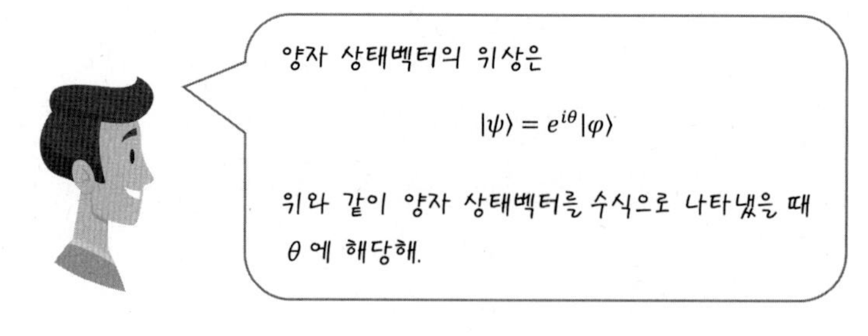

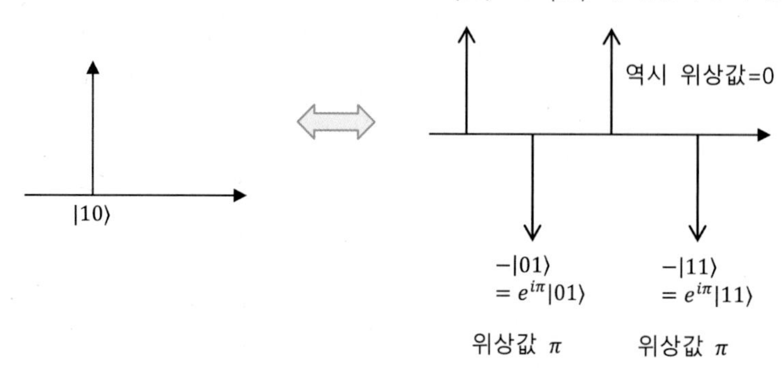

오른쪽 상태벡터의 위상값이 0, π, 0, π와 같이 주기적으로 나타나네.

이것은 원래의 상태벡터 |10⟩의 숨겨진 위상의 주기가 푸리에 변환에 의해 검출된 거야.

이처럼 양자 푸리에 변환은 상태벡터의 숨겨진 위상의 주기성을 측정하는 데 아주 유용해.

양자 푸리에 변환의 역변환인 양자 위상 추정은 이러한 특성을 이용하는 기술이야.

큐빗이 한 개일 때의 양자 푸리에 변환

식 (8.4)를 다시 한번 살펴보자.

$$|j\rangle \rightarrow \frac{1}{\sqrt{N}} \sum_{k=0}^{N-1} e^{\frac{2\pi ijk}{N}} |k\rangle \tag{8.4}$$

한 개의 큐빗, 즉 $n=1$일 때 이 식은 어떤 의미를 갖고 있을까? 위에서 살펴본 바와 같이,

$$2^n = N$$

에서 큐빗 한 개의 차원 수는 $N = 2$임을 쉽게 알 수 있다. 양자 푸리에 변환 전의 임의의 벡터 $\vec{x}$는 다음과 같다.

$$\vec{x} = (x_0,\ x_1)$$

당연히, 이 2차원 벡터의 기저벡터는 1 큐빗 양자 시스템의 계산기저 $|0\rangle$과 $|1\rangle$이다. 이 기저벡터에 식 (8.4)를 적용하면,

$$|0\rangle \rightarrow \sqrt{\frac{1}{2}}(|0\rangle + e^{\pi i \cdot 0 \cdot 1}|1\rangle) = \sqrt{\frac{1}{2}}(|0\rangle + |1\rangle) \tag{8.7}$$

$$\begin{aligned} |1\rangle &\rightarrow \sqrt{\frac{1}{2}}(|0\rangle + e^{\pi i \cdot 1 \cdot 1}|1\rangle) \\ &= \sqrt{\frac{1}{2}}(|0\rangle + (-1) \cdot |1\rangle) \ (e^{\pi i} = \cos\pi + i\sin\pi = -1 \text{임을 상기하자.}) \\ &= \sqrt{\frac{1}{2}}(|0\rangle - |1\rangle) \end{aligned} \tag{8.8}$$

위의 두 식을 어디서 많이 본 것 같지 않은가? $|0\rangle$이 푸리에 변환된 상태 $\sqrt{\frac{1}{2}}(|0\rangle + |1\rangle)$는 우리가 이전 장에서 $|+\rangle$로 불렀고, $\sqrt{\frac{1}{2}}(|0\rangle - |1\rangle)$은 $|-\rangle$이다. 즉 계산기저 $|0\rangle$과 $|1\rangle$이 $|+\rangle$와 $|-\rangle$상태로 변환되고 있다. 이것은 이제까지 많이 본 한 게이트의 작용 결과이지 않은가? 즉 1 큐빗에서의 양자 푸리에 변환은 H 게이트 연산과 같다.

큐빗이 한 개일 때 양자 푸리에 변환은 H 게이트 한 개를 거는 연산과 동일하다.

2 큐빗(N=4)에서의 양자 푸리에 변환

우리는 양자 푸리에 변환의 직관적인 이해를 위해 앞에서 2 큐빗($N = 4$)의 경우 계산기저 한 개의 변환을 계산해 보았다.

큐빗이 한 개였을 때 아주 단순했던 양자 푸리에 변환은 큐빗의 숫자가 두 개만 되어도 상당히 복잡해진다. 식 (8.4)를 $n = 2$에서 계산해 보면 $\sum$ 기호 안의 항의 개수가 $y = 0$에서 $2^n - 1 = 3$으로 모두 네 개의 항을 더해야 한다.

$$|x\rangle \rightarrow \sqrt{\frac{1}{2^2}}(e^{2\pi ix\frac{0}{2^2}}|0\rangle + e^{2\pi ix\frac{1}{2^2}}|1\rangle + e^{2\pi ix\frac{2}{2^2}}|2\rangle + e^{2\pi ix\frac{3}{2^2}}|3\rangle)$$

$$= \frac{1}{2}(|0\rangle + e^{\pi ix\frac{1}{2}}|1\rangle + e^{\pi ix}|2\rangle + e^{\pi ix\frac{3}{2}}|3\rangle) \quad (8.9)$$

$n=1$인 때와 비교해 보면 항의 수가 두 배가 되어버렸다!

큐빗의 개수(n)가 많아질수록 2^n만큼 항의 수가 증가하여 일일이 계산하면 골치가 아플 것이 분명하다.

그러나 아직 좌절하긴 이르다. 똑똑한 양자과학자들은 양자 푸리에 변환을 보다 계산하기도 쉽고 그 물리적인 의미를 더 잘 이해할 수 있도록 양자 푸리에 변환의 다음과 같은 표현을 유도해 놓았다.

양자 푸리에 변환의 곱셈 공식

$$QFT_N|x\rangle = \frac{1}{\sqrt{N}}\sum_{y=0}^{N-1} e^{\frac{2\pi ixy}{N}}|y\rangle \quad (8.5)$$

$$= \frac{1}{\sqrt{N}}(|0\rangle + e^{\frac{2\pi i}{2}x}|1\rangle) \otimes (|0\rangle + e^{\frac{2\pi i}{2^2}x}|1\rangle) \otimes \cdots$$

$$\otimes (|0\rangle + e^{\frac{2\pi}{2^{n-1}}ix}|1\rangle) \otimes (|0\rangle + e^{\frac{2\pi}{2^n}ix}|1\rangle) \quad (8.10)$$

이 공식은 위에서 학습한 양자 푸리에 변환식과 동일하다.

$$QFT_N|j\rangle = \sqrt{\frac{1}{N}}\sum_{k=0}^{N-1} e^{\frac{2\pi ijk}{N}}|k\rangle \quad (8.5)$$

$$QFT_N|\Psi\rangle = U_F\sum_{j=0}^{N-1} x_j|j\rangle = \sum_{k=0}^{N-1} y_k|k\rangle,\ y_k = \sqrt{\frac{1}{N}}\sum_{j=0}^{N-1} x_j\, e^{\frac{2\pi ijk}{N}} \quad (8.6)$$

이 식은 텐서곱셈 기호 $\otimes$로 표현되어 곱셈 공식(product representation)이라고 불린다. 이 공식의 증명은 아래의 심화학습에서 확인하고, 이 식을 먼저 '사용'하면서 학습해 보자.

식 (8.10)에 의하면 n이 1, 2, 3, ⋯ n과 같이 증가할 때

$n=1$: $|x\rangle \rightarrow \frac{1}{\sqrt{2}}(|0\rangle + e^{\frac{2\pi i}{2}x}|1)$, 주의! $N=2^n$에 주의하자.

$n=2$: $|x\rangle \rightarrow \frac{1}{\sqrt{2^2}}(|0\rangle + e^{\frac{2\pi i}{2}x}|1\rangle) \otimes (|0\rangle + e^{\frac{2\pi i}{2^2}x}|1\rangle)$

$n=3$: $|x\rangle \rightarrow \frac{1}{\sqrt{2^3}}(|0\rangle + e^{\frac{2\pi i}{2}x}|1\rangle) \otimes (|0\rangle + e^{\frac{2\pi i}{2^2}x}|1\rangle) \otimes (|0\rangle + e^{\frac{2\pi i}{2^3}x}|1\rangle)$

$n=n$: $|x\rangle \rightarrow \frac{1}{\sqrt{2^n}}(|0\rangle + e^{\frac{2\pi i}{2}x}|1\rangle) \otimes (|0\rangle + e^{\frac{2\pi i}{2^2}x}|1\rangle) \otimes \cdots \otimes$

$$(|0\rangle + e^{\frac{2\pi i}{2^{n-1}}x}|1\rangle) \otimes (|0\rangle + e^{\frac{2\pi i}{2^n}x}|1\rangle)$$

을 얻는다.

이 곱셈 공식이 큐빗 한 개일 때 이전에 얻은 양자 푸리에 변환과 같은 결과를 내는지 확인해 보자.

❙ 예제 ❙

큐빗이 한 개, 즉 $N=1$일 때 식 (8.5)와 곱셈 공식[식 (8.10)]이 동일한 결과를 산출함을 보이시오.

$n=1$일 때 식 (8.10)은

$$|x\rangle \to \frac{1}{\sqrt{2}}(|0\rangle + e^{\pi ix}|1\rangle)$$

$x=0$일 때:

$$|x\rangle \to \frac{1}{\sqrt{2}}(|0\rangle + |1\rangle)$$

$x=1$일 때:

$$|x\rangle \to \frac{1}{\sqrt{2}}(|0\rangle - |1\rangle)$$

이 결과는 식 (8.5)에 의한 결과[식 (8.7) 및 식 (8.8)]와 동일하다.

이제 곱셈 공식 식 (8.10)을 사용하여 큐빗이 두 개($n=2$)일 때의 양자 푸리에 변환을 적어보면

$$|x\rangle \to \frac{1}{\sqrt{2^2}}(|0\rangle + e^{\frac{2\pi ix}{2}}|1\rangle) \otimes (|0\rangle + e^{\frac{2\pi ix}{2^2}}|1\rangle)$$

이 결과는 식 (8.4)와 식 (8.5)보다 더 직관적이고 이해하기 쉬울뿐더러 양자 푸리에 변환의 양자 회로를 작성하는 데 핵심적인 아이디어를 제공한다.

위의 식을 보면 $n=2$일 때 두 개의 양자 상태가 텐서곱 ⊗에 의해 곱해져 있다는 것을 알 수 있다.

$|x\rangle \to$ (첫 번째 양자 상태) ⊗ (두 번째 양자 상태)

첫 번째 양자 상태는 $n=1$일 때 살펴보았듯이 첫 번째 큐빗에 H 게이트를 건 후에 얻은 양자 상태이다.

H 게이트에 의해 첫 번째 양자 상태 $\sqrt{\frac{1}{2}}(|0\rangle + \exp\left(\frac{2\pi i x}{2}\right)|1\rangle)$가 얻어진다.

두 번째 양자 상태는 첫 번째 큐빗과 두 번째 큐빗에 동시에 작용하는 어떤 게이트에 의한 양자 상태이다.

우리가 이제까지 많이 사용한 CNOT 게이트처럼 두 개의 큐빗에 동시에 작용하는 게이트는 controlled(조건부) 게이트이다. 이 게이트는 다음과 같은 조건부 R 게이트(회전 게이트)에 해당한다.

$$R_k = \begin{bmatrix} 1 & 0 \\ 0 & \exp\left(\frac{2\pi i}{2^k}\right) \end{bmatrix}$$

$(R_k(|0\rangle + |1\rangle)$를 행렬식으로 계산해 보면 두 번째 양자 상태 $|0\rangle + e^{2\pi i \frac{x}{2^2}}|1\rangle$가 나옴을 확인할 수 있다.)

두 번째 큐빗에 R_2 게이트를 작용시켜 두 번째 양자 상태 $\sqrt{\frac{1}{2}}|0\rangle + e^{2\pi i \frac{x}{2^2}}|1\rangle$가 생긴다. 최종적인 양자 상태는 두 개의 양자 상태의 텐서곱으로 나타난다.

이와 같은 과정을 양자 회로로 그려보면 다음과 같다.

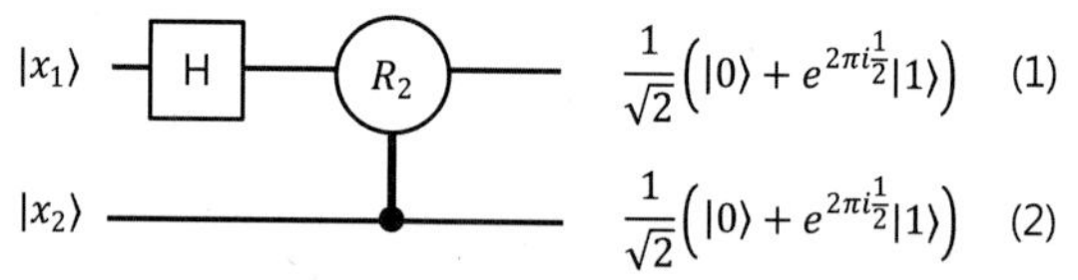

$|x_1\rangle$ — H — R_2 — $\frac{1}{\sqrt{2}}\left(|0\rangle + e^{2\pi i \frac{1}{2}}|1\rangle\right)$ (1)

$|x_2\rangle$ — • — $\frac{1}{\sqrt{2}}\left(|0\rangle + e^{2\pi i \frac{1}{2}}|1\rangle\right)$ (2)

그림 8.8 | 첫 번째 큐빗에 H 게이트를 작용시켜 첫 번째 양자 상태 (1)을 얻고, 조건부 회전 게이트 R_2를 두 개의 큐빗에 걸어서 (1)과 두 번째 양자 상태 (2)를 얻는다. 최종적인 양자 상태는 (1)과 (2)의 텐서곱으로 나타난다.

이 과정을 n까지 일반화하기 위해 $n=3$일 때를 더 살펴보자.

$$n=3; |x\rangle \rightarrow \frac{1}{\sqrt{2^3}}(|0\rangle + e^{2\pi i \frac{x}{2}}|1\rangle) \otimes (|0\rangle + e^{2\pi i \frac{x}{2^2}}|1\rangle) \otimes (|0\rangle + e^{2\pi i \frac{x}{2^3}}|1\rangle)$$

$n=2$에서 보았던 것과 같은 패턴으로서 모두 세 개의 양자 상태가 곱해져 있다. 처음 두 개의 양자 상태는 위에서 살펴본 $n=2$에서의 두 양자 상태와 동일한 것이다.

마지막 세 번째 양자 상태는 다음과 같고

$$\frac{1}{\sqrt{2}}(|0\rangle + e^{2\pi i \frac{1}{2^3}}|1\rangle)$$

3 큐빗일 때의 양자 회로 그림의 아래에 나와 있다.

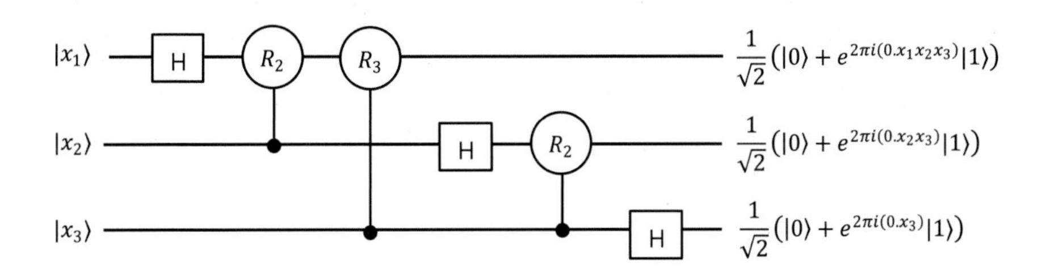

$n=3$(세 개 큐빗)의 경우까지 양자 회로를 그려보았으니 이제 $n=n$인 일반적인 양자 회로를 유추할 수 있을 것이다.

일반적인 n 큐빗일 때의 양자 푸리에 변환을 정리해 보면 다음과 같다.

양자 푸리에 변환

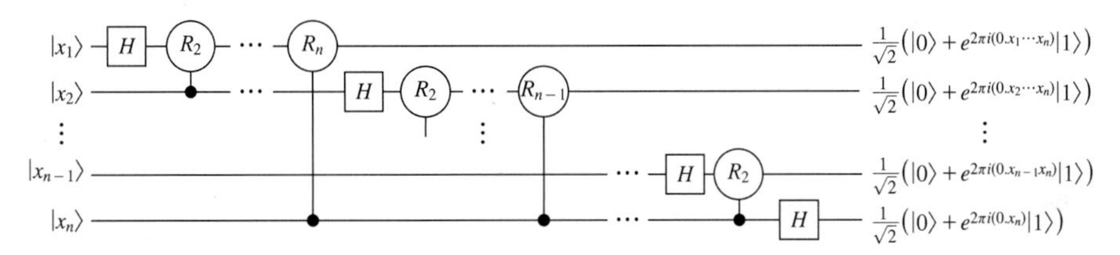

그림 8.9 | n개의 큐빗에 대한 양자 푸리에 변환 양자 회로

- 양자 푸리에 변환할 정보가 이진 수열(binary string), $x_1,\ x_2,\ \cdots,\ x_n$(x는 0 또는 1)로 존재한다.
- 이 정보를 n개의 큐빗 양자 상태 $|x_1,\ x_2,\ \cdots,\ x_n\rangle$으로 변환한다. 이때 이 양자 상태는 $N=2^n$ 차원의 힐버트 공간에 존재하고 기저벡터는 $|0000\cdots0\rangle$, $|0000\cdots1\rangle$, $\cdots$, $|1111\cdots1\rangle$(모두 2^n개)이다.

$$(x_1,\ x_2,\ \cdots,\ x_n) \rightarrow |x_1,\ x_2,\ \cdots,\ x_n\rangle$$

예 $1010 \rightarrow |1010\rangle$

- n개의 큐빗을 회로의 맨 왼쪽에 준비한다. 이 초기 양자 상태가 $|x_1x_2\cdots x_n\rangle$가 된다.
- 첫 번째 큐빗 $|x_1\rangle$에 H 게이트를 건다. 그다음에 $|x_2\rangle,\ \cdots,\ |x_n\rangle$ 큐빗이 존재하면 회전 게이트 $R_2,\ R_3,\ \cdots,\ R_n$을 차례대로 수행한다. 그림에서 맨 윗줄을 왼쪽에서 오른쪽으로 게이트 작용을 따라가 보면 맨 오른쪽에 다음이 나온다.

$$-\frac{1}{\sqrt{2}}(|0\rangle + e^{2\pi i(0,x_1\cdots x_n)}|1\rangle)$$

이것이 첫 번째 큐빗이 최종적으로 양자 푸리에 변환에 의해 변환되는 양자 상태이다.
- 위의 식에서 $0.x_1x_2\cdots x_n$은 1보다 작은 소수점 이하 숫자를 이진수로 표현한 것이다.

$$\text{이진수 } 0.x_1x_2x_3\cdots x_n \leftrightarrow \text{ 십진수 } \frac{1}{2}x_1 + \frac{1}{2^2}x_2 + \frac{1}{2^3}x_3 + \cdots + \frac{1}{2^n}x_n$$

- 두 번째 큐빗 $|x_2\rangle$에 H 게이트와 $R_2, \cdots, R_{n-1}$을 차례로 작용시킨다. 첫 번째 큐빗은 회전 게이트가 $R_2 \sim R_n$까지 걸리고, 두 번째 큐빗은 R_2에서 R_{n-1}까지만 작용된다. 마지막 R_n 게이트는 사용되지 않는다. 이렇게 하여 얻어지는 두 번째 큐빗의 양자 푸리에 변환 양자 상태는 그림에서 $|x_2\rangle$의 맨 오른쪽에 있는 다음과 같은 것이다.

$$-\frac{1}{\sqrt{2}}(|0\rangle + e^{2\pi i(0,x_2\cdots x_n)}|1\rangle)$$

- 이 과정을 $|x_n\rangle$ 큐빗까지 반복한다.
- 예를 들어 $|x_{n-1}\rangle$에는 H와 R_2 게이트만 사용되어 다음이 얻어진다.

$$-\frac{1}{\sqrt{2}}(|0\rangle + e^{2\pi i(0,x_{n-1}x_n)}|1\rangle)$$

- 최종 큐빗 $|x_n\rangle$에는 회전 게이트가 사용되지 않고 H 게이트에 의해 아다마르 변환 상태만 얻어진다.

$$-\frac{1}{\sqrt{2}}(|0\rangle + e^{2\pi i(0,x_n)}|1\rangle)$$

- 양자 푸리에 변환에 의한 최종 양자 상태는 회로도의 맨 오른쪽에 있는 양자 상태를 모두 텐서곱한 다음의 상태함수이다.

$$\frac{1}{\sqrt{N}}(|0\rangle + e^{\frac{2\pi i}{2}x}|1\rangle)\otimes(|0\rangle + e^{\frac{2\pi i}{2^2}x}|1\rangle)\otimes\cdots$$
$$\otimes(|0\rangle + e^{\frac{2\pi i}{2^{n-1}}x}|1\rangle)\otimes(|0\rangle + e^{\frac{2\pi i}{2^n}x}|1\rangle)$$

양자 푸리에 변환의 양자컴퓨터 구동

이제까지 양자 푸리에 변환의 이론적인 기초를 학습했다. 지금부터 실제 양자컴퓨터에 양자 푸리에 변환을 구현해 보자.

실습: 1 큐빗 양자 푸리에 변환의 양자컴퓨터 구현

큐빗이 한 개일 때는 위에서 살펴본 바와 같이 양자 푸리에 변환은 아다마르 변환과 동일하다.

앞에서 $H|0\rangle=|+\rangle$, $H|1\rangle=|-\rangle$임을 이미 학습했다.

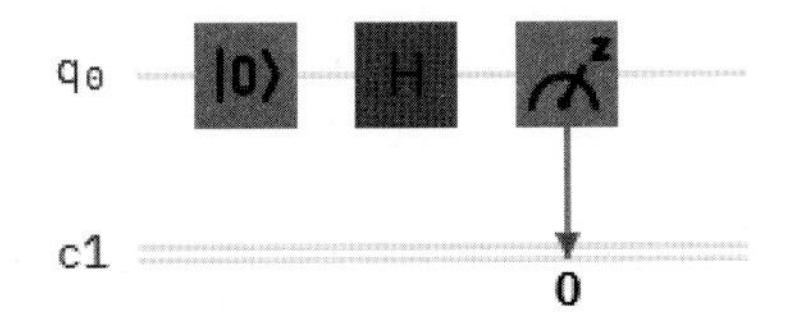

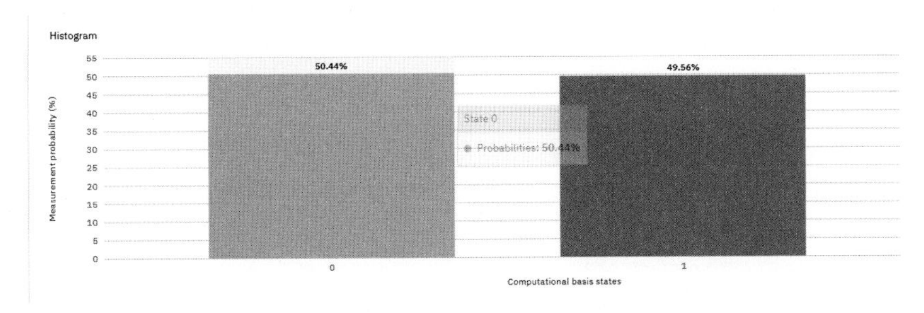

그림 8.10 | 양자 푸리에 변환 H|0⟩ = |+⟩의 IBMQ 양자 시뮬레이터 실행 결과

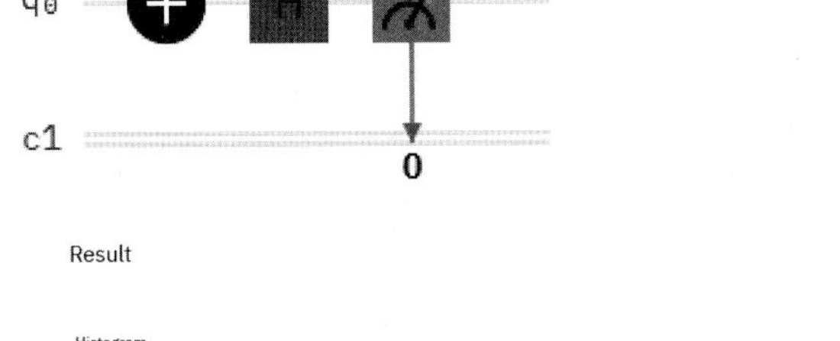

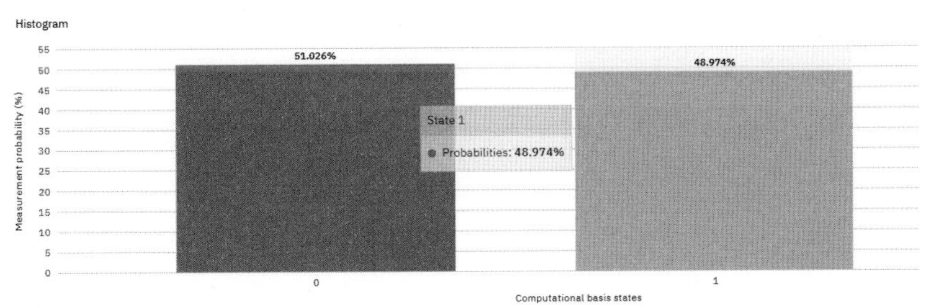

그림 8.11 | 양자 푸리에 변환 H|1⟩ = |−⟩의 IBMQ 양자 시뮬레이터 실행 결과

실습: 2 큐빗 양자 푸리에 변환의 양자컴퓨터 구현

2 큐빗부터는 회전 게이트 R이 들어간다. 이 경우 IBMQ의 Qiskit에서 다음의 U 게이트가 회전 게이트로 사용된다.

$$U_3(\theta,\ \phi,\ \lambda)=\begin{bmatrix}\cos\left(\frac{\theta}{2}\right) & -e^{i\lambda}\sin\left(\frac{\theta}{2}\right)\\ e^{i\phi}\sin\left(\frac{\theta}{2}\right) & e^{i\lambda+i\phi}\cos\left(\frac{\theta}{2}\right)\end{bmatrix}$$

회전 게이트 R이 $UROT_k=\begin{bmatrix}1 & 0\\ 0 & \exp\left(\frac{2\pi i}{2^k}\right)\end{bmatrix}$의 모양을 하고 있으므로, U 게이트의 파라미터 θ, ϕ, λ를 다음과 같이 잡아준다.

$$\theta = 0,$$
$$\lambda = 0,$$
$$\phi = 2*\pi/2^k,\ \phi = \pi/2^{(k-1)}$$

2 큐빗일 때 $k=2$이므로 $U(\pi/2)$를 사용하게 된다.

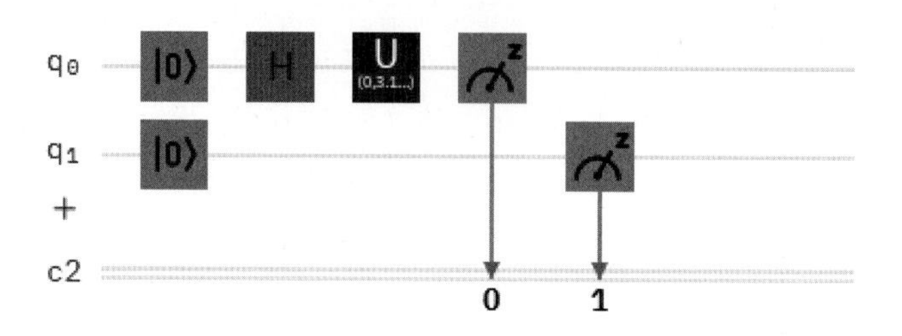

U 게이트를 게이트 모임에서 드래그 앤드 드롭한 후, 놓여진 U 게이트를 더블 클릭하면 다음과 같이 θ, ϕ, λ 값을 설정할 수 있다.

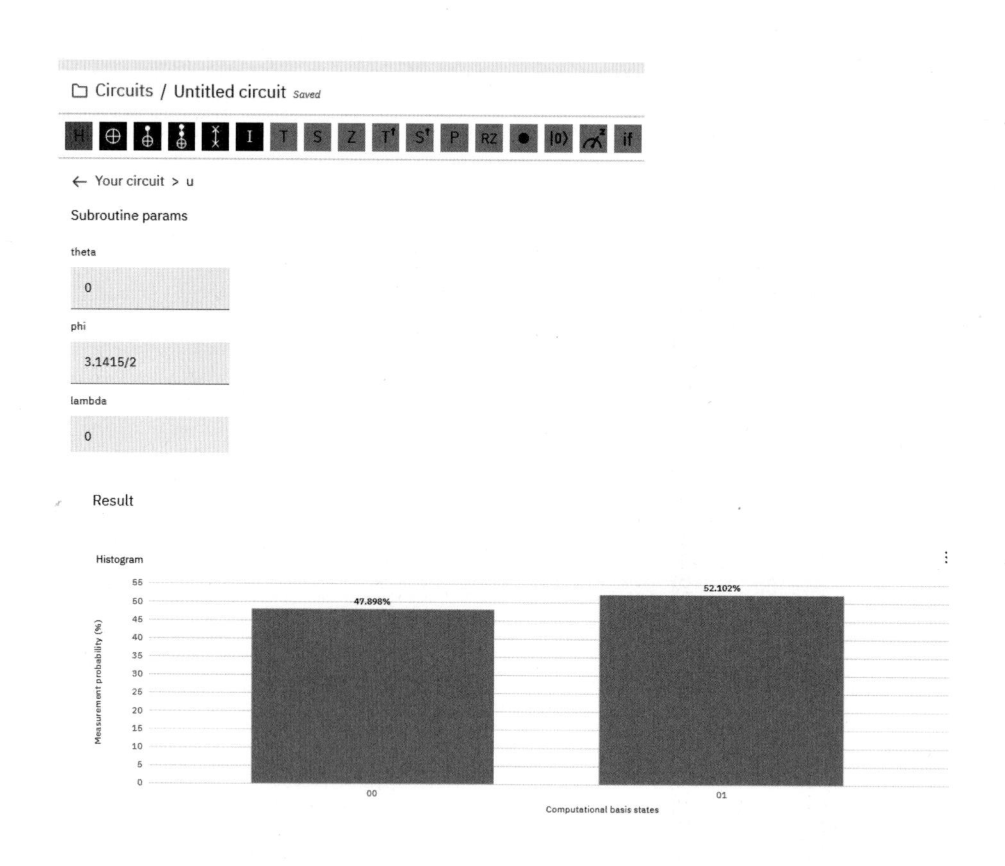

실습: 3 큐빗일 때의 양자 푸리에 변환

큐빗이 한 개 더 늘어나면 사용하는 U 게이트 숫자가 많아질뿐더러 U 게이트에 들어가는 θ 값도 복잡해지므로 주의가 필요하다.

$|101\rangle$의 양자 푸리에 변환은 다음과 같다.

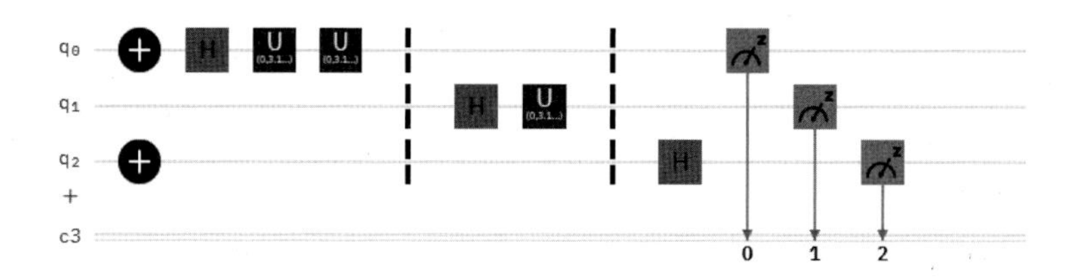

설명: q0의 첫 번째 U 게이트 파라미터(H 게이트 바로 뒤의 U 게이트), $\theta = \pi/2$

theta

0

phi

3.14159/2

lambda

0

q0의 첫 번째 U 게이트 파라미터, $\theta = \pi/4$

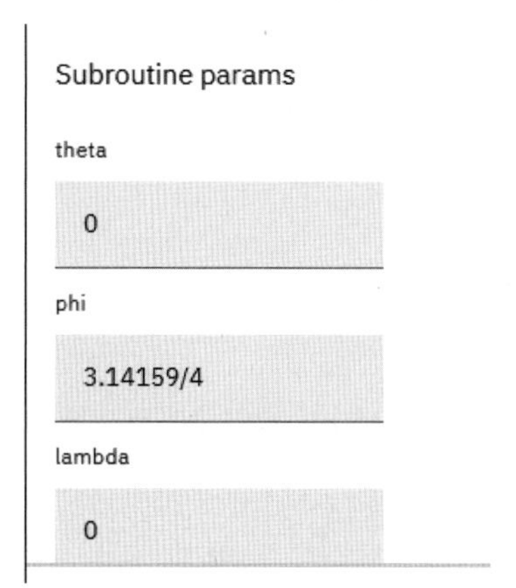

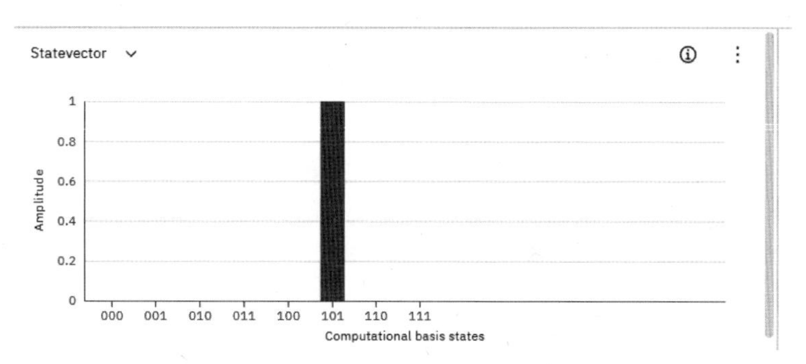

(vigo에 넣어봤음. 시뮬레이터 결과는 이상함.)

n 큐빗에서의 양자 푸리에 변환

$$QFT_N|x\rangle = \frac{1}{\sqrt{N}}\sum_{y=0}^{N-1}\omega_N^{xy}|y\rangle$$

$$= \frac{1}{\sqrt{N}}(|0\rangle) + e^{\frac{2\pi i}{2}x}|1\rangle)\otimes(|0\rangle + e^{\frac{2\pi i}{2^2}x}|1\rangle)\otimes\cdots$$

$$\otimes(|0\rangle + e^{\frac{2\pi i}{2^{n-1}}x}|1\rangle)\otimes(|0\rangle + e^{\frac{2\pi i}{2^n}x}|1\rangle)$$

식 (8.10)의 증명

양자 푸리에 변환

$$QFT_N|x\rangle = \frac{1}{\sqrt{N}}\sum_{y=0}^{N-1}\omega_N^{xy}|y\rangle$$

여기에서

$$\omega_N^{xy} = \exp\left(\frac{2\pi ixy}{N}\right)$$

그리고 $N = 2^n$ 이므로 이를 식에 다시 넣어 쓰면,

$$|x\rangle \to \frac{1}{\sqrt{N}}\sum_{y=0}^{N-1}e^{\frac{2\pi ixy}{2^n}}|y\rangle$$

$|y\rangle = |y_1y_2\cdots y_n\rangle$ 으로 표시하면 다음과 같다.

$$\frac{y}{2^n} = \sum_{k=1}^{n}\frac{y_k}{2^k}$$

그러면 위의 식에서 exp( ) 함수의 지수 부분은 다음과 같이 시그마 합의 기호로 바뀐다.

$$|x\rangle \to \frac{1}{\sqrt{N}}\sum_{y=0}^{N-1}e^{\frac{2\pi ixy}{2^n}}|y\rangle = \frac{1}{\sqrt{N}}\sum_{y=0}^{N-1}e^{2\pi i\left(\sum_{k=1}^{n}\frac{y_k}{2^k}\right)x}|y_1\cdots y_n\rangle$$

exp( ) 함수의 지수에서의 합은 다음과 같이 곱으로 변환된다.

$$\frac{1}{\sqrt{N}}\sum_{y=0}^{N-1}\prod_{k=1}^{n}e^{\frac{2\pi ixyk}{2^k}}|y_1\cdots y_n\rangle$$

위의 식을 정리하고 곱을 다시 펼치면 다음과 같이 된다.

$$\frac{1}{\sqrt{N}}\bigotimes_{k=1}^{n}(|0\rangle + e^{2\pi ix/2^k}|1\rangle)$$

$$= \frac{1}{\sqrt{N}}(|0\rangle + e^{\frac{2\pi i}{2}x}|1\rangle)\otimes(|0\rangle + e^{\frac{2\pi i}{2^2}x}|1\rangle)\otimes \cdots \otimes(|0\rangle + e^{\frac{2\pi i}{2^{n-1}}x}|1\rangle)$$

$$\otimes(|0\rangle + e^{\frac{2\pi i}{2^{2n}}x}|1\rangle)$$ ■

8.2 양자위상추정

양자위상추정이란

앞에서 양자 푸리에 변환을 학습할 때, 양자 상태벡터

$$|\psi\rangle = e^{i\theta}|\phi\rangle$$

에서 θ가 위상값에 해당되고,

$$|\psi\rangle = |10\rangle \rightarrow \frac{1}{2}[|00\rangle - |01\rangle + |10\rangle - |11]$$

로 양자 푸리에 변환됨을 보았다.

양자 푸리에 변환에 의해 상태벡터 $|10\rangle$에 내재하는 주기적인 위상의 변화($+1$, -1, $+1$, -1)를 알아낼 수 있었다.

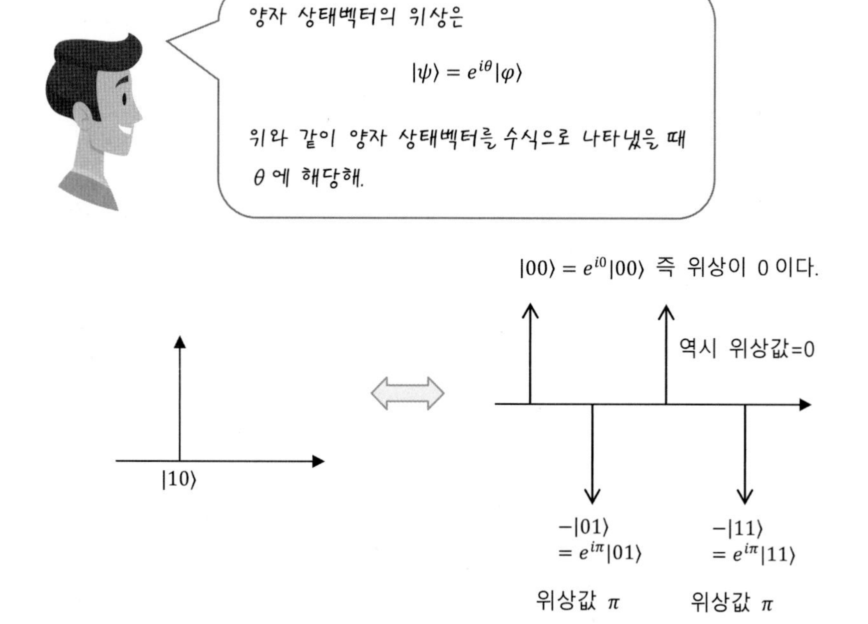

오른쪽 상태벡터의 위상값이 0, π, 0, π와 같이 주기적으로 나타나네.

이것은 원래의 상태벡터 $|10\rangle$의 숨겨진 위상의 주기가 푸리에 변환에 의해 검출된 거야.

이처럼 양자 푸리에 변환은 상태벡터의 숨겨진 위상의 주기성을 측정하는 데 아주 유용해.

양자 푸리에 변환의 역변환인 양자 위상 추정은 이러한 특성을 이용하는 기술이야.

그렇다면 어떤 양자 상태벡터 또는 어떤 유니타리 연산자에 의해 변화한 양자 상태벡터 고유치의 위상을 직접 구할 수 있을까? 그 대답은 예(Yes)이며 이것이 양자위상추정이란 기술이다.

양자위상추정(quantum phase estimation)은 한 유니타리 작용자의 위상이나 고유치를 추정하는 방법을 말하며, 쇼어 알고리즘을 비롯한 많은 양자 알고리즘의 핵심 루틴으로 사용된다. 또한 앞에서 살펴보았듯이 양자 푸리에 변환과는 역의 관계에 있다.

양자위상추정을 수학적으로 정의해 보면 다음과 같다.

양자위상추정

어떤 유니타리 작용자 U가 다음의 고유양자 상태 $|\Psi\rangle$를 갖고 있다고 하자.

$$U|\Psi\rangle = \exp(2\pi i\theta)|\Psi\rangle$$

이 고유치 방정식에서 고유치는 $\exp(2\pi i\theta)$가 되고, θ는 $0 \le \theta < 1$의 실수로서 위상(phase)에 해당한다.
양자위상추정은 위상 θ를 최소의 오차로 추정하는 작업을 말한다.

참고: $|\Psi\rangle$를 계산기저로 펼쳐 보이면 다음과 같이 쓸 수 있다.

$$|\Psi\rangle = \frac{1}{\sqrt{2^n}} \sum_{y=0}^{2^n-1} e^{2\pi iwy}|y\rangle$$

위의 수학적 정의에서

$$|\psi\rangle = \frac{1}{\sqrt{2^n}} \sum_{y=0}^{2^n-1} e^{2\pi iwy} |y\rangle$$

로 표현할 수 있으므로 양자위상추정을 다음과 같이 간략하게 정리해 볼 수 있다.

양자위상추정이 풀고자 하는 문제

입력: 어떤 양자 상태벡터

$$|\psi\rangle = \frac{1}{\sqrt{2^n}} \sum_{y=0}^{2^n-1} e^{2\pi iwy} |y\rangle$$

문제: 위상매개변수(phase parameter) w를 최소의 오차로 추정하라.

위상매개변수 w의 이해

양자 상태벡터의 위상값(phase)은

$$e^{2\pi iw}$$

의 형태를 갖고 있으며, w는 0과 1 사이의 실수로서 위상값을 결정하는 역할을 하며 위상매개변수라고 부른다. **양자위상추정은 이 위상매개변수 w를 추정하는 방법이다.** w가 결정되면 위상값 전체 $e^{2\pi iw}$도 유일하게 결정이 될 것이다.

w는 소수점 이하의 실수로서 이를테면 0.625, 0.1, 0.3333…의 형태로 표현된다. 여기에서 유의할 것은 이렇게 실수로 표현된 위상매개변수 w를 양자컴퓨터의 기본 데이터 표현체계인 이진법(binary) 형태로 표시해야 한다는 것이다.

w의 예: $w = 0.1,\ w = 0.101,\ w = 0.00111$

즉 $w = 0.x_1x_2x_3\cdots$[1] $x_1,\ x_2,\ x_3,\ \cdots$는 0 또는 1

십진수의 자연수를 이진수로 표현할 수 있듯이 소수점 이하의 십진수 숫자를 이진법으로 나타낼 수 있다. 이진법으로 표현된 w를 십진법 숫자로 나타내면 다음의 관계가 성립한다.

$$\begin{aligned} w &= 0.x_1x_2x_3\cdots_{(2)} \\ &= (x_1/2) + (x_2/2^2) + (x_3/2_3) + \cdots_{(10)} \end{aligned}$$[2]

---

1) 이진법은 (2)를 숫자 아래에 두어 표현하기도 하므로 $0.x_1x_2x_3\cdots$(2)와 같이 표시하는 게 이해에 도움을 주겠지만, 종종 이진법 표시 기호는 생략된다.

2) Phillip Kaye 외, An introduction to quantum computing 112쪽. w의 이진법 표현과 십진법 표현 관계식에서 모든 십진수 소수를 이진수 소수로 변환할 수 있는지 의문이 들 것이다. 이 과정은 https://ourcalc.com

예: $w = 0.11101_{(2)} = 1 \times 2^{-1} + 1 \times 2^{-2} + 1 \times 2^{-3} + 0 \times 2^{-4} + 1 \times 2^{-5}$

$$= 1/2 + 1/4 + 1/8 + 1/32 = 0.90625_{(10)}$$

$$w = 0.01_{(2)} = 0 \times 2^{-1} + 1 \times 2^{-2} = 1/4 = 0.25_{(10)}$$

위의 십진수와 이진수의 관계식을 살펴보았을 때, w에 2의 지수승, 즉 2^n을 곱하면 그만큼 이진수의 자릿수가 모두 왼쪽으로 이동하는 것을 알 수 있다.

$$2w = 2 \cdot 0.11101_{(2)} = 2 \cdot (1 \times 2^{-1} + 1 \times 2^{-2} + 1 \times 2^{-3} + 0 \times 2^{-4} + 1 \times 2^{-5})$$

$$= 1 \times 2^{-0} + 1 \times 2^{-1} + 1 \times 2^{-2} + 0 \times 2^{-3} + 1 \times 2^{-4} = 1.1101_{(2)}$$

$$2^2 w = 2^2 \cdot 0.11101_{(2)} = 2^2 \cdot (1 \times 2^{-1} + 1 \times 2^{-2} + 1 \times 2^{-3} + 0 \times 2^{-4} + 1 \times 2^{-5})$$

$$= 1 \times 2^1 + 1 \times 2^0 + 1 \times 2^{-1} + 0 \times 2^{-2} + 1 \times 2^{-3} = 11.101_{(2)}$$

$$2^3 w = 111.01_{(2)}$$

$w = 0.x_1 x_2 x_3 \cdots_{(2)}$일 때 $2^n w$은 w의 2진수 숫자를 왼쪽으로 n번 이동시킨다.

$$0.x_1 x_2 x_3 x_4 \cdots (2)$$

n번 자리이동

$$2^n w = x_1 x_2 x_3 x_4 \cdots, \ x_n x_{n+1} \cdots (2)$$

w가 exp 함수 지수로 들어가 있을 때 아래에서 곧 설명되는 양자 상태벡터의 곱셈공식에서 위상매개변수 w는 exp 함수의 지수로 들어가 사용된다. 이를테면

$$e^{2\pi i (2^n w)}$$

와 같이 표현된다. 이때 exp 함수의 특성에 의해 이진수로 표현된 w는 다음과 같이 소수점 이하의 부분만 남게 된다.

$$e^{2\pi i (2^n w)} = \exp[2\pi i (x_1 x_2 x_3 \cdots x_n x_{n+1} \cdots)]$$

$$= \exp[2\pi i (x_1 x_2 x_3 \cdots + 0.x_n x_{n+1} \cdots)]$$

$$= \exp[2\pi i (x_1 x_2 x_3 \cdots)] \exp(0.x_n x_{n+1} \cdots)]$$

$$= \exp(0.x_n x_{n+1} \cdots)$$

($\exp[2\pi i (x_1 x_2 x_3 \cdots)]$는 항상 1이다.)

양자위상추정은 양자 푸리에 변환과 역의 관계에 있으므로 그 양자 회로도 양자 푸리에 변환의 것과 반대방향으로 구성되어 있다. 다음 회로도를 보면 양자 푸리에 변환과 위아래 그리

등과 같은 웹사이트에 잘 나와 있다. 어떤 십진수 소수는 무한 반복되는 이진수 소수로 표현되어야 한다.

고 좌우가 뒤집혀 있는 것을 알 수 있다.

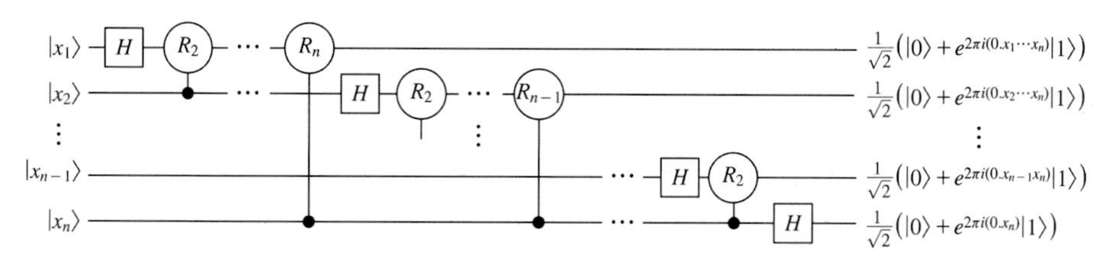

그림 8.12 | n 큐빗 양자위상추정 회로(Phillip Kaye 외, An Introduction to Quantum Computing에서 전재)

양자위상추정은 양자 푸리에 변환의 역과정이다.
수학적 관계식도 양자 푸리에 변환이 다음과 같이 정의되므로

$$U_F|x\rangle \mapsto \frac{1}{\sqrt{N}}\sum_{y=0}^{N-1} e^{2\pi i \frac{x}{N}y}|y\rangle \text{ (양자 푸리에 변환)}$$

이 수식의 역과정에 의해 양자위상추정은 다음과 같이 정의된다.

$$U_F^{-1}|x\rangle \mapsto \frac{1}{\sqrt{N}}\sum_{y=0}^{N-1} e^{-2\pi i \frac{x}{N}y}|y\rangle \text{ (양자위상추정)}$$

양자위상추정에서도 양자 푸리에 변환에서 학습했던 다음 곱셈공식[식 (8.11)]이 아주 유용하게 사용된다. 임의의 양자 상태를 n개 큐빗의 단일 양자 상태들의 곱으로 표현하는 식이다.

$$\frac{1}{\sqrt{2^n}}\sum_{y=0}^{2^n-1} e^{2\pi i w y}|y\rangle$$
$$=\left(\frac{|0\rangle + e^{2\pi i(2^{n-1}w)}|1\rangle}{\sqrt{2}}\right)\otimes\left(\frac{|0\rangle + e^{2\pi i(2^{n-2}w)}|1\rangle}{\sqrt{2}}\right)\otimes\cdots\cdots\otimes\left(\frac{|0\rangle + e^{2\pi i(w)}|1\rangle}{\sqrt{2}}\right)$$
$$=\left(\frac{|0\rangle + e^{2\pi i(0,x_n,x_{n+1}\cdots)}|1\rangle}{\sqrt{2}}\right)\otimes\left(\frac{|0\rangle + e^{2\pi i(0,x_{n-1}x_n x_{n+1}\cdots)}|1\rangle}{\sqrt{2}}\right)\otimes\cdots\cdots$$
$$\otimes\left(\frac{|0\rangle + e^{2\pi i(0,x_1 x_2\cdots)}|1\rangle}{\sqrt{2}}\right) \tag{8.11}$$

이 식을 이용해서 몇몇의 구체적이고 쉬운 예(1 큐빗, 2 큐빗, 3 큐빗의 예)를 통해 양자위상추정을 이해해 보자.

1 큐빗 양자위상추정

큐빗이 한 개만 존재할 때 양자위상추정은 어떻게 할 수 있을까? 이전 장에서는 큐빗이 한 개

일 경우의 양자 푸리에 변환은 H 게이트 연산임을 보았다. 양자위상추정은 양자 푸리에 변환의 역과정이다. 그리고 아다마르 게이트는 자신의 역게이트와 같다($H = H^{-1}$). 따라서 1 큐빗 양자위상추정도 H 게이트 연산과정이다.

H 게이트는 양자 컴퓨팅에서 여러모로 빠지는 데가 없는 감초와 같은 역할을 하는데 이는 다양하고 흥미로운 수학적 특성을 갖고 있기 때문이다. 우리가 도이치-조사 알고리즘을 학습할 때 잠시 살펴보았던 위상 되차기를 복습해 보자.

잘 알고 있듯이, 아래 식의 역과정에서

$$H|0\rangle = |+\rangle,\ H|1\rangle = |-\rangle$$

다음의 두 식은

$$H|+\rangle = |0\rangle,\ H|-\rangle = |1\rangle$$

$$H(\sqrt{\frac{1}{2}}(|0\rangle + |1\rangle)) = |0\rangle$$

$$H(\sqrt{\frac{1}{2}}(|0\rangle - |1\rangle)) = |1\rangle$$

$x_1 = 0$ 또는 1로 아주 간명하게 쓸 수 있다.

$$H\left(\frac{1}{\sqrt{2}}(|0\rangle + (-1)^{x_1}|1\rangle)\right) = |x_1\rangle$$

다음은 1 큐빗의 양자 상태 벡터이다(예제).

$$\frac{1}{\sqrt{2}}(|0\rangle + (-1)^{x_1}|1\rangle)$$

H 게이트에 의해 1 큐빗 타깃 양자 상태의 위상값(x_1)이 결과 큐빗 상태벡터로 산출되어 나온다.

이것이 1 큐빗 양자 추정에서 H 게이트가 필요한 수학적인 이유이다.

1 큐빗의 양자 위상 추정 ($n = 1,\ \omega = 0.x_1$)

입력: $\frac{1}{\sqrt{2}}\sum_{y=0}^{1} e^{2\pi i \omega y}|y\rangle = \frac{1}{\sqrt{2}}(|0\rangle + e^{2\pi i \omega}|1\rangle),\ \omega = 0.x_1$

출력: $|x_1\rangle$

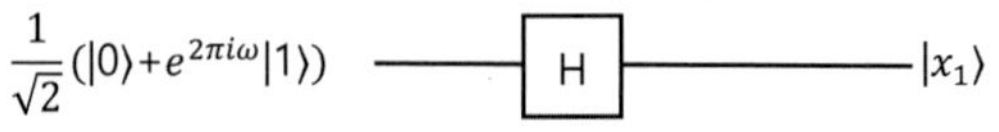

$\frac{1}{\sqrt{2}}(|0\rangle + e^{2\pi i \omega}|1\rangle)$ —— H —— $|x_1\rangle$

양자위상추정은 $|\psi\rangle = \frac{1}{\sqrt{2^N}}\sum_{y=0}^{2^n-1} e^{2\pi w}|y\rangle$가 입력될 때 위상매개변수(phase parameter) w를 최소의 오차로 추정하는 작업이다.

큐빗이 한 개일 때, 즉 $n=1$로 주어질 때 곱셈공식에 의해 입력 양자 상태는 $\frac{1}{\sqrt{2}}[|0\rangle + \exp(2\pi i w)|1\rangle]$이며 매개변수 w는 0이거나 1 중 하나이므로, $w = 0.x_1(x_1 = 0 \text{ or } 1)$이 된다.

아래 예제를 풀어보면 1 큐빗에서의 입력 양자 상태 표현을 자세히 이해할 수 있을 것이다.

| 예제 |

다음의 1 큐빗 타깃 양자 상태를

$$|\Psi\rangle = \frac{1}{\sqrt{2^n}}\sum_{y=0}^{2^n-1} e^{2\pi i w y}|y\rangle$$

다음과 같이 표현할 수 있음을 보이시오.

$$\frac{1}{\sqrt{2}}(|0\rangle + (-1)^{x_1}|1\rangle)$$

우리가 양자 추정을 시행하려고 하는 상태벡터 $|\Psi\rangle$(타깃이라고 하자)

$$|\Psi\rangle = \frac{1}{\sqrt{2^n}}\sum_{y=0}^{2^n-1} e^{2\pi i w y}\,|\,y\rangle$$

을 1 큐빗에서 다시 써보면 다음과 같으므로

$$\omega = 0.x_1$$

아래와 같이 표현할 수 있다.

$$\begin{aligned}|\Psi\rangle &= \frac{1}{\sqrt{2}}\sum_{y=0}^{1} e^{2\pi i(0.x_1)y}|y\rangle \\ &= \frac{1}{\sqrt{2}}\sum_{y=0}^{1} e^{2\pi i\left(\frac{x_1}{2}\right)y}|y\rangle \\ &= \frac{1}{\sqrt{2}}\sum_{y=0}^{1} e^{\pi i(x_1)y} \\ &= \frac{1}{\sqrt{2}}\sum_{y=0}^{1}(-1)^{x_1 y}|y\rangle \\ &= \frac{1}{\sqrt{2}}(|0\rangle + (-1)^{x_1}|1\rangle)\end{aligned}$$

이 양자 상태에 H 게이트를 걸면

$$H\frac{1}{\sqrt{2^n}}\sum_{y=0}^{1}e^{2\pi i(0.x_1)y}|y\rangle = H\frac{1}{\sqrt{2}}(|0\rangle+(-1)^{x_1}|1\rangle)=|x_1\rangle$$

즉 H 게이트에 의해 위상 정보 x_1이 출력 양자 상태 값으로 나타난다.

2 큐빗 양자위상추정

큐빗이 두 개일 경우, 입력의 양자 상태는 다음 그림과 같이 식 (8.11)(곱셈공식)에 의해 두 개의 단일 양자 상태의 텐서곱으로 표현된다.

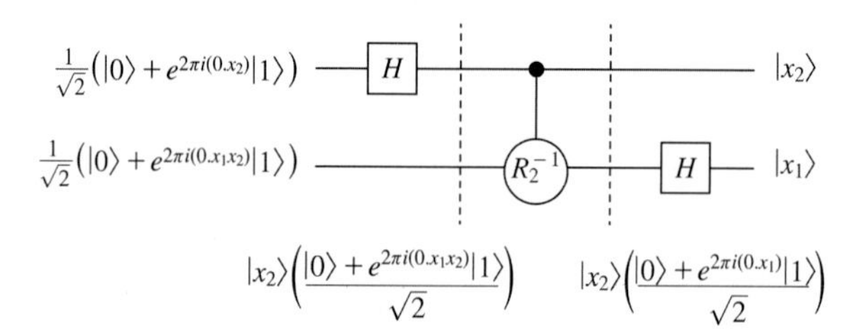

그림 8.13 | 큐빗이 두 개일 때 양자위상추정 양자 회로

큐빗 두 개의 양자 상태:

$$\frac{1}{\sqrt{2}}(|0\rangle+e^{2\pi i(0.x_2)}|1\rangle)\otimes\frac{1}{\sqrt{2}}(|0\rangle+e^{2\pi i(0.x_1x_2)}|1\rangle)$$

위상 추정에서 우리가 알고 싶어 하는 정보는 exp 함수의 지수로 나와 있는 위상값, 즉 x_1과 x_2이다.

위에서 1 큐빗의 예에서 보았듯이 첫 번째 큐빗에 H 게이트를 걸면 x_1의 정보를 알 수 있다. 그러나 여전히 x_2값을 알 수 없으므로, H 게이트 다음에 추가 연산이 필요하다. 1 큐빗의 결과를 통해 첫 번째 양자 상태 $\sqrt{\frac{1}{2}}(|0\rangle+\exp(2\pi*i*0.x_2)|1\rangle$에 H 게이트를 작용시키면

$$H\sqrt{\frac{1}{2}}(|0\rangle+\exp(2\pi i0.x_2)|1\rangle)=|x_2\rangle$$

$$H\frac{1}{\sqrt{2}}(|0\rangle+e^{(2\pi i0.x_2)}|1\rangle)=|x_2\rangle$$

x_1의 정보를 얻기 위해 양자 푸리에 변환에서 사용한 회전 게이트 R 게이트를 사용하자. 단, 주의할 것은 양자위상추정이 양자 푸리에 변환의 역과정이라고 얘기한 바와 같이, 이번에 사용할 R 게이트는 R 게이트의 역, R^{-1}이다.

$$R_2 = \begin{bmatrix} 1 & 0 \\ 0 & e^{\frac{2\pi i}{2^2}} \end{bmatrix} = \begin{bmatrix} 1 & 0 \\ 0 & e^{2\pi i(0.01)} \end{bmatrix}$$
$$R_2^{-1} = \begin{bmatrix} 1 & 0 \\ 0 & e^{-2\pi i(0.01)} \end{bmatrix}$$

큐빗이 두 개이므로 R_2 게이트라고 표시한다. 큐빗의 수가 늘어날수록 다른 회전각도의 역회전 게이트의 숫자가 늘어난다.

한 가지 더 주의할 사항이 있다. 양자 회로도에서 보이는 다음 게이트는 단순히 두 번째 큐빗에 회전을 가하는 것이 아니라, 첫 번째 큐빗의 상태에 따라 조건부로 작용되는 조건부 R^{-1}(controlled R^{-1}) 게이트이다.

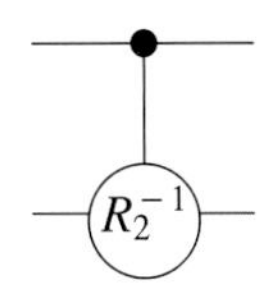

그림 8.14 | 조건부 R_2^{-1} 게이트의 기호

조건부 게이트는 양자 컴퓨팅 전반에서 많이 쓰이는데, 우리가 많이 사용했던 CNOT 게이트도 같은 원리로 작동하는 조건부 게이트 중 하나이다.

CNOT 게이트가 첫 번째 큐빗이 $|1\rangle$일 때에만 두 번째 큐빗에 NOT 게이트를 작용시킨다.

마찬가지로 이번의 조건부 R^{-1} 게이트는 첫 번째 큐빗이 $|0\rangle$일 때에는 아무 작용도 하지 않고, $|1\rangle$ 상태일 때 역회전 R^{-1}을 걸게 된다.

$x_2 = 1$일 때, 첫 번째 큐빗 $|x_2 = 1\rangle$, 두 번째 큐빗은 R^{-1}에 의해

$$R_2^{-1}\left(\frac{|0\rangle + e^{2\pi i(0,x_1 1)}|1\rangle}{\sqrt{2}}\right) = \left(\frac{|0\rangle + e^{2\pi i(0,x_1 1 - 0.01)}|1\rangle}{\sqrt{2}}\right)$$
$$= \left(\frac{|0\rangle + e^{2\pi i(0,x_1)}|1\rangle}{\sqrt{2}}\right)$$

조건부 R_2^{-1}에 의해 마침내 x_1이 결과 상태에서 나타났다!

이 x_1값을 측정하기 위해 두 번째 큐빗에 $H^{-1} = H$ 게이트를 작용시켜 보자.

$$H\left(\frac{|0\rangle + e^{2\pi i(0,x_1)}|1\rangle}{\sqrt{2}}\right) = |1\rangle$$

첫 번째 큐빗은 이미 $|x_2\rangle$이므로 최종 양자 상태는

$$|x_2\rangle|x_1\rangle$$

따라서 입력 양자 상태의 위상값 x_1, x_2를 알 수 있게 되었다. 첫 번째 큐빗을 측정하면

$|x_2\rangle$, 두 번째 큐빗 측정값으로 $|x_1\rangle$을 100%의 확률로 알 수 있다.

3 큐빗 양자위상추정

1 큐빗, 2 큐빗의 예를 통해서 양자위상추정의 작동 방식을 이해했을 것이다.

1 큐빗, 2 큐빗에서 게이트가 진행되는 방법을 살펴보면 3 큐빗 이상의 큐빗에서의 양자위상추정회로를 유추해 볼 수 있다.

1 큐빗의 양자 위상 추정 $(n = 1,\ \omega = 0.x_1)$

입력: $\frac{1}{\sqrt{2}}\sum_{y=0}^{1} e^{2\pi i\omega y}|y\rangle=\frac{1}{\sqrt{2}}(|0\rangle+e^{2\pi i\omega}|1\rangle),\ \omega = 0.x_1$

출력: $|x_1\rangle$

$\frac{1}{\sqrt{2}}(|0\rangle+e^{2\pi i\omega}|1\rangle)$ —[H]— $|x_1\rangle$

위 그림에서 정리한 것을 살펴보자. 그러면 다음의 규칙을 찾을 수 있다.

규칙 1: 입력 상태벡터는 당연히 $|\psi\rangle = \frac{1}{2^n}\sum_{y=0}^{2^n-1} e^{2\pi iwy}|y$를 곱셈공식으로 곱해져 있는 형태로 입력된다.

규칙 2: 양자 매개변수 w는 큐빗의 개수에 따라, $0.x_1$(큐빗 한 개), $0.x_1x_2$(큐빗 두 개)로 자릿수가 늘어난다. 따라서 큐빗 세 개는 $0.x_1x_2x_3$의 w를 가질 것이다.

규칙 3: 입력 바로 이후에는 아다마르 H와 조건부 R_n^{-1} 게이트가 나타난다. 양자위상추정이 양자 푸리에 변환의 역과정임을 이용하면 정확히는 H 게이트 뒤에 조건부 R_n^{-1}, R_{n-1}^{-1}, R_{n-2}^{-1} ⋯ 게이트가 연달아 걸린다.

이러한 규칙과 3 큐빗 양자위상추정도 3 큐빗 양자 푸리에 변환임을 이용하면 다음의 3 큐빗 양자위상추정 회로를 얻는다.

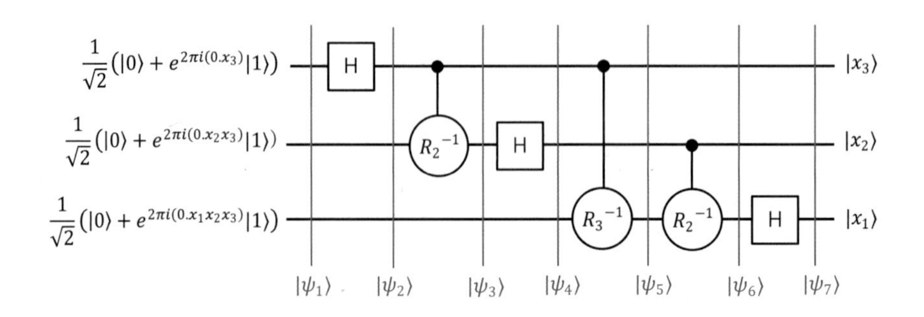

그림 8.15 | 3 큐빗 양자위상추정 회로

입력 양자 상태는 식 (8.11)(곱셈공식)에 의해 다음의 세 큐빗 양자 상태의 곱으로 분해되며,

$$\sum_{y=0}^{2^3-1} e^{2\pi i(0,x_1x_2x_3)y}\,|y\rangle$$
$$=\left(\frac{|0\rangle + e^{2\pi i(0,x_3)}|1\rangle}{\sqrt{2}}\right)\otimes\left(\frac{|0\rangle + e^{2\pi i(0,x_2x_3)}|1\rangle}{\sqrt{2}}\right)\otimes\left(\frac{|0\rangle + e^{2\pi i(0,x_1x_2x_3)}|1\rangle}{\sqrt{2}}\right)$$

필요한 회전 게이트 R은 다음과 같이 주어진다.

$R_k^{-1} =$

$$R_k = \begin{bmatrix} 1 & 0 \\ 0 & e^{\frac{2\pi i}{2^k}} \end{bmatrix}$$

2 큐빗 양자위상추정회로에서는 $k=2$를 대입하여 다음을 사용하였다.

$$R_2 = \begin{bmatrix} 1 & 0 \\ 0 & e^{\frac{\pi i}{2}} \end{bmatrix}$$

$$R_2^{-1} = \begin{bmatrix} 1 & 0 \\ 0 & e^{-\frac{\pi i}{2}} \end{bmatrix}$$

마찬가지 방법으로 3 큐빗에서는 다음을 사용한다.

$R_3^{-1} =$

$$R_3^{-1} = \begin{bmatrix} 1 & 0 \\ 0 & e^{-\frac{2\pi i}{2^3}} \end{bmatrix}$$

위 그림에서 각 단계별로 상태벡터를 $|\psi_1\rangle, |\psi_2\rangle, |\psi_3\rangle, |\psi_4\rangle, |\psi_5\rangle, |\psi_6\rangle, |\psi_7\rangle$ 라고 하면 입력 양자 상태

$$|\psi_1\rangle = \sum_{y=0}^{2^3-1} e^{2\pi i(0,x_1x_2x_3)y}\,|y\rangle$$
$$-\left(\frac{|0\rangle + e^{2\pi i(0,x_3)}|1\rangle}{\sqrt{2}}\right)\otimes\left(\frac{|0\rangle + e^{2\pi i(0,x_2x_3)}|1\rangle}{\sqrt{2}}\right)\otimes\left(\frac{|0\rangle + e^{2\pi i(0,x_1x_2x_3)}|1\rangle}{\sqrt{2}}\right)$$

임은 금방 알 수 있고, 각 게이트의 행렬 표현을 사용하여 나머지 양자 상태를 구할 수 있다. 각 양자 상태와 최종 양자 상태가 회로도와 같이 나오는 것을 확인해 보기 바란다(연습문제).

실습: 양자위상추정 QISKIT 코드

이제까지 우리가 학습한 양자위상추정을 실제로 양자컴퓨터에서 실행하기 위해서는 약간의 수학적 작업이 더 필요하다. 그것은 입력 양자 상태가 식 (8.11)(곱셈공식)과 같이 좀 더 복잡한 양자 상태들의 곱으로 표현되어 있기 때문이다.

즉, 이제까지 우리가 일반적으로 사용한 표준기저 $|0\rangle$과 $|1\rangle$의 텐서곱이 아니라 좀 더 복잡한 중첩 상태에서 회로를 시작해야 한다.

아래 그림에서 동그라미 부분(출발 양자 상태)이 단순한 $|0\rangle$과 $|1\rangle$이 아니다.

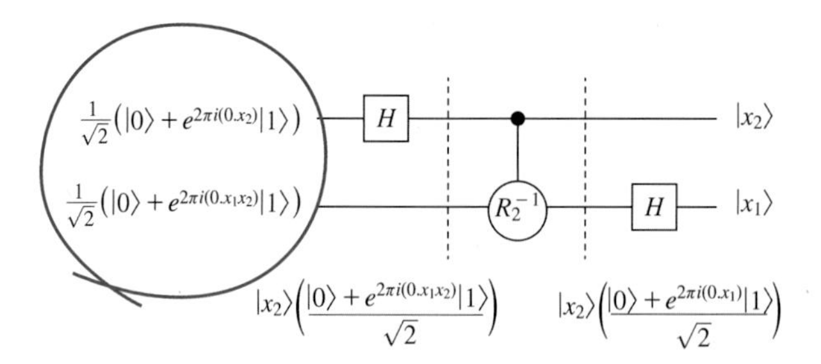

그림 8.16 | 2 큐빗 양자위상추정 회로. 동그라미 부분이 입력하는 초기 양자 상태이다.

양자위상추정을 양자컴퓨터에서 구현하기 위해 다음의 5가지 단계가 필요하다.

① 큐빗의 준비: 표준기저로 두 개의 레지스터 형성

아래 그림을 살펴보면 입력 양자 상태가 n개의 초기 큐빗 $|0\rangle$들과 맨 아래의 양자 상태 $|1\rangle$의 크게 두 가지 부분으로 나뉘는 것을 볼 수 있다. 양자 회로에서 어떤 특정한 기능을 하는 큐빗들의 모임을 레지스터(register)라고 한다. 이 회로에서 n개의 처음 큐빗이 첫 번째 레지스터, 그리고 마지막 큐빗 상태 $|1\rangle$을 두 번째 레지스터라고 부른다.

② H 게이트에 의한 양자 중첩 상태 형성

③ 조건부 U 게이트 작용

④ 양자위상추정 과정: 양자 푸리에 변환의 역과정과 동일

⑤ 첫 번째 레지스터에서의 측정

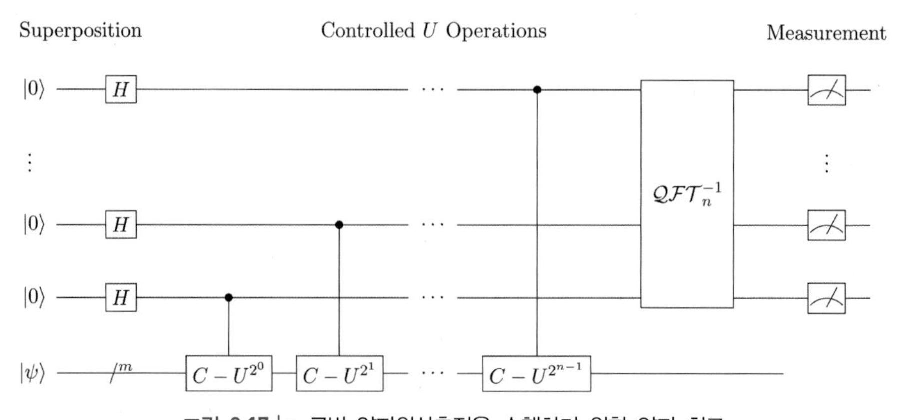

그림 8.17 | n 큐빗 양자위상추정을 수행하기 위한 양자 회로

2 큐빗 양자위상추정 Qiskit 코드는 다음과 같다.

```
# 초기화 작업
import matplotlib.pyplot as plt
import numpy as np
import math

# Qiskit 불러오기
from qiskit import IBMQ, Aer
from qiskit import QuantumCircuit, ClassicalRegister, QuantumRegister, execute

# 결과 히스토그램을 그리기 위한 함수 불러오기
from qiskit.visualization import plot_histogram

# qc란 이름으로 양자 회로를 만든다.
# 큐빗의 개수가 2개이므로 2개의 첫 번째 레지스터, 1개의 마지막 레지스터를 생성한다.
# 최종 측정 단계에서 두 번째 레지스터 큐빗은 측정되지 않으므로
# 고전 비트(classical bit)의 숫자는 2개만 필요하다.
qpe= QuantumCircuit(3, 2)
qpe.x(2) # 마지막 큐빗에 X 게이트를 걸어 반전시킨다.

# 첫 번째 레지스터 큐빗 q0와 q1에 H 게이트를 걸기 위해 for 문을 사용한다.
# q==0과 q==1일 때 qc.h(q)에 의해 각 큐빗에 H 게이트가 작용한다.
for q in range(2):
    qc.h(q)

repetitions = 1
for counting_qubit in range(2):
    for i in range(repetitions):
        qpe.cp(math.pi/4, counting_qubit, 2); # This is C-U
    repetitions *= 2

def qft_inverse(qc, n):     # 역양자 푸리에 변환을 수행하는 함수를 만든다.

    for qubit in range(n//2):
        qc.swap(qubit, n-qubit-1)
    for j in range(n):
        for m in range(j):
            qc.cp(-math.pi/float(2**(j-m)), m, j)
        qc.h(j)

qc.barrier()       # 장벽(barrier)을 쌓아서 게이트들이 뒤죽박죽 수행되지 않게 한다.
qft_inverse(qc, 2)  # 양자 푸리에 변환을 수행한다.
qc.barrier()
for n in range(2):   # 큐빗 q0와 q1을 측정한다.
    qc.measure(n,n)
```

```
qc.draw()   전체 양자 회로를 그린다.
backend = Aer.get_backend('qasm_simulator')  # 백엔드로서 시뮬레이터를 선택한다.
shots = 1024
results = execute(qc, backend=backend, shots=shots).result()
answer = results.get_counts()

plot_histogram(answer)      # 결과 히스토그램을 그린다.
```

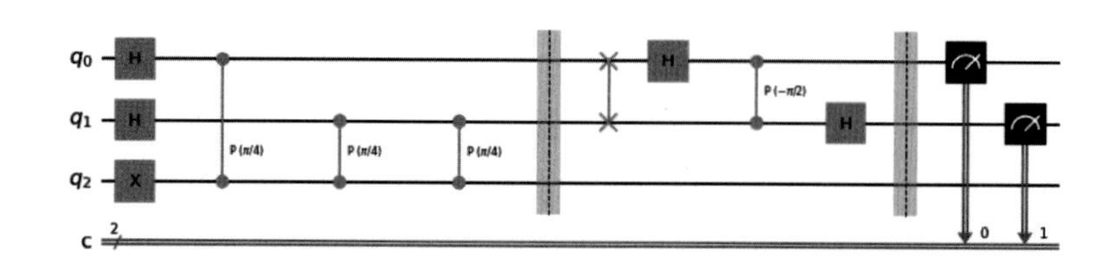

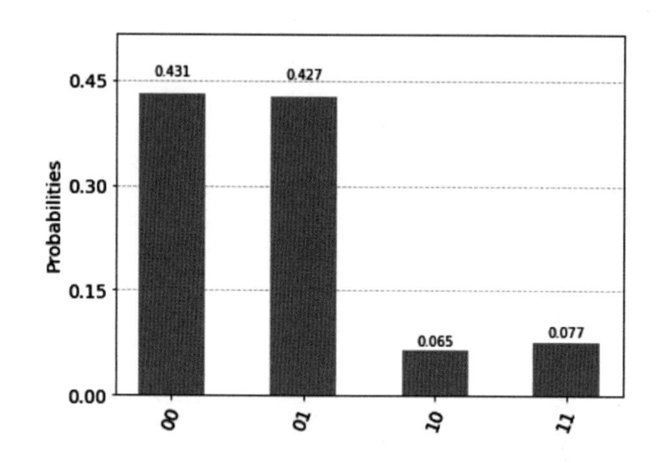

양자위상추정의 응용

이제까지 학습한 양자위상추정은 실질적인 응용을 위해 어디에 사용되고 있을까? 양자위상추정의 가장 직접적인 응용은 위수 찾기(order finding)와 소인수분해(factoring)가 있다. 이 두 응용은 다음 장에서 학습할 쇼어 알고리즘의 핵심이다. 양자위상추정 응용은 다음 장의 쇼어 알고리즘을 학습하면 보다 분명하게 이해할 수 있을 것이다. 여기에서는 두 분야 응용의 전체적인 얼개만 소개한다.

참고문헌

- 위키피디아 양자위상추정(quantum phase estimation) 설명 페이지(https://en.wikipedia.org/wiki/Quantum_phase_estimation_algorithm)
- An Introduction to the Fourier Transform: Relationship to MRI
  Thomas A. Gallagher1, Alexander J. Nemeth1 2 and Lotfi Hacein-Bey1, American Journal of Roentgenology. 2008;190: 1396-1405. 10.2214/AJR.07.2874
- Application of the fractional Fourier transform to image reconstruction in MRI
  Vicente Parot, Carlos Sing-Long, Carlos Lizama, Cristian Tejos, Sergio Uribe, Pablo Irarrazaval
  First published: 17 October 2011 https://doi.org/10.1002/mrm.23190, Magnetic Regsonance in Medicine 2012

요약

1. 고전적인 푸리에 변환과 유사한 개념의 수학적·물리학적 변환이 양자 푸리에 변환이다.

2. 양자 푸리에 변환을 사용하면 상태벡터 위상값의 숨겨진 주기 값을 쉽게 알아낼 수 있다.

3. 이러한 성질로 인해 양자 푸리에 변환과 양자위상추정은 쇼어 알고리즘에서 이용된다.

4. 큐빗이 한 개일 때 양자 푸리에 변환은 아다마르 게이트 한 개의 작용과 같다.

5. 양자 푸리에 변환과 양자위상추정은 서로 역과정이다.

6. n 큐빗 양자 푸리에 변환 양자 회로는 다음과 같다.

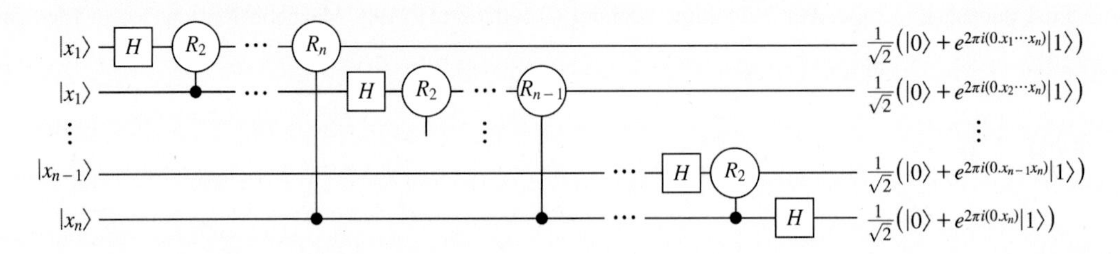

7. n 큐빗 양자위상추정 양자 회로는 다음과 같다.

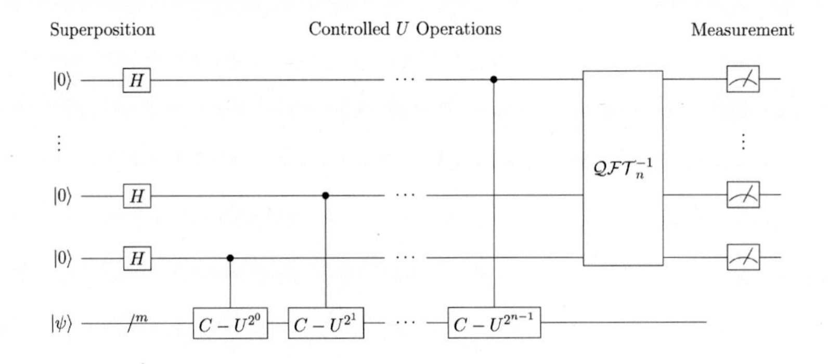

연습문제

1. 본문의 예제를 통해 해보았던, 고전적인 이산 푸리에 변환 $y_n = \sum_{k=0}^{N-1} e^{\frac{-2\pi i}{N} k \cdot n} x_k$에 의한 다음 벡터의 푸리에 변환을 마저 계산해 보자. 본문에서 계산한 y_0, y_1 외에 y_2, y_3를 마저 계산해 보시오.

$$\vec{x} = (x_0,\ x_1,\ x_2,\ x_3) = \left(0,\ \sqrt{\frac{2}{3}},\ 0,\ \frac{i}{\sqrt{3}}\right)$$

2. 회전 게이트 R_2가 다음과 같을 때 R_2^{-1}이 다음과 같이 나옴을 확인해 보시오.

$$R_2 = \begin{bmatrix} 1 & 0 \\ 0 & e^{\frac{2\pi i}{2^2}} \end{bmatrix}$$

$$R_2^{-1} = \begin{bmatrix} 1 & 0 \\ 0 & e^{-2\pi i(0.01)} \end{bmatrix}$$

3. 양자위상추정 Qiskit 코드를 작성할 때 고전 비트의 숫자는 전체 큐빗의 숫자보다 한 개가 적다. 그 이유를 설명하시오.

4. 3 큐빗에서의 양자위상추정 Qiskit 코드를 작성하고 그 결과를 확인하시오.

5. 식 (8.3)에서 $n = 2$이고, x_n이 다음과 같은 행렬(열벡터) 표현으로 주어져 있다.

$$x_n = (i,\ 2+i)$$

이때 다음의 행렬 표현을 구하시오.

$$Y_N = \sum_{n=0}^{N-1} x_n \cdot e^{-\frac{i2\pi}{N} k \cdot n}$$

6. 푸리에 변환을 $Y = F(X)$라고 한다면, F는 다음과 같은 행렬식으로 나타낼 수 있다. 연습문제 1번의 예에서 F의 각 원소를 계산하시오.

$$F = \begin{bmatrix} \omega_N^{0.0} & \omega_N^{1.0} & \cdots & \omega_N^{0.(N-1)} \\ \omega_N^{1.0} & \omega_N^{1.1} & \cdots & \omega_N^{1.(N-1)} \\ \vdots & \vdots & \ddots & \vdots \\ \omega_N^{(N-1).0} & \omega_N^{(N-1).1} & \cdots & \omega_N^{(N-1).(N-1)} \end{bmatrix}$$

여기에서 $\omega_N = e^{\frac{i2\pi}{N}}$

7. 푸리에 변환 행렬 F는 여러 가지 흥미로운 특성을 갖고 있다. 그중 하나는 F가 다음과 같은 유니타리 변환 특성을 갖고 있다는 점이다.

$$F^{-1} = \frac{1}{N}F^{*}$$

위의 식을 연습문제 1번의 경우에서 증명해 보시오.

8. 단일 큐빗일 때, 양자 푸리에 변환은 H 게이트 변환과 같다. 그렇다면 n개의 큐빗일 때의 일반적인 양자 푸리에 변환(그림 8.9)에서 사용되는 조건부 회전 게이트 R이 단일 큐빗일 때는 어떤 모양이 되는가?

9. 양자 푸리에 변환에 의해 $|10\rangle = |2\rangle \rightarrow \frac{1}{2}[|0\rangle - |1\rangle + |2\rangle - |3\rangle]$임을 보이시오.

10. 양자 푸리에 변환에 의해 $|11\rangle = |3\rangle \rightarrow \frac{1}{2}[|0\rangle - i|1\rangle + |2\rangle + i|3\rangle]$임을 보이시오.

11. 본문의 그림 8.15를 다시 소환하자. 다음 3 큐빗 위상추정회로에서 각 상태벡터 $|\psi_1\rangle$, $|\psi_2\rangle$, $|\psi_3\rangle$, $|\psi_4\rangle$, $|\psi_5\rangle$, $|\psi_6\rangle$, $|\psi_7\rangle$를 계산하시오.

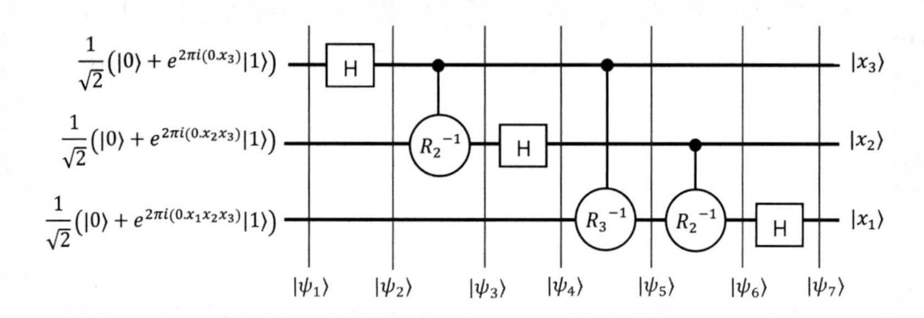

제9장

양자 소인수분해 쇼어 알고리즘

이 장에서 학습할 내용

- 쇼어 알고리즘은 소인수분해를 빠른 시간 내에 해결할 수 있는 양자 알고리즘임을 이해한다.
- 왜 소인수분해가 암호학과 현대 정보통신에서 중요한지 이해하기 위해 기본적인 암호화 기법을 학습한다. 이를 위해 핵심적인 정수론을 학습한다.
- 소인수분해는 파동함수의 주기 찾기 문제로 귀결된다.
- 함수의 주기 찾기를 양자 푸리에 변환과 양자위상추정을 이용하여 효율적으로 해결한다.
- $N=15=3\times5$와 같은 단순한 소인수분해 예를 통해 쇼어 알고리즘의 핵심을 실습해 본다.

QUANTUM COMPUTING

9.1 쇼어 알고리즘 개요와 선행학습

쇼어 알고리즘이란

이 장에서는 가장 유명한 양자 알고리즘 중 하나인 쇼어 알고리즘을 학습해 보자.

1994년 미국 수학자인 피터 쇼어(Peter Shor)가 고안한 이 양자 알고리즘은 전 세계 학계에 센세이션을 불러일으켰다(Shor, 1994). 쇼어 알고리즘으로 인해 많은 사람들이 양자컴퓨터가 실용적인 문제에서 사용될 수 있다고 확신하게 되었다.

쇼어 알고리즘은 한마디로 말해서 다음과 같은 자연수 N을 소인수분해하는 알고리즘이다.

$$N = p \times q$$

예를 들어 $N = 15$이면 $p = 3$, $q = 5$와 같이 소인수분해된다는 사실을 다 알고 있을 것이다. 일반적인 자연수 N을 p와 q로 소인수분해하기 위해서는 보통 지수함수적인 연산 시간이 필요하다. 이에 비해 쇼어 알고리즘을 사용하면 큐빗의 중첩현상을 이용하여 다항함수적인 연산 시간만 필요하여 N이 커질수록 고전적인 방법에 비교가 안 될 정도로 빠르게 소인수분해를 해낼 수 있다.

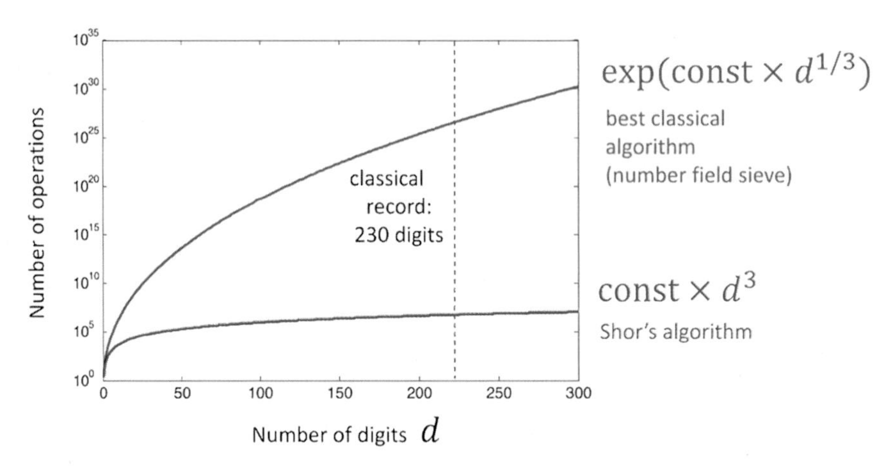

그림 9.1 | d비트의 자연수를 소인수분해하는 데 필요한 고전적 알고리즘의 연산 수(위의 곡선)와 양자 쇼어 알고리즘 연산 수(아래 곡선)(https://quantum-computing.ibm.com/composer/docs/iqx/guide/shors-algorithm)

그림 9.1에서 자연수를 소인수분해하는 데 필요한 연산량을 고전적인 컴퓨터와 양자컴퓨터(쇼어 알고리즘)에서 비교하고 있다. 크기가 d비트인 자연수를 소인수분해할 때 연산량은, 가장 빠른 고전컴퓨터 알고리즘은 $d^{1/3}$의 지수함수적으로 증가하는 데 비해, 쇼어 알고리즘을 사용할 때는 대략 d^3에 비례한다(Pomerance, 1996). 숫자 d의 크기가 작을 때는 두 방법의 차이가 별로 없지만 크기가 커질수록 양자 알고리즘이 훨씬 빨라짐을 볼 수 있다.

쇼어 알고리즘과 현대 암호체계

양자 컴퓨팅과 현대 암호학을 처음 접하는 사람들이라면 단순히 정수를 소인수분해하는 것이 왜 그만큼 중요한가 하는 의문을 품을 수 있다. 이러한 쇼어 알고리즘의 동기를 정확히 이해하는 것이 양자 알고리즘 개발자에게 알고리즘 자체 못지않게 중요하다고 할 수 있다.

이 알고리즘을 이해하기 위해 양자 컴퓨팅 이론과 함께 정수론, 암호학의 수학적 배경지식도 필요하다. 이번 장에서는 이러한 배경지식을 가지고 쇼어 알고리즘과 함께 양자 컴퓨팅의 무한한 가능성을 차근차근 이해해 보자.

현재 쇼어 알고리즘은 이론적인 알고리즘 단계에 있지 않다. 최초로 실험적으로 구현된 쇼어 알고리즘이 2001년 IBM의 과학자들에 의해 이루어졌다. 당시 핵자기공명(NMR)에 의한 7 큐빗짜리 양자컴퓨터에서 $15=3\times5$의 소인수분해를 쇼어 알고리즘으로 시연해 보인 것이다 (Vandersypen, 2001). 현재까지 쇼어 알고리즘에 의해 실험적으로 소인수분해한 수는 21이 최대로 알려져 있다(Martin-Lopez, 2012).

| 양자컴퓨터의 개척자들 | 피터 쇼어(1959~)

MIT 응용수학과 교수이자 미국 수학자이다. 1985년 MIT 응용수학과에서 박사학위를 받고 캘리포니아대-버클리에서 박사후 과정을 거쳐 뉴저지의 벨연구소에서 연구하였다. 벨연구소에서 발표한 쇼어 알고리즘으로 2017년 디랙 메달을 포함하여 다수의 상을 수상하였다. MIT 교수직은 2003년부터 시작하였다.

출처: https://en.wikipedia.org/wiki/Peter_Shor

선행학습

쇼어 알고리즘을 이해하기 위해서는 정수론의 여러 결과에 대한 선행지식이 필요하다. 다음의 선행학습이 필요 없는 독자는 바로 알고리즘으로 건너뛰어도 좋다.

소수와 소인수분해

소수(prime number)란 1과 자기 자신 외에는 나누어지지 않는 자연수를 말한다. 소인수분해는 정수를 소수의 곱으로 표시하는 연산이다. 예를 들어 3은 $3=3\times1$과 같이 1과 자기 자신(3)으로만 분해되므로 소수이다. 그러나 4를 생각해 보면 $4=4\times1$ 외에도 $4=2\times2$와 같이 자기 자신(4) 외의 다른 수의 곱으로도 표현되므로 소수가 아니다. 소수가 아닌 수를 합성수라고 부른다. 1은 소수도 합성수도 아닌 특별한 수이다.

자연수는 다음과 같이 두 개의 수로 분류할 수 있다.

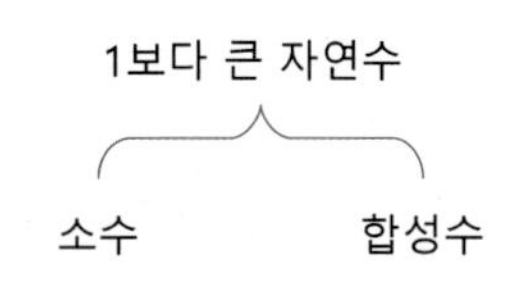

1보다 큰 정수를 소수의 곱으로 표시하는 작업을 소인수분해라고 한다.

소인수분해의 예

$6 = 2 \times 3$

$8 = 2 \times 2 \times 2 = 2^3$

$9 = 3 \times 3 = 3^2$

$15 = 3 \times 5$

$30 = 2 \times 3 \times 5$

$48 = 2 \times 2 \times 2 \times 2 \times 3 = 2^4 \times 3$

$784 = 2^4 \times 7^2$

소수에 대한 기본 정리

다음 사항은 소수에 대한 기본적인 성질로서 정수론 교과서를 찾아보면 자세한 증명을 학습할 수 있다. 여기에서는 증명 없이 설명한다.

1. 모든 2 이상의 자연수는 적어도 한 개 이상의 소인수를 갖는다.
2. 소수의 개수는 무한하다.
3. 양의 정수 중 $4n+3$ 형태의 소수의 개수는 무한하다.
4. 양의 정수 n이 합성수일 때, 소인수는 $\sqrt{n}$ 보다 작다.

㉮ 100을 소인수분해할 때, $\sqrt{100} = 10$이므로 소인수는 10보다 작은 소수들이다. 즉 2, 3, 5, 7이 이 소인수로 가능성이 있다.

우리의 주된 관심사인 소인수분해에 대해 가장 중요한 정리는 다음에 나오는 산술의 기본 정리이다.

산술의 기본 정리: 자연수의 소인수분해 방법은 유일하다

소수는 고대로부터 신비한 수로 생각해서 많은 수학천재들이 그 신비를 탐구해 왔다. 소수와 소인수분해가 신비로운 것은 자연수를 소인수분해하면 그 방법은 오직 하나뿐이라는 것이다. (모든 자연수가 그렇다!!) 784를 어떤 방법으로 소인수분해해도 소수들이 곱해지는 순서를 무시하면($784 = 2^4 \times 7^2$ 또는 $784 = 7^2 \times 2^4$) 표현 방법은 단 하나이다. 이를 산술의 기본 정리라고 한다.

산술의 기본 정리에 의해 서로 다른 소수들의 다음과 같은 곱으로 유일하게 소인수분해된다. 즉, 임의의 2 이상의 자연수 n에 대하여 소수 p_i와 자연수 r_i의 다음과 같은 곱으로 유일하게 표현된다.

$$n = p_1^{r_1} p_2^{r_2} \cdots p_k^{r_k}$$

이에 대한 자세한 증명은 참고문헌을 참고하기 바란다. 여기서는 임의의 자연수를 소인수분해하는 방법이 한 가지밖에 없으므로, 정보를 암호화하는 데 유용하다는 사실을 이해해 두자.

산술의 기본 정리

$720 = 2^4 \cdot 3^2 \cdot 5$

모든 자연수는 위의 720처럼 '유일한 모양'으로 소인수분해돼.

'유일한 모양'이라니 무슨 뜻이야?

720이 2의 4제곱, 3의 제곱, 5의 1제곱처럼 각 소수들의 제곱이 하나로 결정돼 나온다는 것이지.

$720=3^2 \cdot 2^4 \cdot 5$와 같이 써도 이것이 $2^4 \cdot 3^2 \cdot 5$와 같은 수라는 것은 알고 있겠지?

놀라운 것은 모든 자연수가 이렇게 '한 가지' 방법으로 반드시 소인수분해된다는 점이야.

와, 소수는 정말 특별한, 신비로운 숫자들이구나.

그림 9.2 | 산술의 기본 정리가 암호학에 갖는 의미. 큰 자릿수의 자연수를 소인수분해하는 것은 가장 좋은 컴퓨터를 사용해도 거의 불가능할 정도로 계산 시간이 오래 걸리는 문제이다.

서로소

서로소인 두 정수는 각각을 소인수분해하였을 때 공약수가 1밖에 없다. 즉 두 정수 a, b의 공약수 중 가장 큰 수인 최대공약수가 1이면 a와 b는 서로소라고 한다.

그리고 두 수 a, b의 최대공약수를 gcd(a, b)라고 표현한다(gcd는 great common divisor의 줄임말).

gcd(a, b): a와 b의 최대공약수
a와 b는 서로소 $\leftrightarrow$ gcd(a, b) = 1

서로소인 두 수의 예:
3과 10: $3=3\times1$, $10=5\times2\times1$
7과 10: $7=7\times1$, $10=5\times2\times1$

위의 3과 10, 7과 10은 공약수가 1밖에 없으므로 서로소이다.

그러나 2와 10은 서로소가 아님을 알 수 있다.

10000	$2^4 \cdot 5^4$	10030	$2 \cdot 5 \cdot 7 \cdot 59$	10060	$2^2 \cdot 5 \cdot 503$
10001	$73 \cdot 137$	10031	$7 \cdot 1433$	10061	10061
10002	$2 \cdot 3 \cdot 1667$	10032	$2^4 \cdot 3 \cdot 11 \cdot 19$	10062	$2 \cdot 3^2 \cdot 13 \cdot 43$
10003	$7 \cdot 1429$	10033	$79 \cdot 127$	10063	$29 \cdot 347$
10004	$2^2 \cdot 41 \cdot 61$	10034	$2 \cdot 29 \cdot 173$	10064	$2^4 \cdot 17 \cdot 37$
10005	$3 \cdot 5 \cdot 23 \cdot 29$	10035	$3^2 \cdot 5 \cdot 223$	10065	$3 \cdot 5 \cdot 11 \cdot 61$
10006	$2 \cdot 5003$	10036	$2^2 \cdot 13 \cdot 193$	10066	$2 \cdot 7 \cdot 719$
10007	10007	10037	10037	10067	10067
10008	$2^3 \cdot 3^2 \cdot 139$	10038	$2 \cdot 3 \cdot 7 \cdot 239$	10068	$2^2 \cdot 3 \cdot 839$
10009	10009	10039	10039	10069	10069
10010	$2 \cdot 5 \cdot 7 \cdot 11 \cdot 13$	10040	$2^3 \cdot 5 \cdot 251$	10070	$2 \cdot 5 \cdot 19 \cdot 53$
10011	$3 \cdot 47 \cdot 71$	10041	$3 \cdot 3347$	10071	$3^3 \cdot 373$
10012	$22 \cdot 2503$	10042	$2 \cdot 5021$	10072	$2^3 \cdot 1259$
10013	$17 \cdot 19 \cdot 31$	10043	$11^2 \cdot 83$	10073	$7 \cdot 1439$
10014	$2 \cdot 3 \cdot 1669$	10044	$2^2 \cdot 3^4 \cdot 31$	10074	$2 \cdot 3 \cdot 23 \cdot 73$
10015	$5 \cdot 2003$	10045	$5 \cdot 7^2 \cdot 41$	10075	$5^2 \cdot 13 \cdot 31$
10016	$2^5 \cdot 313$	10046	$2 \cdot 5023$	10076	$2^2 \cdot 11 \cdot 229$
10017	$3^3 \cdot 7 \cdot 53$	10047	$3 \cdot 17 \cdot 197$	10077	$3 \cdot 3359$
10018	$2 \cdot 5009$	10048	$2^6 \cdot 157$	10078	$2 \cdot 5039$
10019	$4^3 \cdot 233$	10049	$13 \cdot 773$	10079	10079
10020	$2^2 \cdot 3 \cdot 5 \cdot 167$	10050	$2 \cdot 3 \cdot 5^2 \cdot 67$	10080	$2^5 \cdot 3^2 \cdot 5 \cdot 7$
10021	$11 \cdot 911$	10051	$19 \cdot 23^2$	10081	$17 \cdot 593$
10022	$2 \cdot 5011$	10052	$2^2 \cdot 7 \cdot 359$	10082	$2 \cdot 71^2$
10023	$3 \cdot 13 \cdot 257$	10053	$3^2 \cdot 1117$	10083	$3 \cdot 3361$
10024	$2^3 \cdot 7 \cdot 179$	10054	$2 \cdot 11 \cdot 457$	10084	$2^2 \cdot 2521$
10025	$5^2 \cdot 401$	10055	$5 \cdot 2011$	10085	$5 \cdot 2017$
10026	$2 \cdot 3^2 \cdot 557$	10056	$2^3 \cdot 3 \cdot 419$	10086	$2 \cdot 3 \cdot 41^2$
10027	$37 \cdot 271$	10057	$89 \cdot 113$	10087	$7 \cdot 11 \cdot 131$
10028	$2^2 \cdot 23 \cdot 109$	10058	$2 \cdot 47 \cdot 107$	10088	$2^3 \cdot 13 \cdot 97$
10029	$3 \cdot 3343$	10059	$3 \cdot 7 \cdot 479$	10089	$3^2 \cdot 19 \cdot 59$

그림 9.3 | 10000~10089 구간 정수들의 소인수분해. 정수가 커질수록 소인수분해가 급속하게 어려워진다. (정수론, 김응태·박승안, 경문사, 2007에서 전재)

소수를 찾는 방법: 에라토스테네스의 체

앞에서 소수가 무한히 많이 존재함을 보았다. 내가 가진 이메일을 암호화하기 위해 소수(특히 큰 자릿수의 소수)가 필요하다면, 어떻게 찾을 수 있을까?

가장 기초적인 소수 찾기 방법으로 에라토스테네스의 체(sieve)가 있다. 이 방법은 1에서 100까지의 정수 중 소수를 찾기 위해 이 숫자들을 나열하고 합성수를 모두 제거하는 방법이다. 먼저 1은 소수가 아니므로 지운다. 그리고 2가 소수이므로 2의 배수(4, 8, ⋯)를 모두 지운다. 그다음 소수인 3, 5, 7에서 같은 단계를 반복하여 합성수를 제거한다. 위에서 100 이하의 모든 합성수는 $\sqrt{100} = 10$보다 작은 소수(2, 3, 5, 7)로 분해되므로, 7의 배수만 지우면 100 이하에서 모든 합성수를 제거할 수 있다. 아래 그림에서 지워지지 않고 남은 숫자들이 100 이하의 소수이다.

1	2	3	4	5	6	7	8	9	10
11	12	13	14	15	16	17	18	19	20
21	22	23	24	25	26	27	28	29	30
31	32	33	34	35	36	37	38	39	40
41	42	43	44	45	46	47	48	49	50
51	52	53	54	55	56	57	58	59	60
61	62	63	64	65	66	67	68	69	70
71	72	73	74	75	76	77	78	79	80
81	82	83	84	85	86	87	88	89	90
91	92	93	94	95	96	97	98	99	100

그림 9.4 | 100 이하의 정수에서 소수를 찾는 에라토스테네스의 체. 지워지지 않고 남은 숫자들이 소수이다. (정수론, 천장호, 경문사, 2009, p. 91에서 전재)

에라토스테네스의 체를 이용하면 작은 자릿수의 소수는 비교적 쉽게 찾을 수 있다. 그러나 소수의 자릿수가 커지면 상당히 비효율적인 방법이다. **정수의 크기가 커질수록 소수를 찾기가 어렵고, 큰 수의 소인수분해는 훨씬 어렵다.** 현대 암호학은 이 소수의 성질을 이용한다.

모듈러 연산

모듈러(modular) 연산은 나머지 연산으로 번역되며, 중·고등학교 수학 시간에 기초적인 사항을 배운 바 있을 것이다. 이 모듈러 연산은 과학기술의 여러 분야에서 광범위하게 사용되며, 특히 컴퓨터 암호학에서 제일 중요한 수학 연산 중 하나이다.

하나의 정수 x를 다른 정수 m으로 나누었을 때 나머지 r은 다음의 관계가 있다.

$$x = m \times n + r$$

모듈러 연산($x \bmod m$)은 정수 x를 정수 m으로 나누었을 때 나머지 값을 반환하는 연산이다.

$7 \bmod 15 = 1$

$17 \bmod 5 = 2$

$15 \bmod 15 = 0$

$30 \bmod 15 = 0$

$27 \bmod 15 = 12$

주의할 것은 x가 음수여도 모듈러 연산이 가능하다는 것이다.

$-3 \bmod 11 = 8$

프로그래밍 언어에서는 mod를 % 기호로 사용한다는 것을 많이 알고 있을 것이다.

$49 \% 15 = 4$

모듈러 합동

어떤 정수 x와 y를 각각 정수 m으로 나누었을 때 나머지가 같다면 x와 y는 서로 모듈러 합동(congruent modular)이라고 하고, 다음과 같이 기호로 나타낸다.

$$x \bmod m = y \bmod m \leftrightarrow x \equiv y \pmod{m}$$

예를 들어, 7과 37은 15로 나누었을 때 나머지가 7로 같으므로,

$$7 \equiv 37 \pmod{15}$$

이 수학식은 나머지를 구하는 식(예: $7 \bmod 15$)과 종종 혼동을 일으키는데, (mod 15)는 37이 아닌 그 오른쪽 식 전체에 작용한다는 사실을 이해하면 된다.

또 다른 모듈러 합동의 예:

$$38 \equiv 14 \pmod{12}$$

모듈러 합동은 시계에서 시간을 표시하는 방법을 생각하면 이해하기 쉽다. 12시간 체계에서 시계는 12의 주기를 갖고 있다. **그림 9.5**에서 원형 시계판에 1부터 12까지의 숫자가 나열되어 있다. 13시는 1시로 표시되는데 이는 $13 \bmod 12 = 1$이기 때문이다. 1과 13은 12로 나누었을 때 그 나머지가 같으므로 모듈러 합동, 즉

$$1 \equiv 13 \pmod{12}$$

이다.

그림에서처럼 13시, 14시, 15시…를 각각의 모듈러 합동인 1, 2, 3과 같은 자리에 방사선형으로 적어보자. 12 모듈러 합동인 수는 원의 중심에서 방사선으로 뻗어가는 직선에서 모두 같은 위치에 있다. $x \equiv y(\text{mod m})$에서 x, y는 숫자는 다르지만 12를 주기로 같은 위치에 있는 수이다.

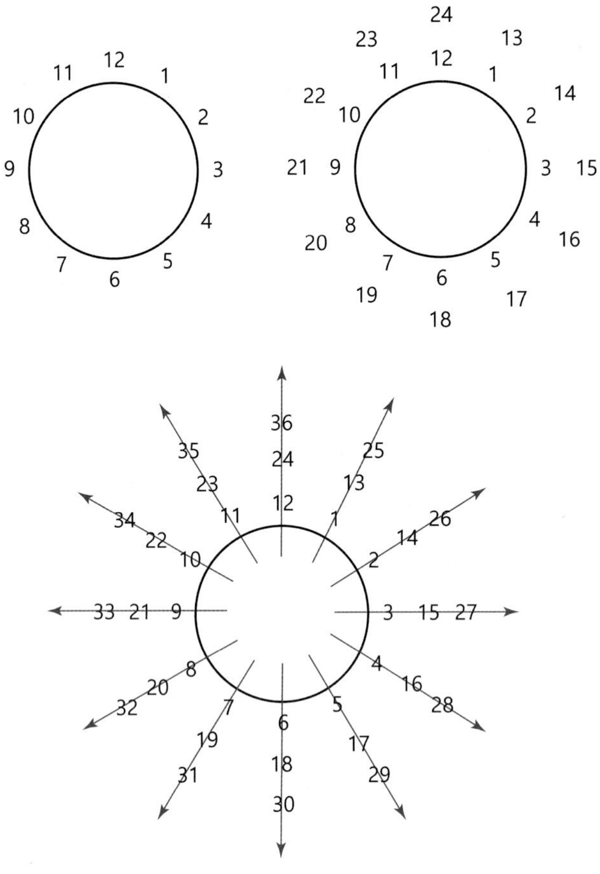

그림 9.5 | 방사선으로 연결된 각 숫자는 mod 12 연산에 의해 합동이다.

왜 소인수분해가 양자 컴퓨팅과 관련이 있을까

이제 소인수분해 알고리즘인 쇼어 알고리즘이 왜 양자 컴퓨팅에서 중요한지 이해해 보자. 기초 지식으로 암호학, 특히 현대 암호학에 대한 이해가 필요하다.

암호학 입문을 위해 참고문헌을 학습해 보기 바란다. 특히 자넷 베시너 외의 〈암호수학〉은 암호학을 중·고등학교 수준의 수학에서도 충분히 이해할 수 있는 훌륭한 입문서이다.

자신의 메시지를 비밀스럽게 전달하기 위해 역사상 수많은 암호화 방법이 있었다. 쇼어 알고리즘과 직접적 연관이 있는 RSA 암호는 서양의 오랜 암호화 기법인 시저 암호 및 비즈네르 암호 방법을 창조적으로 계승한 것이라 볼 수 있다.

서양 암호화의 할아버지 격인 시저 암호와 비즈네르 암호

시저 암호는 서양에서 아주 오래전부터 사용해 왔던 암호화 방식으로 알파벳 A, B, C, D, …, Z를 다른 알파벳으로 치환해서 암호화하는 방식이다.

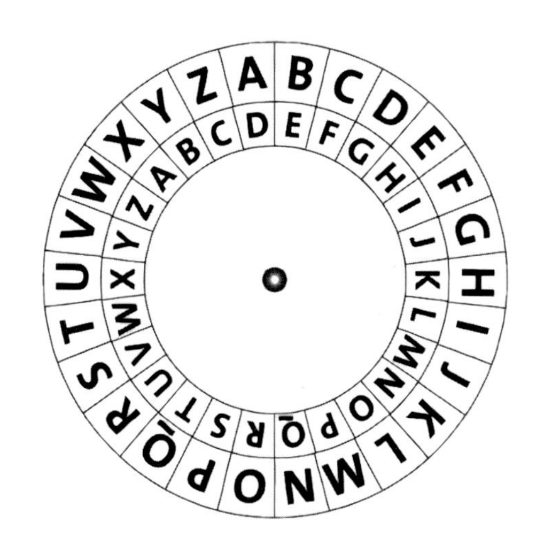

(https://wondangcom.com/1859)

위의 두 개의 회전 디스크에는 A부터 Z까지 26개의 알파벳이 적혀 있는데 바깥쪽 디스크와 안쪽 디스크를 회전시켜 치환하려고 하는 알파벳을 선택(암호화)하거나 해독할 수 있다.

시저 암호화의 예로서 LOVE를 위의 회전 디스크 시스템에서 암호화하면 ORYH이다.

시저 암호는 암호화가 쉽다는 장점이 곧 해독이 쉽다는 단점이 되기도 한다. 시저 암호로 만든 암호문을 (특히 컴퓨터가 발달된 요즘은) 약간의 시행착오를 거쳐서 해독하는 것은 식은 죽 먹기다. 시저 암호에 의한 암호문은 적혀 있는 알파벳 문자의 빈도수를 분석해서 각 유럽 언어의 일반적인 알파벳 빈도수와 비교함으로써 쉽게 풀 수 있다.

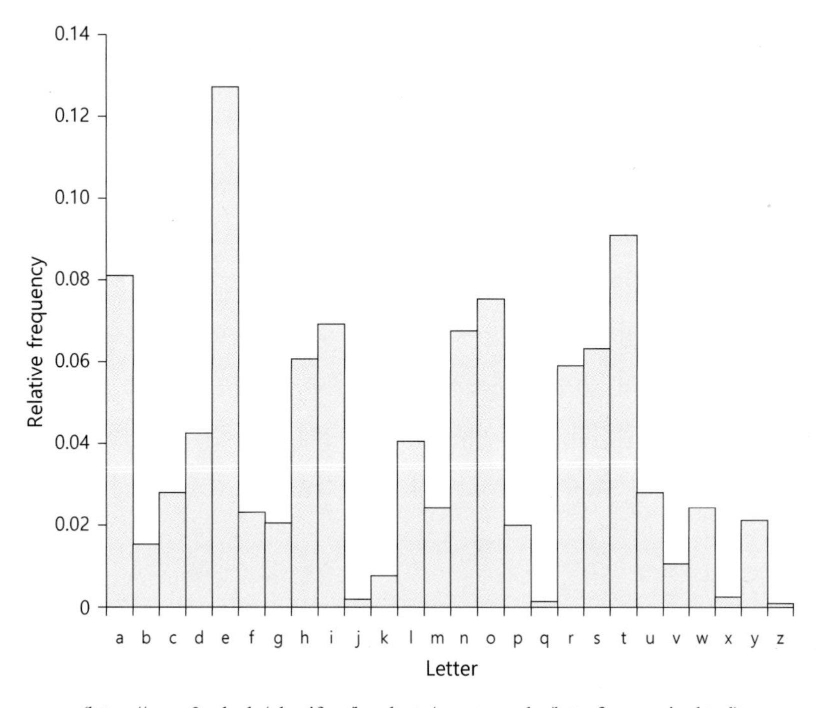

(https://www3.nd.edu/~busiforc/handouts/cryptography/letterfrequencies.html)

예를 들면, 영어에서 가장 많이 사용되는 알파벳은 e이고, 그다음으로 t가 많이 사용된다고 한다. 이 사실을 역으로 이용해서 암호문에서 가장 많이 사용되는 알파벳을 e, t 등으로 가정함으로써 해독을 진행할 수 있다.

시저 암호를 좀 더 풀기 어렵게 만들기 위해서 '키워드(key word)'를 도입한 암호체계가 비즈네르 암호이다. 시저 암호가 빈도수를 추적해서 해독이 용이했다면, 비즈네르 암호는 이를 막기 위해 키워드를 사용하여 알파벳 빈도수의 추적을 어렵게 한 것이다. 또한 키워드(열쇠)의 개수를 무수히 많이 만들 수 있고, 통신을 암호화하려는 당사자들만 갖고 있어서 보안이 더 뛰어나다.

원문	a	b	c	d	e	f	g	h	i	j	k	l	m	n	o	p	q	r	s	t	u	v	w	x	y	z
1	B	C	D	E	F	G	H	I	J	K	L	M	N	O	P	Q	R	S	T	U	V	W	X	Y	Z	A
2	C	D	E	F	G	H	I	J	K	L	M	N	O	P	Q	R	S	T	U	V	W	X	Y	Z	A	B
3	D	E	F	G	H	I	J	K	L	M	N	O	P	Q	R	S	T	U	V	W	X	Y	Z	A	B	C
4	E	F	G	H	I	J	K	L	M	N	O	P	Q	R	S	T	U	V	W	X	Y	Z	A	B	C	D
5	F	G	H	I	J	K	L	M	N	O	P	Q	R	S	T	U	V	W	X	Y	Z	A	B	C	D	E
6	G	H	I	J	K	L	M	N	O	P	Q	R	S	T	U	V	W	X	Y	Z	A	B	C	D	E	F
7	H	I	J	K	L	M	N	O	P	Q	R	S	T	U	V	W	X	Y	Z	A	B	C	D	E	F	G
8	I	J	K	L	M	N	O	P	Q	R	S	T	U	V	W	X	Y	Z	A	B	C	D	E	F	G	H
9	J	K	L	M	N	O	P	Q	R	S	T	U	V	W	X	Y	Z	A	B	C	D	E	F	G	H	I
10	K	L	M	N	O	P	Q	R	S	T	U	V	W	X	Y	Z	A	B	C	D	E	F	G	H	I	J
11	L	M	N	O	P	Q	R	S	T	U	V	W	X	Y	Z	A	B	C	D	E	F	G	H	I	J	K
12	M	N	O	P	Q	R	S	T	U	V	W	X	Y	Z	A	B	C	D	E	F	G	H	I	J	K	L
13	N	O	P	Q	R	S	T	U	V	W	X	Y	Z	A	B	C	D	E	F	G	H	I	J	K	L	M
14	O	P	Q	R	S	T	U	V	W	X	Y	Z	A	B	C	D	E	F	G	H	I	J	K	L	M	N
15	P	Q	R	S	T	U	V	W	X	Y	Z	A	B	C	D	E	F	G	H	I	J	K	L	M	N	O
16	Q	R	S	T	U	V	W	X	Y	Z	A	B	C	D	E	F	G	H	I	J	K	L	M	N	O	P
17	R	S	T	U	V	W	X	Y	Z	A	B	C	D	E	F	G	H	I	J	K	L	M	N	O	P	Q
18	S	T	U	V	W	X	Y	Z	A	B	C	D	E	F	G	H	I	J	K	L	M	N	O	P	Q	R
19	T	U	V	W	X	Y	Z	A	B	C	D	E	F	G	H	I	J	K	L	M	N	O	P	Q	R	S
20	U	V	W	X	Y	Z	A	B	C	D	E	F	G	H	I	J	K	L	M	N	O	P	Q	R	S	T
21	V	W	X	Y	Z	A	B	C	D	E	F	G	H	I	J	K	L	M	N	O	P	Q	R	S	T	U
22	W	X	Y	Z	A	B	C	D	E	F	G	H	I	J	K	L	M	N	O	P	Q	R	S	T	U	V
23	X	Y	Z	A	B	C	D	E	F	G	H	I	J	K	L	M	N	O	P	Q	R	S	T	U	V	W
24	Y	Z	A	B	C	D	E	F	G	H	I	J	K	L	M	N	O	P	Q	R	S	T	U	V	W	X
25	Z	A	B	C	D	E	F	G	H	I	J	K	L	M	N	O	P	Q	R	S	T	U	V	W	X	Y
26	A	B	C	D	E	F	G	H	I	J	K	L	M	N	O	P	Q	R	S	T	U	V	W	X	Y	Z

비밀의 메시지를 암호화하여 통신하는 방법으로 크게 비밀키 암호와 공개키 암호 방식이 있다.

비밀키 암호는 서양의 고전적인 암호학인 시저 방식이나 현 미국 정부의 상급암호표준(AES: Advanced Encryption Standard)과 같이 메시지를 보내는 측과 받는 측이 해독하는 방법인 비밀키를 공유하는 것이다. 비밀키 암호와 대조적으로 공개키 암호는 개인키를 모든 사람에게 공개하는 대신, 정당한 수신자만이 해독키를 갖고 해독할 수 있게 한다. 개인키는 보통 엄청나게 큰 소수로 되어 있어서, 해독키를 얻기 위해 소인수분해하는 시간이 일반 컴퓨터로는 수십억 년의 시간이 걸린다. 소인수분해가 엄청나게 오래 걸리는 기존 컴퓨터 대신에 양자컴퓨터는 단 몇 초 만에 풀 수 있을 것이다. 양자컴퓨터가 암호학에서 중요한 이유이다.

RSA 개인키(공개키)

1970년대 이후 개발되어 현재도 널리 사용되고 있는 대표적인 공개키 암호인 RSA에 대해 알아보자. (RSA라는 이름은 공개키 암호의 아이디어를 구현한 최초의 암호시스템을 개발한 세 사람인 로널드 리베스트, 에디 샤미르, 레오나르드 애들먼의 성의 첫 글자를 딴 것이다.) 이 부분은 양자 컴퓨팅의 쇼어 알고리즘이 왜 암호학에서 중요한지 깊이 이해하는 데 목적이 있으므로, 건너뛰고 바로 쇼어 알고리즘을 학습해도 무방하다.

RSA 개인키는 두 개의 자연수 n, e로 이루어진 순서쌍 $(n,\ e)$로 나타낸다. 이때 n은 계수라고 부르며, 이를 소인수분해하면 $n = pq$가 되는데 p와 q는 보통 200자리 이상의 큰 정수이다. e는 지수라고 부른다. p와 q가 정해지면 $e = (p-1)(q-1)$과 서로소이다. 이 순서쌍 $(n,\ e)$는 공개되어 있어서 누구든지 열람해 볼 수 있다. 그러나 설사 암호문에서 n값이 무엇인지 알아도 이를 소인수분해하는 데 엄청나게 많은 시간이 걸리므로, 해독키가 없다면 암호를 해독할 수 없다.

흥미로운 것은, 이 열쇠들은 정보를 받으려는 네가
만들어서 공개키를 내게 보낸다는 점이야.

밥은 자신이 만든 두 개의 키 중 공개키를 앨리스에게 보낸다. 개인키는 밥이 보관한다.

공개키는 말 그대로 공개되어 있어서 누군가(해커)가
이를 가로채도 개인키만 누설되지 않으면 안전해.
두 키를 모두, 정보를 받는 사람이 만들게 되어
보안성을 더 높이게 되지.

내가 공개키를 사용해서 보내고 싶은 문자열을 암호화해.
예로 문자열을 "88"이란 숫자로 바꿔서 공개키를
사용하면 "11"로 바꿔져.

평문 88 → $88^7 mod\ 187 = 11$

공개키 $(n, e) = (187,7)$

공개키

이 정보 "11"을 밥, 너에게 보내.

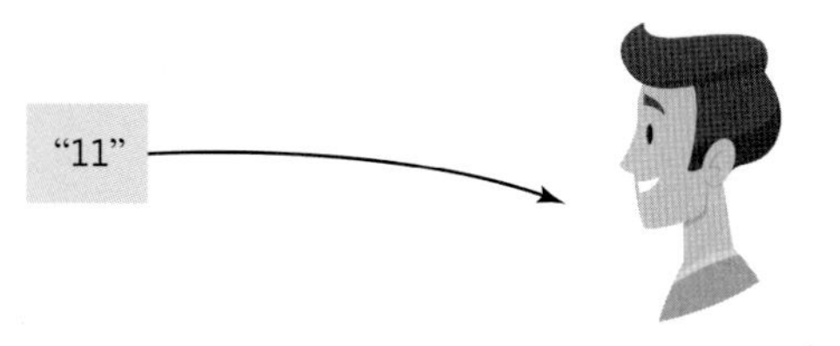

그림 9.6 | RSA 암호화 방식의 개요

공개키에 의해 암호화하려면, 알파벳을 그에 상응하는 숫자로 바꾼다. 이를테면 A는 00, B는 01, … Z는 25에 해당한다. 변환된 숫자 m을 다음과 같이 새로운 숫자 C로 바꾼다.

$$C = m^e \mod n$$

RSA 방식으로 암호화된 암호문을 어떻게 해독할 수 있을까?

RSA 해독키

개인키가 $(n,\ e)$라는 것을 안다면 해독키 d는 다음과 같다.

$$ed \equiv 1 \mathrm{mod}\ (p-1)(q-1)$$

이 해독키에서 d값을 찾는데 d는 다음 수의 역원이다.

$$e \mod (p-1)(q-1)$$

d를 찾은 후 암호화된 문자 C는 다음과 같이 문자 m으로 해독된다.

$$m = C^d \mod m$$

❙ 예제 ❙

$p=3,\ q=11$인 간단한 공개키를 사용하여 R을 암호화해 보자. 이때 계수 n은 $3 \times 11 = 33$이다. 계수 e는 $(3-1)(11-1) = 20$과 서로소인 어떤 정수도 가능한데, 편의상 $e=7$을 선택해 보자.

이제 공개키는 다음과 같다.

$$(n,\ e) = (33,\ 7)$$

R은 그림의 문자표에서 보듯이 17에 해당한다.

공식 $C = m^e \bmod n$에 의해서 암호로 변환된 R에 해당하는 숫자는

$$C = 17^7 \bmod 3$$

177은 410,338,673이나 되는 굉장히 큰 수이다! p와 q를 아주 작은 소수로 하였지만 암호화하는 데 굉장히 큰 숫자를 다뤄야 함을 알 수 있다.

이 나머지 연산을 하려면 계산기나 인터넷에서 모듈러 계산기를 이용해 보자.[1] 그러면 $17^7 \bmod 22 = 8$을 얻는다.

8에 해당하는 문자는 I이다. 즉 R은 I로 암호화된다.

a	b	c	d	e	f	g	h	i	j	k	l	m	n	o	p	q	r	s	t	u	v	w	x	y	z
0	1	2	3	4	5	6	7	8	9	10	11	12	13	14	15	16	17	18	19	20	21	22	23	24	25

그림 9.7 | 고전적인 알파벳 숫자 변환표. 시저 숫자 암호띠라고 불리며 암호학의 기초가 된다.

이제 RSA 시스템에서 암호를 해독하는 방법을 자세히 살펴보자. 위의 예제에서 메시지를 받은 사람이 암호화된 문자 I를 받고, 공개키가 $(n,\ e) = (33,\ 7)$임을 알고 있다고 하자.

I의 해당 숫자는 8이므로 $C = m^e \bmod 33 = m^7 \bmod 33 = 8$이 되는 m값을 역으로 찾아내야 한다. 15와 모듈러 합동인 수는 무수히 많이 있고 어떤 수의 7승은 m값이 조금만 커져도 아주 큰 수가 되므로, 이 수 m을 역으로 찾는 것은 굉장히 시간이 오래 걸린다.

만약 해독키 d값을 알고 있다면 다음과 같이 쉽게 해독해 낼 수 있다.

먼저 해독키 d는 다음과 같이 구한다.

$$ed \equiv 1 \bmod (p-1)(q-1)$$
$$7 \times d = 1 \bmod (3-1)(11-1) = 1 \bmod 20$$

즉 $7d = 1 \bmod 20$을 만족시키는 정수가 d이다.

이 예제와 같이 숫자의 크기가 아주 작은 경우 몇 번의 반복계산으로 d값을 쉽게 구할 수 있다.

$7 \times 1 = 7 \quad 7 \bmod 20 = 7 \quad$ 따라서 $7 \neq 1 \bmod 20$

$7 \times 2 = 14 \quad 14 \bmod 20 = 14 \quad$ 따라서 $14 \neq 1 \bmod 20$

1) 현재 작동되는 인터넷 모듈러 계산기(https://www.dcode.fr/modular-exponentiation)를 이용할 수 있다.

$7 \times 3 = 21 \quad 21 \bmod 20 = 5 \quad$ 따라서 $21 \neq 1 \bmod 20$

단 세 번 만의 계산으로 $d=3$임을 알게 되었다.

마지막으로 $m = C^d \bmod n$을 사용하면 해독된 문자는 아래와 같다.

$$m = 8^3 \bmod 33 = 17$$

17에 해당하는 문자는 원래의 문자 R이다.[2)]

9.2 $N = pq$ 소인수분해의 고전적인 방법

고전적인 소인수분해 알고리즘

이제 소인수분해가 RSA 암호 기법, 즉 현대 암호학에서 어떤 중요성을 차지하고 있는지 알아보았다. 그렇다면 임의의 자연수 N을 서로소인 자연수 p와 q로 인수분해하는 고전적인 방법은 어떤 것이 있는지 알아보자.

비교적 작은 크기의 양의 정수 N의 소인수분해를 위해서는, 이전에 학습한 소수에 대한 기본 정리 4를 이용하여, $\sqrt{N}$보다 작은 소인수를 찾아 소인수분해하는 방법이 가장 단순하다.[3)] 이 방법을 이용해 10048을 소인수분해해 보자.

$N=10048$은 2로 나누어 떨어지므로, $10048 = 2 \times 5024$, $5024 = 32 \times 15$이고 $\sqrt{157} = 12.52 \cdots < 13$, 즉 157은 12 이하의 소수(2, 3, 5, 7, 11)로 분해된다. 이 소수들은 어떤 것도 157의 약수가 아니므로, 157은 소수이다. 이제 10048을 157로 나누면 $64 = 2^6$이므로 $10048 = 2^6 \times 157$로 분해된다.

이 방법은 굉장히 비효율적이고 특히 큰 수를 소인수분해하는 데 거의 쓸모가 없다. 왜냐하면 정수 N의 소인수분해를 위해 대략 $O(\sqrt{N})$번의 나눗셈을 해야 하며,[4)] N이 큰 정수일 때 $\sqrt{N}$ 이하의 소수를 찾는 일도 대단히 어려운 작업이기 때문이다.

보다 큰 수에 대한 고전적인 소인수분해 알고리즘으로는 (1) 딕슨 알고리즘, (2) 연속 소인수분해법(continued fraction factorization), (3) 제곱 체(sieve), (4) 유리체(rational sieve), (5) 일반 수 마당 체(general number field sieve), (6) Shank의 제곱 형태 소인수분해법 등이 있다.[5)]

2) p와 q값을 수동으로 입력하면서 RSA 암호화를 익혀볼 수 있는 인터넷 사이트가 여러 군데 있다. 그중 하나가 다음 사이트이다. https://www.ti89.com/cryptotut/rsa3.htm
3) 수론과 암호의 만남, 조성진·김한두. 교문사, 2009.
4) 상게서, p. 33.
5) https://en.wikipedia.org/wiki/Integer_factorization

이 중에서 일반 수 마당 체 방법이 가장 빠른 알고리즘으로 알려져 있고, 그다음 빠른 방법이 제곱 체 방법이다. 이 방법은 100자리 이하의 숫자에서는 가장 빠르고 일반 수 마당 체 방법보다 간단하기 때문에 가장 많이 사용되는 소인수분해 방법 중 하나로 알려져 있다.

제곱 체 방법은 제곱 합동(congruence of squares) 기반 소인수분해법이라고도 불리며, $a^2 \equiv b^2 \bmod N$이 되는 제곱 합동을 찾아 $\gcd(a-b,\ N)=p$, $\gcd(a+b,\ N)=q$ 공식으로 소인수를 찾는 방법이다.

이 방법을 사용하여 35를 소인수분해해 보자.

$6^2 = 36 \equiv 1 \equiv 1^2 (\mathrm{mod}\ 35)$이므로

$6^2 - 1^2 = (6+1)(6-1) = 7 \times 5 =$(어떤 자연수)$\times 35$가 된다. 이때

$$\gcd(6-1, 35) \times \gcd(6+1, 35) = 5 \times 7 = 35$$

즉, 35의 소인수는 5와 7이 됨을 알 수 있다.

9.3 쇼어 알고리즘에 의한 양자 소인수분해

쇼어 알고리즘의 핵심 아이디어 1: 소인수분해와 주기 찾기

쇼어 알고리즘은 "소인수분해가 가장 중요하고 어려운 단계가 주기 찾기이다"라는 사실을 이용한다.

예를 들어, $N=35=pq$로 소인수분해된다고 해보자. (당연히 우리는 $p=5$, $q=7$로 쉽게 소인수분해할 수 있다.)

이때 주기가 5와 7인 두 개의 수열을 써보자.

5	10	15	20	25	30	35	40	45	주기가 5인 숫자들의 배열
7	14	21	28	35	42	49	56	63	주기가 7인 숫자들의 배열

위의 표에서 5의 배수와 7의 배수를 적어보면 언젠가 두 수열에서 일치하는 숫자가 있다. 이 숫자가 35인데, 이 수는 우리가 소인수분해하려는 숫자와 일치한다.

이 상황을 두 개의 사인(sine)파로 살펴보자.

주기가 5와 7이고 위상의 차이가 없는 두 개의 사인파 $f(x)=\sin(\pi x/5)$과 $g(x)=\sin(\pi x/7)$를 동시에 그려보면 다음과 같다.

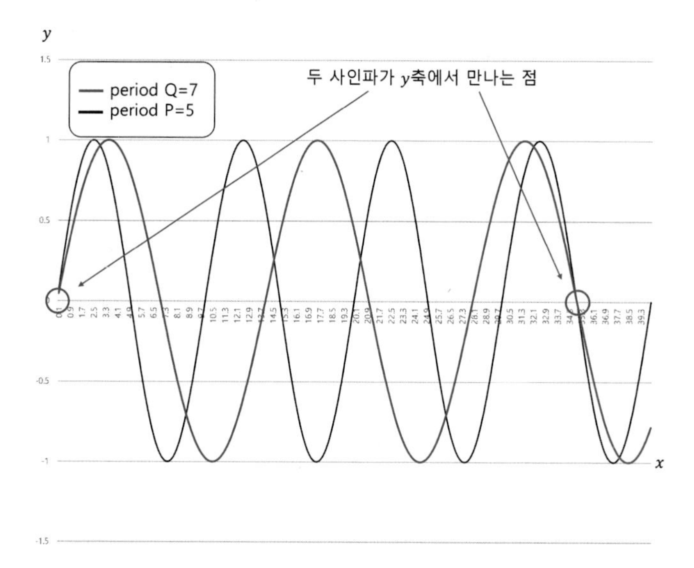

그림 9.8 | 위상의 차이가 없는 두 개의 사인파 $f(x)=\sin(\pi x/5)$과 $g(x)=\sin(\pi x/7)$를 한 xy 좌표축에 그린 그림. $x=0$인 점 이외에 $x=35$에서 두 사인파는 y축에서 만나게 되는데 이 점이 우리가 소인수분해하려는 자연수 $N=35$이다.

이 두 파동이 y축에서 만나는 점을 조사해 보면, 출발점인 $x=0$에서 처음 만나고, $x=35$에서 다시 y축을 공유하게 된다. 이 점 $x=35$가 소인수분해하고자 하는 자연수 N과 같다. 자연수 N이 p와 q로 소인수분해된다면, 주기가 p와 q인 두 사인파는 N인 점에서 교차하게 된다. 이 사실을 역으로 생각해 보자. 자연수 N의 소인수 p와 q는 N에서 교차하는 두 사인파를 찾아서 그 주기를 알아낸다면 구할 수 있다.

자연수 $N=pq$를 소인수분해하는 것은, N에서 교차하는 두 사인파의 주기를 구하는 것과 같다. 두 사인파의 주기값이 p와 q와 같다.

쇼어 알고리즘의 핵심 아이디어 2: $f(x)=a^x \bmod N$의 주기 r

a와 N이 서로소일 때 함수 $f(x)=a^x \bmod N$은 주기함수이다.

쇼어 알고리즘은 어떤 수 N을 소인수분해하는 문제를 함수 $f(x)=a^x \bmod N$의 주기 문제로 바꾸는 데 핵심이 있다. 이 사실을 이해하기 위해 a와 N이 서로소일 때 함수 $f(x)=a^x \bmod N$은 x가 어떤 자연수 r에서 반복된다(즉 주기가 r)는 사실을 학습해 보자.

어려운 증명 없이 다음의 특수한 예 몇 가지를 확인해서 이해해 보자.

$a=7$, $N=15$일 때:

$$7^0 \bmod 15 = 1$$

$$7^1 \bmod 15 = 7$$
$$7^2 \bmod 15 = 4$$
$$7^3 \bmod 15 = 13$$
$$7^4 \bmod 15 = 1$$

위와 같이 $f(x) = 7^x \bmod 15$는 1, 7, 4, 13, 1, 7, 4, 13 …처럼 임의의 수 x에 대해 $f(x)$와 $f(x+4\times1)$, $f(x+4\times2)$, $f(x+4\times3)$… 의 값이 모두 같다. 즉 $f(x)$는 주기함수이다.

$$f(x) = f(x+b) = f(x+4\times n),\ n = 0,\ 1,\ 2,\ 3,\ \cdots.$$

이때 b의 값 중 가장 작은 값, 즉 4가 이 함수의 주기가 된다.

주기를 쉽게 찾는 방법 중 하나는 일일이 $f(x) = a^x \bmod N$을 계산하지 않고 다음을 만족시키는 숫자 r을 구하는 것이다.

$f(x) = a^x \bmod N$이라 하면, 주기 r에 대해서: $a^r \bmod N = 1$, 즉 $a^r \equiv 1 \bmod N$을 만족시킨다. 따라서 주기 r은 $a^r \equiv 1 \bmod N$이 되는 가장 작은 자연수이다.

위의 예 $7^x \bmod 15$를 살펴보면, 네 개의 수(1, 7, 4, 13)를 주기로 언젠가는 1이 나와서 주기적으로 반복된다는 것을 알 수 있다. 즉, 7^4과 1은 15로 모듈로 합동이다.

이 주기값 r을 찾는 고전적인 방법은 $x = 0,\ 1,\ 2,\ \cdots$와 같이 계속 대입해서 $a^x \bmod N = 1$이 되는 최소 자연수를 찾는 것이다.

❙ 예제 ❙

$f(x) = 2^x \bmod 5$의 주기 r을 구하시오.

풀이 $x = 0,\ 1,\ 2\cdots$와 같이 계속 대입해 보면, 1, 2, 4, 3, 1, 2, 4, 3…을 얻는다. 따라서 주기 $r = 4$이다.

이와 같은 전통적인 방법은 a와 N의 값이 커질수록 급격하게 계산 시간이 늘어나게 되며 이러한 사실을 암호화에 이용하고 있다. 그러나 양자 컴퓨팅을 이용하면 이 시간을 극적으로 줄일 수 있다. 양자 컴퓨팅에 의한 주기 찾기는 쇼어 알고리즘 전체를 파악한 후 자세히 알아보자.

쇼어 알고리즘의 직관적인 이해

이제 쇼어 알고리즘을 직관적으로 이해해 보자.

> 쇼어 알고리즘이 풀고자 하는 문제: 정수 $N = p \times q$로 소인수분해하는 자연수 p와 q를 찾는다.
> (1) 쇼어 알고리즘의 핵심: $N = pq$의 소인수분해 문제는 $f(x) = a^x \bmod N$ 함수의 주기 r값을 구하면 해결된다. a는 N과 서로소인 정수이다.
> (2) 어떻게 p와 q를 구할 것인가: 주기 r을 구하면
>
> $a^{r/2} + 1$과 N의 최대공약수 $= \gcd(a^{\frac{r}{2}} + 1,\ N) = p$
>
> $a^{r/2} - 1$과 N의 최대공약수 $= \gcd(a^{\frac{r}{2}} - 1,\ N) = q$

쇼어 알고리즘은 정수론과 양자 푸리에 변환에 바탕을 두고 있어서 일반화된 전체 알고리즘을 한 번에 이해하기가 쉽지 않다. 좀 더 효율적인 학습을 위해, 간단한 예에서 세세한 증명 없이 알고리즘의 핵심을 파악하는 작업부터 시작해 보자.

$15 = 3 \times 5$인 간단한 예($N = 15$)를 들어보자(이 예는 쇼어 알고리즘으로 실제로 증명되었다).

(1) 소인수분해하려는 수 $N = 15$보다 작은 수 중 하나(a)를 임의로 고른다. (이렇게 고른 수가 이하의 알고리즘 후 소인수분해가 안 될 수도 있지만 그럴 때는 다른 수를 골라서 같은 알고리즘을 반복한다.)

(2) $a = 7$의 제곱을 구해서 $N = 15$의 mod 연산을 수행한다. 예로 $7^1 = 7$이고 $7^1 \bmod 15 = 7$이다. 그다음, 7의 제곱($7^2 = 49$)을 15로 나눈 나머지는 4이다($7^2 \bmod 15 = 4$). 다음 제곱승은 3승인데 이 경우($7^3 \bmod 15 = 14$)가 된다. 4승의 경우 $7^4 \bmod 15 = 7$이다.

(3) 우리는 이전의 학습에서 $a = 7$일 때 $f(x) = a^x \bmod N = 7^x \bmod 15$가 주기 4인 함수임을 알고 있다. (2)번의 계산에서 보았듯이, $f(x) = 7^x \bmod 15 = 7$, 4, 13, 1, 7, 4, 13, 1, 7, 4, 13, …과 같이 주기 4의 수열이 생성된다. 따라서 $r = 4$이다.

(4) 주기 4를 반으로 나눈다. $4/2 = 2$. 이 값으로 7의 제곱승을 한다. 즉 $7^{r/2} = 7^2 = 49$.

(5) 49보다 1 크거나 작은 수를 하나씩 고른다. 즉 $49 + 1 = 50$, $49 - 1 = 48$의 두 수를 고른다. 이 숫자들과 15의 최대공약수를 계산하면 원하는 소수가 나올 수 있다. 다음과 같이 계산한다.

$$\gcd(7^{\frac{4}{2}} + 1,\ 15) = \gcd(7^2 + 1,\ 15) = \gcd(50, 15) = \gcd(2 \times 5^2,\ 5 \times 3) = 5$$

$$\gcd(7^{\frac{4}{2}} - 1,\ 15) = \gcd(7^2 - 1,\ 15) = \gcd(48,\ 15) = \gcd(3 \times 2^4,\ 5 \times 3) = 3$$

따라서 $15 = 3 \times 5$로 소인수분해되었다!

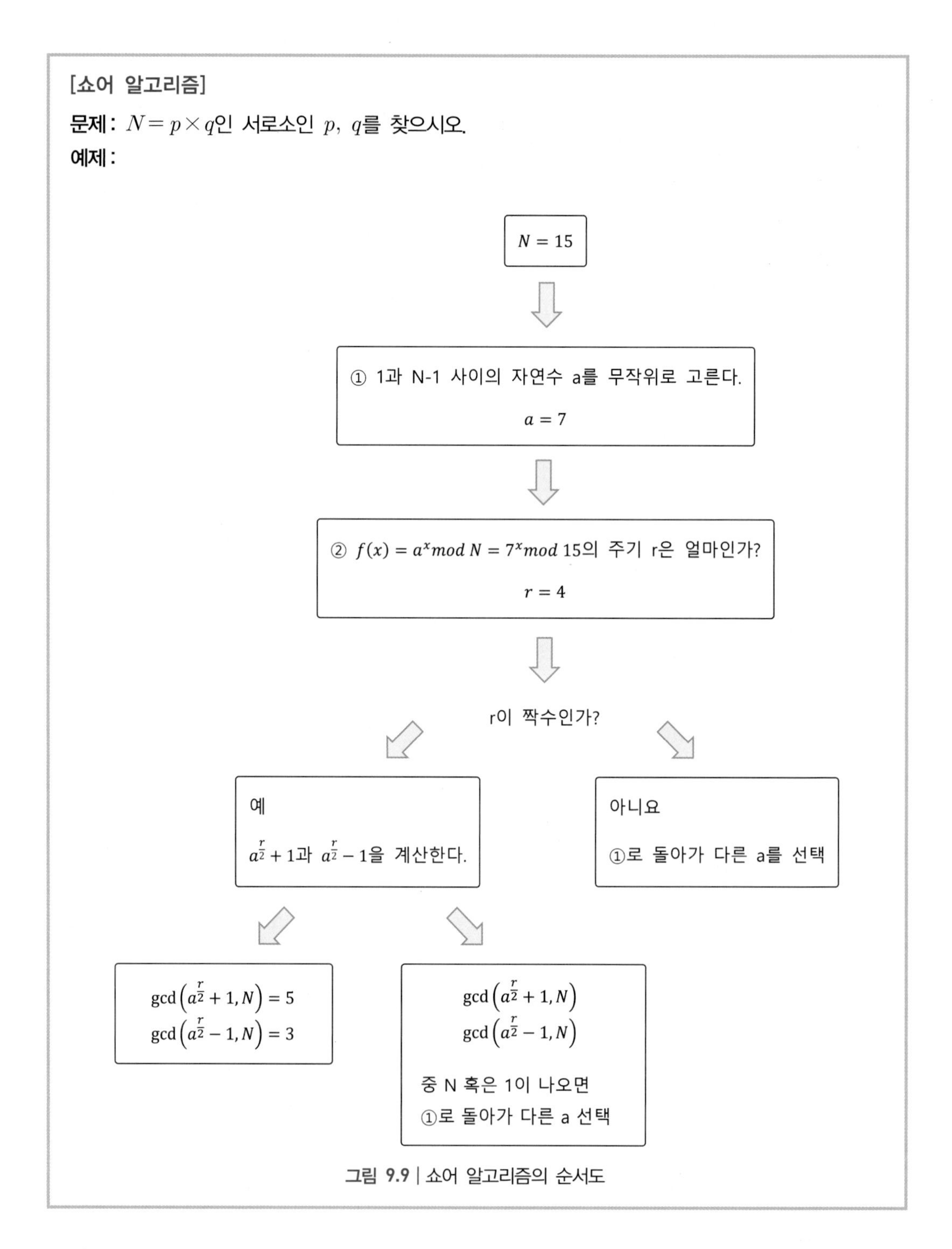

그림 9.9 | 쇼어 알고리즘의 순서도

빠른 이해를 위해 새치기를 하면서 알고리즘의 핵심만을 살펴보았다. 여기에서 독자들은 단번에 '②단계에서 만약 r값이 짝수가 아닌 홀수라면 $r/2$를 어떻게 계산하는가?'라는 의문을 가지게 될 것이다. 또한 $f(x) = a^x \bmod 15$에서 a의 값은 어떤 기준으로 설정하는지도 의 아할 것이다. a의 값은 어떤 범위의 정수를 무작위로 골라서, r값이 만약 홀수가 나온다면 알고리즘의 처음으로 돌아가 새로운 a값으로 실행하며 짝수의 r값이 나올 때까지 알고리즘이 반복된다.

또한 쇼어 알고리즘은 양자컴퓨터로만 실행하는 것이 아니고 고전적(지금 우리가 사용하는) 컴퓨터가 일부 작업을 담당하게 되어 있다. 즉 양자컴퓨터가 필요한 부분은 앞의 루틴 (3)번, 주기 r을 구하기 위해서 필요하고 나머지 루틴은 고전적 컴퓨터로 수행된다.

수학적으로 정밀한 쇼어 소인수분해 알고리즘

정수 $N = pq$인 소수 p, q를 찾기 위해 함수 $f(x) = a^x \bmod N$을 생각한다.

(1) N과 서로소인 정수 a를 임의로 선정한다. 즉 $\gcd(a, N) = 1$이다. (고전컴퓨터로 연산)

(2) $f(x) = a^x \bmod N$의 함수 주기 r을 계산한다. (양자컴퓨터로 연산: 양자 푸리에 변환)

(3-1) 주기 r이 짝수인 경우, $\gcd(a^{\frac{r}{2}} + 1, N) = p$, $\gcd(a^{\frac{r}{2}} - 1, N) = q$로 p, q가 정해지고 알고리즘이 끝난다. (고전컴퓨터로 연산)

(3-2) 주기 r이 홀수이거나 $\gcd(a^{\frac{r}{2}} + 1, N)$와 $\gcd(a^{\frac{r}{2}} - 1, N)$이 1 혹은 N인 경우, (1)번으로 되돌아가 새로운 정수 a와 b를 선택하여 연산을 반복한다.

쇼어 알고리즘에서 실제 양자컴퓨터로 연산해야 할 루틴은 (2)번, 즉 $f(x) = a^x \bmod N$ 함수의 주기 r을 구하는 단계뿐이다. 이 루틴은 이전에 학습한 양자 푸리에 변환에 의해 수행된다.

(3)번의 수학적 증명: 위의 알고리즘에서 (2)번과 (3)번은 소인수분해가 $f(x) = ax \bmod N$ 함수의 주기 찾기로 변환됨을 의미한다. 이를 증명하기 위해서는 정수론에 대한 이해가 필요하다. 또한 소인수분해와 '주기 찾기'가 동일한 문제라는 것 때문에 양자컴퓨터의 양자 푸리에 변환이 사용되어 소인수분해가 빠른 속도로 가능하다. 아래에 (3)번 알고리즘의 수학적 증명과 설명을 소개한다. 상세한 증명은 관련 수학 책이나 Nielsen의 교과서에 잘 나와 있다. 이 부분을 건너뛰어도 쇼어 양자 알고리즘의 흐름을 이해하는 데는 큰 문제가 없을 것이다.

[심화학습]

예비 지식: 유클리드 호제법

유클리드 호제법은 유클리드 알고리즘이라고도 불리며 두 자연수의 최대공약수를 구하는 방법이다. 거의 모든 정수론 교과서에 그 증명이 나와 있으므로 이를 어떻게 사용하는지만 설명한다.

우리가 두 자연수 a와 b의 최대공약수 $\gcd(a, b)$를 구하려고 할 때, a를 b로 나눈 나머지 r을 구하면 다음의 관계가 성립한다.

$$\gcd(a,\ b) = \gcd(b,\ r)$$

이를테면 $\gcd(18,\ 12)$를 생각해 보자. 18의 약수는 1, 2, 3, 6, 9, 18이고 12의 약수는 1, 2, 3, 4, 6, 12이므로, $\gcd(18,12)= 6$이다. 18을 12로 나눈 나머지는 $6 = r$이므로, $\gcd(12,6)= 6$이고, $\gcd(18,\ 12) = \gcd(12,\ 6)$임을 확인할 수 있다.

이 유클리드 호제법을 사용하면 두 수 a, b를 나눈 나머지로 전체 숫자의 크기를 줄여가며 최대공약수를 쉽게 구할 수 있다. 다음과 같이 계산해 보자.

$$\begin{aligned}\gcd(1071,\ 1029) &= \gcd(1029,\ 42) && \text{//1071을 1029로 나눈 나머지는 42이다.}\\ &= \gcd(42,\ 21) && \text{//1029를 42로 나눈 나머지는 21이다.}\\ &= \gcd(21,\ 0) && \text{//42를 21로 나눈 나머지는 0이다.}\\ &= 0\end{aligned}$$

(3)번 과정의 수학적 증명

(3)번의 수학적 증명을 위해 다음 두 개의 보조정리의 증명 과정이 필요하다.

<u>보조정리 1.</u> $N = pq$인 합성수이고(p와 q는 서로소), 어떤 자연수가 있어 $1 < = x < = N$이고 $x^2 = 1 \mod N$의 해라고 하자. 이때 $x = 1 \mod N$이거나 $x = N - 1 == -1 \mod N$과 같은 자명해는 아니다.

이때 $\gcd(x-1,\ N)$과 $\gcd(x+1,\ N)$ 중 적어도 하나는 N의 소인수분해하려는 수 p 또는 q가 된다.

증명 $x^2 = 1 \bmod N$이므로 $x^2 - 1 = (x-1)(x+1)$은 N으로 나누어 떨어진다($N > 1$이므로 $1 \bmod N = 1$이다. 즉 $x^2 - 1 = 0$이므로 N으로 나누어 떨어진다). 따라서 N은 $x+1$이나 $x-1$을 인수로 갖게 된다.

$1 < x < N-1$로 가정했으므로, 이 부등식에 1을 더하면 $x+1 < N$, $x-1 < x+1$이어서 $x-1 < x+1 < N$이다. 따라서 N의 인수는 N 자신일 수는 없고, 유클리드 호제법을 사용하여 $\gcd(x-1,\ N)$이거나 $\gcd(x+1,\ N)$가 N의 인수여야 한다.

좀 더 쉽고 직관적인 이해를 위해 나머지 연산의 제곱 합동(congruence of squares)을 이용하면 소인수분해를 쉽게 할 수 있다.

자연수 N, x, y에 대해 $x^2 - y^2 = N$의 관계에 있다고 하자.

그러면 $x^2 \equiv y^2 \mod N$, 즉 $x^2 - y^2 \equiv 0 \mod N$, $(x+y)(x-y) \equiv 0 \mod N$

위의 사실에서 $(x+y)(x-y)$는 0으로 나누어 떨어지므로, $(x+y)$와 $(x-y)$는 N의 인수를 갖게 된다.

$(x+y)$와 N 및 $(x-y)$와 N의 최대공약수 $\gcd(x+y,\ N)$, $d(x-y,\ N)$을 유클리드 호제법으로 계산함으로써 N의 인수를 구할 수 있다. 좀 더 쉽게 아래의 예를 살펴보자.

$N = 35$를 소인수분해해 보자.

$$6^2 = 36, M = 35 = 6^2 - 1\text{이므로, } 6^2 \equiv 1^2 \mod 35$$
$$(6+1)(6-1) \equiv 0 \mod 35$$

이제 $x + y = 6 + 1 = 7$과 $N = 35$의 최대공약수와 x-$y = 6 - 1$과 N의 최대공약수를 구해 보자.

$$\gcd(6+1, 35) = 7$$
$$\gcd(6-1, 35) = 5$$

따라서 $N = 35$의 소인수는 7과 5이다($35 = 7 \times 5$).

보조정리 2. 정수 N이 다음과 같이 소인수분해된다.

$$N = p_1^{\alpha_1} p_2^{\alpha_2} p_3^{\alpha_3} \cdots p_m^{\alpha_m}$$

N과 서로소이며 $1 <= x <= N-1$ 범위의 정수 x를 무작위로 골랐을 때, $x \bmod N$의 위수(order, 주기와 같음)가 r일 때 r이 짝수이고 $x^{1/2} = / -1 \bmod N$일 확률은 $1 - \frac{1}{2^m}$보다 크거나 같다.
(이 정리의 자세한 증명은 Nielsen과 Chuang의 책 〈Quantum Computation and Quantum Information〉의 부록 A4.3을 참고하기 바란다.)

위 두 개의 정리로 인해 N의 소인수분해는 주기 찾기 문제와 같아지고 높은 확률로 N의 인수를 얻을 수 있게 된다.

▌예제▐

심화학습에서 $N = 35 = 6^2 - 1^2$임을 이용하여 소인수분해할 수 있음을 보았다. 일반적인 자연수는 $x^2 - y^2$과 같이 제곱의 차로 표현되지 않는다. 이럴 경우 위에서 본 '수학적으로 정밀한 쇼어 소인수분해 알고리즘' 중 일부를 사용하여 분해할 수 있다. 다음과 같이 계산해 보자.

(1) $f(x) = a^x \bmod 35$에 들어갈 자연수 a는 35보다 작은 자연수 중에서 무작위로 고른다. 만약 임의로 고른 a가 $a = 7$이라고 해보자. a와 N은 서로소인가? $N = 35$의 소인수는 어떻게 구해지는가?
(2) $a = 7$이 아닌 다른 자연수 3을 골랐다고 하자. 이때 $a = 7$과 $N = 35$는 서로소임을 확인하시오.
(3) $f(x) = 3^x \bmod 35$의 주기 r을 구하시오.
(4) 주기값 r을 이용하여 다음 두 수를 계산하시오.

$$\gcd(a^{\frac{r}{2}} - 1, N), \ \gcd(a^{\frac{r}{2}} + 1, N)$$

(5) 이 두 개의 값이 N의 소인수임을 확인하시오.

풀이 (1) 먼저 a와 N이 서로소임을 판정해 본다. 이때 $\gcd(a, N) = \gcd(7, 35)$는 1이 아니므로(즉 서로소가 아니므로), 7은 35의 인수임에 분명하다. 그냥 '찍었는데', 바로 정답을 얻게 된 것이다. 35의 나머지 인수 5는 35를 7로 나누어서 $(35/7 = 5)$로 쉽게 구해진다.
(2) $\gcd(3, 35) = 1$이므로 3과 35는 서로소이다.
(3) $f(x) = 3^x \bmod 35$ 값을 일일이 계산해 본다. 이 경우, 주기값이 금방 나타나지 않고 일일이 손으로 계산하기에는 숫자가 크므로, 파이썬으로 $x = 0$에서부터 $x = 20$까지 구해 보면 다음과

같다.

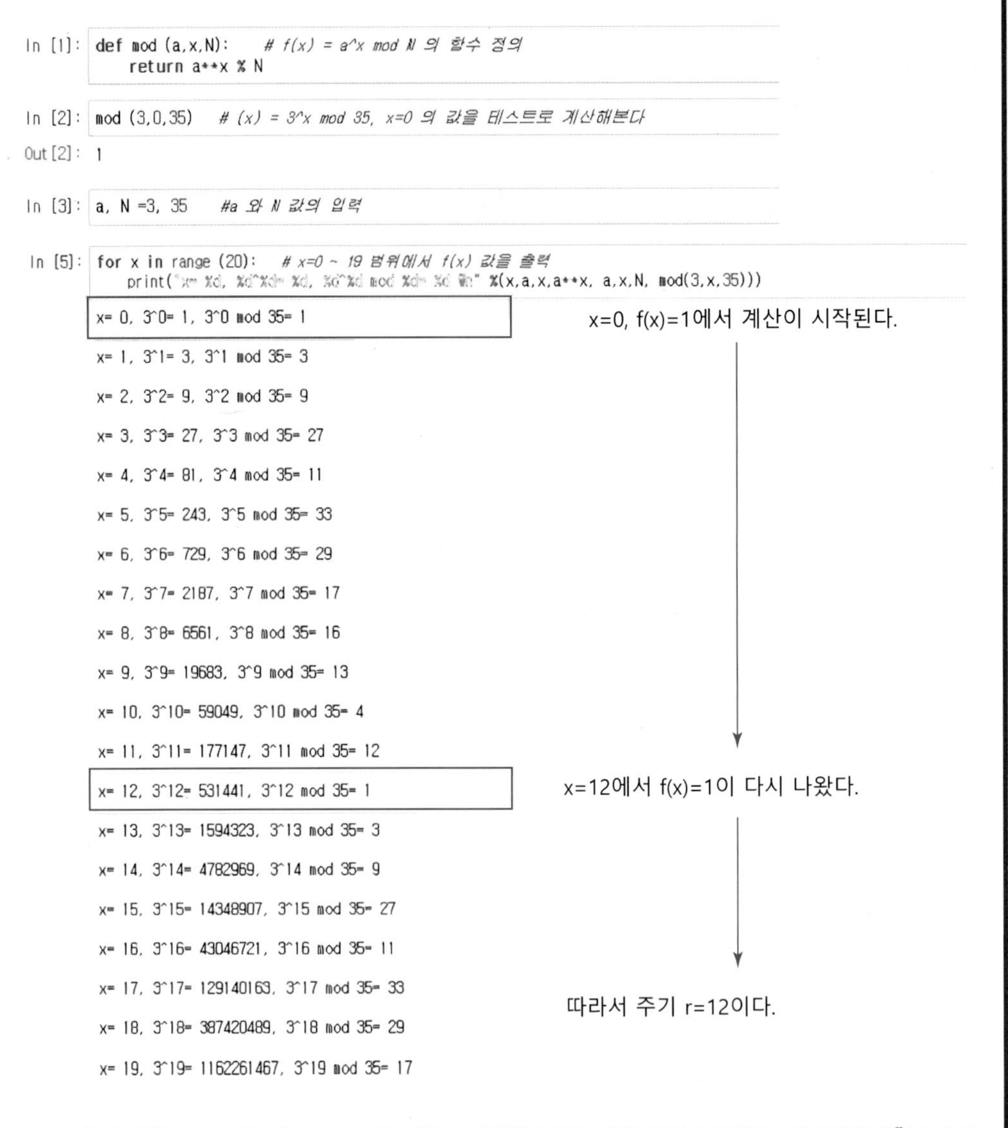

```
In [1]: def mod (a,x,N):     # f(x) = a^x mod N 의 함수 정의
            return a**x % N

In [2]: mod (3,0,35)   # (x) = 3^x mod 35, x=0 의 값을 테스트로 계산해본다
Out[2]: 1

In [3]: a, N =3, 35    #a 와 N 값의 입력

In [5]: for x in range (20):   # x=0 ~ 19 범위에서 f(x) 값을 출력
            print("x= %d, %d^%d= %d, %d^%d mod %d= %d \n" %(x,a,x,a**x, a,x,N, mod(3,x,35)))
x= 0, 3^0= 1, 3^0 mod 35= 1
x= 1, 3^1= 3, 3^1 mod 35= 3
x= 2, 3^2= 9, 3^2 mod 35= 9
x= 3, 3^3= 27, 3^3 mod 35= 27
x= 4, 3^4= 81, 3^4 mod 35= 11
x= 5, 3^5= 243, 3^5 mod 35= 33
x= 6, 3^6= 729, 3^6 mod 35= 29
x= 7, 3^7= 2187, 3^7 mod 35= 17
x= 8, 3^8= 6561, 3^8 mod 35= 16
x= 9, 3^9= 19683, 3^9 mod 35= 13
x= 10, 3^10= 59049, 3^10 mod 35= 4
x= 11, 3^11= 177147, 3^11 mod 35= 12
x= 12, 3^12= 531441, 3^12 mod 35= 1
x= 13, 3^13= 1594323, 3^13 mod 35= 3
x= 14, 3^14= 4782969, 3^14 mod 35= 9
x= 15, 3^15= 14348907, 3^15 mod 35= 27
x= 16, 3^16= 43046721, 3^16 mod 35= 11
x= 17, 3^17= 129140163, 3^17 mod 35= 33
x= 18, 3^18= 387420489, 3^18 mod 35= 29
x= 19, 3^19= 1162261467, 3^19 mod 35= 17
```


위의 파이썬 프로그램 결과 $a=3$인 경우, x값이 10을 넘어가면서 급격히 커지면서 3^x를 손으로 계산하는 것이 매우 어려워짐을 알 수 있다. 또한 $3^x \bmod 35$를 구하는 것은 더 어렵다. (RSA 알고리즘은 암호화에서 소인수분해의 이러한 특성을 이용한 것이다.)

$x=0$에서 $f(x)=1$로 시작한 계산이, $x=12$에서 다시 $f(x)=1$이 나오면서 같은 계산값이 반복된다(1, 3, 9, 27, …, 1, 3, 9, 27, …). 따라서 주기 $r=12$이다.

(4) $a=3,\ r=12,\ N=35$에서

$$\gcd(a^{\frac{r}{2}}-1,\ N)=\gcd(3^6-1,\ 35)=\gcd(729-1,\ 35)=\gcd(728,\ 35)$$

이와 같이 큰 수의 나머지 계산은 다음의 유클리드 호제법을 사용하는 것이 빠르다.

$\gcd(a,\ b)=\gcd(b,\ n)$ #$a=bm+n$, 즉 a를 b로 나눈 나머지가 n

$728 \bmod 35 = 28 = n$

$\gcd(728, 35) = \gcd(35, 28) = 7$

마찬가지 방법으로,

$\gcd(a^{\frac{r}{2}} + 1, N) = \gcd(3^6 + 1, 35) = \gcd(729 + 1, 35) = \gcd(730, 35)$

$\gcd(730, 35) = \gcd(35, 30) = 5$ # 유클리드 호제법 사용

(5) 위와 같이 얻은 두 값 7과 5는 35의 소인수이다.

즉 $35 = 7*5$로 소인수분해되었다.

위의 예제에서 살펴보았듯이 $f(x) = a^x \bmod N$의 주기 r을 찾는다면 다른 단계들은 고전적인 알고리즘으로 쉽게 계산할 수 있다. 그러나 이 주기를 찾는 것이 작은 자연수 $a = 3$에서도 수동으로 계산하기가 쉽지 않다. 소인수분해하려는 수 N의 자릿수가 커질수록 이 주기 찾기는 컴퓨터를 이용해도 아주 시간이 많이 걸리거나 거의 불가능에 가까워진다. 이 주기 찾기를 다음의 양자 푸리에 변환을 이용하여 단시간 내에 끝내는 것이 쇼어 알고리즘의 핵심이다.

(2)번 과정: 양자 푸리에 변환에 의한 주기 찾기

앞에서 $N = pq$의 소인수분해는 주기가 p와 q인 두 사인파를 찾는 작업과 같다는 사실을 살펴본 바 있다. 위에서 학습한 것과 같이 한 함수의 주기를 일일이 함숫값을 계산해 찾아내는 일은 아주 비효율적인 작업이다.

이제 쇼어 알고리즘에서 양자컴퓨터가 진짜로 필요한 (2)번 과정을 학습해 보자. 이 단계는 이전에 배운 양자 푸리에 변환을 적용하여 $f(x) = a^x \bmod N$의 주기 r을 구하는 것이다. 이 단계에서 양자 푸리에 변환과 양자위상추정의 수학적 개념이 상당히 난해하다. 다음 심화학습에서 양자 푸리에 변환에 의한 주기 찾기의 사고 흐름을 학습해 보자. 정밀한 증명에 흥미가 있는 독자들은 참고문헌을 찾아보기 바란다.

- Quantum Computation and Quantum Information(Michael A. Nielsen & Isaac L. Chuang, Cambridge University Press)
- Quantum Computing: A Gentle Introduction(Eleanor Rieffel & Wolfgang Polak, The MIT Press)
- An Introduction to Quantum Computing(Phillip Kaye, Raymond Laflamme, & Michele Mosca, Oxford Univ Pr)

[심화학습]

양자 푸리에 변환에 의한 함수 $f(x)=a^x \bmod N$의 주기 r 찾기

① $0<a<N$이고, N과 서로소인 자연수 a를 무작위로 선택한다. a가 만약 N과 서로소가 아니라면, a는 N의 소인수 중 하나(p 또는 q)이므로, 소인수분해 작업은 쉽게 종료된다($a=p$이고 $q=N/p$).

② $f(x)=a^x \bmod N$을 입력값 x에 대해 계산한다. 이때 x는 $x\in\{0,\ \cdots,\ 2^n-1\}$에 해당하는 정수인데, n값은 $N^2<2n<2N^2$ 범위에 있는 자연수이다.

③ ②번에서 구한 n으로 n개의 첫 번째 레지스터를 구성한다(레지스터는 한 가지 기능을 위한 한 그룹의 큐빗을 말한다). 첫 번째 큐빗은 모두 $|0\rangle$에 초기화한다.

④ L = ┌ log N┐ 개의 큐빗으로 두 번째 레지스터를 구성한다(┌ ┐ 은 ceiling 기호이며 ┌x┐ 는 x보다 작지 않은 가장 작은 정수를 말한다. 예: ┌3.1┐ = 4). 두 번째 레지스터의 큐빗은 $|1\rangle=|0000\ldots1\rangle$로 초기화한다.

⑤ 첫 번째 레지스터에 양자 푸리에 변환을 수행한다.

⑥ 두 번째 레지스터에 조건부 U 연산자 $c-U$를 수행한다. 이때 유니타리 연산자 $U|x\rangle|y\rangle=|x\rangle|y\oplus f(x)\rangle$의 작용을 한다.

⑦ 이 연산자에 의해 다음 중첩된 양자 상태를 얻을 수 있다.

$$\frac{1}{\sqrt{2^n}}\sum_{x=0}^{2^n-1}|x\rangle|f(x)\rangle$$

⑧ 첫 번째 레지스터에 역푸리에 변환을 건다.

⑨ 첫 번째 레지스터를 측정하면 높은 확률로 $v\sim 2^n/r$ 값을 얻는다.

⑩ 이 v에서 r의 근삿값을 얻을 수 있다.

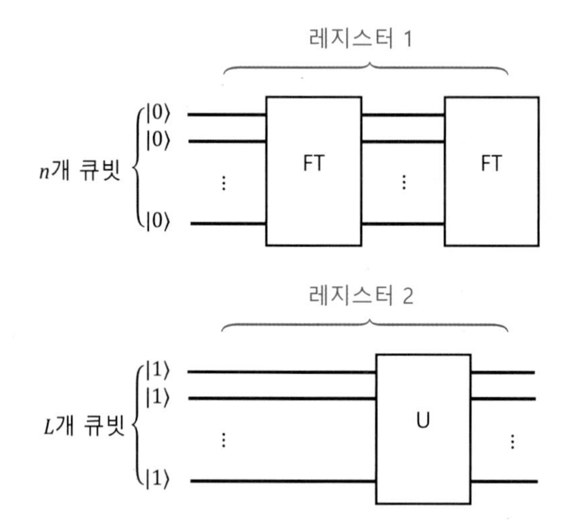

그림 9.10 | 양자 푸리에 변환에 의해 함수 $f(x)$의 주기 r을 추정하는 양자 회로

참고문헌

- Peter W Shor. Algorithms for quantum computation: Discrete logarithms and factoring. In Foundations of Computer Science, 1994 Proceedings., 35th Annual Symposium on, pages 124-134. IEEE, 1994.
- Carl Pomerance, "A tale of two sieves", Notices of the AMS. 43 (12). pp. 1473-1485. 1996.
- L. M. K. Vandersypen, M. Steffen, G. Breyta, C. S. Yannoni, M. H. Sherwood, and I. L. Chuang. Experimental realization of Shor's quantum factoring algorithm using nuclear magnetic resonance. Nature, 414:883-887, December 2001.
- Enrique Martin-Lopez, Anthony Laing, Thomas Lawson, Roberto Alvarez, Xiao-Qi Zhou, and Jeremy L O'brien. Experimental realization of shor's quantum factoring algorithm using qubit recycling. Nature photonics, 6(11):773-776, 2012.

요약

1. 쇼어 알고리즘에서 실제 양자컴퓨터가 적용되는 양자 주기 찾기 루틴은 수학적으로 이해하기가 쉽지 않으며, 전체 알고리즘이 고전적 루틴과 양자 루틴이 결합되어 코딩도 상당히 까다롭다. IBMQ 양자컴퓨터에서 코딩에 관심 있는 독자들은 qiskit 코드 https://qiskit.org/textbook/ch-algorithms/shor.html를 참고하기 바란다. 여기에서 $N = 15 = 3*5$ 소인수분해의 qiskit 코드를 실행해 볼 수 있다.

2. 암호학의 기초와 소인수분해에 관한 기본 정리를 학습함으로써 소인수분해가 현대 암호학에 어떤 의미를 갖는지 이해할 수 있다.

3. 소인수분해는 인수를 주기로 갖는 파동의 곱으로 이해할 수 있다. 따라서 소인수분해는 어떤 파동함수들의 주기를 찾는 문제와 같아진다.

4. 8장에서 학습한 양자 푸리에 변환과 양자위상추론은 양자 파동함수의 숨겨진 주기를 높은 확률로 추정할 수 있게 해준다. 쇼어 알고리즘은 이 사실을 이용하여 고전적인 방법으로는 거의 불가능에 가까운 큰 수의 소인수분해를 효율적으로 해줄 수 있다.

연습문제

1. 세 자리를 이동한 시저 암호를 사용해 'quantum computer'를 암호문으로 만드시오.

2. 세 자리를 이동한 시저 암호를 사용해 자신의 영문 이름을 암호화해 보시오.

3. 다음 수의 약수를 모두 구하시오.

   (1) 15　　(2) 36　　(3) 60

4. 다음 각 수를 소인수분해하시오.

   24, 56, 90

5. 다음 각 경우에서 최대공약수를 구하시오.

   (1) 12와 20　　(2) 50과 75　　(3) 30과 45

6. 에라토스테네스의 체를 이용하여 150 이하의 소수를 찾아보시오.

시저 숫자 암호띠

a	b	c	d	e	f	g	h	i	j	k	l	m	n	o	p	q	r	s	t	u	v	w	x	y	z
0	1	2	3	4	5	6	7	8	9	10	11	12	13	14	15	16	17	18	19	20	21	22	23	24	25

비즈네르 암호표

	a	b	c	d	e	f	g	h	i	j	k	l	m	n	o	p	q	r	s	t	u	v	w	x	y	z
0	A	B	C	D	E	F	G	H	I	J	K	L	M	N	O	P	Q	R	S	T	U	V	W	X	Y	Z
1	B	C	D	E	F	G	H	I	J	K	L	M	N	O	P	Q	R	S	T	U	V	W	X	Y	Z	A
2	C	D	E	F	G	H	I	J	K	L	M	N	O	P	Q	R	S	T	U	V	W	X	Y	Z	A	B
3	D	E	F	G	H	I	J	K	L	M	N	O	P	Q	R	S	T	U	V	W	X	Y	Z	A	B	C
4	E	F	G	H	I	J	K	L	M	N	O	P	Q	R	S	T	U	V	W	X	Y	Z	A	B	C	D
5	F	G	H	I	J	K	L	M	N	O	P	Q	R	S	T	U	V	W	X	Y	Z	A	B	C	D	E
6	G	H	I	J	K	L	M	N	O	P	Q	R	S	T	U	V	W	X	Y	Z	A	B	C	D	E	F
7	H	I	J	K	L	M	N	O	P	Q	R	S	T	U	V	W	X	Y	Z	A	B	C	D	E	F	G
8	I	J	K	L	M	N	O	P	Q	R	S	T	U	V	W	X	Y	Z	A	B	C	D	E	F	G	H
9	J	K	L	M	N	O	P	Q	R	S	T	U	V	W	X	Y	Z	A	B	C	D	E	F	G	H	I
10	K	L	M	N	O	P	Q	R	S	T	U	V	W	X	Y	Z	A	B	C	D	E	F	G	H	I	J
11	L	M	N	O	P	Q	R	S	T	U	V	W	X	Y	Z	A	B	C	D	E	F	G	H	I	J	K
12	M	N	O	P	Q	R	S	T	U	V	W	X	Y	Z	A	B	C	D	E	F	G	H	I	J	K	L
13	N	O	P	Q	R	S	T	U	V	W	X	Y	Z	A	B	C	D	E	F	G	H	I	J	K	L	M
14	O	P	Q	R	S	T	U	V	W	X	Y	Z	A	B	C	D	E	F	G	H	I	J	K	L	M	N
15	P	Q	R	S	T	U	V	W	X	Y	Z	A	B	C	D	E	F	G	H	I	J	K	L	M	N	O
16	Q	R	S	T	U	V	W	X	Y	Z	A	B	C	D	E	F	G	H	I	J	K	L	M	N	O	P
17	R	S	T	U	V	W	X	Y	Z	A	B	C	D	E	F	G	H	I	J	K	L	M	N	O	P	Q
18	S	T	U	V	W	X	Y	Z	A	B	C	D	E	F	G	H	I	J	K	L	M	N	O	P	Q	R
19	T	U	V	W	X	Y	Z	A	B	C	D	E	F	G	H	I	J	K	L	M	N	O	P	Q	R	S
20	U	V	W	X	Y	Z	A	B	C	D	E	F	G	H	I	J	K	L	M	N	O	P	Q	R	S	T
21	V	W	X	Y	Z	A	B	C	D	E	F	G	H	I	J	K	L	M	N	O	P	Q	R	S	T	U
22	W	X	Y	Z	A	B	C	D	E	F	G	H	I	J	K	L	M	N	O	P	Q	R	S	T	U	V
23	X	Y	Z	A	B	C	D	E	F	G	H	I	J	K	L	M	N	O	P	Q	R	S	T	U	V	W
24	Y	Z	A	B	C	D	E	F	G	H	I	J	K	L	M	N	O	P	Q	R	S	T	U	V	W	X
25	Z	A	B	C	D	E	F	G	H	I	J	K	L	M	N	O	P	Q	R	S	T	U	V	W	X	Y

* 본 연습문제 중 약수, 최대공약수, 비즈네르 암호 문제는 본문에서 인용된 자넷 베시너·베라 플리스 공저, 오혜정 역의 《암호수학》(작은책방, 2017)을 참조하였음

7. 시저 암호띠를 사용하여 'quantum computer'를 암호화하시오. (띄어쓰기는 무시)

8. 키워드를 TOR로 하는 비즈네르 암호를 사용하여 다음 메시지를 암호화하시오. (띄어쓰기는 무시)
delete this message after reading

9. RSA 공개키 방식이 공개키라고 불리는 이유는 무엇인지, 기존의 암호화 방식과 다른 점과 장점에 착안해 설명해 보시오.

10. $f(x) = 2^x \bmod 35$의 주기는 얼마인가?
① 2 ② 3 ③ 10 ④ 12 ⑤ 13

11. RSA 공개 개인키 (55, 7)을 사용해 단어 fig의 암호문을 작성해 보시오.

12. 개인키 (n,e)=(55, 7)로 한 개의 단어를 암호화한 결과 4, 0, 8이 되었다. 해독키 $d = 23$을 사용해 이 암호를 해독해 보시오.

13. 주기값 r을 이용하여 쇼어 알고리즘으로 소인수분해하려면 어떤 수를 계산해야 하는가?
(1) $\gcd(a^{r/2}-1,\ N)$, $\mathrm{lcm}(a^r+1,\ N)$
(2) $\mathrm{lcm}(a^r-1,\ N)$, $\gcd(a^{r/2}-1,\ N)$
(3) $\gcd(a^r-1, N)$, $\gcd(a^r+1, N)$
(4) $\gcd(a^{r/2}-1,\ N)$, $\gcd(a^{r/2}+1,\ N)$
(5) $\mathrm{lcm}(a^{r/2}-1,\ N)$, $\mathrm{lcm}(a^{r/2}+1,\ N)$

※ $N = 7$의 소인수분해를 다음과 같이 계산해 보자.

14. 자연수 $a = 4$를 골랐다고 하자. 이때 $a = 4$와 $N = 7$은 서로소임을 확인하시오.

15. $f(x) = 4^x \bmod 7$의 주기 r을 구하시오. (손으로 계산 가능)

16. 14번과 15번의 결과와 공식들을 이용하여 7을 소인수분해해 보시오.

17. p와 q값을 수동으로 입력하면서 RSA 암호화를 익혀 볼 수 있는 인터넷 사이트가 여러 군데 있다 (예: https://www.ti89.com/cryptotut/rsa3.htm). 이를 이용하여 위의 개인키 (55, 7)에서 단어 fig의 암호문을 작성해 보시오.

18. $f(x) = 3^x \bmod 35$의 주기 r을 구하는 프로그램을 작성하여 구하시오. 파이썬 등의 프로그래밍 언어나 엑셀도 사용 가능하다.

19. $N = 35$의 소인수분해를 다음과 같이 계산해 보자.
(1) $f(x) = a^x \bmod 35$에 들어갈 자연수 a를 35보다 작은 자연수 중에서 무작위로 고른다. 만약 임의로 고른 a가 $a = 7$이라고 해보자. a와 N은 서로소인가? $N = 35$의 소인수는 어떻게 구해지는가?

(2) $a = 7$이 아닌 다른 자연수 3을 골랐다고 하자. 이때 $a = 3$과 $N = 35$는 서로소임을 확인하시오.

(3) $f(x) = 3^x \bmod 35$의 주기 r을 구하시오.

(4) 주기값 r을 이용하여 다음 두 수를 계산하시오.

$$\gcd(a^{r/2} - 1,\ N),\ \gcd(a^{r/2} + 1,\ N)$$

(5) 이 두 값이 N의 소인수임을 확인하시오.

20. $N = 35$의 소인수분해를 다음과 같이 계산해 보자.

(1) 자연수 $a = 2$를 골랐다고 하자. 이때 $a = 2$와 $N = 35$는 서로소임을 확인하시오.

(2) $f(x) = 2^x \bmod 35$의 주기 r을 구하시오. 이를 구하는 컴퓨터 프로그램을 작성해 보시오.

(4) 주기값 r을 이용하여 다음 두 수를 계산하시오.

$$\gcd(a^{r/2} - 1,\ N),\ \gcd(a^{r/2} + 1,\ N)$$

(5) 이 두 값이 N의 소인수임을 확인하시오.

21. 마지막으로 $N = 35$의 소인수분해를 다음과 같이 계산해 보자.

(1) 자연수 $a = 8$을 골랐다고 하자. 이때 $a = 8$과 $N = 35$는 서로소임을 확인하시오.

(3) $f(x) = 8^x \bmod 35$의 주기 r을 구하시오. 이를 구하는 컴퓨터 프로그램을 작성하시오.

(4) 주기값 r을 이용하여 다음 두 수를 계산하시오.

$$\gcd(a^{r/2} - 1,\ N),\ \gcd(a^{r/2} + 1,\ N)$$

(5) 이 두 값이 N의 소인수임을 확인하시오.

제 10장

다시 얽힘으로

이 장에서 학습할 내용

- 양자 컴퓨팅의 핵심을 이루는 큐빗의 얽힘을 심화학습한다.
- EPR 역설을 통해 양자역학에 관한 아인슈타인의 반대 의견을 이해함으로써 양자역학의 핵심을 이해한다.
- 벨의 정리와 벨의 부등식의 중요성을 이해하고 얽힘 현상이 실험적으로 어떻게 증명되었는지 살펴본다.
- 3 큐빗에서의 얽힌 양자 상태인 GHZ 상태와 W 상태를 학습한다.
- 얽힘 현상을 이용한 양자 전략이 고전적인 전략보다 높은 승률을 보이는 CHSH 게임을 학습한다.

QUANTUM COMPUTING

10.1 Back to Basics: 큐빗의 얽힘

이제까지 우리는 양자 통신, 양자 정보학 및 양자 알고리즘의 기초를 학습했다. 1장에서 양자 컴퓨터가 무엇인지 살펴보면서 큐빗의 두 가지 기본적인 특성인 '중첩'과 '얽힘'을 살펴본 것을 상기해 보자. 그리고 이제까지 배운 양자 컴퓨팅의 독특한 개념과 알고리즘, 거의 모두가 큐빗의 얽힘을 이용하고 있다는 것을 깨달을 수 있다. 특히 양자 순간이동, 초고밀도 코딩 등과 함께 모든 양자 알고리즘(도이치-조사 알고리즘, 번스타인-바지라니 알고리즘, 그로버 알고리즘, 쇼어 알고리즘)이 얽혀 있는 큐빗을 적극적으로 활용한 결과물이다.

얽힘은 이와 같이 양자 컴퓨팅의 뼈대를 이루는 개념일 뿐만 아니라 양자역학의 발전사에서 수많은 과학자들을 매혹시켰고, 물리학뿐 아니라 인류 사상 전반에 큰 영향을 끼친 놀라운 자연현상이다.

이번 장에서는 큐빗의 얽힘에 대해 더 깊게 이해해 보자. 지금까지 학습한 양자 컴퓨팅에 대한 이해가 깊어짐과 동시에 양자역학의 신비를 느낄 수 있을 것이다.

EPR(Einstein Podolsky Rosen) 역설

양자역학에 관심 있는 독자라면 EPR 역설(패러독스)에 대해 한 번쯤 들어본 적이 있을 것이다. EPR 역설은 양자역학의 역사를 설명할 때 꼭 언급되는 사건(?) 중 하나이다. EPR 역설은 현재까지도 많은 사람들의 관심을 끌고 있는데, 그 이유 중 하나는 아마도 EPR의 E가 그 위대한 물리학자 아인슈타인(Einstein)을 의미하기 때문이 아닐까 생각한다.

아인슈타인은 자신이 광전 현상을 설명함으로써 양자역학의 발전에 지대한 영향을 끼쳤음에도, 양자역학의 코펜하겐 해석을 죽을 때까지 반대했던 것은 과학계에서 유명한 사실이다. 그는 코펜하겐 해석 중 측정의 가설을 특히 싫어하였고, 그의 반대 의견은 "달은 손가락으로 가리키지 않아도 존재한다."는 말로 잘 표현된다.

아인슈타인은 또한 '얽힘'에도 반대하였다. 그는 다른 두 명의 과학자 포돌스키, 로젠과 같이 양자역학의 얽힘을 인정하면 발생하는 문제점을 사고실험하여 하나의 역설로 만들었다. 그들은 1935년 "양자역학의 물리적 실재에 대한 기술이 완전하다고 볼 수 있는가?(Can Quantum-Mechanical Description of Physical Reality Be Considered Complete)"라는 (냉소적인) 제목의 논문을 발표하여, 당시 최신 학문이었던 양자역학이 불완전하다고 주장한 것이다.

우선 EPR 역설의 핵심을 다음과 같이 정리해 보자.

EINSTEIN ATTACKS QUANTUM THEORY

Scientist and Two Colleagues Find It Is Not 'Complete' Even Though 'Correct.'

SEE FULLER ONE POSSIBLE

Believe a Whole Description of 'the Physical Reality' Can Be Provided Eventually.

A. Einstein B. Podolsky N. Rosen

그림 10.1 | EPR 역설 논문에 대한 《뉴욕타임스》 1935년 5월 4일 자 기사. “아인슈타인이 양자 이론을 공격하다”, “과학자와 그의 두 명의 동료가 양자 이론이 옳을지는 몰라도 완전하지 않다는 사실을 발견하다”.

> EPR 역설
>
> 양자역학의 얽힘 현상을 설명하기 위해 현재의 양자역학 이론은 불완전하며, 완전한 설명을 위해 국소적인 숨겨진 변수(local hidden variables)가 있을 것이다.

EPR 역설의 국소성? 숨겨진 변수?

양자역학 자체도 이해하기 힘들지만 이를 반박하기 위한 EPR 역설의 핵심 단어인 ‘국소적인 숨겨진 변수(local hidden variables)’를 이해하는 것도 쉽지 않다. 그러나 이 단어를 제대로 이해하면 얽힘이라는 양자역학의 독특한(고전물리학에서는 찾아볼 수 없는) 물리적 현상을 ‘받아들이는’ 데 큰 도움이 된다.

먼저 국소성을 알아보자.

국소성(locality): 두 개의 물리적 실체가 충분히 멀리 떨어져 있어서, 한쪽에서 일어나는 측정이 다른 쪽의 측정에 전혀 영향을 끼치지 않을 때 두 실체는 국소적으로 존재한다.

(‘국소적’이란 말을 일상 용어로 분리되어 있는 ‘부분적’이란 말과 유사하다고 생각하자.)

이전 장에서는 두 개의 큐빗이 얽혀 있을 때, 즉 벨 상태를 이룬다면 한 큐빗을 측정하면 동시에 다른 큐빗의 물리적 상태에 영향을 주는 것을 보았다. 이러한 두 큐빗의 상관관계는 둘 사이의 거리가 아무리 멀리 떨어져 있어도 일어나는데, 원리적으로는 우주의 끝과 끝에 떨어져 있는 얽힌 큐빗들의 얽힘도 반드시 유지된다.

아인슈타인이 말하는 국소성이란 멀리 떨어져 있는 두 물체는 순간적으로 상호작용할 수 없다는 ‘상식’을 말하는 것이다.

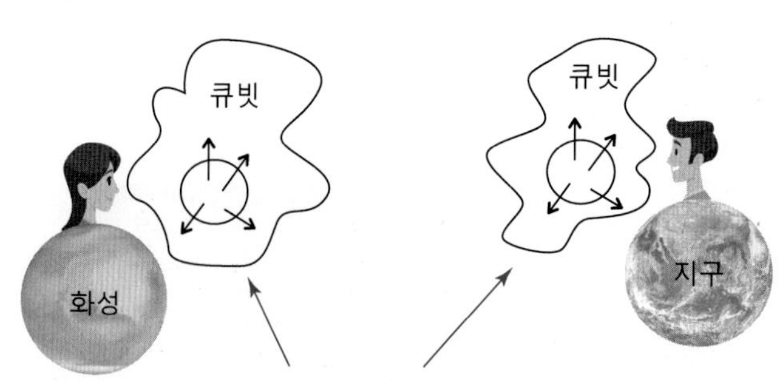

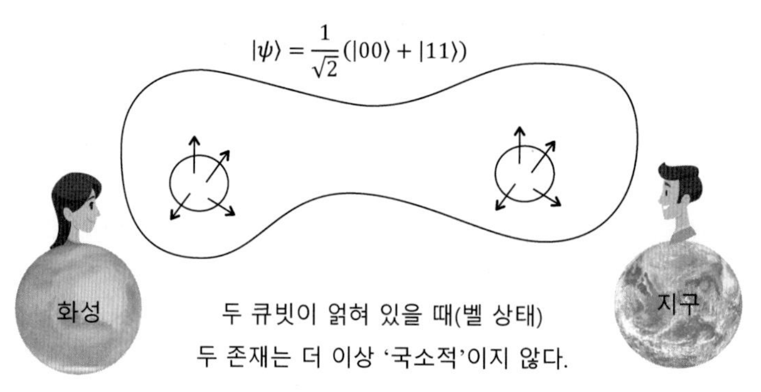

그림 10.2 | 아인슈타인과 고전적인 우주관에 따른 멀리 떨어져 있는 두 개의 큐빗은 서로 영향을 주지 않으므로 국소적인 존재들이다. (아래 그림) 두 큐빗이 얽혀서 벨 상태를 이루고 있다면 우주의 끝과 끝이나 혹은 화성과 지구에 각각 있는 두 큐빗은 더 이상 국소적인 존재가 아니다.

아인슈타인의 신념에 따르면, '완벽한' 물리학적 이론이라면, (위의 그림에서) 앨리스의 큐빗에 어떠한 행위를 해도 밥의 큐빗에는 전혀 영향이 없어야 한다. 그렇지만 얽혀 있는 두 큐빗은 그렇게 행동하지 않는다. 앨리스의 큐빗을 측정하는 순간 밥의 큐빗의 운명도 변하게 된다. 따라서 이렇게 기술하는 물리 이론(양자역학)은 완벽하지 않은 것이다.

그렇다면 아인슈타인은 얽힘 현상이 잘못되었다는 것일까? 그렇지 않다.

EPR 역설은 얽힘 현상 자체가 틀렸다고 부정하는 것은 아니다. 실험적인 얽힘 현상은 인정할 수밖에 없다.

아인슈타인에 의하면 '국소성'은 절대적이므로, 즉 멀리 떨어져 있는 물체가 순간적으로 귀신과 같이 감응한다는 것은 불가능한 설명이므로, 지금의 양자역학이 발견하지 못한 어떤 변수가 숨어 있을 것이라고 생각한다.

숨겨져 있는 변수: 양자역학의 얽힘에 대한 설명은 완전하지 않으며, 멀리 떨어진 것은 서로 반응하지 않는다는 국소성을 만족시키는 새로운 변수가 어딘가 있을 것이다.

아인슈타인에 의하면 양자역학은 얽힘을 설명하기에는 불완전하고 국소성을 지닌 숨겨진 변수를 가진 새로운 이론으로 대체되어야 한다. 양자역학을 대체할 수 있는 완전한 이 이론을

'국소적 숨겨진 변수 이론(local hidden-variable theory)'이라고 부른다.

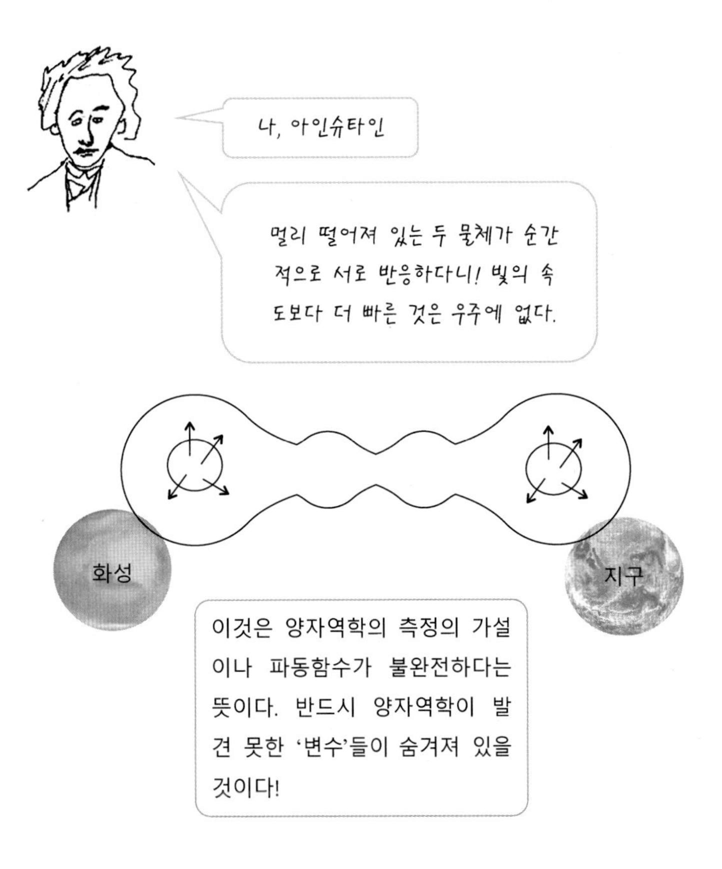

원조 EPR 역설 내용

1935년의 원조 EPR 역설은 (역설적이게도?) 전문 물리학자들도 혼란스럽게 한다(https://www.thoughtco.com/epr-paradox-in-physics-2699186, by Andrew Zimmerman Jones)고 할 정도로 난해하다. 이 논문이 발표되고 수년 후 또 다른 물리학자 데이비드 봄(David Bohm)은 원조 EPR 역설과 동일한 의미를 가지면서도 이해하기 쉬운 버전인 EPR-B 역설을 만들어냈고, 현재 일반적으로 이 EPR-B 역설이 EPR 역설로 설명된다.

먼저 원조 EPR 역설을 Manjit Kumar(Quantum: Einstein, Bohr, and the Great Debate About the Nature of Reality, 2011, New York: W.W. Norton), 위키피디아 및 참고[조송현, 세기의 보어-아인슈타인 논쟁 ... (라운드 3)EPR 논증 ② EPR 논문 요지, https://www.injurytime.kr/news/articleView.html?idxno=4803]의 설명을 바탕으로 이해해 보자.

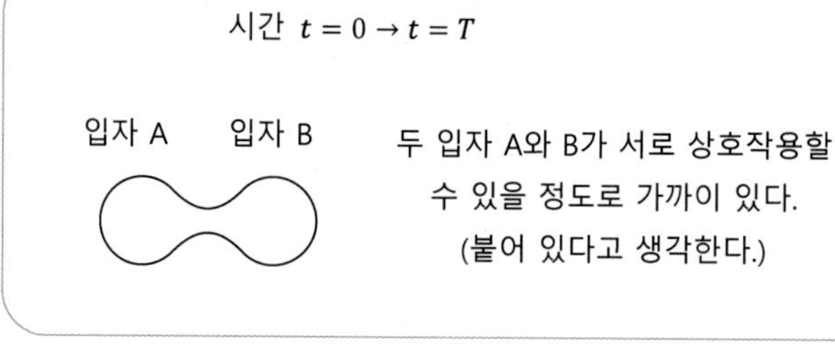

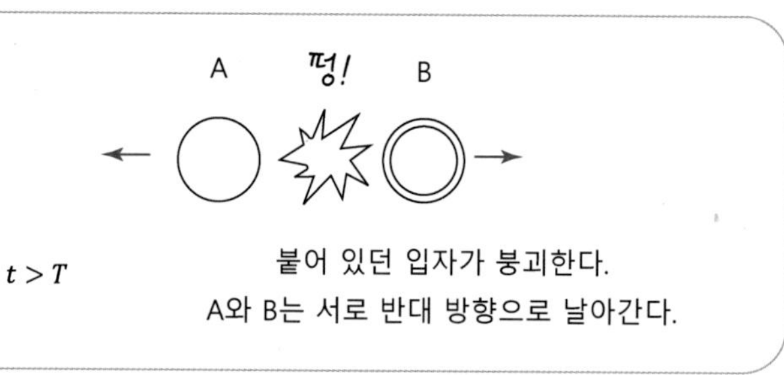

그림 10.3 | EPR 역설이 기술하는 물리적 상황

EPR 역설은 양자역학의 위대한 발견 중 하나인 하이젠베르크의 불확정성의 원리에 위배되는 사고실험을 제시함으로써, 양자역학이 불완전한 이론이라고 주장하는 것이다. 불확정성의 원리란 무엇인가? 어떤 두 개의 물리량을 동시에 100% 정확하게 측정할 수 없다는 것이다. 자연의 모든 물리량이 불확정성의 원리를 따르는 것은 아니고, 한 입자의 위치(x)와 운동량(p)이 불확정성의 원리의 가장 흔한 예로 거론된다.

한 입자의 좌표(x)와 운동량(p)

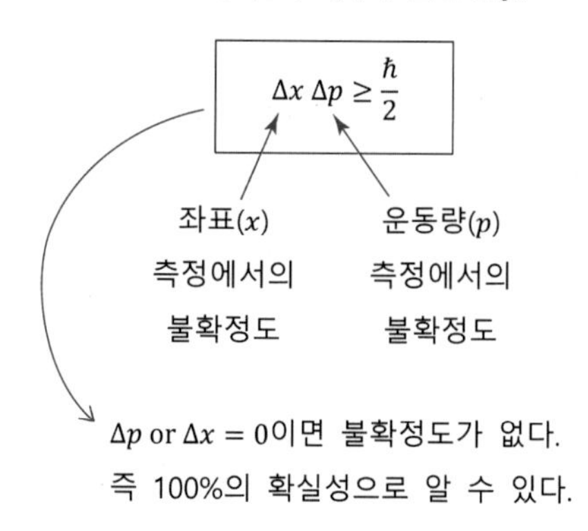

Δx와 Δp의 곱이 0보다 큰 값이므로 좌표(x)와 운동량을 **동시에** 100% **정확히** 측정할 수 없다.

그림 10.4 | 양자역학의 불확정성의 원리

불확정성의 원리가 뜻하는 바는, 한 입자의 위치를 측정하면 측정의 행위가 입자를 교란시켜 그 운동량의 측정에 영향을 준다는 것이다. 다시 EPR 역설로 돌아가보자.

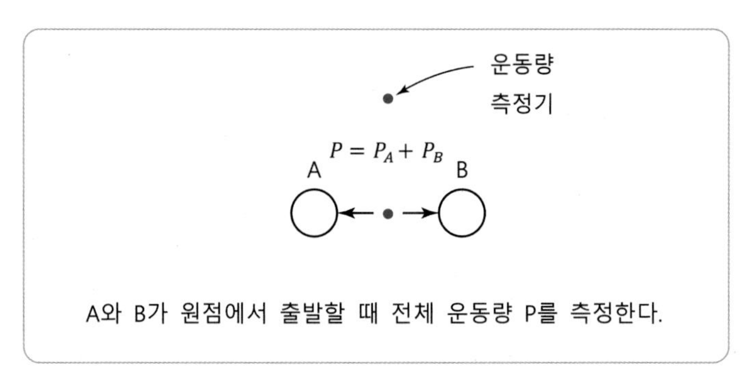

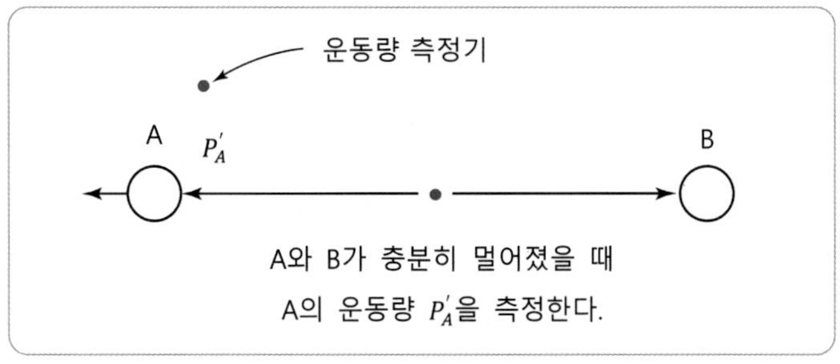

우주의 법칙에 의해 A와 B의 전체 운동량 P는 보존된다.

$$\text{즉 } P_A' + P_B' = P$$

P는 출발 시의 운동량과 같으므로

$$P_B' = P - P_A'$$

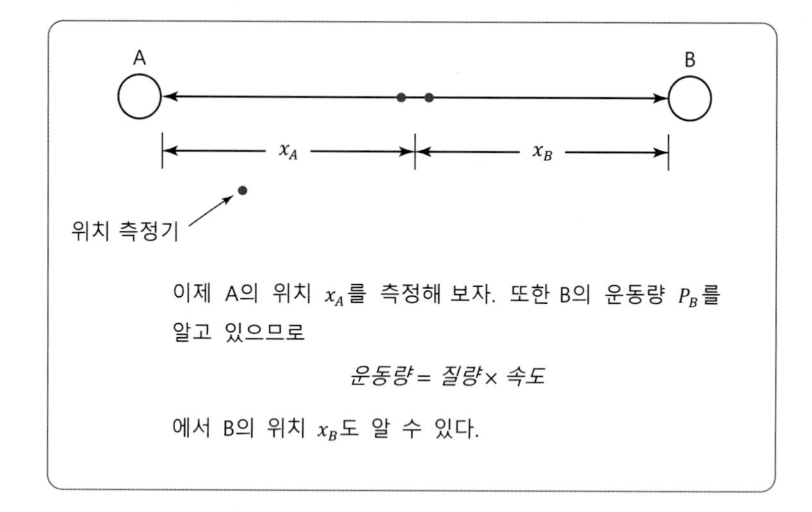

여기에서 핵심은 B를 전혀 건드리지 않고 A의 위치와 운동량만 측정해서 B의 운동량과 위치를 정확히 알아낸 것이다!

그림 10.5 | EPR 역설이 기술하는 물리적 상황

EPR 역설의 논지를 이렇게 정리할 수 있다.

> **EPR 역설**
> 두 입자가 충분히 멀리 떨어져 있다면(국소성), 입자 B를 측정하지 않아도 그 정확한 위치와 운동량을 알 수 있고, 이 사실은 양자역학의 불확정성 원리에 정면으로 위배된다. 그렇다면 양자역학은 불완전한 이론이며, 더 완전하게 자연을 설명할 어떤 변수가 숨겨져 있을 것이다.

EPR-봄 역설

아까 잠시 언급했듯이 원조 EPR 역설은 추상적이고 역설로 제시하는 상황이 쉽게 이해되지 않는다. 또한 측정 대상인 물리량들이 띄엄띄엄 값을 갖지 않는 연속적 데이터여서 당시 실험으로 검증하기가 어려웠다. 1951년 데이비드 봄은 EPR 역설을 현대적이고 실험에 바로 응용

할 수 있는 형태로 다음과 같이 재설명하였으며, 이 EPR-봄 역설이 EPR 역설 자체로 많이 소개된다.

물론 원조 EPR 역설과 EPR-봄 역설의 기본적인 아이디어는 같으며 다음과 같이 세부사항에서 차이가 있다.

표 10.1 | EPR 역설과 EPR–봄 역설의 비교

	원조 EPR	EPR–봄
입자 종류	A, B (불명확)	스핀 1/2 입자(예: 전자, 양성자)
물리량	위치, 운동량	z 방향 스핀 S_z, x 방향 스핀 S_x
불확정성 원리	$\Delta x \, \Delta p \geq \frac{\hbar}{2}$	$\Delta S_x \, \Delta S_y \geq \left(\frac{\hbar}{2}\right) \lvert < S_z > \rvert = \left(\frac{\hbar}{2}\right)^2$

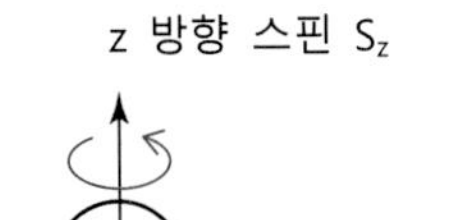

스핀 측정의 불확정성

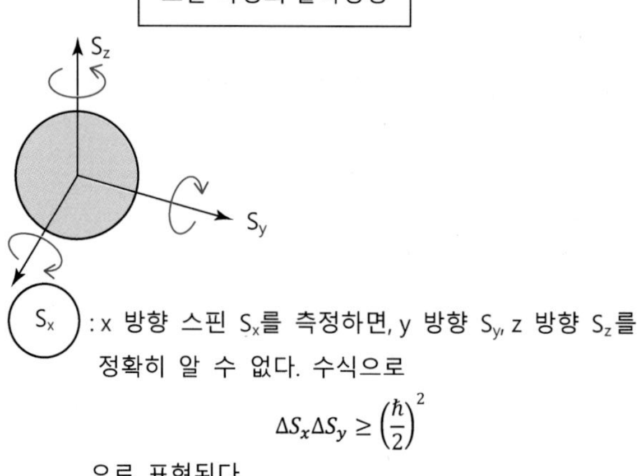

스핀에서 주의할 점이 있다. 스핀도 '운동량'과 같은 성질을 갖고 있어서 입자의 운동량은 보존된다. ⇔ 입자의 스핀값도 보존된다.

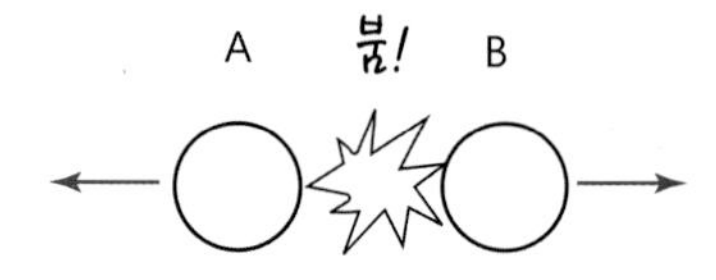

스핀 ½을 갖는 두 입자가 한 소스에서 방출된다.

두 입자의 스핀값의 합은 보존된다(시간이 지나도 변하지 않는다).

처음에 스핀=0이었으므로, 두 입자의 스핀값은 항상 0이 된다(스핀 운동량의 보존).

앨리스

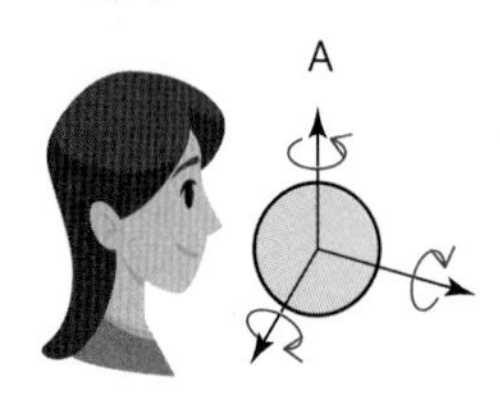

시간이 지나 두 입자가 멀리 떨어져 앨리스와 밥이 그 위치에서 스핀 측정을 수행한다.

밥

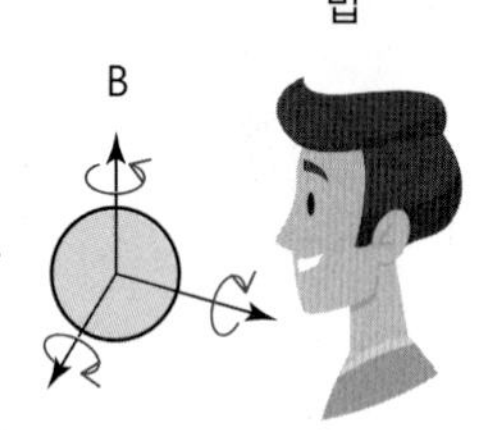

이 두 입자는 '얽혀 있다.'

z축 방향의 스핀은 $|+\rangle^z$와 $|-\rangle^z$
두 상태로,
x축 방향의 스핀은 $|+\rangle^x$와 $|-\rangle^x$
두 상태로 나타낼 수 있다.

A의 입장에서 z 방향(x 방향) 스핀 가능성은 '+' 또는 '−' 두 가지이며, 각각 확률이 50%이다.

따라서 이 두 입자의 전체 양자 상태는 z축 방향 스핀의 경우 다음과 같다.

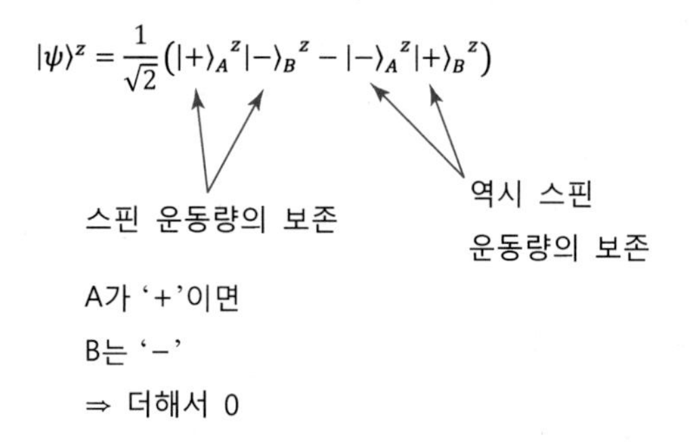

이 $|\psi\rangle$와 벨 상태 중 하나와 같으며 두 입자의 스핀값이 얽혀 있음을 나타낸다.

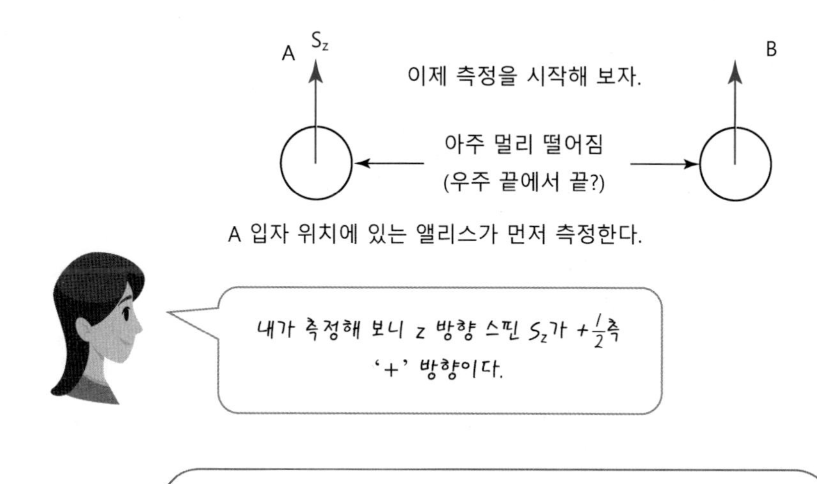

밥이 실제로 입자 B의 스핀을 재보니 100%의 확률로 $-\frac{1}{2}$, 즉 '−'가 나왔다.

이것은 $|\psi\rangle = \frac{1}{\sqrt{2}}(|+\rangle_A^z|-\rangle_B^z - |-\rangle_A^z|+\rangle_B^z)$에서 A의 스핀이 (+)로 측정

$\Rightarrow |\psi\rangle \rightarrow |+\rangle_A^z|-\rangle_B^z$로 붕괴

→ B의 스핀은 (−)일 확률 100%로 양자역학의 원리상 당연한 결과였다.

나, 아인슈타인은 이 실험적 사실을 이렇게 해석하네.
A와 B는 국소적으로 존재해서 A를 측정한 것이 B에
전혀 영향을 주지 않는다.
B의 스핀이 (−)인 것은, 맨 처음에 입자가 붕괴할 때
총 스핀의 합=0일 때 이미 결정된 것이다.
B의 스핀을 측정하기 전에 B의 스핀은 이미 (−)였다.

아인슈타인 박사님, 양자역학의 창시자인 닐스 보어입니다.
이 현상에 대해 양자역학의 생각은 다릅니다.
입자 B의 스핀은 측정되기 전에는 정확히 모릅니다.
두 입자가 폭발 현상 이후 양자 상태는

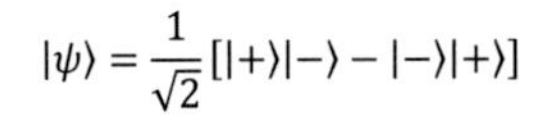

$$|\psi\rangle = \frac{1}{\sqrt{2}}[|+\rangle|-\rangle - |-\rangle|+\rangle]$$

이므로 A와 B 입자를 측정해야 각 스핀값을 알 수 있습니다.

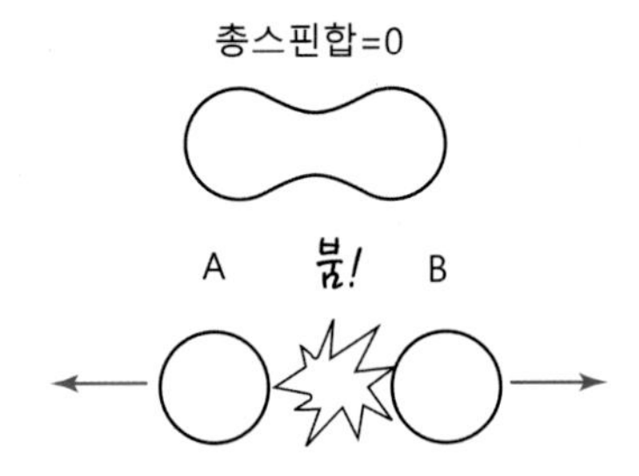

입자 A의 스핀이 (+)일 때 아인슈타인의 국소성 이론:

B → B는 스핀값 (−)를 안고 날아간다.

보어의 양자역학

B → B의 스핀값은 (+)와 (−)의 가능성 50%로 혼재되어 있다가 측정한 다음에 결정된다.

이제 앨리스와 밥이 z 방향 스핀값을 측정한 후 x 방향을 측정하려 한다.x 또는 y 방향의 경우도 z 방향의 양자 상태와 동일하다. 즉

$$|\psi\rangle^x = \frac{1}{\sqrt{2}}(|+\rangle_A^x|-\rangle_B^x - |-\rangle_A^x|+\rangle_B^x) : x \text{ 방향 스핀}$$

$$|\psi\rangle^y = \frac{1}{\sqrt{2}}(|+\rangle_A^y|-\rangle_B^y - |-\rangle_A^y|+\rangle_B^y)$$

여기에서 중요한 불확정성의 원리가 필요하다. z축 스핀과 x축 스핀은 동시에 정확히 측정할 수 없다. 따라서 z축 스핀 $S_z = (+)$로 정확히 측정된다면 x축 스핀 S_x는 $(+)$ 또는 $(-)$ 중 어떤 값이 나올지 불확실해진다.

이 상황에서 내 입자 B는 어떻게 될까?
앨리스의 S_z=(+)로 측정될 때
내 B의 S_z는 (−)로 결정되었어.
그런데 앨리스가 x축 방향의 스핀 S_x를 측정하면 입자 B의 S_x는 여전히 불확실해.
마치 내 입자 B는 A가 측정되는 '순간' 그 사실을 알고 반응하는 것처럼 보여.

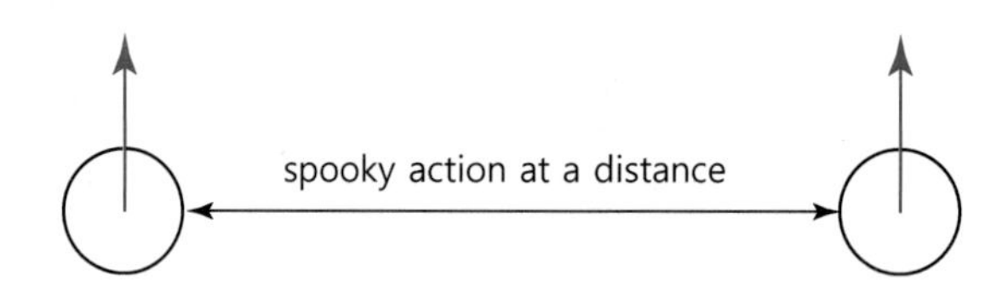

난 정말 이해가 되지 않아.
도깨비 같은 상호작용(*spooky action at a distance*)이 일어났어.
나의 위대한 상대성 원리에 의하면 우주의 어떤 것도 빛보다 빠를 수 없다.
그런데 입자 A와 B는 빛보다 빠른 속력으로 (순간에) 정보를
주고받는 것처럼 보인다!

아인슈타인의 EPR 논문은 다음과 같이 이러한 양자역학의 불완전성을 해결할 새로운 이론이 가능할 것이라고 말하면서 끝난다.

"우리는 그러한 (완전한)(물리현상에 대한) 기술이 가능한가의 의문에 대한 답을 열어둔다. 그러나 우리는 그러한 이론이 가능하다고 믿는다(We have left open the question of whether or not such a description exists. We believe, however, that such a theory is possible)."

벨의 정리와 벨의 부등식

1964년도 존 스튜어트 벨은 과학사 전체에서 기념비적인 논문을 하나 출판한다. EPR 역설에 깊이 감명받은 그는 얽힘 현상을 철저히 연구하여 양자역학이 과연 아인슈타인의 국소적 숨겨진(locally hidden) 변수 이론으로 대체될 수 있는지, 이를 실험으로 증명할 수 있는지를 조사했다. (1964년 그의 논문 제목은 "아인슈타인 포돌스키 로젠 역설에 대하여"였다.)

벨의 정리: 양자역학은 '국소성 숨겨진 변수' 이론과는 부합하지 않는다.

| 양자컴퓨터의 개척자들 | 존 스튜어트 벨(1928~1990)

북아일랜드 태생의 영국 물리학자. 1956년 버밍엄대학교에서 물리학 박사학위를 받고 유럽입자물리연구소(CERN: Conseil Européenne pour la Recherche Nucléaire)에서 연구하면서 1964년 벨의 정리와 벨의 부등식을 발표하였다. 벨의 부등식은 물리학뿐만 아니라 과학 전반과 철학에 지대한 영향을 끼쳐, 만약 1990년 그가 뇌출혈로 사망하지 않았다면 노벨상을 수상하였을 것이라는 관측이 많다.

출처: https://ko.wikipedia.org/wiki/존_스튜어트_벨

III.5 ON THE EINSTEIN PODOLSKY ROSEN PARADOX*

JOHN S. BELL†

I. Introduction

THE paradox of Einstein, Podolsky and Rosen [1] was advanced as an argument that quantum mechanics could not be a complete theory but should be supplemented by additional variables. These additional variables were to restore to the theory causality and locality [2]. In this note that idea will be formulated mathematically and shown to be incompatible with the statistical predictions of quantum mechanics. It is the requirement of locality, or more precisely that the result of a measurement on one system be unaffected by operations on a distant system with which it has interacted in the past, that creates the essential difficulty. There have been attempts [3] to show that even without such a separability or locality requirement no "hidden variable" interpretation of quantum mechanics is possible. These attempts have been examined elsewhere [4] and found wanting. Moreover, a hidden variable interpretation of elementary quantum theory [5] has been explicitly constructed. That particular interpretation has indeed a grossly non-local structure. This is characteristic, according to the result to be proved here, of any such theory which reproduces exactly the quantum mechanical predictions.

II. Formulation

With the example advocated by Bohm and Aharonov [6], the EPR argument is the following. Consider a pair of spin one-half particles formed somehow in the singlet spin state and moving freely in opposite directions. Measurements can be made, say by Stern-Gerlach magnets, on selected components of the spins $\vec{\sigma}_1$ and $\vec{\sigma}_2$. If measurement of the component $\vec{\sigma}_1 \cdot \vec{a}$, where $\vec{a}$ is some unit vector, yields the value +1 then, according to quantum mechanics, measurement of $\vec{\sigma}_2 \cdot \vec{a}$ must yield the value −1 and vice versa. Now we make the hypothesis [2], and it seems one at least worth considering, that if the two measurements are made at places remote from one another the orientation of one magnet does not influence the result obtained with the other. Since we can predict in advance the result of measuring any chosen component of $\vec{\sigma}_2$, by previously measuring the same component of $\vec{\sigma}_1$, it follows that the result of any such measurement must actually be predetermined. Since the initial quantum mechanical wave function does *not* determine the result of an individual measurement, this predetermination implies the possibility of a more complete specification of the state.

Let this more complete specification be effected by means of parameters λ. It is a matter of indifference in the following whether λ denotes a single variable or a set, or even a set of functions, and whether the variables are discrete or continuous. However, we write as if λ were a single continuous parameter. The result A of measuring $\vec{\sigma}_1 \cdot \vec{a}$ is then determined by $\vec{a}$ and λ, and the result B of measuring $\vec{\sigma}_2 \cdot \vec{b}$ in the same instance is determined by $\vec{b}$ and λ, and

*Work supported in part by the U.S. Atomic Energy Commission
†On leave of absence from SLAC and CERN

Originally published in *Physics, 1*, 195-200 (1964).

그림 10.6 | 1964년 벨의 기념비적인 논문, "아인슈타인 포돌스키 로젠 역설에 대하여"

벨 논문에서 증명된 원래의 벨의 부등식

앞에서 살펴본 대로 EPR 또는 EPR-봄의 사고실험에서 입자들은 먼저 상호작용 후 멀리 떨어져서 두 명의 관측자에 의해 측정되었다. 벨의 부등식은 이러한 상황하에서 각 입자의 스핀 운동량의 값의 상관관계가 아인슈타인의 국소적 숨겨진 변수 이론을 따른다면 어떤 모습을 할 것인가를 다룬다.

$$|\bar{P}(\vec{a}, \vec{b}) - \bar{P}(\vec{a}, \vec{c})| \leq 1 + \bar{P}(\vec{b}, \vec{c}) + \epsilon + \delta$$

그림 10.7 | 벨의 원래 논문에 표현된 벨의 부등식

다음의 그림을 보자. EPR-봄의 사고실험에서처럼 처음에 한 개의 점 같은 입자가 원점에서 폭발하여 두 입자가 반대 방향으로 총 스핀 운동량이 0이 되는 조건에서 날아간다. 어느 정도 시간이 흐른 후, 앨리스와 밥 두 사람이 각각의 위치에서 두 입자 A, B의 스핀 운동량을 측정한다. 위에서는 x, y, z의 세 개의 직교좌표축 방향의 스핀을 측정하였지만, 벨의 부등식에서는 임의의 방향 벡터 a, b를 도입하여 일반적인 방향의 스핀을 측정하게 된다. a란 방향으로 측정한다는 상황을, 그림에서처럼 벡터 a 방향으로 측정장치(망원경으로 묘사함)를 조정하여 '바라본다'고 상상해 보자.

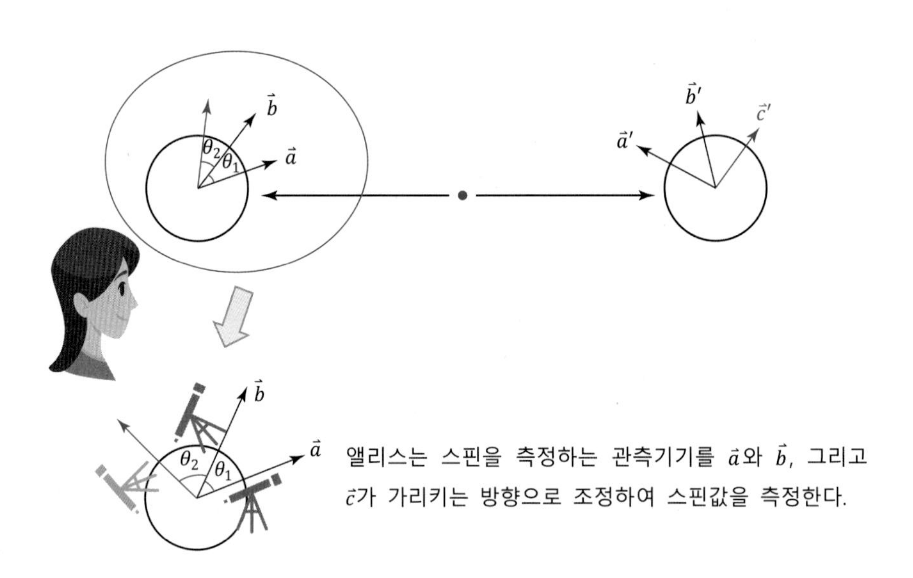

벨의 부등식

그림에 묘사된 상황에서 만약 이 두 입자가 국소적 숨겨진 이론을 따른다면(즉 양자역학이 틀려서 두 입자는 원격으로 아무 영향을 주지 않는다면), 다음 부등식을 만족시킨다.

$$|P(\vec{a}, \vec{b}) - P(\vec{a}, \vec{c})| - P(\vec{b}, \vec{c}) \leq 1$$

이때 $P(\vec{a}, \vec{b})$는 두 입자의 스핀 운동량을 a, b, c 방향으로 측정하여 곱한 값의 평균값이며 양자역학적으로 다음과 같이 주어진다.

$$P(\vec{a}, \vec{b})_{QM} = \langle \Psi^- | \vec{\sigma} \cdot \vec{a} \otimes \vec{\sigma} \cdot \vec{b} | \Psi^- \rangle = -\cos\theta_{\vec{a}, \vec{b}}$$

$|\Psi^-\rangle$: 두 입자의 얽혀 있는 전체 양자 상태벡터
$|\vec{\sigma} \cdot \vec{a}$: a 방향의 스핀 운동량값 연산자
$\vec{\sigma} \cdot \vec{b}|$: b 방향의 스핀 운동량값 연산자

따라서 실제 실험 결과 $P(\vec{a},\ \vec{b})$, $P(\vec{a},\ \vec{c})$, $P(\vec{b},\ \vec{c})$를 계산하여 다음과 같이 판정을 내릴 수 있다.

- $|P(\vec{a},\vec{b}) - P(\vec{b},\vec{c})| - P(\vec{b},\vec{c}) \leq 1$
  ⇒ 숨겨진 변수 이론 승리, 즉 아인슈타인 승리
- $|P(\vec{a},\vec{b}) - P(\vec{b},\vec{c})| - P(\vec{b},\vec{c}) > 1$
  ⇒*양자역학의 승리, 즉 보어의 승리*

그림 10.8 | 벨 부등식 판별하기

벨의 부등식 발표 후 아인슈타인의 국소적 숨겨진 변수 이론을 실험적으로 검증할 수 있는 길이 열렸다. 또한 이 부등식은 이론가들에 의해 많은 변종이 나왔는데 그중 다음의 CHSH 부등식이 벨 부등식 자체처럼 광범위하게 사용된다. 다음에서 CHSH 부등식을 살펴보고, 벨 부등식을 실제 양자컴퓨터에서 실험해 보자.

CHSH 부등식

CHSH 부등식은 고안해 낸 과학자들(John Clauser, Michael Horne, Abner Shimony, Richard Holt)의 이름 앞 글자를 따 명명된 것이다. 벨의 논문(1964년) 직후, 1969년 위의 네 사람은 국소적 숨겨진 이론이 존재하는지를 판정하는 부등식을 고안해 냈다. CHSH 부등식은 다음과 같다.

$$S = \langle A,\ B \rangle - \langle A,\ B' \rangle + \langle A',\ B \rangle + \langle A',\ B' \rangle$$

$A,\ A'$: 앨리스가 입자 A의 물질적 특성(예: 스핀 운동량)을 측정하는 임의의 두 방향
$B,\ B'$: 밥이 입자 B의 물질적 특성(예: 스핀 운동량)을 측정하는 임의의 두 방향
$\langle A,\ B \rangle$: 앨리스와 밥이 각각 A와 B 방향으로 물질적 특성을 측정한 값의 상관함수 (correlation function). 이는 그 값이 나올 확률과 동일하다고 보면 된다.

식이 복잡해 보이지만, 벨의 부등식과 마찬가지로 이 부등식이 기술하는 실험 세팅은 간단하다.

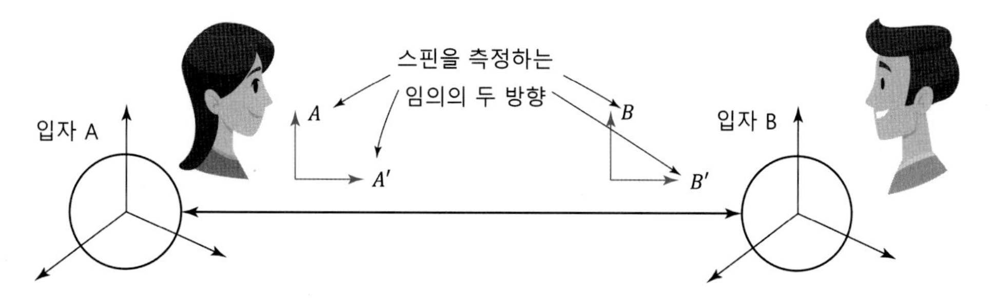

CHSH 부등식도 멀리 떨어져 있는 앨리스와 밥이 자신의 입자의 스핀을 측정하는 상황을 기술하고 있다.

A, B, A', B'은 앨리스(A, A')와 밥(B, B')이 측정하는 축의 방향이다.

앨리스와 밥 각자가 x, y, z축과 같이 한 방향으로 결정된 관측 방향이 아닌 임의의 두 방향을 설정할 수 있다.

A, A': 앨리스가 입자 A의 스핀을 측정하는 임의의 두 방향

B, B': 밥이 입자 B의 스핀을 측정하는 임의의 두 방향

예를 들어 앨리스가 z축에 대해 30도와 60도 기울어진 각도로 자신의 입자 A의 스핀값을 측정하는 상황을 보자.

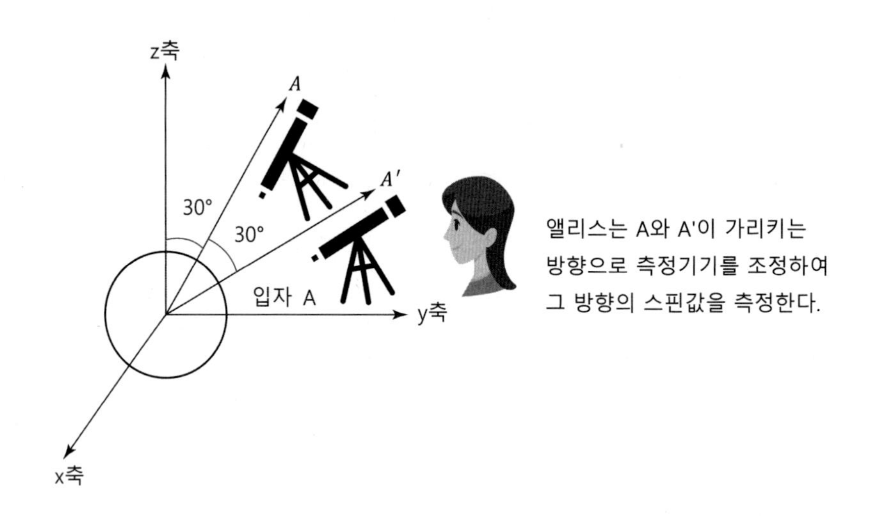

상관함수 $\langle A, B\rangle$는 어떻게 계산할까? 이 상관함수는 그 방향으로 측정된 스핀값들이 어느 정도로 연결되어 있는지(correlated)를 나타내주며 다음과 같이 전체 값에 대한 상대 빈도, 즉 확률값으로 계산할 수 있다.

A와 B가 상관(연관)된 경우의 수

$$\langle A, B\rangle = \frac{N_{++}(A, B)+N_{--}(A, B)-N_{-+}(A, B)-N_{+-}(A, B)}{N_{++}(A, B)+N_{--}(A, B)+N_{-+}(A, B)-N_{+-}(A, B)} \tag{10.1}$$

두 입자가 A 방향, B 방향으로 측정되어서 나올 수 있는 모든 경우의 수

$N_{++}(A, B)$: 입자 A가 (+), 입자 B가 (+)의 값을 나타낸 경우의 수

스핀은 (+)와 $(-)$ 두 값 중 하나만 가지므로 전체 경우의 수는 N_{++}, N_{+-}, N_{-+}, N_{--}의 네 가지 경우밖에 없다.

앨리스와 밥은 측정기기를 각각 A, B 방향으로 설정해 스핀 운동량을 측정한다.

동일한 측정을 1,000번 반복한다.

1,000번의 측정 중

$$N_{++}(A,\ B) = 200\text{회}$$
$$N_{+-}(A,\ B) = 300\text{회} \qquad \begin{pmatrix} A\ \text{입자 스핀값 } + \\ B\ \text{입자 스핀값 } - \end{pmatrix}$$
$$N_{-+}(A,\ B) = 100\text{회}$$
$$N_{--}(A,\ B) = 400\text{회}$$

이 값을 가지고 $\langle A,\ B\rangle$를 계산한다.

$$\langle A,\ B\rangle = \frac{200+400-300-100}{200+400+300+100} = \frac{200}{1000} = 20\%$$

위와 같은 작업을 통해 상관함수 $\langle A,\ B\rangle$를 구할 수 있다.

그다음 관측 방향을 바꾸어 입자 A의 관측 방향 A', 입자 B의 관측 방향 B에서 같은 측정을 다수 시행하여 $N_{++}(A',\ B)$, $N_{+-}(A',\ B)$, $N_{-+}(A',\ B)$, $N_{--}(A',\ B)$을 얻어 식 (10.1)에 의해 새로운 관측 방향에 대한 상관함수 $\langle A',\ B\rangle$를 얻게 된다. 마찬가지의 방법으로 $\langle A,\ B'\rangle$ $\langle A',\ B'\rangle$를 계산하면 S를 최종적으로 얻을 수 있다.

이렇게 하여 얻어진 물리량

$$S = \langle A,\ B\rangle - \langle A,\ B'\rangle + \langle A',\ B'\rangle + \langle A',\ B'\rangle$$

는 아인슈타인의 고전적 실재론 혹은 국소적인 숨은 변수 이론이 맞는지 아니면 양자역학이 맞는지를 결정하는 기준이 된다.

$|S| \leq 2 \Rightarrow$ 고전적 실재론이 승리, 즉 아인슈타인의 승리

$|S| > 2 \Rightarrow$ 양자역학이 승리, 즉 보어의 승리

상관함수 및 S를 어렵게 생각할 필요가 없다. 상관함수는 두 입자가 양자역학적으로 얼마나 얽혀 있는지, 그 정도를 수치화한 것이다.

S의 값이 작을수록 두 입자는 서로 상관하지 않고 독립적인 실재에 가깝게 된다. S값이 커지면 두 입자는 아무리 멀리 떨어져 있어도 한 입자의 측정이 다른 입자에 즉각적인 영향을 미치는 얽힌 상태가 된다. 그 경계점이 $S=2$이다.

벨 부등식(CHSH 부등식)의 실험적 증명: 알랭 아스페의 실험(1982년)

벨의 부등식과 CHSH 부등식이 나옴으로써 아인슈타인의 국소적 숨겨진 변수 이론이 맞는지 양자역학이 맞는지 실험적으로 확인할 수 있는 길이 열린 후 많은 과학자들이 실험을 시도하였다. 수많은 실험 결과는 양자역학이 옳았다고 결론짓고 있다. 많은 실험 중 1982년 프랑스의 물리학자 알랭 아스페(Alain Aspect)와 동료들의 실험이 가장 성공적이고 유명한 것으로 알려져 있다.

아스페의 실험장치는 **그림 10.9**와 같다. 이제까지의 벨 부등식과 CHSH 부등식에서 사용됐던 전자와 양전자와 같은 입자 대신에, 아스페의 실험에서는 레이저로 칼슘 원자를 때려 쌍둥이와 같은 광자들을 만들어내는 방법을 사용하였다.

발생된 쌍둥이 광자들은 한 방향으로만 편광된 광자들만 통과시키는 편광판을 통과하여, 그 스핀값(+와 −값)을 검출하는 검출기에 도달하게 된다. CHSH 부등식을 판별하는 방법은 위에서 학습한 방법과 같다. 편광축을 바꿔가며 두 광자의 스핀값의 상관함수와 S값을 계산하였다.

그 결과, CHSH 부등식의 S값은 2보다 크게 나타났다. 즉 벨의 부등식(CHSH 부등식)을 만족시키지 못한 것이다. 아인슈타인의 국소적 숨겨진 변수 이론이 틀리고 양자역학이 맞다는 것이다. 상관관계가 2보다 크게 나타남으로써, 두 광자는 고전적인 세계관에서 이해할 수 없을 정도로 강하게 상관(연관)되어 있음을 알 수 있었다. 즉 두 광자는 얽혀 있었던 것이다!

또한 아스페는 아주 빠른 광학 스위치(수 나노초 이하)와 빛의 속도와 실험장치의 거리 정보를 통해 한 광자가 측정되는 순간 다른 광자가 자신의 편광상태를 선택한다는 것을 보였다. 아인슈타인이 말한 "도깨비 같은 상호작용"이 두 광자에서 일어났다.

그렇다면 빛보다 빠른 속도로 정보가 전달되는가?

양자역학과 벨의 부등식을 검증해 온 수많은 실험은 얽혀 있는 두 입자가 순간에 반응하여 자신의 상태를 결정하는 놀라운 현상을 실증해서 보여주었다. 이는 아인슈타인이 명명한 "도깨비 같은 상호작용"이며, 그는 두 입자가 순간 서로 반응한다면 서로 간에 정보를 빛의 속도보다 빠르게 주고받으므로 상대성 이론에 위반된다고 반대하였다.

Alain Aspect 1982 – EPR with photons!

EPR experiment with photons. Testing the ***Bell inequality*** (1964).

Correlation test, count: $E(a,b) = \dfrac{N(+,+) - N(+,-) - N(-,+) + N(+,-)}{N(+,+) + N(+,-) + N(-,+) + N(+,-)}$

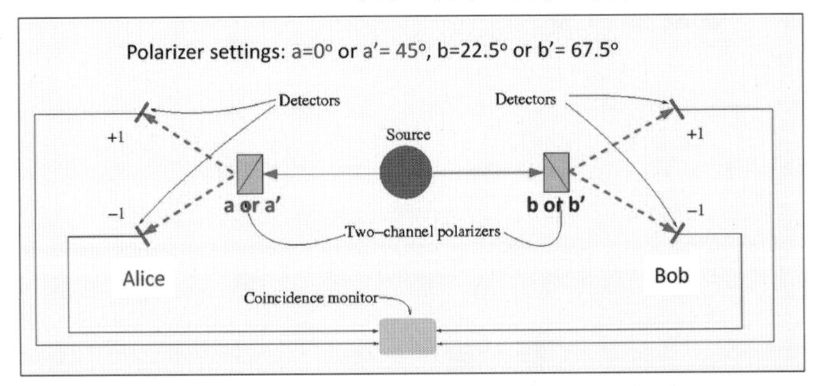

Determine: **S** = E(a,b) – E(a,b') + E(a',b) + E(a',b')

- Local reality (hidden var's) : **S ≤ 2.0**
- Quantum Mechanics : **S = 2.7**

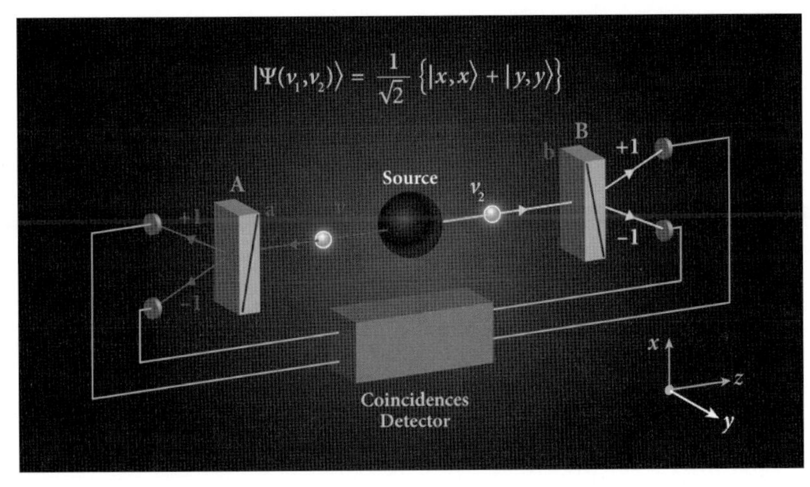

그림 10.9 | 벨의 부등식을 실험한 아스페의 실험 장치(https://physics.aps.org/articles/v8/123에 발표된 아스페 자신의 설명 그림)

양자역학에서의 얽힘은 정보가 빛의 속도보다 빠르게 전달됨을 의미하지 않는다. 아스페의 실험에서 한 광자의 스핀을 측정할 때 어떤 신호가 다른 광자에 순간 전해지는 것이 아니다. 그들은 단지 얽혀 있어서 전체 양자 시스템의 상태벡터에 의해 한 입자의 상태 측정이 다른 하나의 상태를 결정지을 뿐이다.

따라서 얽힘을 이용하여 초광속 통신은 불가능하다. 이제까지 학습한 알고리즘에서 앨리스와 밥은 얽혀 있는 큐빗을 사용하여 순간 통신을 할 수는 없었다.

실습: 2 큐빗 벨 상태의 벨 부등식 양자컴퓨터 실습

이제 얽혀 있는 두 큐빗을 사용하여 벨의 부등식을 IBM Quantum으로 실습해 보자.

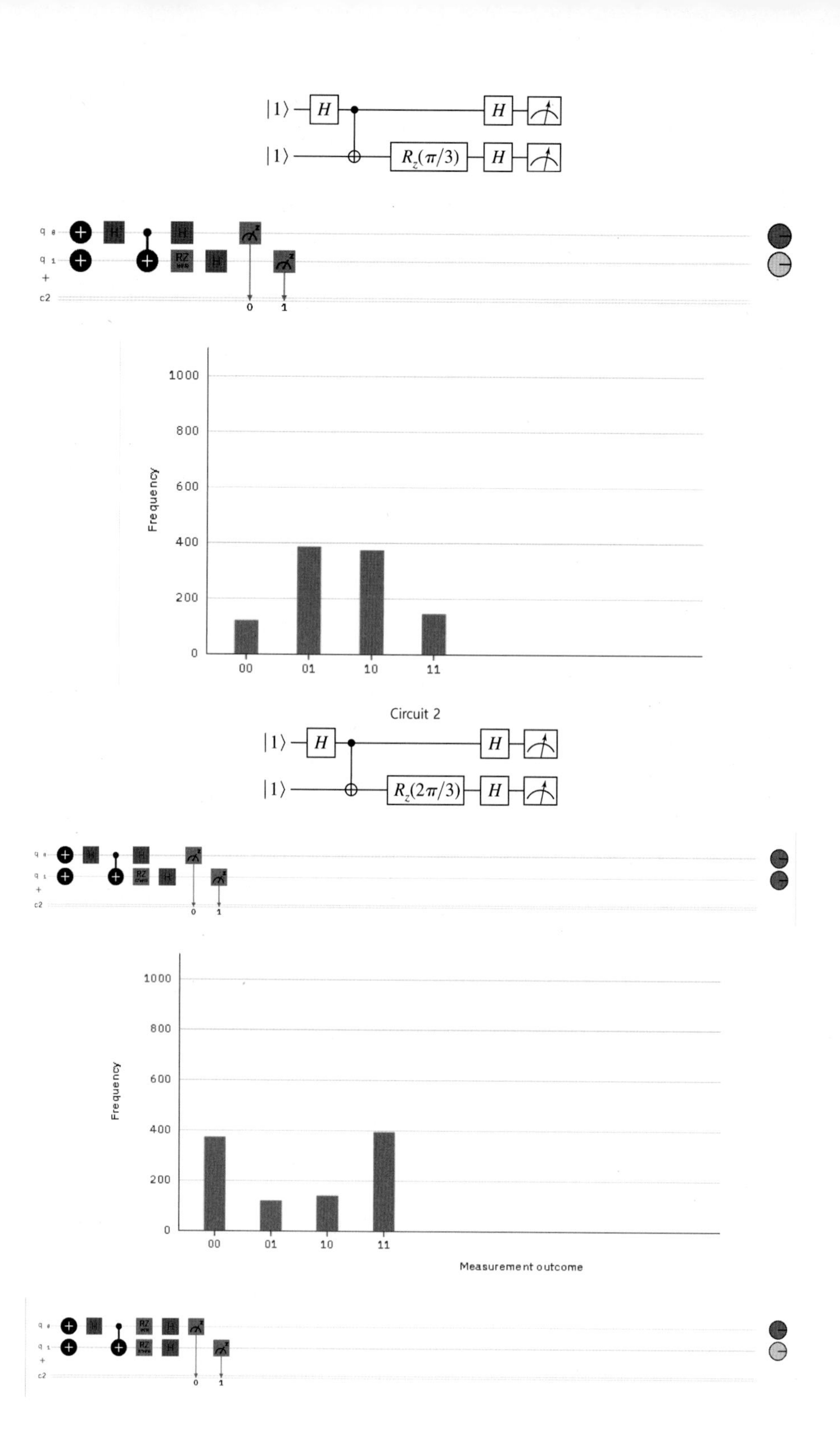
|1⟩
H
H
|1⟩
R_z(π/3)
H
q 0
q 1
c2
0
1
1000
800
600
400
200
0
Frequency
00
01
10
11
Circuit 2
|1⟩
H
H
|1⟩
R_z(2π/3)
H
1000
800
600
400
200
0
Frequency
00
01
10
11
Measurement outcome

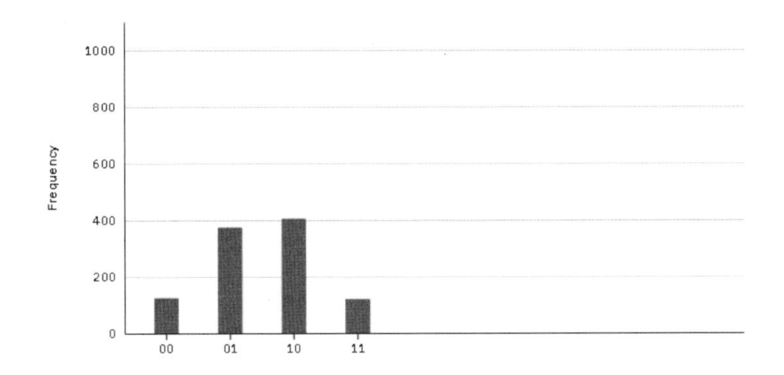

위 실험에서 나온 결과를 다음 표에서 정리해 보았다.

$$P(\vec{a},\ \vec{b})_{QM} = \langle \Psi^{-} | \vec{\sigma} \cdot \vec{a} \otimes \vec{\sigma} \cdot \vec{b} | \Psi^{-} \rangle = -\cos\theta_{\vec{a},\ \vec{b}}$$

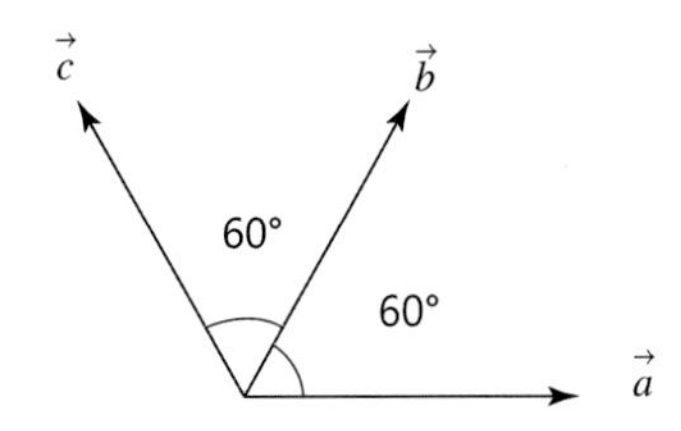

$P(a,\ b) = P($00 상태가 나올 확률$) - P($01 상태가 나올 확률$) - P($10 상태가 나올 확률$)$
$+ P($11 상태가 나올 확률$)$

	circuit1		circuit2		circuit3	
0	0.12	0.12	0.372	0.372	0.124	0.124
10	0.385	-0.385	0.119	-0.119	0.374	-0.374
1	0.373	-0.373	0.139	-0.139	0.405	-0.405
11	0.145	0.145	0.393	0.393	0.12	0.12
		-0.493		0.507		-0.535

위 표를 이용하면

$$P(a,\ b) = -0.493$$
$$P(a,\ c) = 0.507$$
$$P(b,\ c) = -0.535$$

따라서

$$|P(a,\ b) - P(a,\ c)| - P(b,\ c) = 1.535 \not\leq 1$$

벨의 부등식을 만족시키지 않으므로 아인슈타인의 국소적 숨어 있는 변수 이론이 틀렸다는, 즉 양자역학이 맞았다는 결론이 나온다.

10.2 CHSH 게임

CHSH 게임이란

CHSH 부등식(또는 벨 부등식)의 개념을 이용하여 가상의 사고실험을 할 수 있는데, 여기에서 참여자(앨리스와 밥)는 고전적인 전략과 양자역학적인 전략을 사용하여 어떤 방법이 승률이 높을지 테스트할 수 있다. 사고실험이지만 마치 게임과 같은 형식이어서 CHSH 게임으로 널리 알려져 있다. 물론 앨리스와 밥은 얽혀 있는 큐빗을 정보전달의 매개체로 사용한다. (당연할지 모르지만) 양자역학적인 전략이 고전적인 방법보다 훨씬 높은 승률을 자랑한다. 이 게임은 다음과 같이 진행된다.

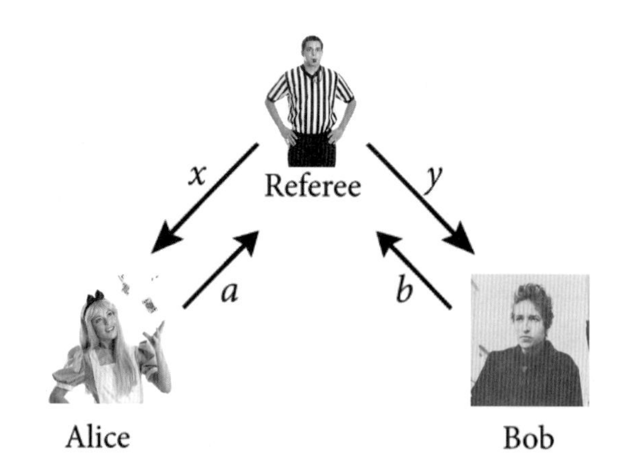

그림 10.10 | CHSH 게임의 세 명의 등장인물과 주고받는 데이터 비트

CHSH 게임의 룰

1. 게임 참여자는 앨리스, 밥, 심판 이렇게 3명이다. 앨리스와 밥은 한 편이며, 매회 게임을 통해 앨리스와 밥의 승패가 결정된다.
2. 1회의 게임에서 먼저 심판이 비트 데이터 x와 y를 무작위로 고른다.
3. 심판은 x와 y를 앨리스와 밥에게 각각 보낸다. 앨리스와 밥은 격리돼 있어서 서로 통신할 수 없다.
4. x와 y를 받으면 앨리스와 밥은 무작위로 비트 데이터 a와 b를 심판에게 보낸다.
5. 심판은 a와 b를 받아서 다음 조건을 만족시키면 앨리스와 밥이 승리했다고 판정을 내린다.

$$\text{If } a \oplus b = x \wedge y$$

6. 게임의 목표는 가능한 한 많은 회의 게임에서 앨리스와 밥이 승리하는 것이다.

CHSH 게임 상황

앨리스와 밥이 한 명의 심판을 상대로 CHSH 게임을 하는 상황을 다음과 같이 상상해 보자. 이 게임이 시작되기 전, 앨리스와 밥, 그리고 심판은 다음과 같이 이야기를 나누었다.

심판: 이 게임에는 앨리스와 밥, 자네들 외에 내가 심판으로 참여하게 되네. 나는 자네들에게 비트값 x와 y를 보내주고, 자네들이 그에 따라 보내는 데이터값 a와 b를 가지고 자네들이 이겼는지 졌는지 판정을 내려주게 되네.

앨리스: 우리가 어떻게 하면 게임을 이기게 되죠?

심판: 매회 내가 보낸 데이터 x, y와 자네들이 보낸 데이터 a와 b를 갖고 다음 식이 성립하면 자네들이 그 회를 이긴 거야.

$$If\ a \oplus b = x \wedge y$$

밥: 심판 아저씨. 이제까지 많이 보던 식들이군요. 그래도 좀 더 쉽게 설명해 주세요.

심판: 그러지. 내가 무작위로 얻은 데이터 쌍이 $x=1$, $y=0$이라고 가정해 보자고. 이것을 받고 자네들이 $a=1$, $b=1$을 다시 내게 보내줬다고 해보자. $a \oplus b$는 a와 b의 XOR 연산인 것은 배워서 알고 있지? 두 비트 a와 b가 다를 때에만 1이 나오니까 $a \oplus b = 1$을 얻지? $x \wedge y$는 x와 y의 논리곱(AND) 연산이므로 $x \wedge y = 0$이 되는군.

$a \oplus b$와 $x \wedge y$의 두 값을 확인하니, $0=0$이니까 자네들이 승리한 거야. 이를 표로 정리하면 다음과 같이 깔끔하게 이해될 거야.

x	y	a	b	a⊕b	x∧y	승/패
1	0	1	1	0	0	승

그림 10.11 | $a \oplus b$ 값과 $x \wedge y$ 값이 같으면 앨리스와 밥이 승을 거두게 된다.

밥: 아, 그렇군요. 그러면 우리가 이기려면, 심판 아저씨가 보내준 x, y 값을 보고 이길 수 있는 a와 b를 정해서 보내면 되겠네요?

앨리스: 밥, 이제 보니 게임이 그렇게 호락호락하지 않아. 게임이 시작되면 우리는 서로 격리돼서 내가 갖고 있는 데이터값만 볼 수 있어. 우리가 받은 x, y 값에 대해서 그냥 무작위로 a와 b를 보내서, 승패는 심판 아저씨만 알 수 있어!

심판: 맞네. 그래서 심판인 내가 필요한 것이지. 자네들은 서로 통신할 수 없어서 승패의 결과는 알 수 없다네. 자네들로서는 확률적인 전략 외에 100% 항상 이길 수가 없네. 대신에 본게임이 시작되기 전 여러분은 전략을 세워서 대응을 할 수 있지.

밥: 그러면 매회 승률을 높일 수 있는 방법은 무엇이 있을까요?

게임이 시작되면 앨리스와 밥은 서로 통신할 수 없지만, 게임 시작 전 전략을 짠 다음 게임 중 그대로 하자고 약속할 수는 있다. a와 b가 가질 수 있는 값은 0 또는 1이므로, 가장 단순한 방법은 매회 다음을 계속 반복하는 것이다.

a	b	전략 번호
0	0	#1
0	1	#2
1	0	#3
1	1	#4

그림 10.12 | 앨리스와 밥이 보내는 데이터 a, b의 전략. 각 경우의 수를 전략번호 1, 2, 3, 4로 명명한다. 전략 1번은 $a=b=0$, 즉 모두 0을 내는 전략이다. 다른 경우의 수에 대해 각각 다른 전략 번호로 구분한다.

이러한 방법은 고전적인 전략이다. 앨리스와 밥은 x와 y가 무작위적인 확률에 의해 발생한다고 보고 가장 높은 확률로 이길 수 있게 a와 b를 정해서 보내는 것이다. 고전적인 전략에 의해 총 16회의 게임이 진행된다면 다음과 같이 표를 만들 수 있다.

x	y	$a(x)$	$b(y)$	$a(x)\oplus b(y)$	xy	승리?	전략 #
0	0	0	0	0	0	예	#1
0	0	0	1	1	0	아니요	#2
0	0	1	0	1	0	아니요	#3
0	0	1	1	0	0	예	#4
0	1	0	0	0	0	예	#1
0	1	0	1	1	0	아니요	#2
0	1	1	0	1	0	아니요	#3
0	1	1	1	0	0	예	#4
1	0	0	0	0	0	예	#1
1	0	0	1	1	0	아니요	#2
1	0	1	0	1	0	아니요	#3
1	0	1	1	0	0	예	#4
1	1	0	0	0	1	아니요	#1
1	1	0	1	1	1	예	#2
1	1	1	0	1	1	예	#3
1	1	1	1	0	1	아니요	#4

앨리스: 우리가 아까 설정한 전략으로 게임을 진행해 보니 위의 표와 같이 16번의 게임을 했고, 승률은 8/16=50%야.

밥: 그래도 절반의 확률로 우리가 이기는 거네? 그러면 각 전략별로 승률은 어떻게 될까? 최고 승률의 전략을 알면 다음 게임에서는 그 전략만 사용하면 되지 않을까?

앨리스: 좋은 생각이야. 각 전략별로 승률을 계산해 보았어.

전략 번호	승	패	승률
1	3	1	3/4 = 75%
2	1	3	1/4 = 25%
3	1	3	1/4 = 25%
4	3	1	3/4 = 75%

정리해 보니 전략 1번과 4번이 75%로 가장 높은 승률을 보이고 있네?

밥: 와우, 그렇구나. 고전적인 방법으로도 75%까지의 승률로 이 게임을 이길 수 있는 거군. 이것보다 더 나은 승률 전략은 없을까?

심판: 제군들, 좋은 소식이 있네. 양자컴퓨터로 얽혀 있는 큐빗을 사용하면 약 10% 이상 승률이 올라가네.

고전적 전략 승률 75%의 보다 직관적인 이해

심판이 주는 x, y와 앨리스와 밥이 심판에게 보내는 a, b가 가질 수 있는 연산의 경우를 살펴보면 75%의 확률이 직관적으로 이해된다.

심판이 주는 비트

x	y	$x \cdot y$
0	0	0
1	0	0
0	1	0
1	1	1

(위 세 행) 심판의 x, y는 어떤 경우에는 $x \cdot y$ 값이 0인 값이 75%나 된다.

앨리스와 밥의 비트

a	b	$a \oplus b$
0	0	0
1	0	1
0	1	1
1	1	0

$a = b = 0$ 또는 $a = b = 1$ 이면 $a \oplus b = x \cdot y$ 확률이 75%

위의 상황을 정리해 보면 다음과 같다.

CHSH 게임을 이기기 위해 고전적인 전략은 75%의 확률로 나오는 심판의 $x \cdot y = 0$과 맞게 $a + b = 0$이 항상 나오도록 두 사람이 a와 b를 내면 된다. 그렇게 하려면 XOR 연산의 성질에 의해 a와 b가 항상 같게 내면 된다. 즉 $a = b = 0$ 또는 $a = b = 1$이 항상 나오도록 약속하면 된다.

$a=b=0$ 또는 $a=b=1$의 전략은 다음에 알아볼 양자 전략에서도 기본적으로 통용되므로 잘 기억해 두자.

CHSH 게임의 양자 전략

이 게임을 양자적으로 수행하면 신기하게도 승률이 약 85%까지 올라간다. 양자 전략은 다음과 같이 게임을 하는 것이다. 위에서 가장 최고의 승률을 이루려면 $a=b=0$ 또는 $a=b=1$ 전략을 수행하면 된다고 한 점을 기억하자. 양자 전략에서도 이 전략을 기본적으로 활용하되 큐빗의 얽힘을 이용하면 고전적인 전략보다 승률이 높아지게 된다.

CHSH 게임의 양자 전략 증명[1]

1. 앨리스와 밥은 각각의 큐빗 한 개로 얽혀 있는 벨 상태 $|\psi\rangle = \frac{1}{\sqrt{2}}(|00\rangle + |11\rangle)$를 만든다.

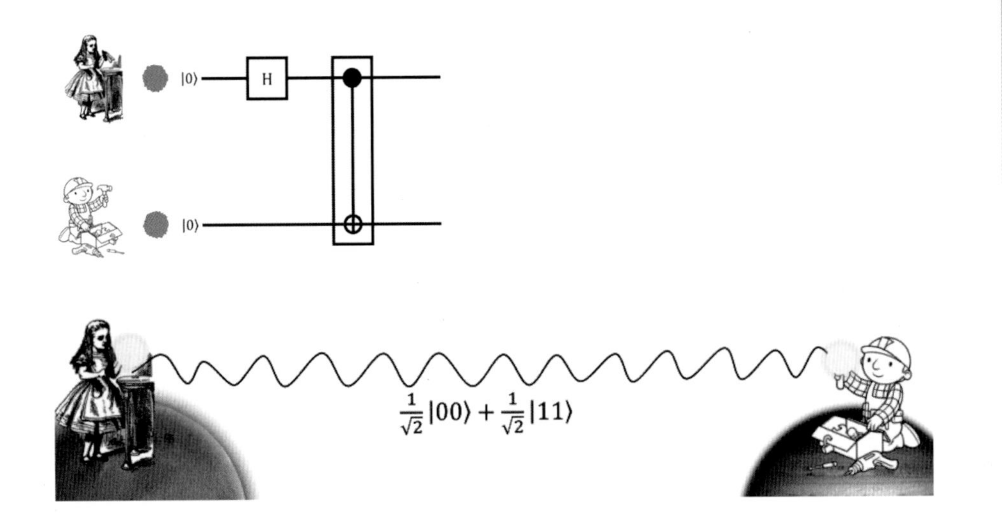

2. 앨리스와 밥이 받을 수 있는 비트$(x,\ y)$의 경우는 물론 0과 1 두 가지밖에 없다. 각각의 경우에서 앨리스와 밥은 측정하려는 기저를 현재의 계산기저에서 다음과 같이 회전시킨다.

   심판으로부터 0을 받을 때: 회전된 새로운 기저는 다음과 같다.

$$|\alpha_0(\theta)\rangle = \cos\theta|0\rangle + \sin\theta|1\rangle$$

---

1) CHSH 게임의 양자 전략 증명은 여러 논문과 인터넷 사이트에 나와 있고 약간씩 설명이 다르지만, 측정 기저의 회전 각도는 동일한 대동소이한 설명들이다. 이 책의 설명은 인터넷 블로그 https://sergworks.wordpress.com/2016/10/26/chsh-game-in-detail/를 주로 참고했음을 밝힌다.

심판으로부터 1을 받을 때: 회전된 새로운 기저는 다음과 같다.

$$|\alpha_1(\theta)\rangle = \sin\theta|0\rangle - \cos\theta|1\rangle$$

회전시키는 각도는 각각의 경우에서 다음과 같다.

앨리스가 $x=0$을 받아 회전시키는 각도 $\theta_{A0}=0$(즉 기저의 회전이 없다)

앨리스가 $x=1$을 받아 회전시키는 각도 $\theta_{A1}=\dfrac{\pi}{4}$

밥이 $x=0$을 받아 회전시키는 각도 $\theta_{B0}=\dfrac{\pi}{8}$

밥이 $x=1$을 받아 회전시키는 각도 $\theta_{B1}=-\dfrac{\pi}{8}$

측정기저의 회전을 그림으로 정리해 보면 다음과 같다.

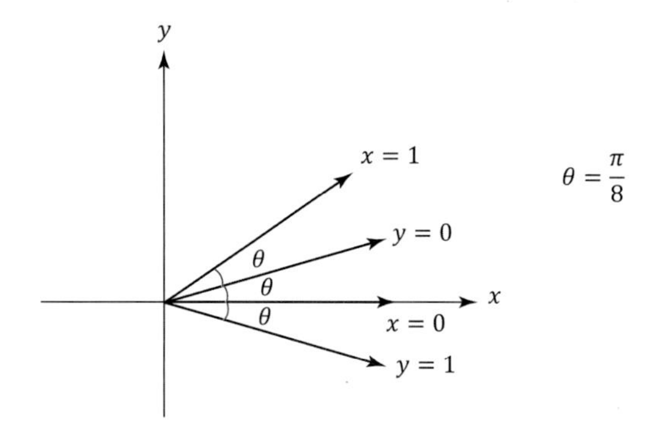

3. 기저를 회전시킨 후 두 사람은 각 기저에서 얽힌 큐빗의 양자 상태를 측정하여 그대로 심판에게 보고한다.

예를 들어, 앨리스가 $x=0$을 받고 $|\alpha_0(\theta)\rangle$로 기저를 회전시켜 측정하면 (100%의 확률로) $|0\rangle$을 얻고 이 $a=0$을 심판에게 보고한다. 앨리스가 $x=1$을 얻으면 기저를 회전 후 $|0\rangle$와 $|1\rangle$이 나오는 대로 $a=0$ 또는 $a=1$을 보고한다. 밥도 만약 $y=1$을 받으면 $|\alpha_1(\theta)\rangle$로 기저를 회전시켜 측정해 본다. 이때는 (아래에서 자세히 계산해 보겠지만) $\cos^2(\pi/8)=85\%$의 확률로 $|1\rangle$ 상태를 얻고 $b=1$을 보고한다.
위에서 언급했듯이 최고의 전략은 $a=b=0$ 또는 $a=b=1$을 심판에게 보고하는 것이다. 따라서 이 두 사람이 이길 확률은 다음과 같다.

$$P(\text{이길 확률}) = P(a=b=0\text{을 낼 확률}) + P(a=b=1\text{을 낼 확률})$$

$$P\left(a=b=0\text{을 낼 확률}\right)$$
$$= \left(|\psi\rangle\text{를 새로운 기저 } |\alpha_{A_0}\rangle, |\alpha_{B_0}\rangle\text{에서 측정}\right)$$
$$= |{}_A\langle\alpha_0(\theta_{A0})| \otimes {}_B\langle\alpha_0(\theta_{B0})|\psi\rangle|^2$$

확률은 $|\text{양자 상태}|^2$

앨리스가 $x=0$을 받고 기저를 θ_{A_0} 만큼 회전

밥이 $x=0$을 받고 기저를 θ_{B_0}만큼 회전

$$P\left(a = b = 1\text{을 낼 확률}\right)$$
$$= \left(|\psi\rangle\text{를 새로운 기저 } |\alpha_{A_0}(\theta_{A_1})\rangle, |\alpha_{B_0}(\theta_{B_1})\rangle\text{에서 측정}\right)$$
$$= |_A\langle\alpha_0(\theta_{A1})| \otimes_B \langle\alpha_1(\theta_{B1})|\psi\rangle|^2$$

확률은 $|\text{양자 상태}|^2$

앨리스가 $x=1$을 받고 기저를 θ_{A_1} 만큼 회전

밥이 $x=1$을 받고 기저를 θ_{B_1}만큼 회전

$$\therefore P(\text{이길 확률}) = |_A\langle\alpha_0(\theta_{A0})| \otimes_B\langle\alpha_0(\theta_{B0})|\psi\rangle|^2 + |_A\langle\alpha_1(\theta_{A1})| \otimes_B\langle\alpha_1(\theta_{B1})|\psi\rangle|^2$$

4. 이렇게 양자 전략을 사용하면 두 사람이 이길 확률은 $\theta_{A0} = 0,\ \theta_{A1} = \frac{\pi}{4},\ \theta_{B0} = \frac{\pi}{8},\ \theta_{B1} = -\frac{\pi}{8}$이므로

$$\mathrm{P(win)} = \frac{3}{4}\cos^2\frac{\pi}{8} + \frac{1}{4}\sin^2\frac{3\pi}{8} = \cos^2\frac{\pi}{8} = \frac{1+\cos\frac{\pi}{4}}{2} = \frac{1}{2} + \frac{1}{2\sqrt{2}} \approx 0.85355$$

즉 약 85%가 된다.

왜 85.3%의 승률이 나오는지 자세히 알아보자. 우리가 구하려는 승률은 심판이 두 사람에게 줄 수 있는 네 가지의 경우에서 두 사람이 이길 확률을 모두 더함으로써 구할 수 있다.

승률 = $P(x=0,\ y=0$일 때 두 사람이 이길 확률$)$ + $P(x=0,\ y=1$일 때 두 사람이 이길 확률$)$
+ $P(x=1,\ y=0$일 때 두 사람이 이길 확률$)$ + $P(x=1,\ y=1$일 때 두 사람이 이길 확률$)$

위에서 우리는 이길 확률을 계산하였으므로, 네 가지 경우에서 각 기저를 회전시키는 각도를 달리하여 이길 확률을 계산한다. 다음과 같이 계산해 보자.

1. $P(x=0,\ y=0$일 때 두 사람이 이길 확률$)$

$$= |_A\langle\alpha_0(\theta_{A0})| \otimes_B\langle\alpha_0(\theta_{B0})|\psi\rangle|^2 + |_A\langle\alpha_1(\theta_{A1})| \otimes_B\langle\alpha_1(\theta_{B1})|\psi\rangle|^2$$

여기에 $|\alpha_0(\theta)\rangle = \cos\theta|0\rangle + \sin\theta|1\rangle$와 $|\psi\rangle = \frac{1}{\sqrt{2}}(|00\rangle + |11\rangle)$를 대입하면

$$|(\cos\theta_{A_0A}\langle 0| + \sin\theta_{A_0A}\langle 1|) \otimes (\cos\theta_{B_0B}\langle 0| + \sin\theta_{B_0B}\langle 1|)|\psi\rangle|^2 (※)$$
$$+ |(\sin\theta_{A_0A}\langle 0| - \cos\theta_{A_0A}\langle 1|) \otimes (\sin\theta_{B_0B}\langle 0| - \cos\theta_{B_0B}\langle 1|)|\psi\rangle|^2$$

첫 번째 항을 자세히 살펴보면, $|\psi\rangle = \frac{1}{\sqrt{2}}(|00\rangle + |11\rangle)$
(※) 부분에서 $|00\rangle, |01\rangle, |10\rangle, |11\rangle$의 네 개 항이 나오지만 $|\psi\rangle$와의 텐서곱과 기저의 직교성에 의해 $|00\rangle$과 $|11\rangle$의 두 항만 0이 아니어 살아남게 된다.

이를 이용해 첫 항을 계산해 보면

$$\left|\frac{1}{2}(\cos\theta_{A_0}\cos\theta_{B_0}+\sin\theta_{A_0}\sin\theta_{B_0})\right|^2 \quad ①$$

마찬가지로 두 번째 항을 계산하면

$$\left|(\sin\theta_{A_0A}\langle 0|-\cos\theta_{A_0B}\langle 1|)\otimes(\sin\theta_{B_0B}\langle 0|-\cos\theta_{B_0B}\langle 1|\frac{1}{\sqrt{2}}(|00\rangle+|11\rangle)\right)\right|^2$$

$$=\left|\frac{1}{\sqrt{2}}(\sin\theta_{A_0}\sin\theta_{B_0}+\cos\theta_{A_0}\cos\theta_{B_0})\right|^2 \quad ②$$

우리가 구하려는 것은

$$①+②=(\cos\theta_{A_0}\cos\theta_{B_0}+\sin\theta_{A_0}\sin\theta_{B_0})^2$$

$$=\cos^2(\theta_{A_0}-\theta_{B_0})$$

$$(\cos(x+y)=\cos x\cos y-\sin x\sin y \text{ 이용})$$

즉, $P(x=0,\ y=0$일 때 두 사람이 이길 확률$)=\cos^2(\theta_{A_0}-\theta_{B_0})$이다.

2. $P(x=0,\ y=1$일 때 두 사람이 이길 확률$)$

$y=1$이므로 밥은 $B_0=\frac{\pi}{8}$만큼 회전시키고 그 기저는 $|\alpha_1(\theta)\rangle=\sin\theta|0\rangle-\cos\theta|1\rangle$을 사용함에 유의하자. 그 계산 과정과 결과를 간략히 써보면 다음과 같다.

$$=|_A\langle\alpha_0(\theta_{A_0})|\otimes_B\langle\alpha_0(\theta_{B_1})|\Psi\rangle|^2+|_A\langle\alpha_1(\theta_{A_0})|\otimes_B\langle\alpha_1(\theta_{B_1})|\Psi\rangle|^2$$

$a=b=0$을 내야 하므로 $|\alpha_0(\theta)\rangle$에서 측정

앨리스는 $x=0$, 밥은 $y=1$을 받아 해당되는 각도만큼 기저를 회전

$a=b=1$을 내야 하므로 $|\alpha_1(\theta)\rangle$에서 측정

$$=|(\cos\theta_{A_0A}\langle 0|+\sin\theta_{A_0A}\langle 1|)\otimes(\cos\theta_{B_1B}\langle 0|+\sin\theta_{B_1B}\langle 1|)|\Psi|^2$$

$$+|(\sin\theta_{A_0A}\langle 0|-\cos\theta_{A_0A}\langle 1|)\otimes(\sin\theta_{B_1B}\langle 0|-\cos\theta_{B_1B}\langle 1|)|\Psi\rangle|^2$$

$$=\cos^2(\theta_{A_0}-\theta_{B_1})$$

3. P($x=1$, $y=0$일 때 두 사람이 이길 확률)

$$=|{}_A\langle\alpha_0(\theta_{A_1})|\otimes{}_B\langle\alpha_0(\theta_{B_0})|\Psi\rangle|^2+|{}_A\langle\alpha_1(\theta_{A_1})|\otimes{}_B\langle\alpha_1(\theta_{B_0})|\Psi\rangle|^2$$

앨리스 $x=0$, 밥 $y=1$에
해당되는 회전 각도

$$=|(\cos\theta_{A_1A}\langle 0|+\sin\theta_{A_1A}\langle 1|)\otimes(\cos\theta_{B_0B}\langle 0|+\sin\theta_{B_0B}\langle 1|)|\frac{1}{\sqrt{2}}(|00\rangle+|11\rangle)|^2$$

$$+|(\sin\theta_{A_1A}\langle 0|-\cos\theta_{A_1A}\langle 1|)\otimes(\sin\theta_{B_0B}\langle 0|-\cos\theta_{B_0B}\langle 1|)|\frac{1}{\sqrt{2}}(|00\rangle+|11\rangle)|^2$$

$$=\cos^2(\theta_{A_1}-\theta_{B_0})$$

4. P($x=0$, $y=1$일 때 두 사람이 이길 확률)

$=\sin^2(\theta_{A_0}-\theta_{B_0})$ (자세한 증명은 연습문제에서 해보자.)

최종적으로 앨리스와 밥이 이길 확률은 위에서 구한 네 가지 승률의 합을 4로 나눈 값이므로

$$승률=[\cos^2(\theta_{A_0}-\theta_{B_0})+\cos^2(\theta_{A_0}-\theta_{B_0})+\cos^2(\theta_{A_0}-\theta_{B_0})+\sin^2(\theta_{A_0}-\theta_{B_0})]/4$$

$$=\frac{3}{4}\cos^2(\theta_{A_0}-\theta_{B_0})+\frac{1}{4}\sin^2(\theta_{A_0}-\theta_{B_0})$$

여기에 다음의 회전 각도를 대입해 보자.

$$\theta_{A0}=0,\ \theta_{A1}=\frac{\pi}{4},\ \theta_{B0}=\frac{\pi}{8},\ \theta_{B1}=-\frac{\pi}{8}$$

$$P(win)=\frac{3}{4}\cos^2\frac{\pi}{8}+\frac{1}{4}\sin^2\frac{3\pi}{8}=\cos^2\frac{\pi}{8}=\frac{1+\cos\frac{\pi}{4}}{2}=\frac{1}{2}+\frac{1}{2\sqrt{2}}\approx 0.85355$$

최종 승률은 약 85%이다.

고전적인 전략의 승률이 75%였음을 상기해 볼 때 양자 전략을 사용하면 앨리스와 밥이 이길 확률이 10% 이상 높아짐을 알 수 있다!

10.3 3 큐빗 얽힘 양자 상태: GHZ 얽힘 상태와 W 상태

GHZ 양자 상태

우리가 알다시피 벨 상태는 큐빗 두 개가 최대로 얽혀 있는 상태이다. 더 많은 큐빗에서 얽힘 상태도 물론 만들 수 있다. 3 큐빗 이상에서의 얽힘 상태로는 GHZ 상태와 W 상태가 알려져 있다. GHZ란 이름의 이 양자 상태는 1989년 이후 그린버거(Greenberger), 혼(Horne), 차일링거(Zeilinger) 세 사람에 의해 연구되었으며, '슈뢰딩거 고양이 양자 상태'라는 별명으로도 불린다. W 상태란 이름은 2002년 이 상태를 발견한 볼프강 뒤르(Wolfgang Dür)의 이름에서 가져왔다.

먼저 GHZ 상태부터 살펴보자. 이제 GHZ 양자 상태를 $|GHZ\rangle$ 라고 표시해 보자. 이 $|GHZ\rangle$는 절반의 확률로 $|000\rangle$ 혹은 $|111\rangle$이 중첩되어 있는 양자 상태이다. 이 얽힘 상태의 회로도는 다음과 같이 단순하다.

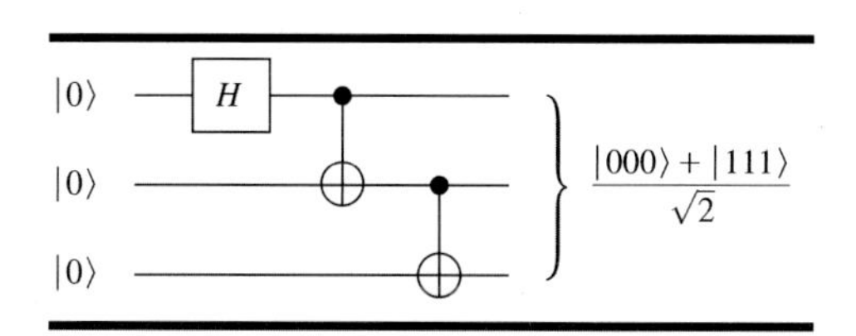

그림 10.13 | 양자 상태 GHZ 상태의 양자 회로

GHZ 양자 상태 $= \frac{1}{\sqrt{2}}(|000\rangle + |111\rangle)$의 증명

먼저 위 회로도가 $\frac{1}{\sqrt{2}}(|000\rangle + |111\rangle)$가 되는지 확인해 보자.

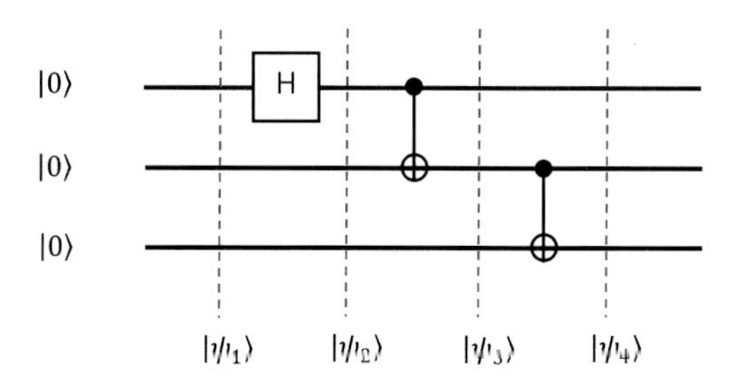

$$|\Psi_1\rangle = |0\rangle \otimes |0\rangle \otimes |0\rangle$$

$$|\Psi_2\rangle = H_0|\Psi_1\rangle = (H_0|0\rangle) \otimes |0\rangle \otimes |0\rangle$$

$$= \frac{1}{\sqrt{2}}(|0\rangle + |1\rangle) \otimes |0\rangle \otimes |0\rangle$$

$$=\frac{1}{\sqrt{2}}(|000\rangle+|100\rangle)$$

$$|\Psi_3\rangle=CNOT_{01}|\Psi_2\rangle=\frac{1}{\sqrt{2}}[CNOT_{01}|000\rangle+CNOT_{01}|100\rangle]=\frac{1}{\sqrt{2}}[|000\rangle+|110\rangle]$$

$$|\Psi_4\rangle=CNOT_{12}|\Psi_3\rangle=\frac{1}{\sqrt{2}}[CNOT_{12}|000\rangle+CNOT_{12}|110\rangle]=\frac{1}{\sqrt{2}}[|000\rangle+|111\rangle]$$

W 상태

세 개 이상의 큐빗에서 또 다른 얽힌 상태인 W 상태의 회로도는 다음과 같다.

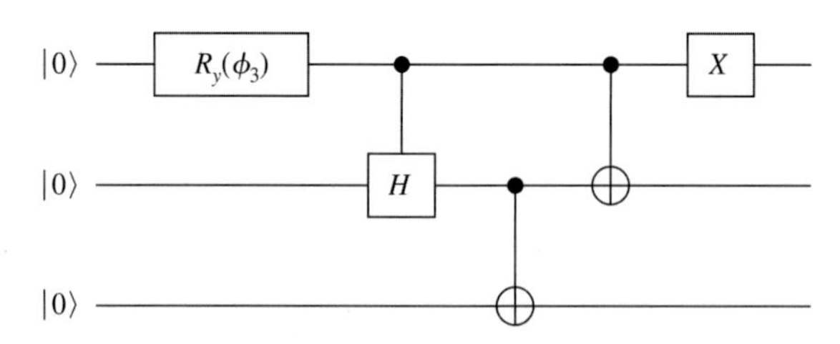

그림 10.14 | 3 큐빗 얽힌 양자 상태 W 상태의 양자 회로

GHZ 상태보다 사용되는 게이트의 수와 종류가 좀 더 많다. 회로도에서 $R_y(\varnothing_3)$는 R_y 회전 게이트이며 회전 각도 $\varnothing_3=2\cos^{-1}\frac{1}{\sqrt{3}}$이다.

R_y 회전 게이트는 다음과 같이 주어진다.

$$R_y(\theta)=\begin{pmatrix}\cos\left(\frac{\theta}{2}\right) & -\sin\left(\frac{\theta}{2}\right)\\ \sin\left(\frac{\theta}{2}\right) & \cos\left(\frac{\theta}{2}\right)\end{pmatrix}$$

위 회로도에 의하여 최종 얽힘 양자 상태는 다음과 같이 된다. (증명은 연습문제에서 상세한 도움과 풀이를 볼 수 있다.)

$$|W\rangle=\frac{1}{\sqrt{3}}(|001\rangle+|010\rangle+|100\rangle)$$

W 상태와 GHZ 상태의 차이

이 두 양자 상태는 3 큐빗(이상)에서 얽힌 양자 상태이지만 다른 성질을 갖고 있다. 큐빗이 얽혀 있는 정도는 GHZ 상태가 W 상태보다 더 크다. (얽힘의 정도는 얽힘 엔트로피를 계산함으로써 구할 수 있다. 이 책의 범위를 넘어가므로 자세한 설명은 생략한다.) 그러나 W 상태의 장점이 있다. 세 개의 큐빗 중 한 개가 없어지면(혹은 측정되면) 남은 두 큐빗의 얽힘 정도로는 W 상태가 더 강력하다. 따라서 W 상태는 한 개 큐빗이 측정된 후 더 견고한 얽힘을 유지한다.

$$|\mathrm{GHZ}\rangle=\frac{1}{\sqrt{2}}(|000\rangle+|111\rangle)\text{의 첫 번째 큐빗을 측정 후}$$

→ 두 번째, 세 번째 큐빗의 양자 상태는 $|00\rangle$ 혹은 $|11\rangle$ 상태. 이 양자 상태들은 더 이상 얽혀 있지 않다!

$$|\mathrm{GHZ}\rangle = \frac{1}{\sqrt{2}}(|000\rangle + |111\rangle)$$

큐빗 1을 측정하면 50%의 확률로 $|0\rangle$ 또는 $|1\rangle$이 나온다.
큐빗 1이 $|0\rangle$으로 측정될 때 큐빗 2와 3은 $|00\rangle$
큐빗 1이 $|1\rangle$으로 측정될 때 큐빗 2와 3은 $|11\rangle$

$$|W\rangle=\frac{1}{\sqrt{3}}(|001\rangle+|010\rangle+|100\rangle)\text{의 첫 번째 큐빗을 측정 후}$$

→ 두 번째 세 번째 큐빗은 $\frac{1}{\sqrt{2}}(|01\rangle+|10\rangle)$ 혹은 $|00\rangle$의 상태에 있을 수 있다.

$$|W\rangle=\frac{1}{\sqrt{3}}(|001\rangle+|010\rangle+|100\rangle)$$

큐빗 1을 측정 시 $\frac{2}{3}$의 확률로 $|0\rangle$, $\frac{1}{3}$의 확률로 $|1\rangle$을 얻는다.
큐빗 1이 $|0\rangle$으로 측정될 때 큐빗 2, 3의 상태는 $\frac{1}{\sqrt{2}}(|01\rangle+|10\rangle)$
큐빗 1이 $|1\rangle$로 측정될 때 큐빗 2, 3의 상태는 $|00\rangle$

이 경우 $\frac{1}{\sqrt{2}}(|01\rangle+|10\rangle)$가 두 개 큐빗의 얽혀 있는 상태(벨 상태)로서, GHZ 상태와 달리 첫 큐빗 측정 후에도 얽힘 상태가 유지된다.

이러한 W 상태의 특성은 양자 메모리란 분야에서 응용된다. 한 개의 큐빗이 측정되어서 사라져도 남은 두 큐빗이 최대의 얽힘을 유지하고 있기 때문이다.

요약

1. EPR 역설은 양자역학의 얽힘 현상에 대한 설명이 불완전하며, 완전한 설명을 위해서는 국소적인 숨겨진 변수가 있다고 주장한다. 이를 국소적인 숨겨진 변수 이론이라고 한다.

2. 국소성이란 멀리 떨어져 있는 두 물체는 순간적으로 상호작용할 수 없음을 의미한다.

3. 서로 얽혀 있지 않은 두 물체, 즉 큐빗들은 국소적으로 존재한다. 이에 반하여 얽혀 있는 벨 상태의 큐빗들은 국소적인 존재가 아니다.

4. EPR 역설의 사고실험에서 충분히 멀리 떨어져 있는 두 입자의 정확한 위치와 운동량을 측정할 수 있게 된다. 이는 양자역학의 불확정성의 원리에 위배되므로, 이 불확정성의 원리에 기반한 양자역학은 불완전하고 이를 더 완전하게 만들어줄 숨겨진 변수가 있을 것이다.

5. EPR 역설을 현대적으로 재설명한 사고실험이 EPR-봄 역설이며 EPR 역설로 많이 설명된다.

6. EPR-봄 역설에서 두 개의 입자의 스핀 운동량이 측정된다.

7. 벨 부등식: EPR-봄 사고실험에서 두 입자가 국소적 숨겨진 이론을 따른다면, 즉 양자역학의 설명이 틀리다면 다음 부등식을 만족시킨다.

$$|P(\vec{a}, \vec{b}) - P(\vec{a}, \vec{c})| - P(\vec{b}, \vec{c}) \le 1$$

8. 벨의 부등식을 실험적으로 증명한 알랭 아스페의 실험에서 벨의 부등식이 깨진 것으로 나타났다. 즉, 두 광자는 얽혀 있었고, 아인슈타인의 숨겨진 변수 이론이 틀린 것으로 판정되었다.

9. CHSH 게임에서 격리되어 있는 앨리스와 밥이 한 편이 되어 심판으로부터 데이터 비트 x와 y를 수신해 무작위로 데이터 비트 a와 b를 심판에게 보낸다. 이때 다음 조건을 만족시키면 앨리스와 밥 팀이 승리한다.

$$\text{If } a \oplus b = x \wedge y$$

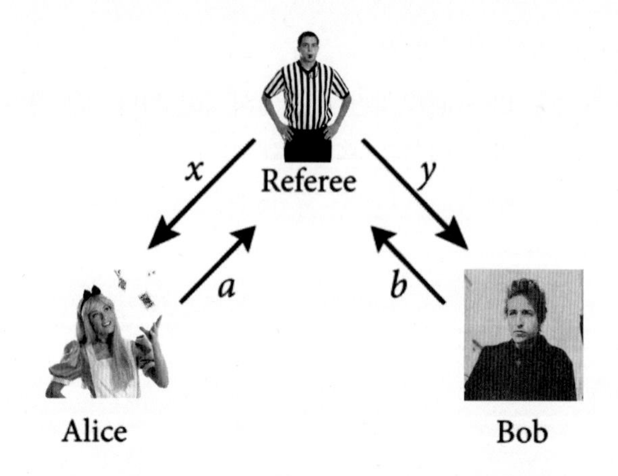

10. 앨리스와 밥이 CHSH 게임을 무작위로 하면 이길 확률은 75%이다. 반면에 양자 전략을 사용하여 두 개의 얽혀 있는 큐빗의 벨 상태를 이용하면 승률이 85% 이상이다.

11. 큐빗이 세 개일 때 절반의 확률로 $|000\rangle$ 혹은 $|111\rangle$이 중첩되어 얽힌 상태가 GHZ 상태이다.

$$\text{GHZ 양자 상태} = \frac{1}{\sqrt{2}}(|000\rangle + |111\rangle)$$

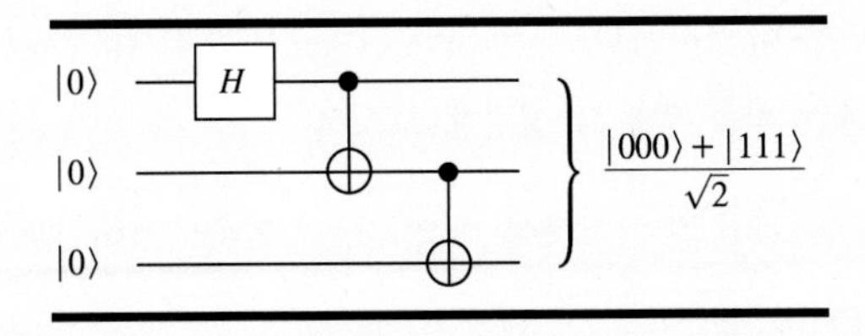

12. 세 개의 큐빗이 최대로 얽힌 양자 상태 W 상태의 양자 회로는 다음과 같다.

$$|W\rangle = \frac{1}{\sqrt{3}}(|001\rangle + |010\rangle + |100\rangle)$$

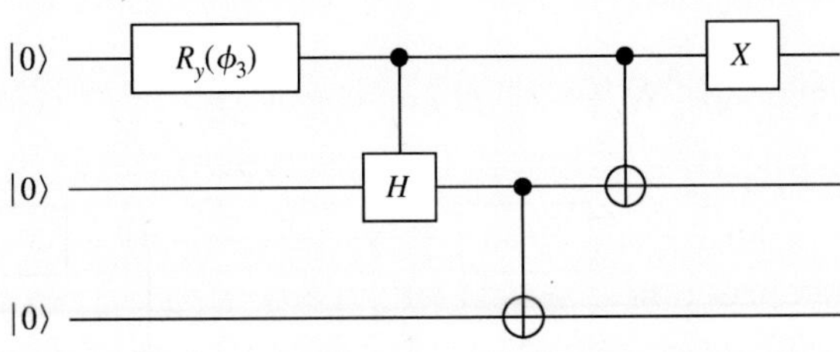

연습문제

※ $P(x=1,\ y=1$일 때 두 사람이 이길 확률)이 $\sin^2(\theta_{A0}-\theta_{B0})$임을 증명해 보자.

1. $P(x=1,\ y=1$일 때 두 사람이 이길 확률)

   $= |{}_A\langle\alpha_0(\theta_{A1})| \otimes {}_B\langle\alpha_0(\theta_{B1})|\psi\rangle|^2 = |{}_A\langle\alpha_1(\theta_{A1})| \otimes {}_B\langle\alpha_1(\theta_{B1})|\psi\rangle|^2$

   와 같이 된다. 왜 이런 식을 얻는지 설명해 보시오.

2. 위 식에 $\langle\alpha_0|$, $\langle\alpha_1|$, $\langle\psi|$를 대입하여 다음 식이 나옴을 보이시오.

   $\frac{1}{2}|\cos\theta_{A1}\sin\theta_{B1}-\sin\theta_{A1}\cos\theta_{B1}|^2+\frac{1}{2}|\sin\theta_{A1}\cos\theta_{B1}-\cos\theta_{A1}\sin\theta_{B1}|^2$

3. 위 2번의 식을 정리하여 다음을 보이시오.

   $P(x=1,\ y=1$일 때 두 사람이 이길 확률$)=\sin^2(\theta_{A0}-\theta_{B0})$

W 상태의 유도

큐빗에서의 얽힌 양자 상태 W 상태의 회로가 다음과 같다.

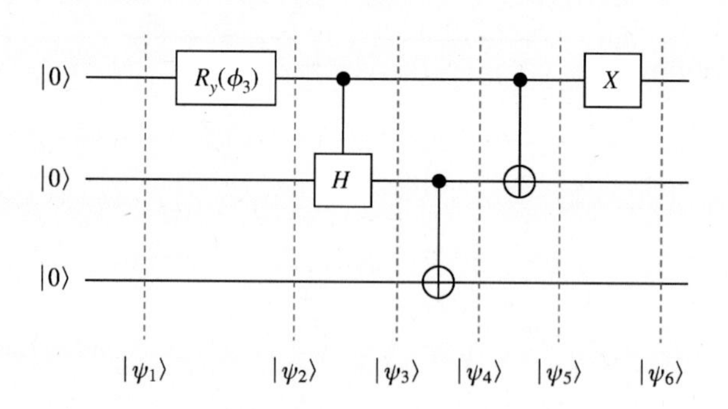

최종 양자 상태 $|\psi_6\rangle$가 다음과 같이 나옴을 증명해 보자.

$$|\psi_6\rangle=\frac{1}{\sqrt{3}}*(|100\rangle+|010\rangle+|001\rangle)$$

4. R_y는 회전 게이트이며 회전 각도 $\Phi_3=2\mathrm{acos}\left(\frac{1}{\sqrt{3}}\right)$이다. R_y 회전 게이트는 다음과 같이 주어진다.

$$R_y(\theta)=\begin{pmatrix}\cos\left(\frac{\theta}{2}\right) & -\sin\left(\frac{\theta}{2}\right)\\ \sin\left(\frac{\theta}{2}\right) & \cos\left(\frac{\theta}{2}\right)\end{pmatrix}$$

주어진 회전 각도에서 $R_y(\theta)=\begin{pmatrix}\sqrt{\frac{1}{3}} & -\sqrt{\frac{2}{3}}\\ \sqrt{\frac{2}{3}} & \sqrt{\frac{1}{3}}\end{pmatrix}$임을 보이시오.

$\left(0 < \text{acos}\left(\frac{1}{\sqrt{3}}\right) < \pi\right.$이므로 $\sin\left(\text{acos}\left(\frac{1}{\sqrt{3}}\right)\right) > 0$에 유의한다.)

5. $|\psi_1\rangle = |000\rangle$이다. R_y를 통과한 후 상태벡터 $|\psi_2\rangle$를 구하자. 이 단계에서 중요한 사항은, R_y는 행렬식으로 주어져서 큐빗의 상태벡터를 열 벡터로 바꾸어 계산하지만, 이를 다시 켓 벡터로 바꾸어야 한다는 점이다. 먼저 다음을 확인하시오.

$$|\Psi_2\rangle = \begin{pmatrix} \sqrt{\frac{1}{3}} \\ \sqrt{\frac{2}{3}} \end{pmatrix} \otimes \begin{pmatrix} 1 \\ 0 \end{pmatrix} \otimes \begin{pmatrix} 1 \\ 0 \end{pmatrix}$$

6. 열 벡터로 표현된 $|\psi_2\rangle$를 다시 켓 벡터로 바꿔야 다음 단계를 수월하게 할 수 있다. 위에서 구한 $|\psi_2\rangle$를 다음과 같이 켓 벡터로 표현해 보시오.

$$|\Psi_2\rangle = \left(\frac{1}{\sqrt{3}}|0\rangle + \sqrt{\frac{2}{3}}|1\rangle\right) \otimes |00\rangle$$

7. 이 단계가 가장 어렵고 중요하다.

H 는 조건부 아다마르 게이트로서 컨트롤이 $|1\rangle$일 때 타깃 큐빗에 아다마르 게이트를 작용시킨다. 이 조건부 아다마르 게이트를 다음의 행렬로 표현할 수 있다.

$$\text{CH} = \begin{bmatrix} 1 & 0 & 0 & 0 \\ 0 & \frac{1}{\sqrt{2}} & 0 & \frac{1}{\sqrt{2}} \\ 0 & 0 & 1 & 0 \\ 0 & \frac{1}{\sqrt{2}} & 0 & -\frac{1}{\sqrt{2}} \end{bmatrix}$$

그러나 이 경우 다음 단계의 CNOT 게이트를 작용시키는 작업이 복잡하므로, 켓 벡터의 상태를 유지하며 계산하는 것이 훨씬 수월하다. 다음을 보이시오.

$$\begin{aligned} |\Psi_3\rangle &= \text{CH}_{12}\left(\frac{1}{\sqrt{3}}|00\rangle + \sqrt{\frac{2}{3}}|10\rangle\right) \otimes |0\rangle \\ &= \frac{1}{\sqrt{3}}|00\rangle + \frac{1}{\sqrt{3}}|10\rangle + \frac{1}{\sqrt{3}}|11\rangle \otimes |0\rangle \\ &= \frac{1}{\sqrt{3}}|000\rangle + \frac{1}{\sqrt{3}}|100\rangle + \frac{1}{\sqrt{3}}|110\rangle \end{aligned}$$

8. 이 다음 단계 이후는 아주 쉽다.

$$|\psi_4\rangle = \text{CNOT}_{23}\frac{1}{\sqrt{3}}*(|000\rangle + |100\rangle + |110\rangle)$$

$$= \frac{1}{\sqrt{3}}*(|000\rangle + |100\rangle + |111\rangle)$$

를 이용해 다음을 보이시오. (CNOT_{23}은 큐빗 2와 3 사이에 CNOT을 건다는 의미이다.)

$$|\psi_5\rangle = \frac{1}{\sqrt{3}}*(|000\rangle + |110\rangle + |101\rangle)$$

9. 최종적으로 다음을 보이시오. 이것이 W 상태이다.

$$|\psi_6\rangle = \frac{1}{\sqrt{3}}*(|100\rangle + |010\rangle + |001\rangle)$$

제11장

마치며:

1+1=2를 양자컴퓨터로 계산해 보자

QUANTUM COMPUTING

이제까지 우리는 양자 컴퓨팅이라는 놀라운 기술의 기초를 배우며 실제 양자컴퓨터를 이용하며 실습했다. 우리가 학습한 양자 컴퓨팅 이론은 물리학을 비롯한 과학 전반뿐 아니라 인류의 거의 모든 학문에 지적 자극을 주고 있다. 또한 급속히 발전하는 양자 컴퓨팅 하드웨어 기술은 조만간 컴퓨팅 기술 자체를 혁신할 것을 예고하고 있다. 총 10개 장에 이르는 이제까지의 여정에서 우리는 양자 컴퓨팅의 기초 이론과 양자컴퓨터 사용방법과 더불어 주요 양자 알고리즘을 학습했다. 이 외에도 기초적이지만 강력하고 흥미로운 양자 컴퓨팅 주제가 많이 있지만, 지면의 한계 때문에 여기에서 본 교재를 마치려 한다.

이번 장에서는 마지막으로, 양자 컴퓨팅에 입문하는 많은 사람들이 한 번쯤 생각해 볼 만한 흥미로운 주제를 다뤄보자.

덧셈 계산 중에 가장 쉬운 것은 1+1=2일 것이다. 이것은 아마도 인간에게 지능이 생기기 시작할 때 본능적으로 알게 되는 사실이다. 양자컴퓨터가 '컴퓨터'라면 1+1=2라는 가장 쉬운 계산을 할 수 있어야 하지 않을까? 양자컴퓨터는 1+1=2를 어떻게 계산해 낼 수 있을까? 이 질문은 또한 양자컴퓨터를 배우기 시작한 학생들이 많이 질문하는 문제이기도 하다. 이제 이 쉽고도 쉬운 덧셈 계산 문제를 양자컴퓨터에 시켜보자. 이해를 돕기 위해, 이제까지 양자 알고리즘을 학습했던 것처럼 차근차근 다음의 예제를 풀어보겠다.

| 예제 |

1+1=2를 양자컴퓨터로 계산해 보시오.

1+1=2 덧셈 계산을 양자컴퓨터로 해보자. 양자컴퓨터도 컴퓨터의 일종이므로, 숫자를 0과 1의 바이너리 비트로 표현해서 계산해야 한다. 1+1=2라는 연산을 컴퓨터로 수행하려면, 다음 진리표를 다 만족시키는 계산기를 만들어야 한다. 이 계산기는 현재 우리가 쓰는 컴퓨터에서도 사용되는 반가산기(half-adder)라고 불리는 논리 회로이다. 먼저 왜 이 진리표가 1+1=2 연산을 수행하는 계산기인지 살펴보자.

	A 값	B 값	A×B 값 [캐리 비트(carry bit)]	A⊕B 값
①	0	0	0	0
②	1	1	1	0
③	0	1	0	1
④	1	0	0	1

그림 11.1 | 1+1=2 계산을 수행하는 반가산기 진리표

위 진리표의 ①번 연산을 보자. A, B가 각각 0일 때 A×B와 A⊕B의 값은 모두 0이다. 이

사실은 0+0=0이라는 사실과 일치한다. 이 사실을 보면 A⊕B 연산이 A+B 연산과 동일한 것으로 보이지만 계속 다음 연산을 해보면 그렇지 않다는 것을 알게 된다(⊕ 논리 연산자는 '더하기' 연산이 아니라 배타적 논리합으로서 이 두 연산은 같지 않다).

②번 연산을 보자. A, B가 각각 1일 때, A×B=1, A⊕B=0이므로 이는 이진수 10(2), 즉 십진수 2에 대응시킬 수 있다. 이 경우도 1+1=2를 계산해 내었다.

③과 ④에서 A, B 둘 중 하나가 1이면, 보통의 계산기는 A+B=1이라는 결과를 낼 것이다. ②번의 경우처럼 A×B와 A⊕B의 값을 이진수에 대응시키면 A+B를 제대로 계산해 낸 것을 알 수 있다.

우리가 계산하려는 1+1=2 계산은 ②번 연산을 말한다. 이 계산은 ①번 계산과 공통점이 있는데, A의 값과 B의 값이 같다는 게 공통점이다. 이렇게 A, B가 모두 같은 경우 A⊕B 값은 모두 0의 값을 내어서, A⊕B 값만 가지고서는 1+1과 0+0 계산 결과를 구분할 수 없다. 그렇지만 이때 A×B 값을 조사하면 1+1(A×B=1)인지 0+0(A×B=0)인지 알 수 있다. 이때 A×B를 자리올림 혹은 캐리 비트(carry bit)라고 한다.

우리가 알아낸 것은 두 개의 이진비트 A와 B의 덧셈 계산기는 위의 진리표를 모두 만족시켜야 한다는 것이다. 각각의 A와 B의 값에 대해서 A×B와 A⊕B를 조사하면 A+B를 정확히 알아낼 수 있다.

• 가산기

위의 진리표는 반가산기의 진리표를 그대로 사용한 것이다. 기존 컴퓨터에서 덧셈 연산을 수행하는 논리회로를 가산기(adder)라고 부른다. 가산기는 두 개의 숫자를 더하는 기능뿐 아니라 주소 값, 테이블 색인 등을 더하는 역할을 한다. 가산기 중 반가산기(half-adder)는 1비트의 이진수 두 개를 입력으로 받아 이 두 수의 합과 자리올림수인 캐리 비트로 출력한다.

반가산기

입력: 1비트 이진수 A와 B

출력: 합 S = A⊕B, 캐리 비트 C=A×B

Inputs		Outputs	
A	B	S	C
0	0	0	0
1	0	1	0
0	1	1	0
1	1	0	1

그림 11.2 | 반가산기의 진리표

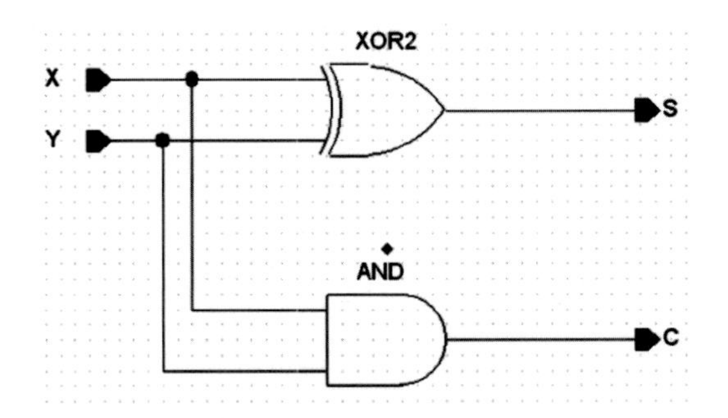

그림 11.3 | 실제 회로로 구성한 반가산기(그림에서 AND2는 그냥 AND)

반가산기는 1비트 숫자의 덧셈에만 사용될 수 있다. 모든 자릿수의 덧셈을 하기 위해서는 전가산기(full adder)를 사용하면 된다. 전가산기는 입력 A, 입력 B, 자리올림수(캐리 비트 C)를 입력하여 합 S, 자리올림수 C를 출력한다. 임의의 자릿수의 비트 수를 더하는 작업은 이 전가산기를 연결한 리플 캐리 가산기를 구성하면 할 수 있다.

A B X	C S
0 0 0	0 0
0 0 1	0 1
0 1 0	0 1
0 1 1	1 0
1 0 0	0 1
1 0 1	1 0
1 1 0	1 0
1 1 1	1 1

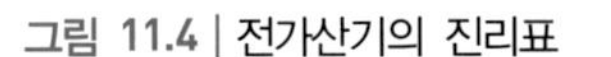

그림 11.4 | 전가산기의 진리표

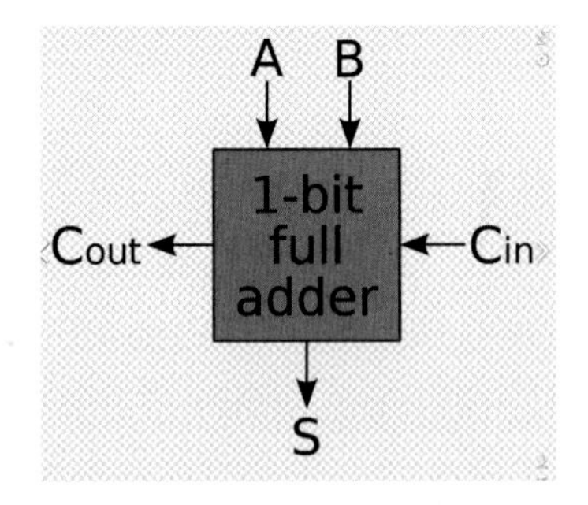

그림 11.5 | 1비트 전가산기의 구조도

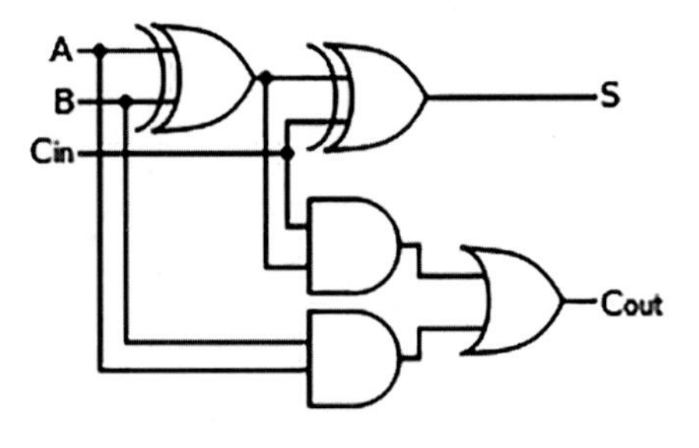

그림 11.6 | 전가산기 회로도

1+1=2 계산을 위한 반가산기 양자 회로

반가산기 진리표를 양자 회로로 구현하면 다음과 같다. 자세한 사항은 https://quantumcomputing.stackexchange.com/questions/1654/how-do-i-add-11-using-a-quantum-computer/1661#1661에서 확인하라. 여기에서 s=A⊕B, C=A*B이고 자리올림수 캐리 비트이다. CNOT 게이트의 왼쪽은 3큐빗 게이트로 토폴리 게이트이다.

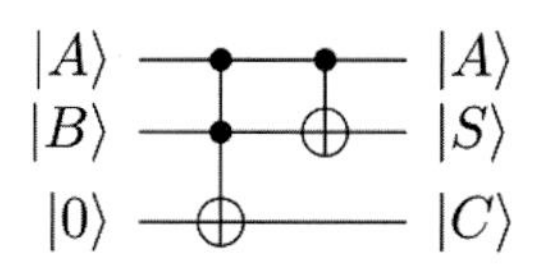

이제 A와 B를 0과 1로 각각 대입하면 이 양자 회로는 반가산기 진리표 연산을 그대로 수행한다.

(1) A=B=0일 때 위의 양자 회로를 IBM 양자컴퓨터에서 구현하여 그 실행 결과를 구해 보자. 측정 게이트는 S와 C에만 붙이면 된다.

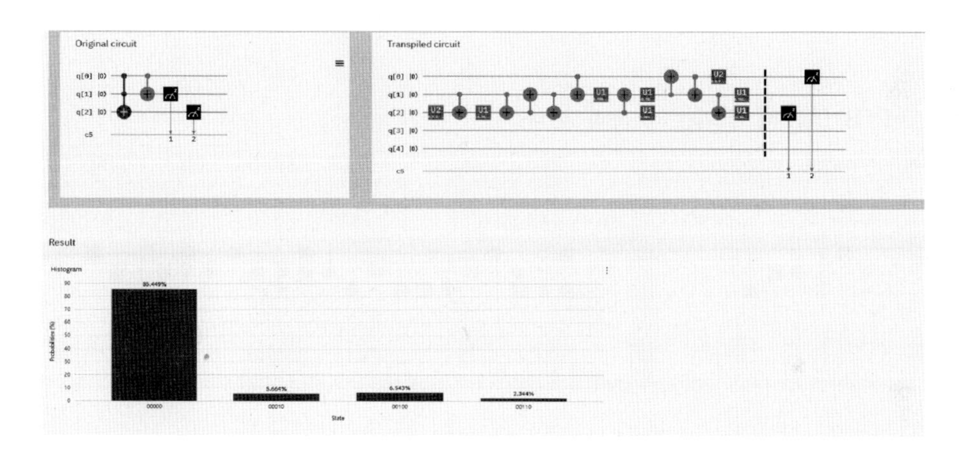

결과를 보면 |SC>=|00>일 확률이 가장 크게 나온다. 진리표의 ①번 결과이다.

(2) A=B=1일 때 위의 양자 회로를 양자컴퓨터에서 구현한 결과는 다음과 같다.

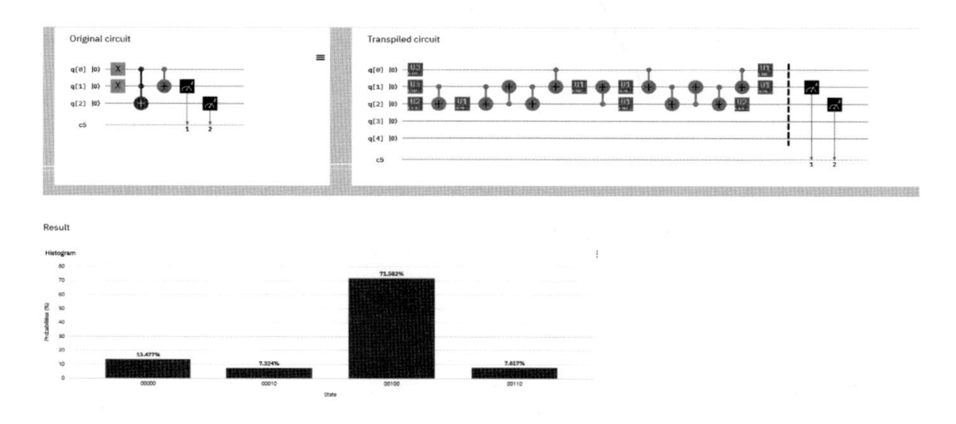

실행 결과는 $|SC\rangle = |10\rangle$, 즉 진리표의 ②번 결과를 보여준다.

(3) A=0, B=1일 때 결과는 다음과 같다.

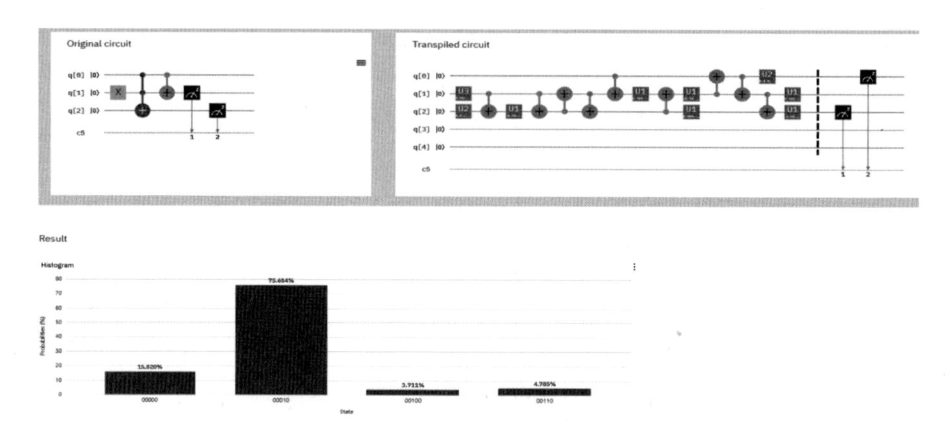

실행 결과는 $|SC\rangle = |01\rangle$, 즉 진리표의 ③번 결과를 보여준다.

(4) A=1, B=0일 때 결과는 다음과 같다.

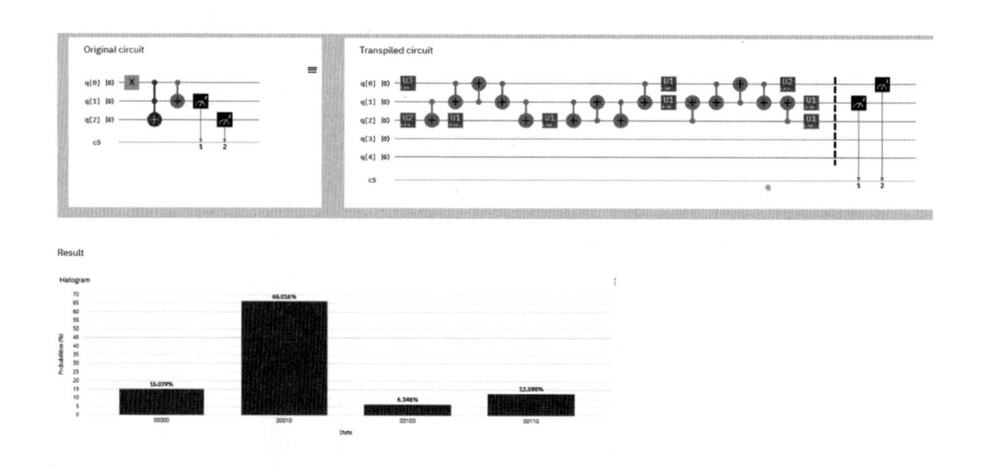

진리표에서 보듯이 이 결과는 A=0, B=1일 때와 동일한 결과가 나와야 한다. 이 예상과 동일하게 양자 회로의 계산도 $|SC\rangle = |01\rangle$을 보여준다. 진리표의 ④번 결과이다.

이상의 결과는 모두 위의 반가산기 진리표와 동일하다. 위와 같이 양자컴퓨터를 이용해서 위의 양자 회로로 1+1=2뿐 아니라 임의의 1비트의 두 입력 A와 B의 합인 A+B를 계산할 수 있다.

참고문헌

본 교재를 저술하기 위하여 많은 자료들을 참고하였다. 본문의 각 장과 해당 부분에서 인용된 참고자료 외 혹시라도 인용 누락되었을 수도 있는 참고문헌을 다음과 같이 정리하였다. 혹시라도 인용에서 누락된 참고 자료가 있다면 저자와 출판사에 연락을 주기 바란다.

- 그림으로 이해하는 양자컴퓨터의 구조, 우츠기 타케루 저, 김성훈 역, 권기태·도쿠나가 유키 감수, 성안당, 2020
- 양자컴퓨터 원리와 수학적 기초, 크리스 베른하트 저, 이정문 역, 에이콘출판사, 2020
- 양자컴퓨터 21세기 과학혁명, 이순칠, 살림출판사, 2005
- 양자 컴퓨터 프로그래밍, 블라디미르 실바 저, 이정문 역, 에이콘출판사, 2019
- 양자 컴퓨팅: 이론에서 응용까지, 잭 히더리 저, 이태휘 역, 에이콘출판사, 2020
- IBM QX로 배우는 양자 컴퓨팅, 크리스틴 콜벳 모란 저, 황진호 역, 에이콘출판사, 2019
- John preskill, california institute of technology, 양자 컴퓨팅 관련 lecture note들
- Michael A. Nielsen, Isaac L. Chuang, Quantum Computation and Quantum Information: 10th Anniversary Edition, Cambridge University Press; 1st edition (January 31, 2011)
- Phillip Kaye, Raymond Laflamme, Michele Mosca, An Introduction to Quantum Computing, Oxford university press, 2007

찾아보기